FANCY BRAID TUTORIAL

一本书学会

温狄◎编著

人民邮电出版社

北京

图书在版编目（CIP）数据

一本书学会花式编发 / 温狄编著. -- 北京 : 人民邮电出版社, 2021.7
ISBN 978-7-115-56499-3

Ⅰ. ①一… Ⅱ. ①温… Ⅲ. ①发型－造型设计－基本知识 Ⅳ. ①TS974.21

中国版本图书馆CIP数据核字(2021)第083560号

内 容 提 要

本书是一本编发教程，书中共有 50 个编发案例，融合了三股辫编发、四股辫编发、玫瑰花卷编发、蝴蝶结编发等多种手法，涉及甜美、优雅、法式等不同的风格。每个案例以图文并茂的形式进行解析，并且配有视频，读者可以更加直观地学习书中的内容。

本书可供日常生活编发参考，同时可供时尚造型师和新娘造型师阅读，也可作为造型培训机构的专业教材。

◆ 编　　著　温　狄
　责任编辑　张玉兰
　责任印制　马振武
◆ 人民邮电出版社出版发行　　北京市丰台区成寿寺路 11 号
　邮编　100164　　电子邮件　315@ptpress.com.cn
　网址　https://www.ptpress.com.cn
　北京印匠彩色印刷有限公司印刷
◆ 开本：787×1092　1/20
　印张：13.2
　字数：658 千字　　　　　　2021 年 7 月第 1 版
　印数：1 – 2 500 册　　　　2021 年 7 月北京第 1 次印刷

定价：129.00 元

读者服务热线：(010)81055410　印装质量热线：(010)81055316
反盗版热线：(010)81055315
广告经营许可证：京东市监广登字 20170147 号

前言

随着时代的变迁，美的定义越来越多元化，美发行业亦是如此。发型在一个人的整体造型中占据着重要的地位，不同的发型样式具有不同的风格、质感及层次，与服饰、妆容相呼应，能够起到“画龙点睛”的作用。

在发型设计中，编发是非常常见的一种技法，而编发的样式也多种多样。本书精选 50 款花式编发，以图文并茂的教程结合视频的模式呈现给大家。无论您是在美发行业工作，还是在生活中想要为自己梳妆，都可以从本书学到各种编发手法，并且完成整体发型的塑造。

在编写本书的过程中，我坚持“授之以鱼，不如授之以渔”的理念，根据多年的教学经验，结合以往出版图书后读者的反馈来设置案例，以实用、易学为宗旨，以使读者更加轻松地掌握编发技巧为目的。希望本书能对大家有所帮助。

温狄

2021 年 3 月

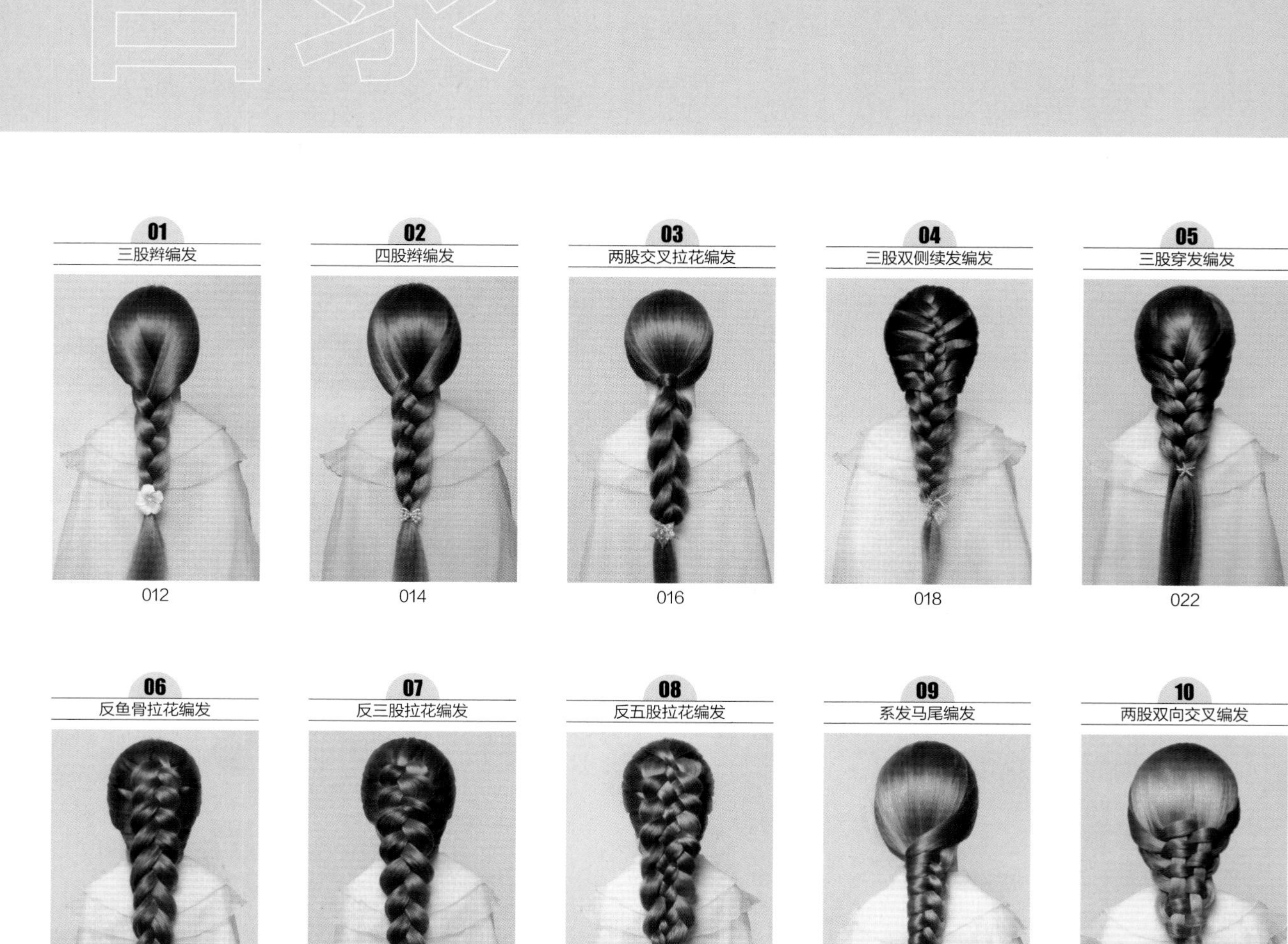
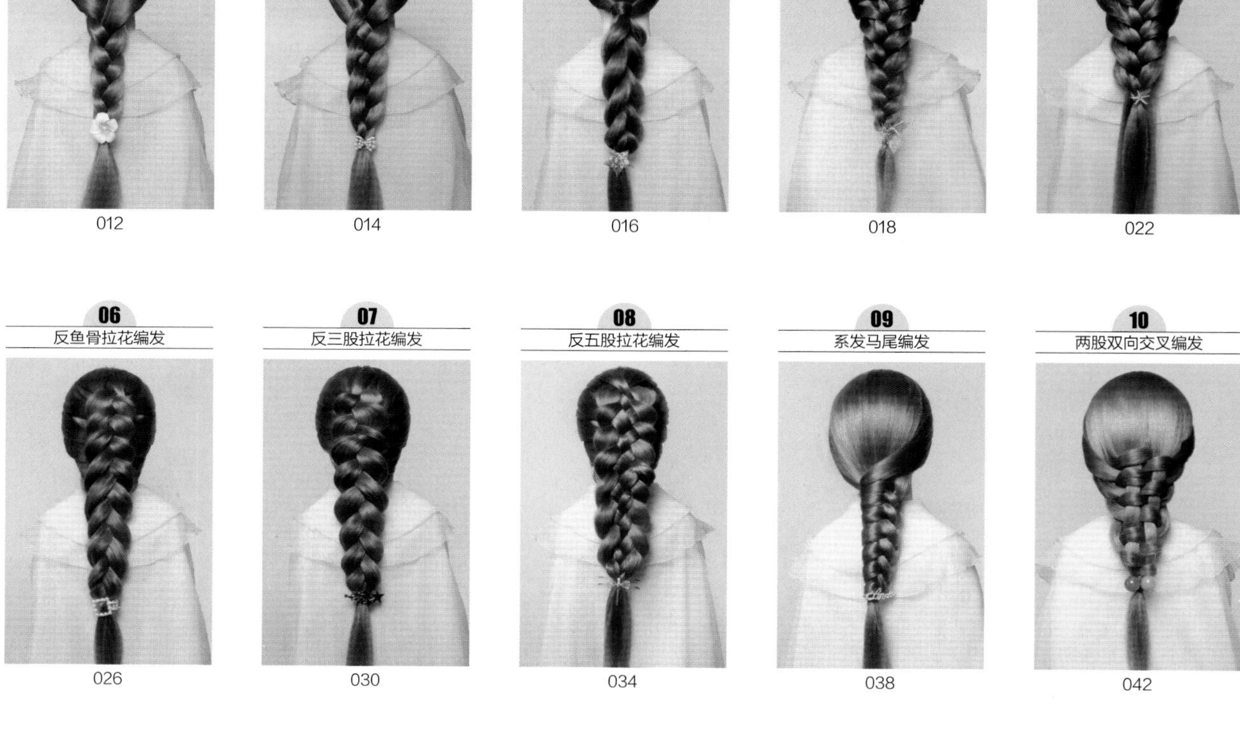

01 三股辫编发 012

02 四股辫编发 014

03 两股交叉拉花编发 016

04 三股双侧续发编发 018

05 三股穿发编发 022

06 反鱼骨拉花编发 026

07 反三股拉花编发 030

08 反五股拉花编发 034

09 系发马尾编发 038

10 两股双向交叉编发 042

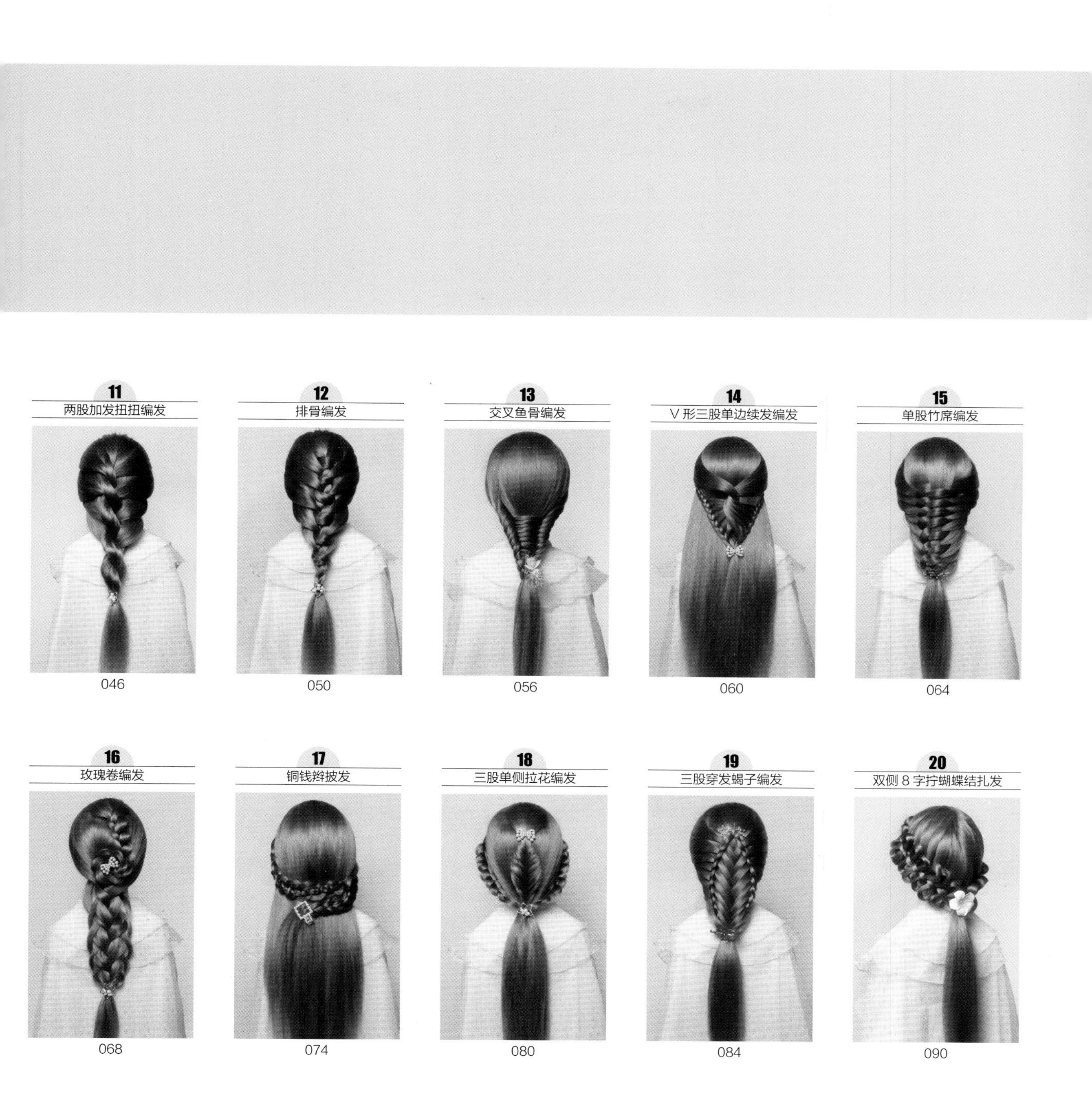

11 两股加发扭扭编发 046

12 排骨编发 050

13 交叉鱼骨编发 056

14 V 形三股单边续发编发 060

15 单股竹席编发 064

16 玫瑰卷编发 068

17 铜钱辫披发 074

18 三股单侧拉花编发 080

19 三股穿发蝎子编发 084

20 双侧 8 字拧蝴蝶结扎发 090

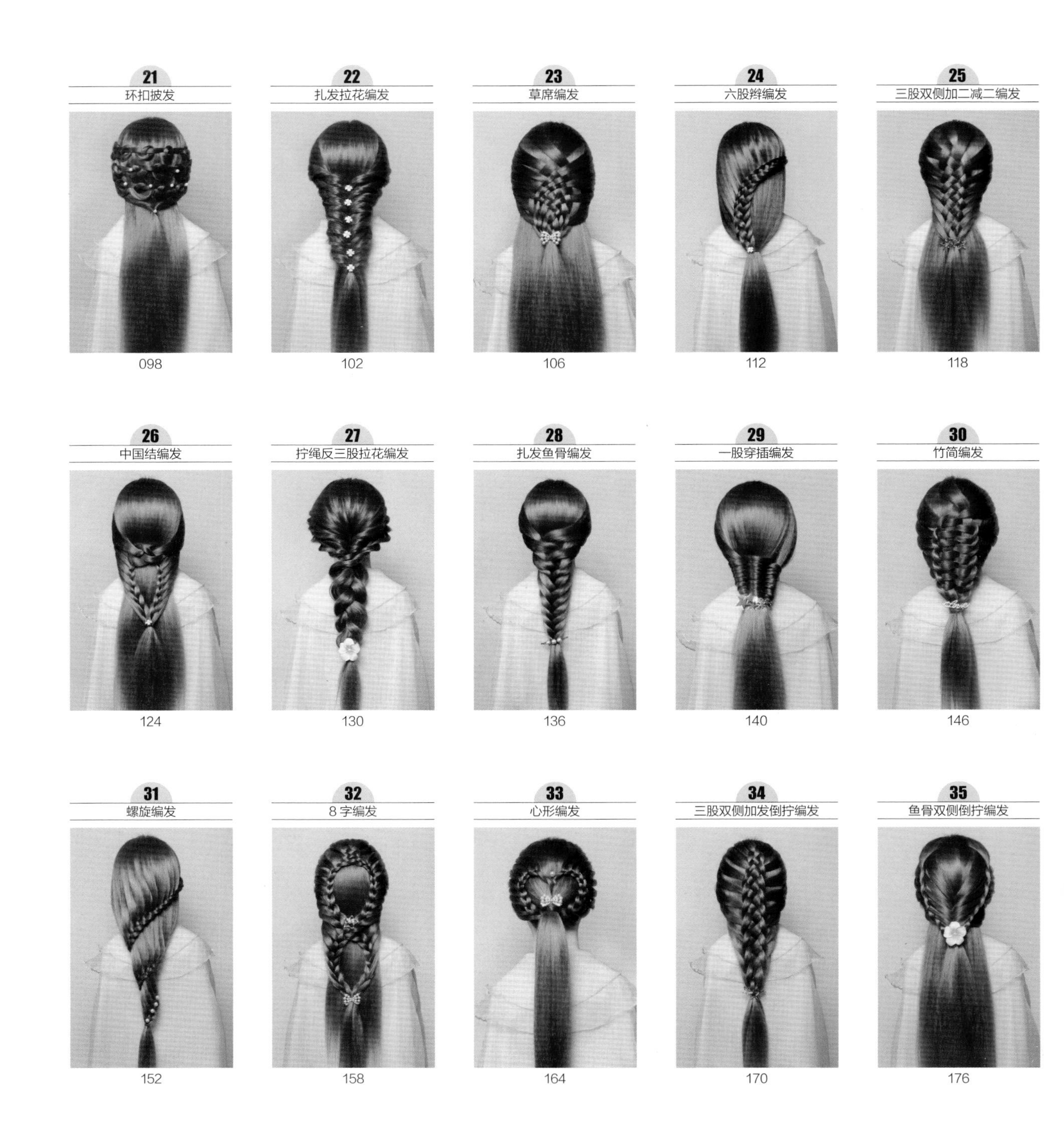
21
环扣披发
098
22
扎发拉花编发
102
23
草席编发
106
24
六股辫编发
112
25
三股双侧加二减二编发
118
26
中国结编发
124
27
拧绳反三股拉花编发
130
28
扎发鱼骨编发
136
29
一股穿插编发
140
30
竹筒编发
146
31
螺旋编发
152
32
8 字编发
158
33
心形编发
164
34
三股双侧加发倒拧编发
170
35
鱼骨双侧倒拧编发
176

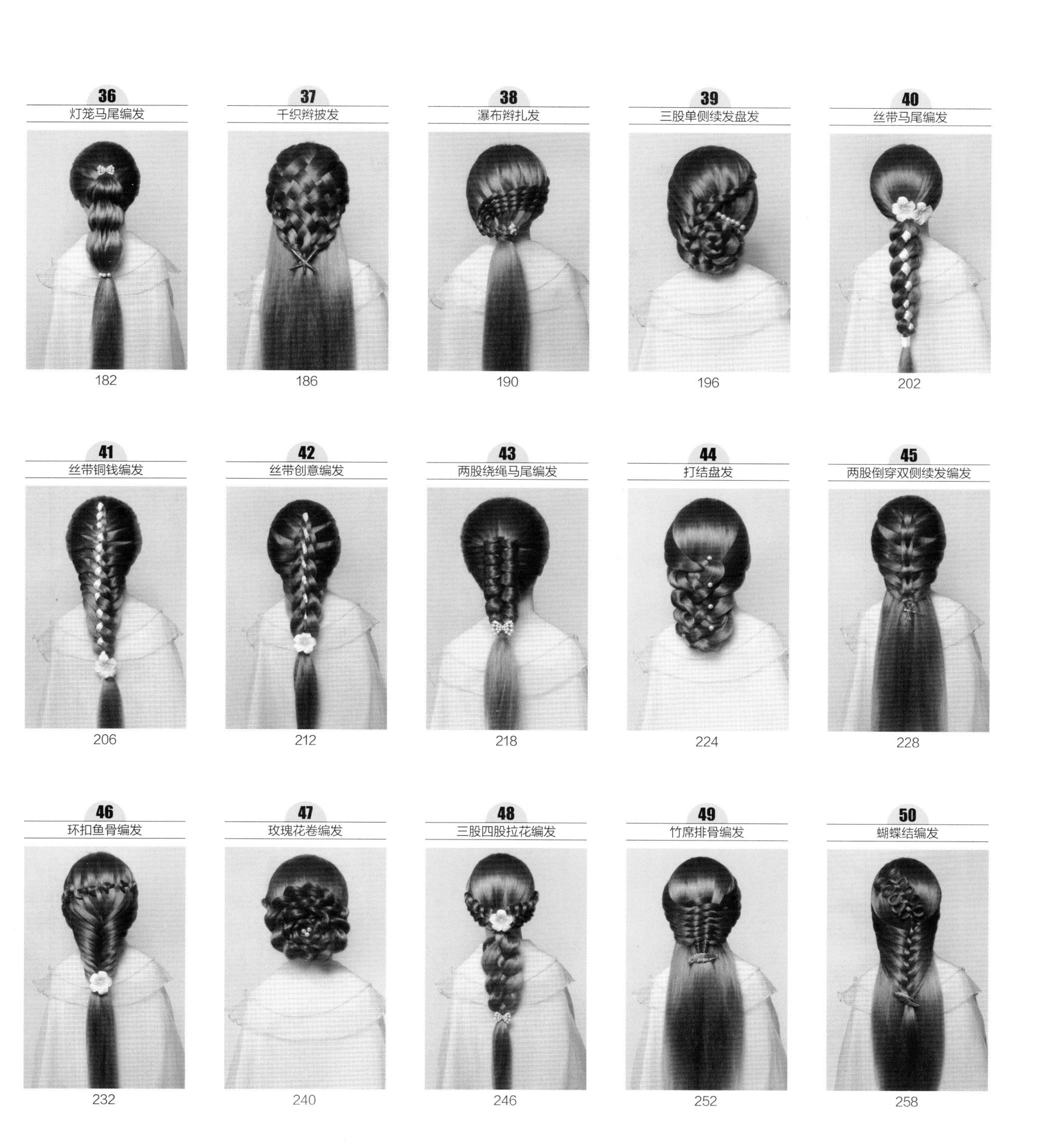
36
灯笼马尾编发
182
37
千织辫披发
186
38
瀑布辫扎发
190
39
三股单侧续发盘发
196
40
丝带马尾编发
202
41
丝带铜钱编发
206
42
丝带创意编发
212
43
两股绕绳马尾编发
218
44
打结盘发
224
45
两股倒穿双侧续发编发
228
46
环扣鱼骨编发
232
47
玫瑰花卷编发
240
48
三股四股拉花编发
246
49
竹席排骨编发
252
50
蝴蝶结编发
258

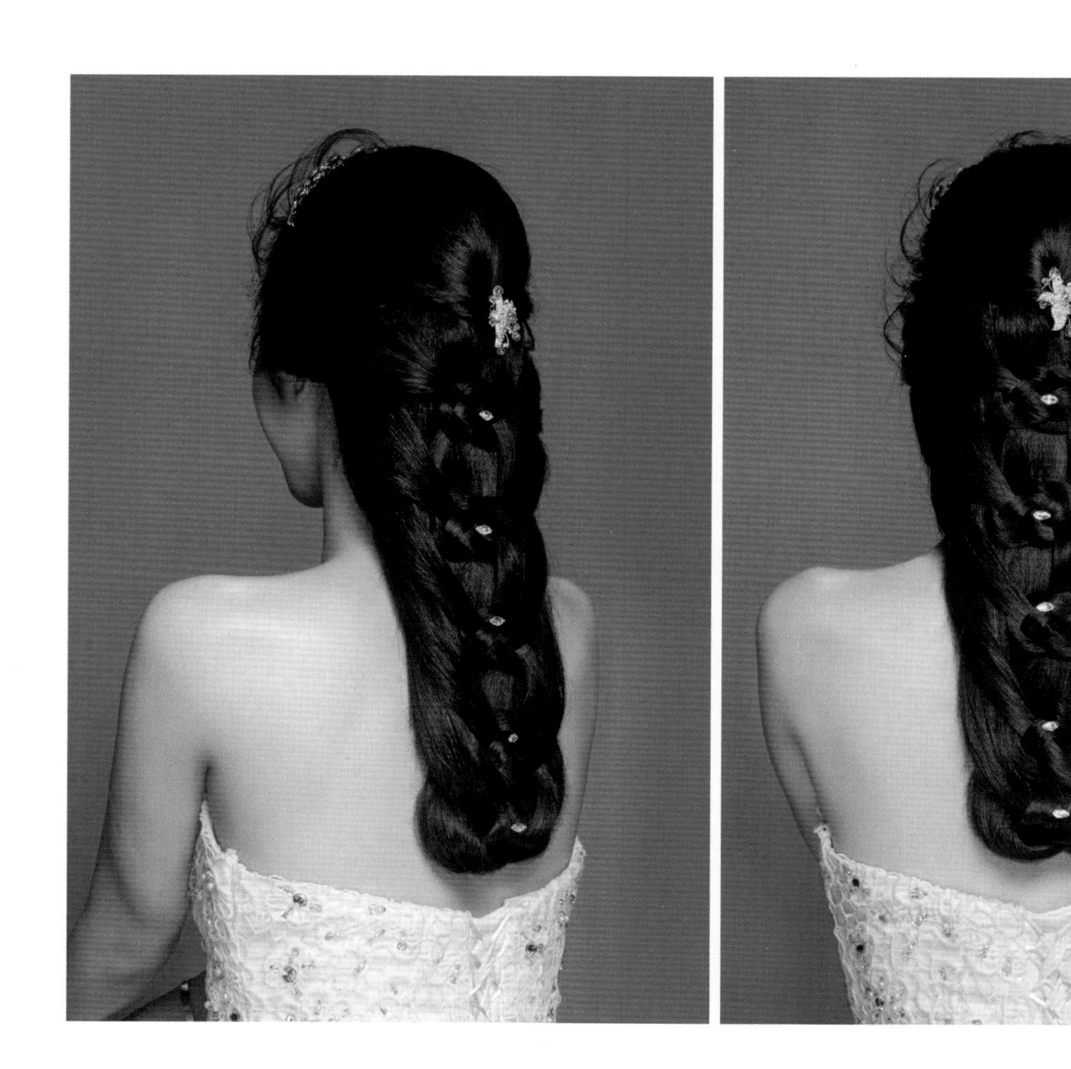

01

三股辫编发

扫描二维码
观看教学视频

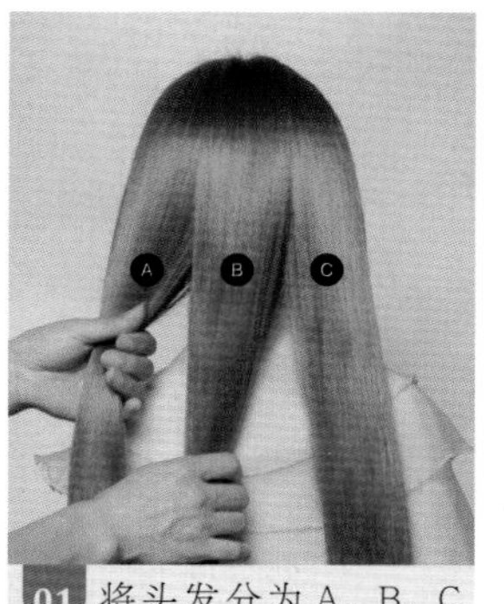

01 将头发分为A、B、C三束均等的发片。

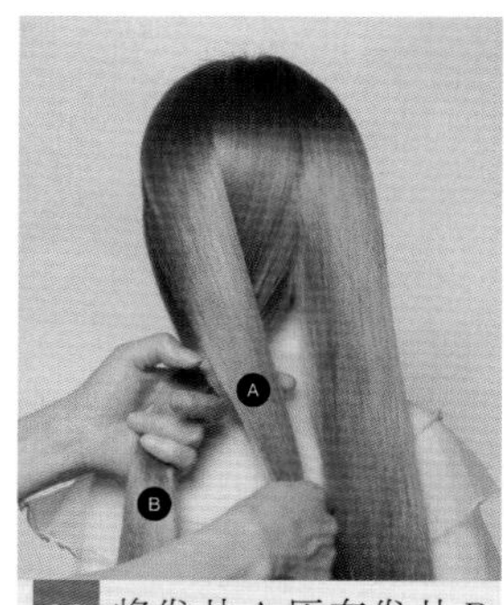

02 将发片A压在发片B之上。

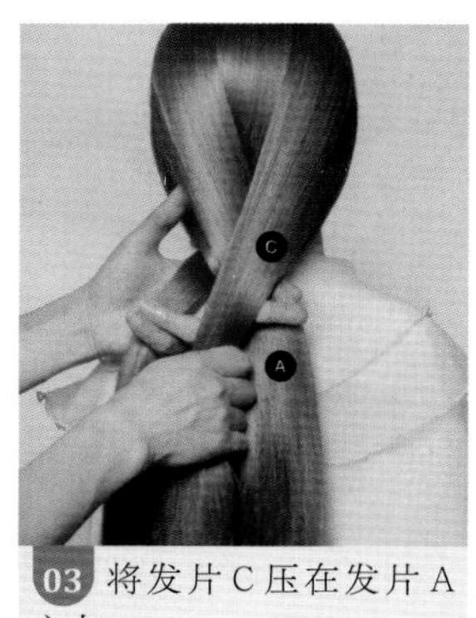

03 将发片C压在发片A之上。

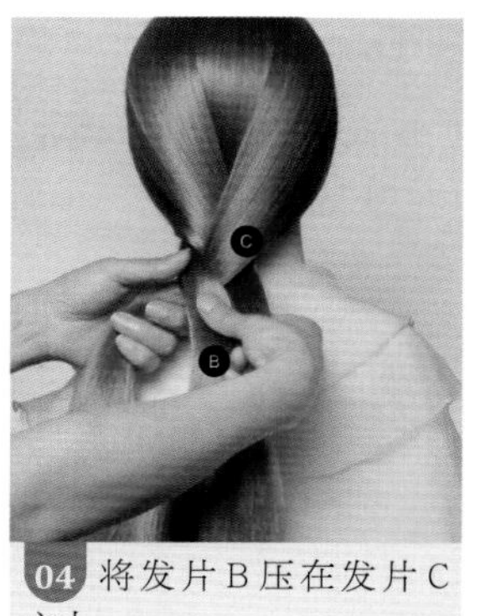

04 将发片B压在发片C之上。

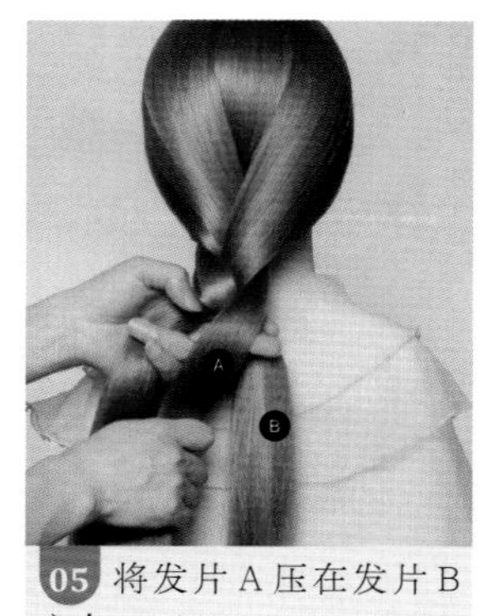

05 将发片A压在发片B之上。

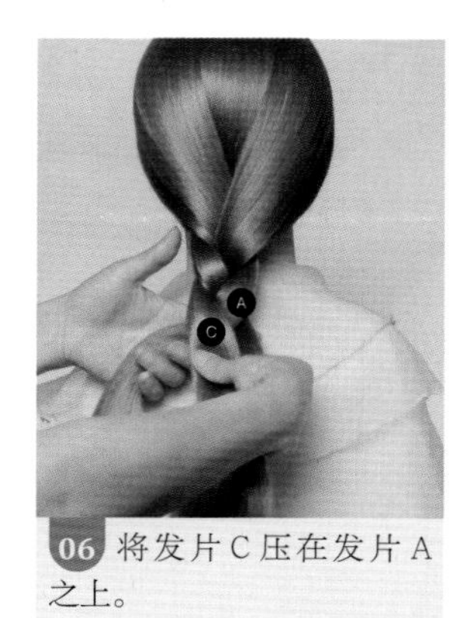

06 将发片C压在发片A之上。

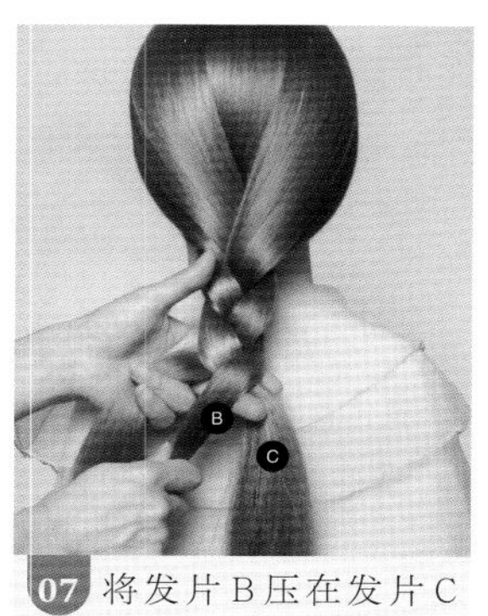

07 将发片 B 压在发片 C 之上。

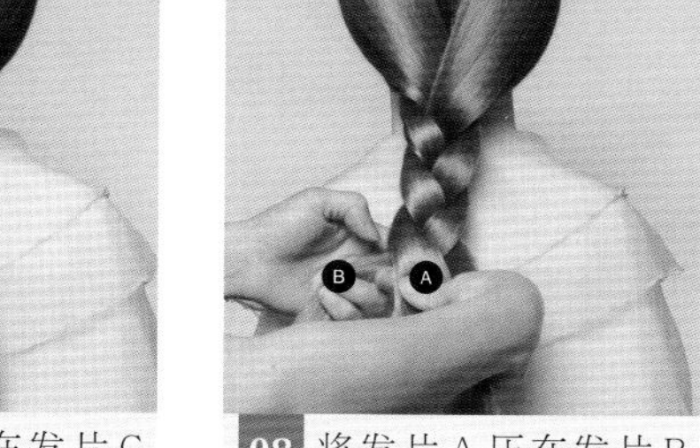

08 将发片 A 压在发片 B 之上。

09 将发片 C 压在发片 A 之上。

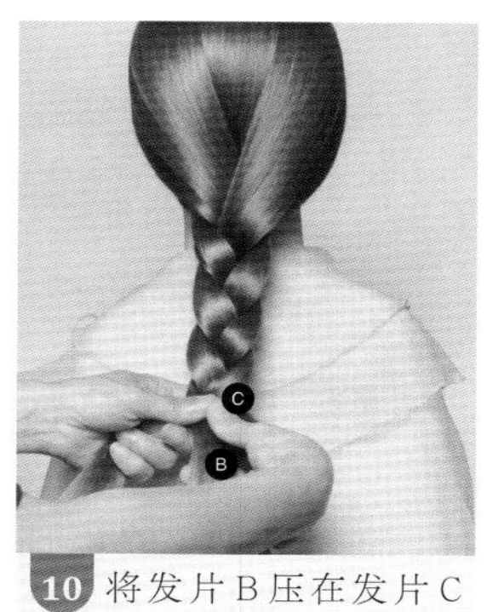

10 将发片 B 压在发片 C 之上。

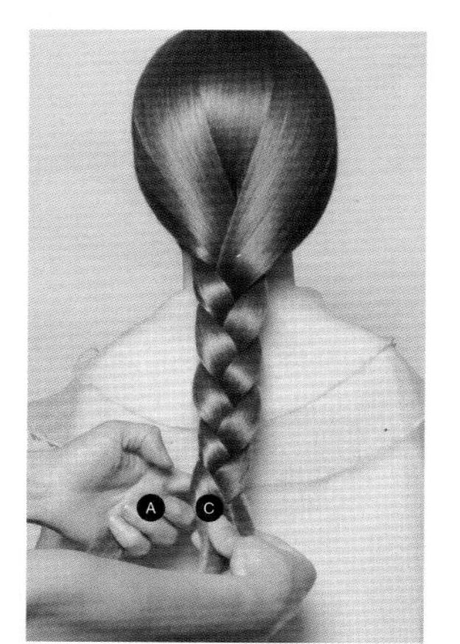

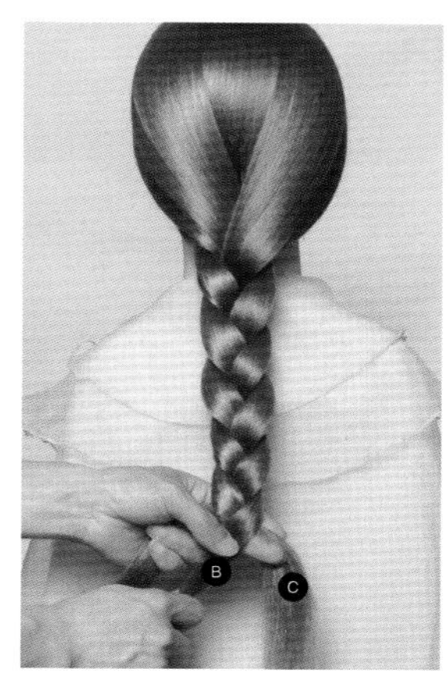

11 将发片 A 压在发片 B 之上。

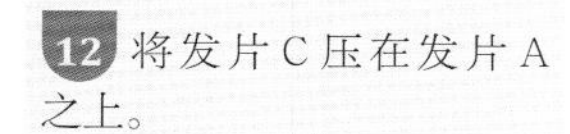

12 将发片 C 压在发片 A 之上。

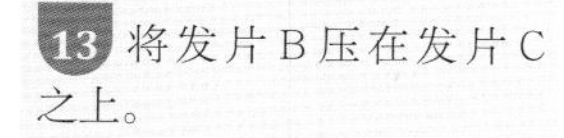

13 将发片 B 压在发片 C 之上。

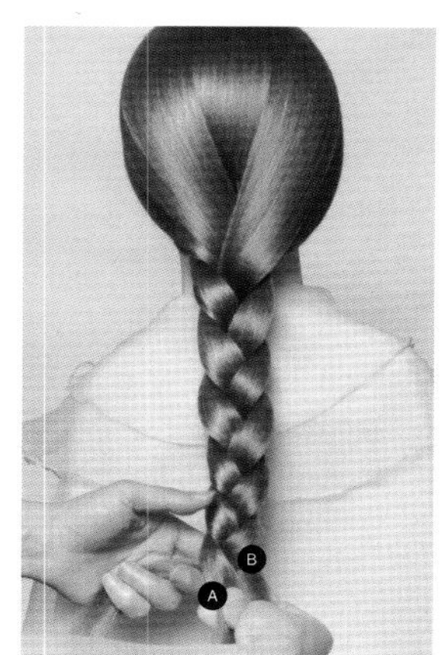

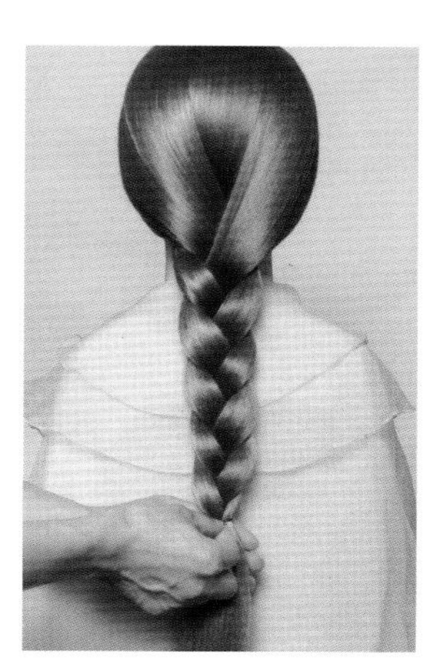

14 将发片 A 压在发片 B 之上。

15 将发尾用皮筋扎起。

16 佩戴饰品，进行点缀。

02 四股辫编发

扫描二维码
观看教学视频

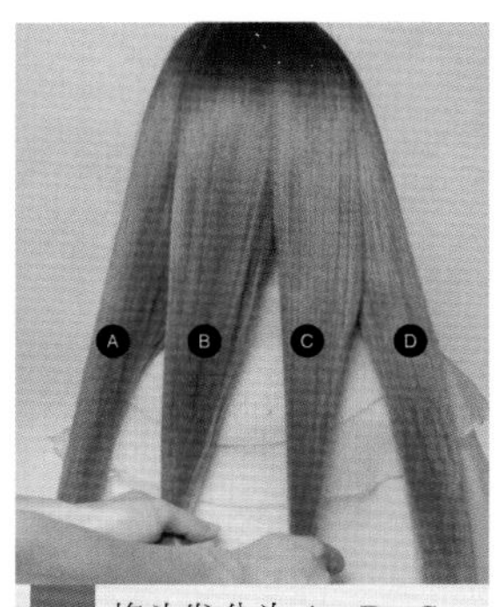

01 将头发分为 A、B、C、D 四束均等的发片。

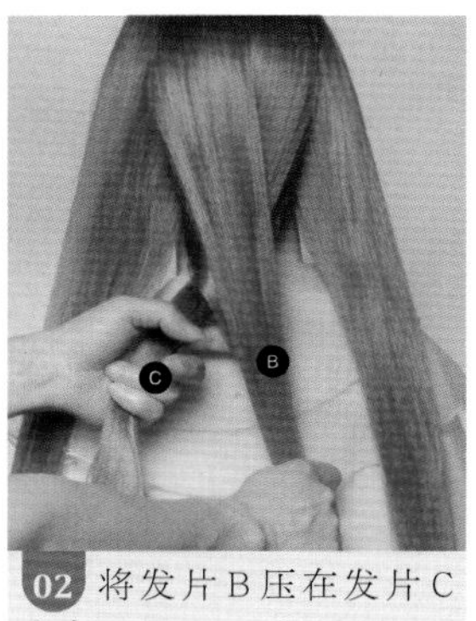

02 将发片 B 压在发片 C 之上。

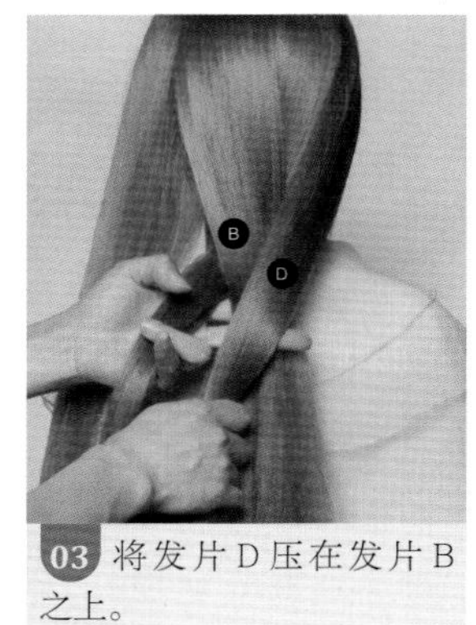

03 将发片 D 压在发片 B 之上。

04 用大拇指将发片 C 向上提拉。

05 将发片 C 压在发片 A 之上。

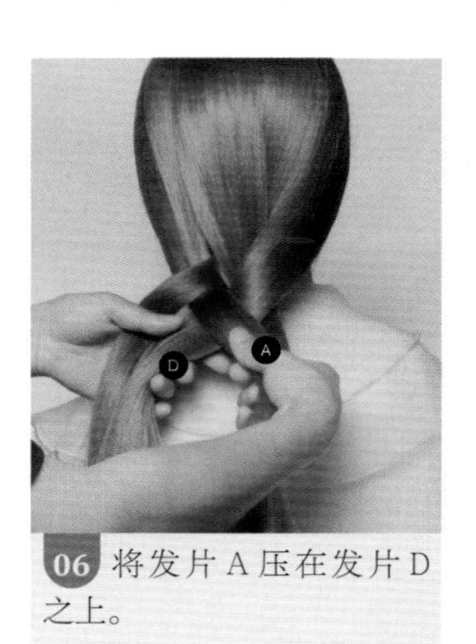

06 将发片 A 压在发片 D 之上。

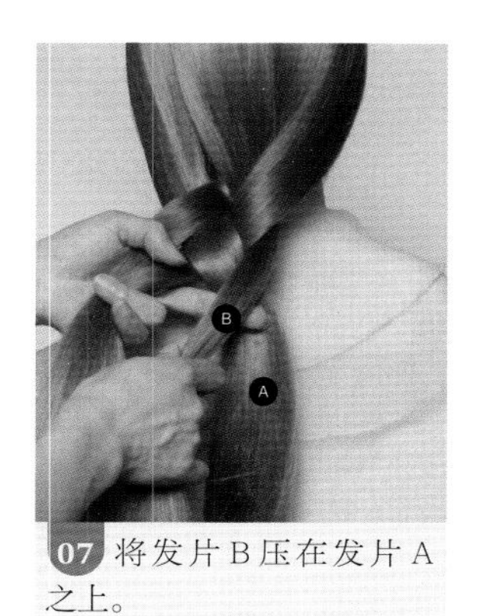

07 将发片B压在发片A之上。

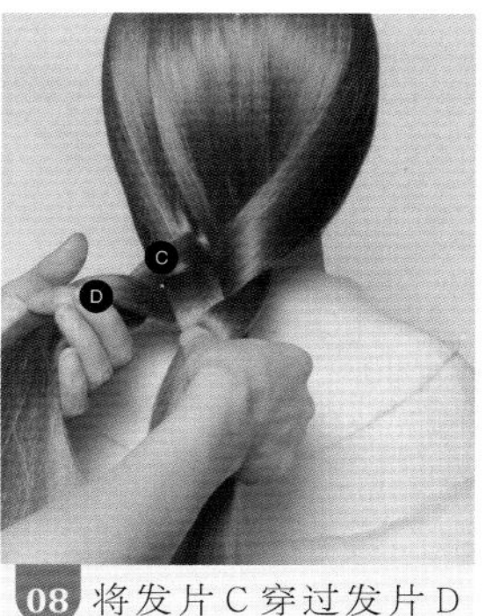

08 将发片C穿过发片D下方。

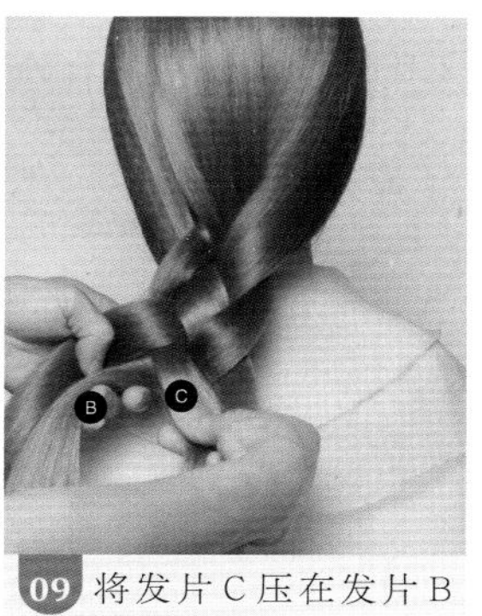

09 将发片C压在发片B之上。

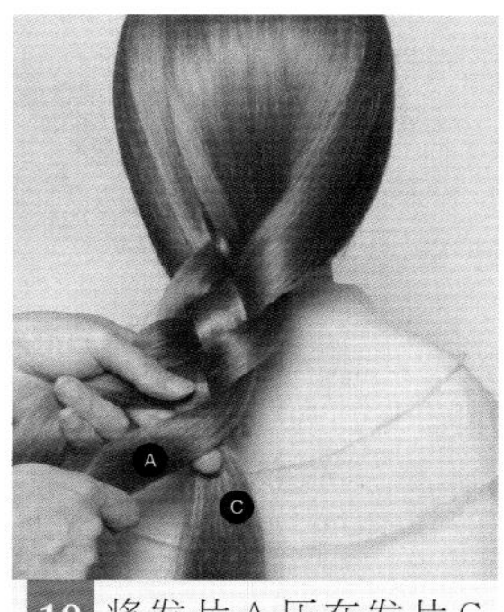

10 将发片A压在发片C之上。

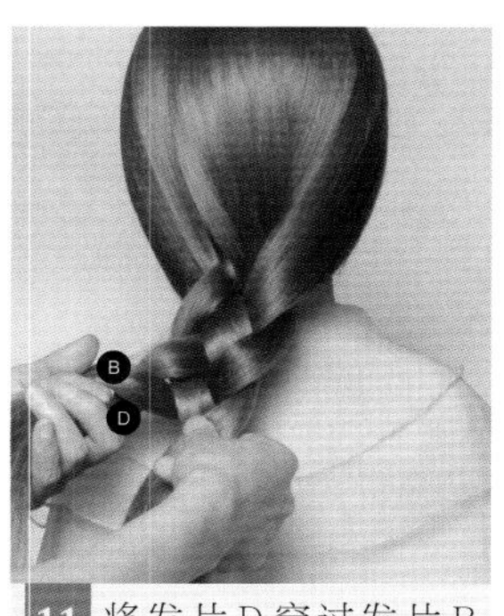

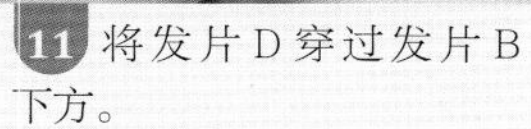

11 将发片D穿过发片B下方。

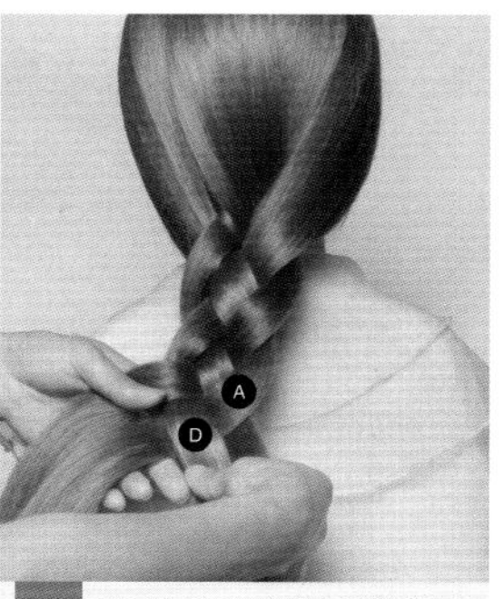

12 将发片D压在发片A之上。

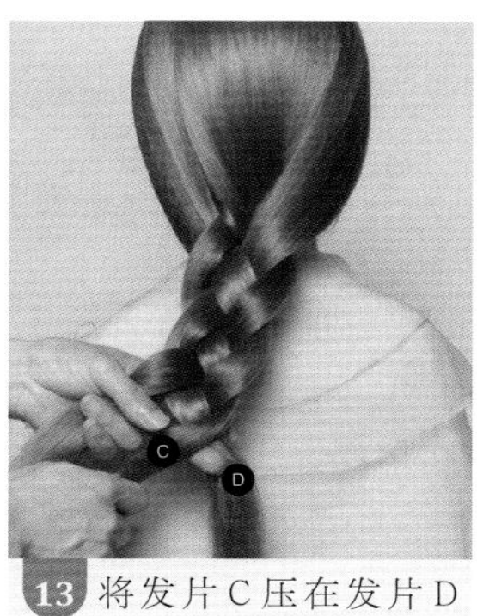

13 将发片C压在发片D之上。

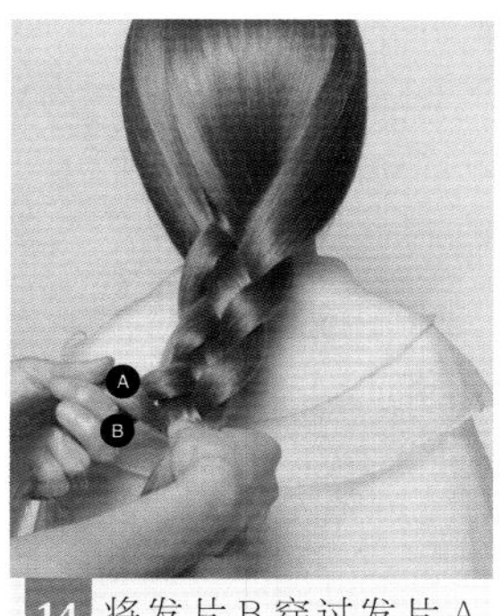

14 将发片B穿过发片A下方。

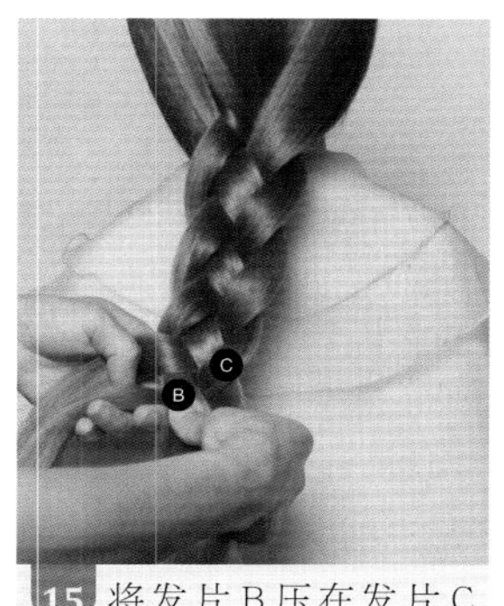

15 将发片B压在发片C之上。

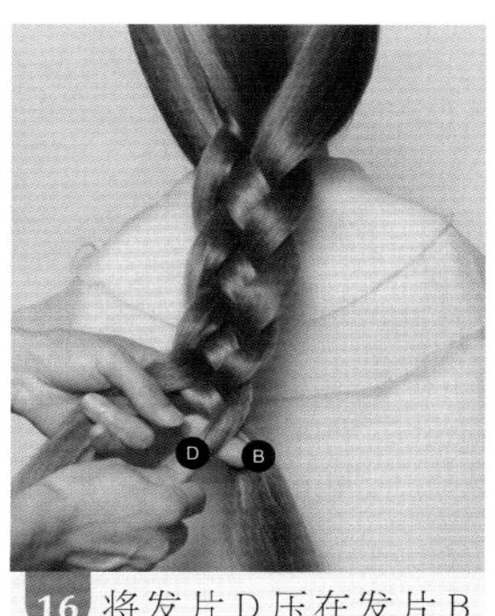

16 将发片D压在发片B之上。

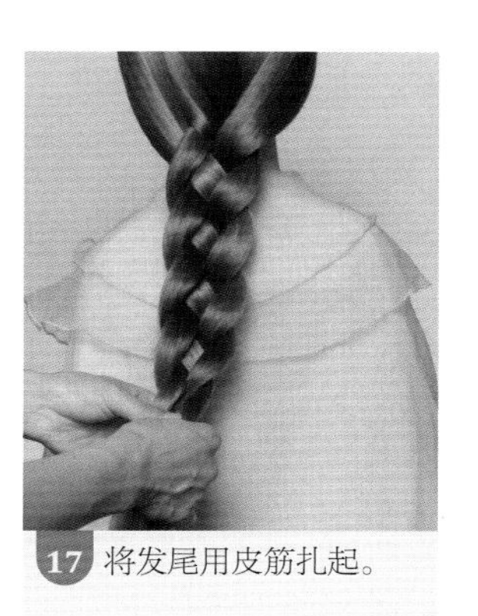

17 将发尾用皮筋扎起。

18 佩戴饰品，进行点缀。

03 两股交叉拉花编发

扫描二维码
观看教学视频

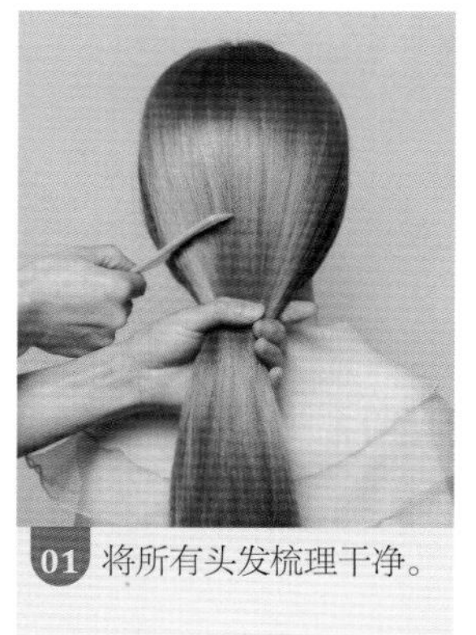

01 将所有头发梳理干净。

02 将所有头发扎成低马尾。

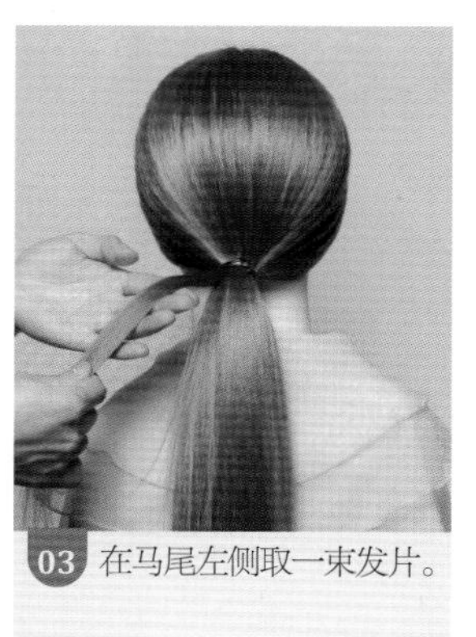

03 在马尾左侧取一束发片。

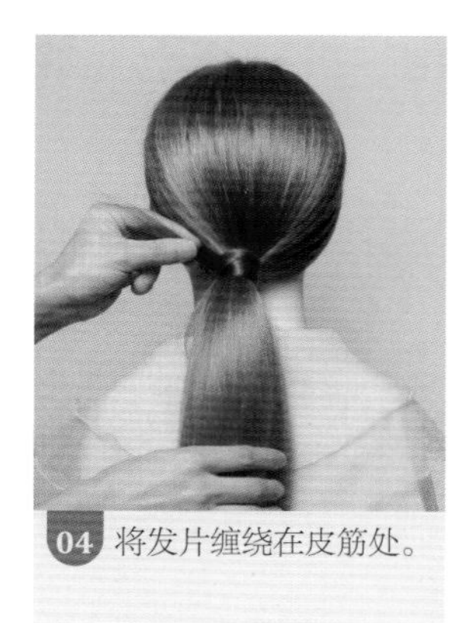

04 将发片缠绕在皮筋处。

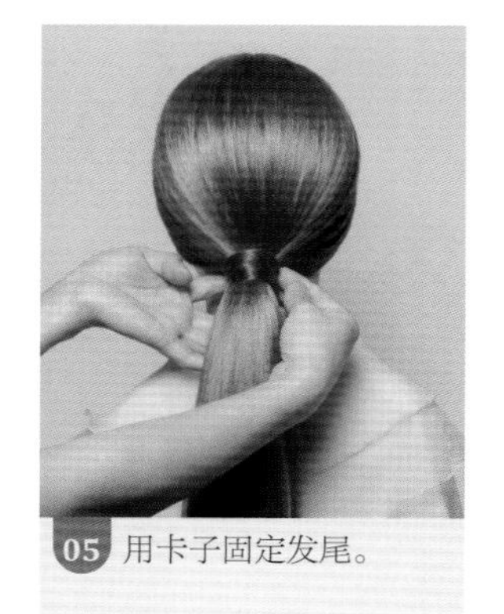

05 用卡子固定发尾。

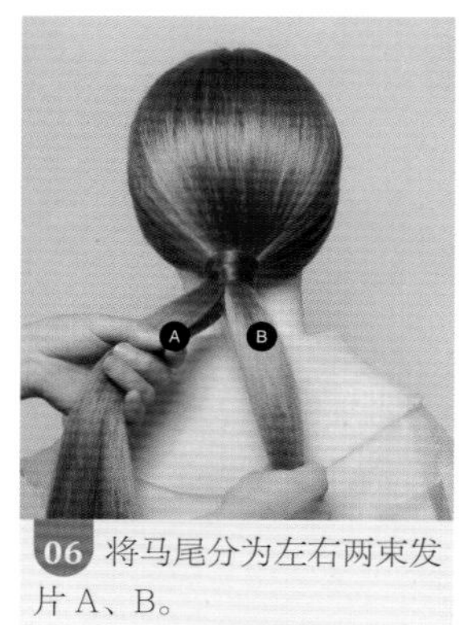

06 将马尾分为左右两束发片A、B。

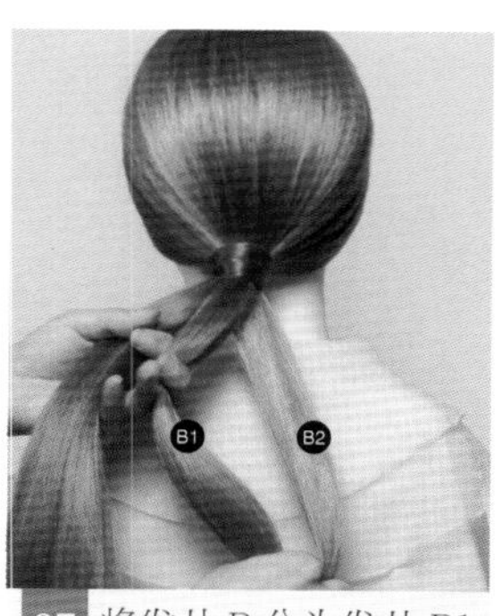

07 将发片 B 分为发片 B1 和发片 B2。

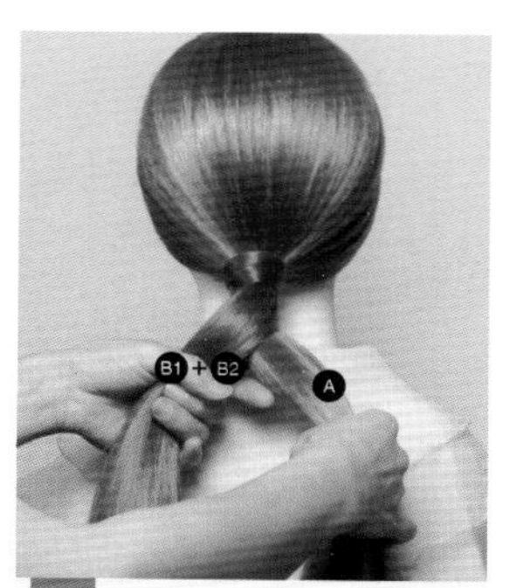

08 将发片 A 穿在发片 B1 和发片 B2 之间，将发片 B1 和发片 B2 合并为发片 B。

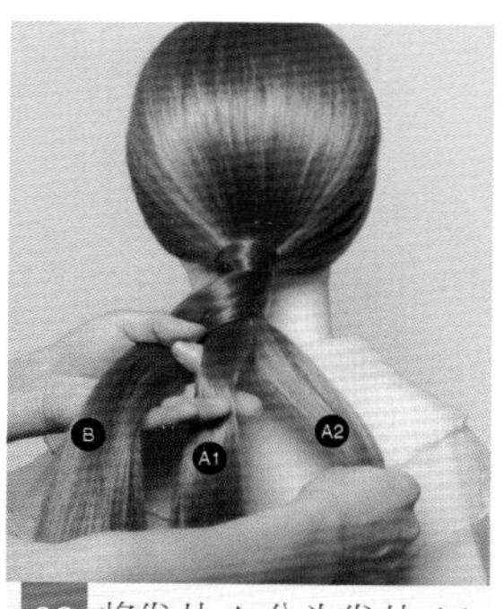

09 将发片 A 分为发片 A1 和发片 A2。

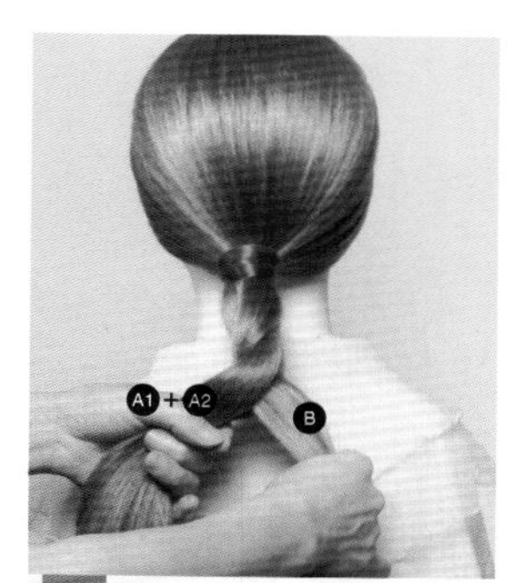

10 将发片 B 穿在发片 A1 和发片 A2 之间，并将发片 A1和发片A2合并为发片 A。

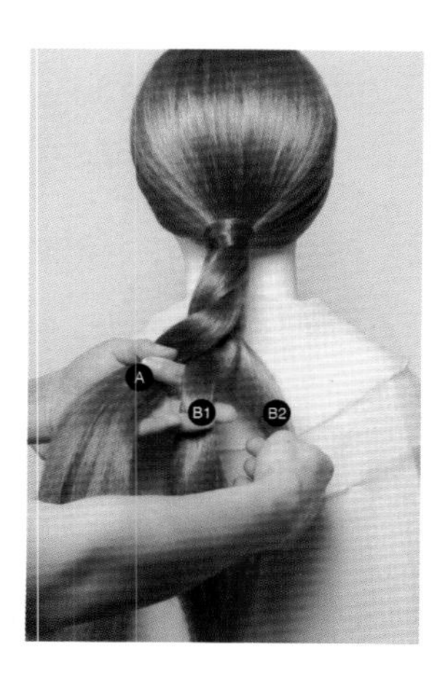

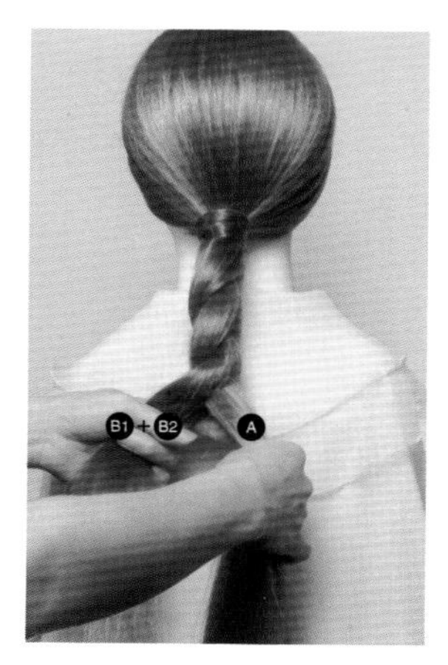

11 将发片 B 分为发片 B1 和发片 B2。

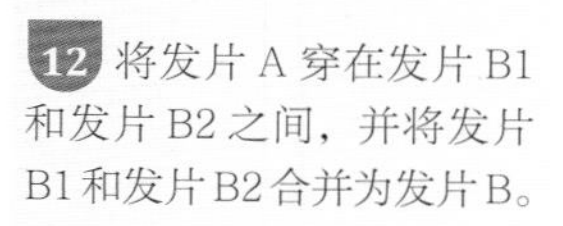

12 将发片 A 穿在发片 B1 和发片 B2 之间，并将发片 B1和发片 B2 合并为发片 B。

13 采用同样的手法操作至发尾。

14 对发辫边缘的轮廓进行调整。

15 将发尾用皮筋扎起。

16 佩戴饰品，进行点缀。

01 在顶区取一束发片。

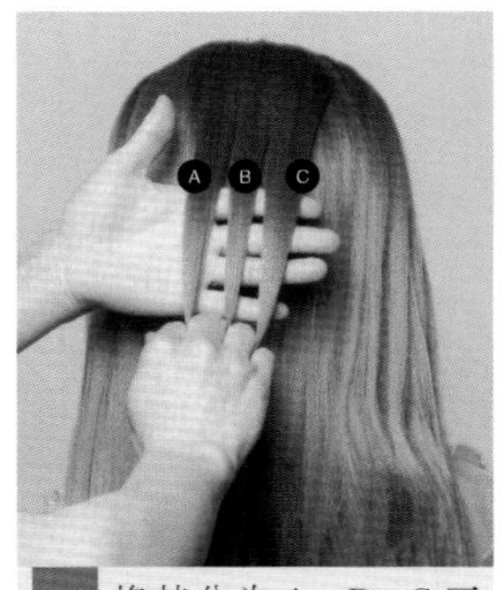

02 将其分为 A、B、C 三束均等的发片。

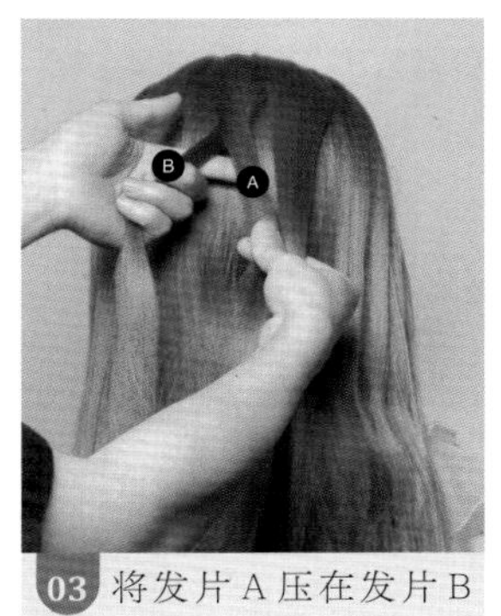

03 将发片 A 压在发片 B 之上。

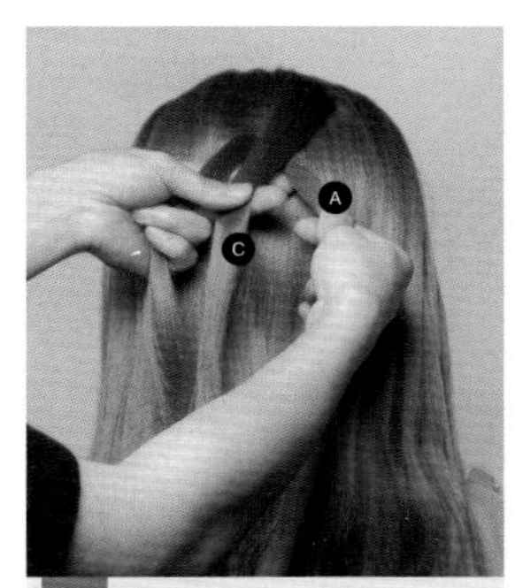

04 将发片 C 压在发片 A 之上。

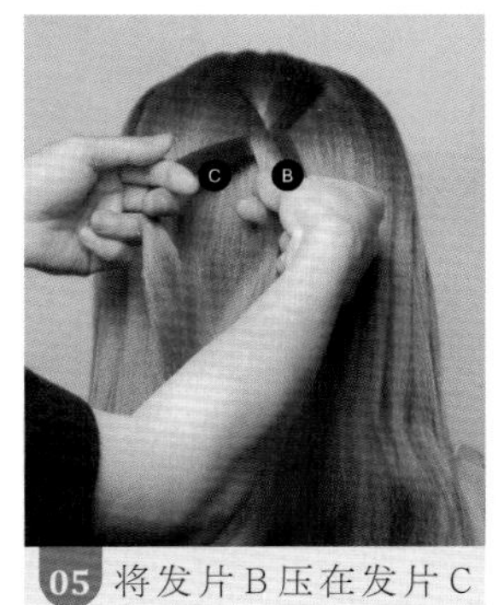

05 将发片 B 压在发片 C 之上。

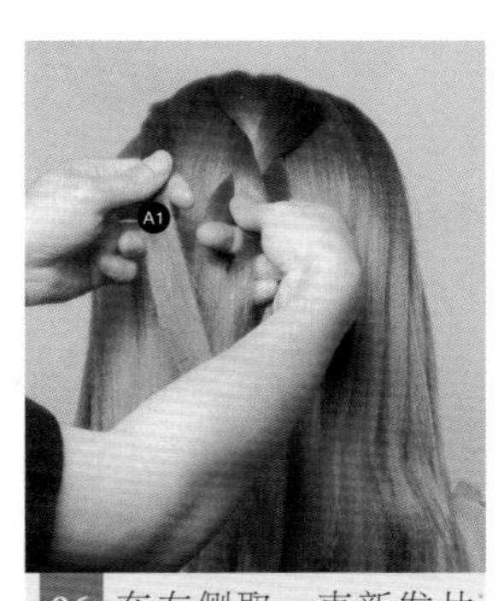

06 在左侧取一束新发片 A1。

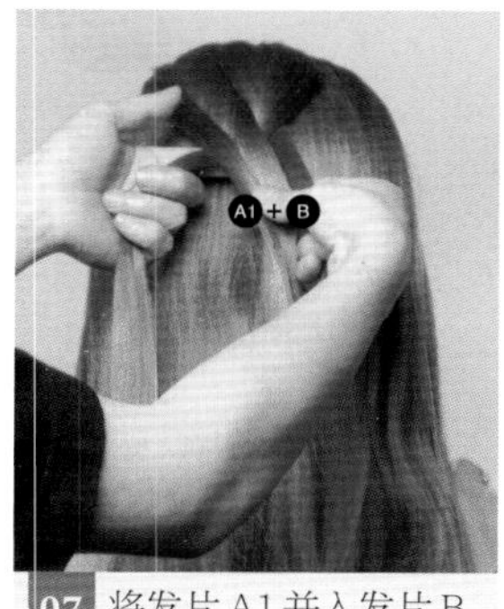

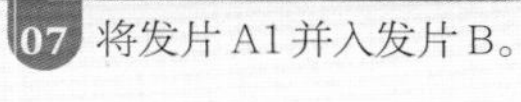
07 将发片 A1 并入发片 B。

08 将发片 A 压在发片 B 之上。

09 在右侧取一束新发片 A2。

10 将发片 A2 并入发片 A。

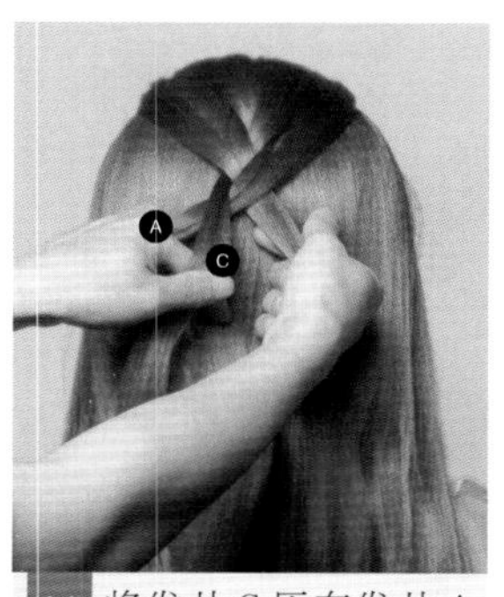

11 将发片 C 压在发片 A 之上。

12 在左侧取一束新发片 A3，并入发片 C。

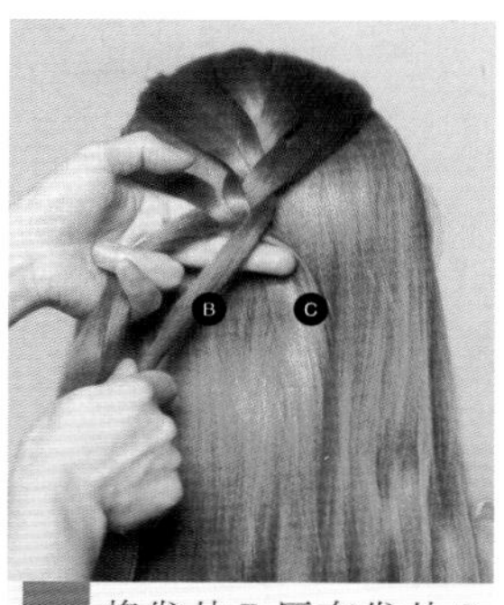

13 将发片 B 压在发片 C 之上。

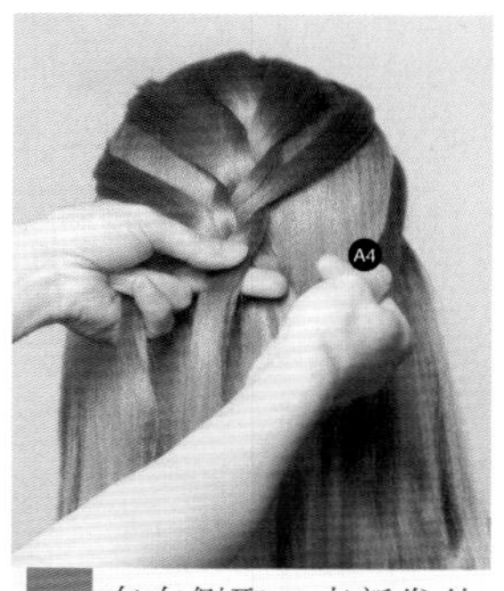

14 在右侧取一束新发片 A4。

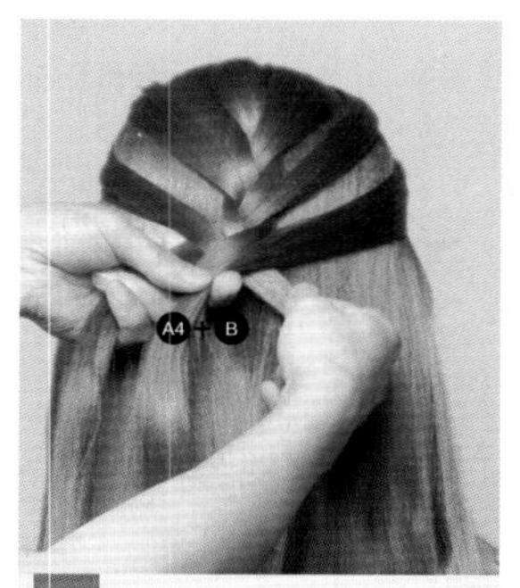

15 将发片 A4 并入发片 B。

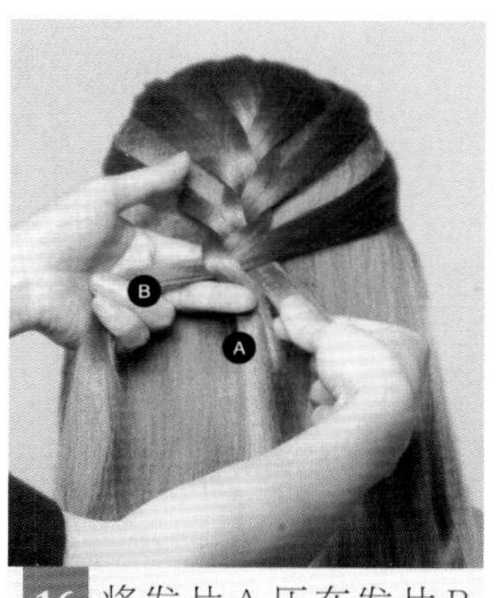

16 将发片 A 压在发片 B 之上。

17 在左侧取一束新发片 A5。

18 将发片 A5 并入发片 A。

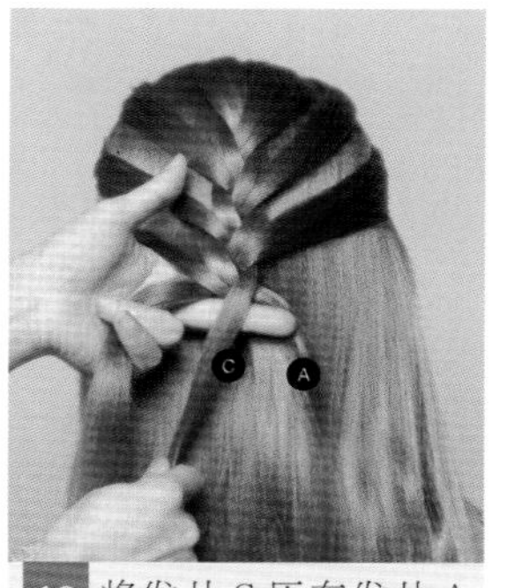

19 将发片 C 压在发片 A 之上。

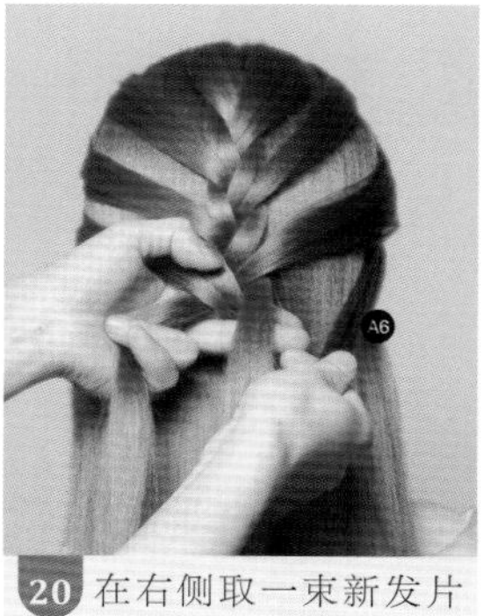

20 在右侧取一束新发片 A6。

21 将发片 A6 并入发片 C。

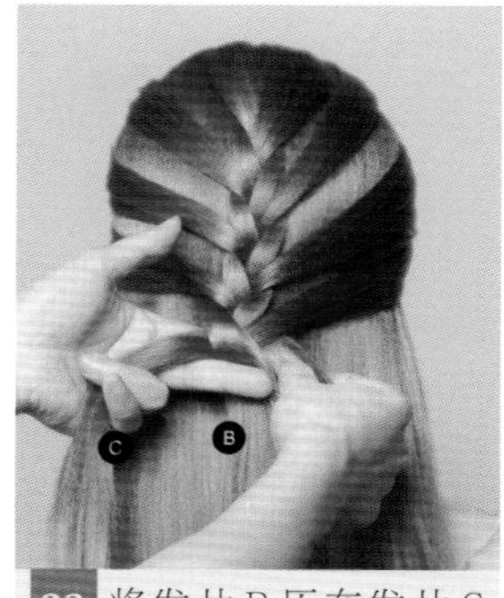

22 将发片 B 压在发片 C 之上。

23 在左侧取一束新发片 A7。

24 将发片 A7 并入发片 B。

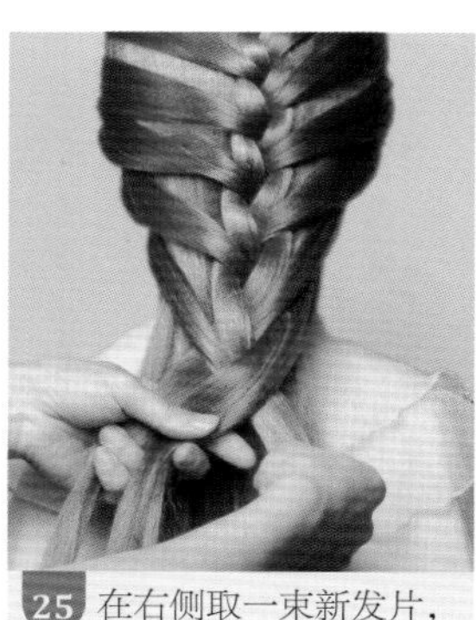

25 在右侧取一束新发片，继续编发。

26 继续进行三股续发编发。

27 在左侧取一束新发片。

28 继续以同样的手法进行编发。

29 在右侧取一束新发片。

30 继续以同样的手法进行编发。

31 在左侧取一束新发片。

32 继续以同样的手法进行编发。

33 将剩余头发进行三股编发。

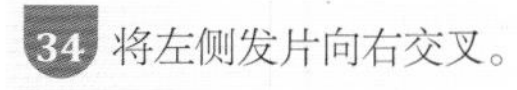

34 将左侧发片向右交叉。

35 将右侧发片向左交叉。

36 继续将左侧发片向右交叉。

37 继续将右侧发片向左交叉。

38 将发尾用皮筋扎起。

39 佩戴饰品，进行点缀。

05

三股穿发编发

扫描二维码
观看教学视频

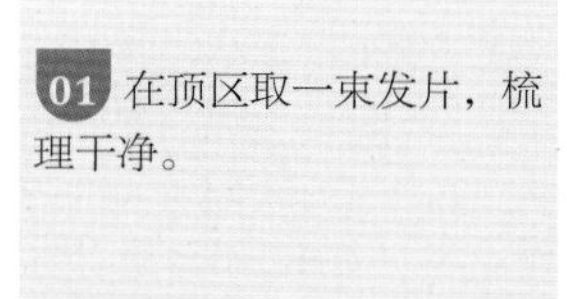

01 在顶区取一束发片，梳理干净。

02 将其分为 A、B、C 三束均等的发片。

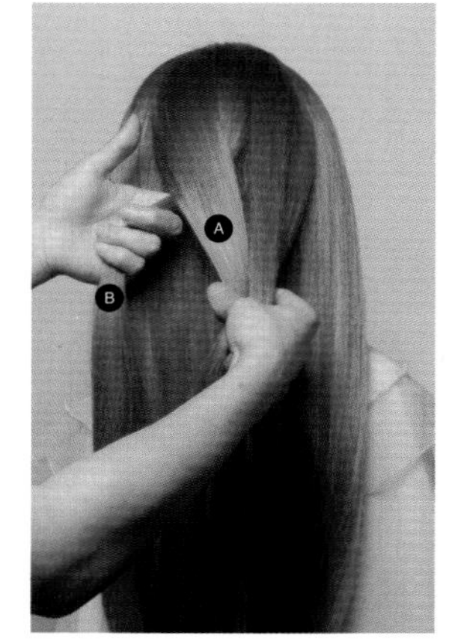

03 将发片 A 压在发片 B 之上。

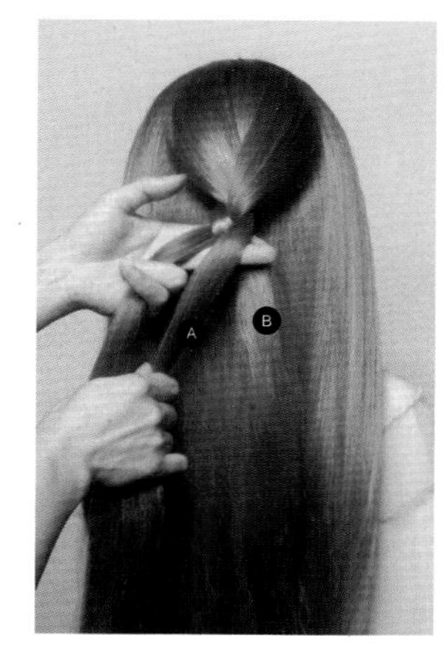

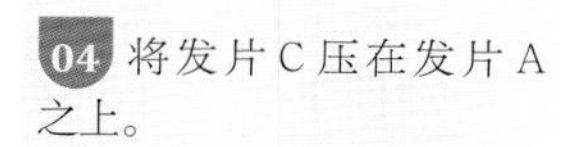

04 将发片 C 压在发片 A 之上。

05 将发片 B 压在发片 C 之上。

06 将发片 A 压在发片 B 之上。

07 将发片 C 压在发片 A 之上。

08 将发片 B 压在发片 C 之上。

09 重复上述步骤进行三股辫编发，编至发尾。

10 将发尾用皮筋扎起。

11 在左侧取一束发片。

12 将发片进行顺时针拧绳处理。

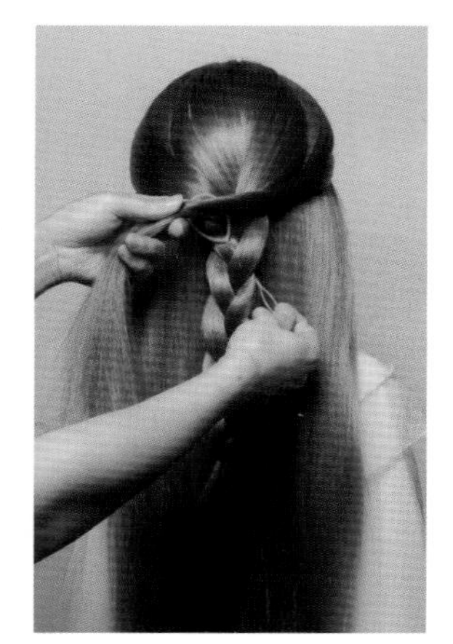

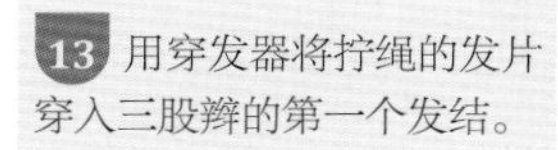

13 用穿发器将拧绳的发片穿入三股辫的第一个发结。

14 在右侧取一束发片，进行逆时针拧绳处理。

15 用穿发器将拧绳的发片穿入三股辫的第二个发结。

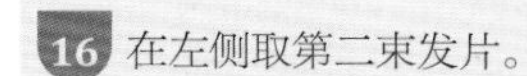

16 在左侧取第二束发片。

17 将第二束发片进行顺时针拧绳处理，用穿发器将其穿入三股辫的第三个发结。

18 在右侧取第二束发片，进行逆时针拧绳处理。

19 在左侧取第三束发片，进行顺时针拧绳处理，并用穿发器将其穿入三股辫的第四个发结。

20 在右侧取第三束发片，以同样的手法进行拧绳穿发。

21 在左侧取第四束发片，进行拧绳穿发。

22 在右侧取第四束发片，进行拧绳穿发。

23 在左侧取第五束发片，进行拧绳穿发。

24 继续以同样的手法进行拧绳穿发。

25 在左侧取最后一束发片，进行拧绳穿发。

26 将发尾握住，调整左右头发轮廓的对称性。

27 发型轮廓要鲜明。

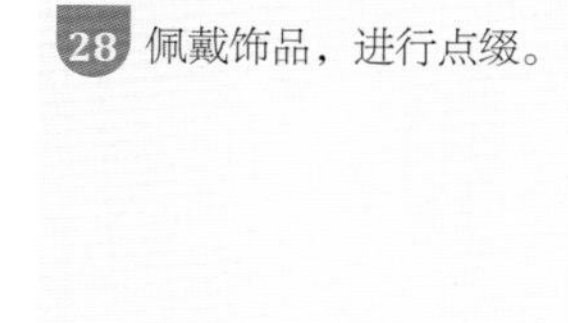

28 佩戴饰品，进行点缀。

反鱼骨拉花编发

扫描二维码
观看教学视频

01 在顶区取一束发片。

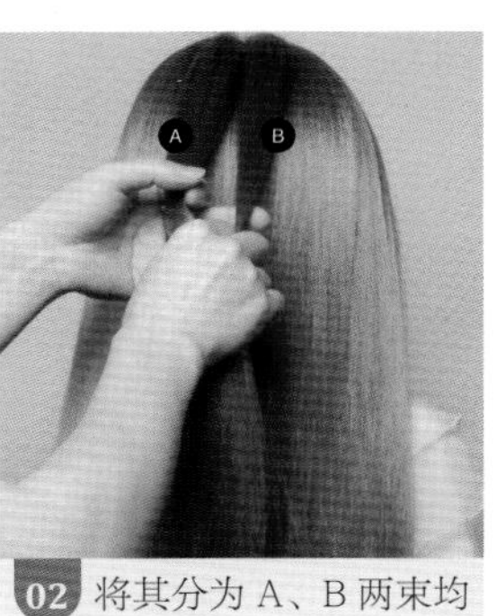

02 将其分为 A、B 两束均等的发片。

03 在发片 B 边缘取新发片 C。

04 发片 C 的发量要少于发片 A、B。

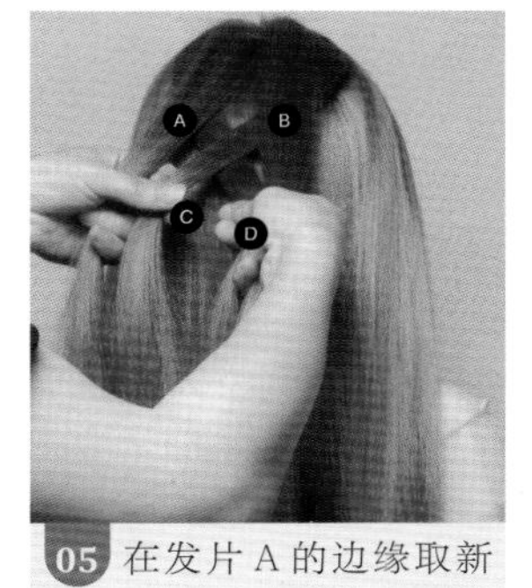

05 在发片 A 的边缘取新发片 D，将发片 C、D 分别穿过发片 B、A 下方，进行交叉，将发片 C 压在发片 D 之上。

06 将发片 B 分为 B1、B2 两束均等的发片。

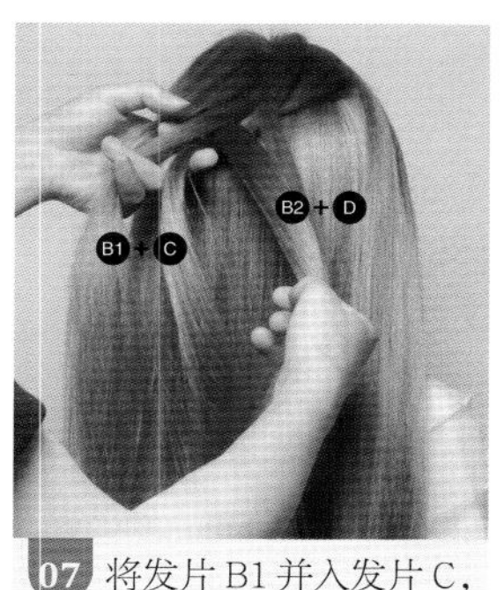

07 将发片 B1 并入发片 C，将发片 B2 并入发片 D。

08 在右侧取一束新发片 E。

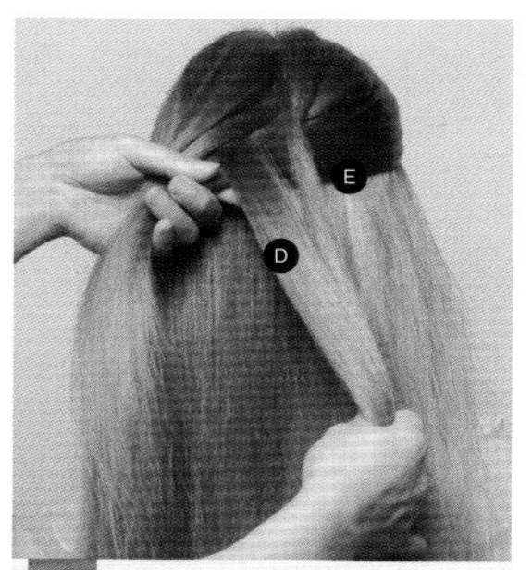

09 将发片 E 穿过发片 D 下方。

10 将发片 A 分为 A1、A2 两束均等的发片。

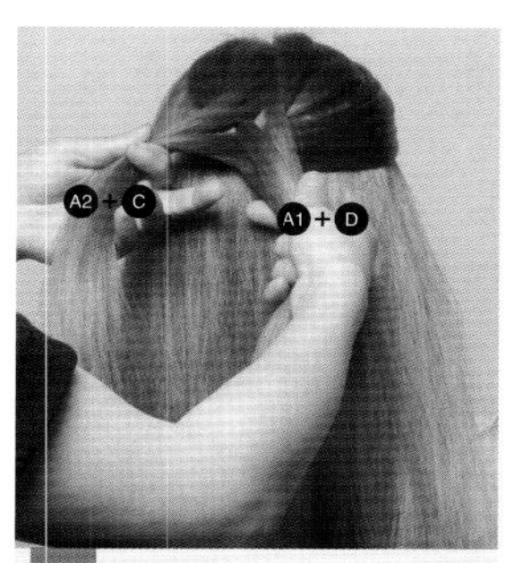

11 将发片 A1 并入发片 D，将发片 A2 并入发片 C。

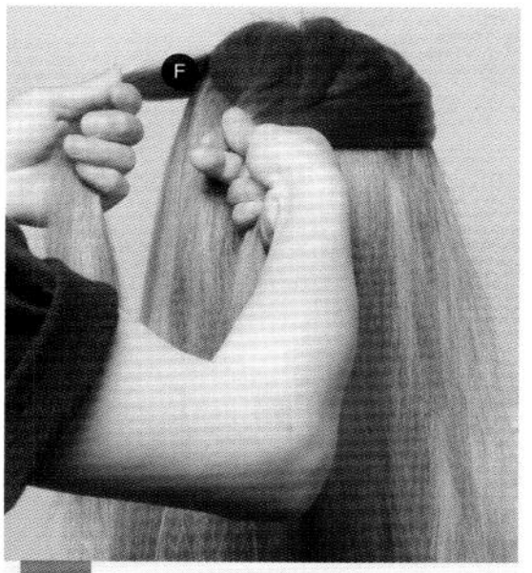

12 在左侧取一束新发片 F。

13 将发片 F 穿过发片 C 下方。

14 将发片 D 与发片 F 上下叠加。

15 将发片 D 穿过发片 F 下方，并入发片 C。

16 在右侧取一束新发片 G。

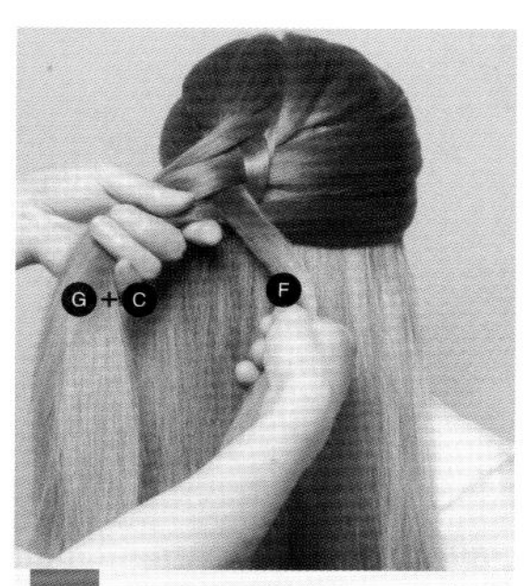

17 将发片 G 穿过发片 F 下方，并入发片 C。

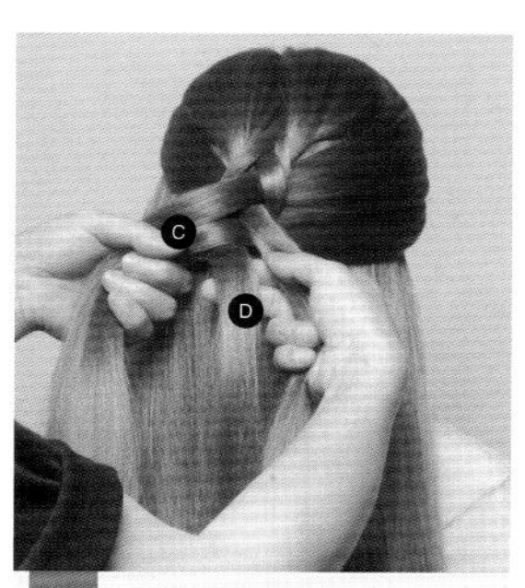

18 将发片 D 穿过发片 C 下方。

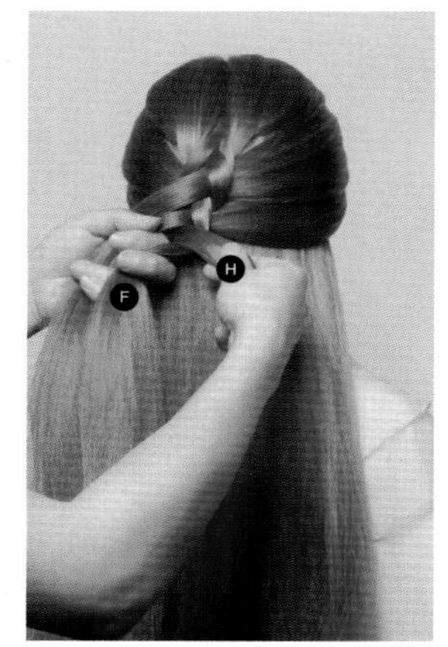

19 在左侧取一束新发片H。

20 将发片H穿过发片G下方。

21 将发片F穿过发片H下方。

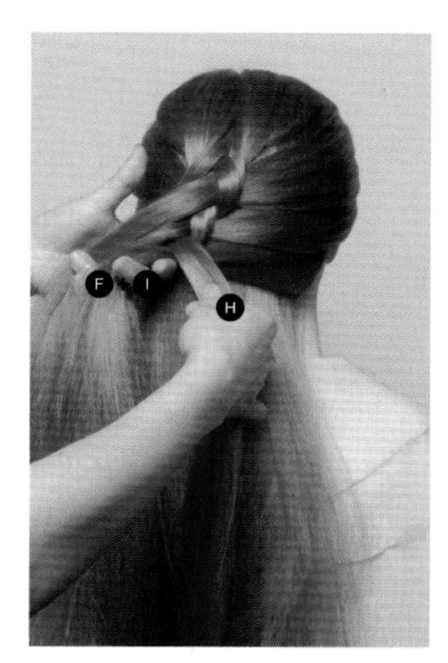

22 在右侧取一束新发片I。

23 将新发片I穿过发片H下方，并入发片F。

24 将左侧两束发片分出。

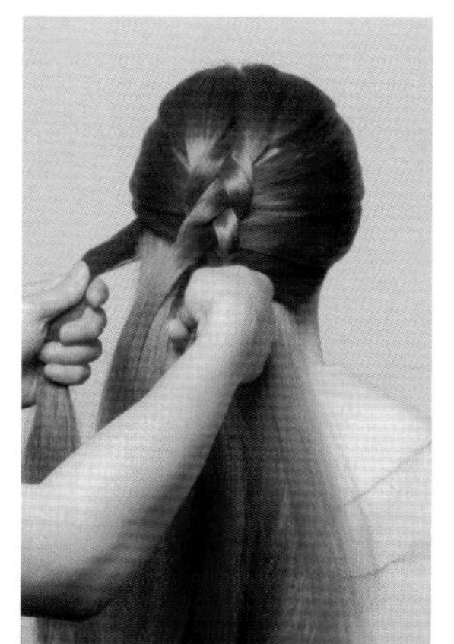

25 将左侧两束发片上下交叉，并将左侧发片向右侧编入。

26 在左侧取一束新发片。

27 将新发片向右续入，与右侧下方发片合并。

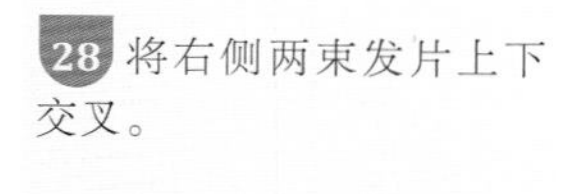

28 将右侧两束发片上下交叉。

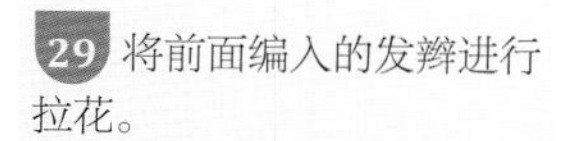

29 将前面编入的发辫进行拉花。

30 在左侧取新发片进行续入编发。

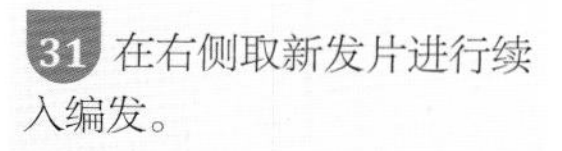

31 在右侧取新发片进行续入编发。

32 以同样的手法继续进行编发。

33 将编好的发辫边缘进行拉花。

34 以同样的手法继续编发，编至发尾。

35 暂时用手固定发尾，将发辫边缘进行拉花。

36 将发尾用皮筋扎起，佩戴饰品，进行点缀。

01 在顶区取一束发片。

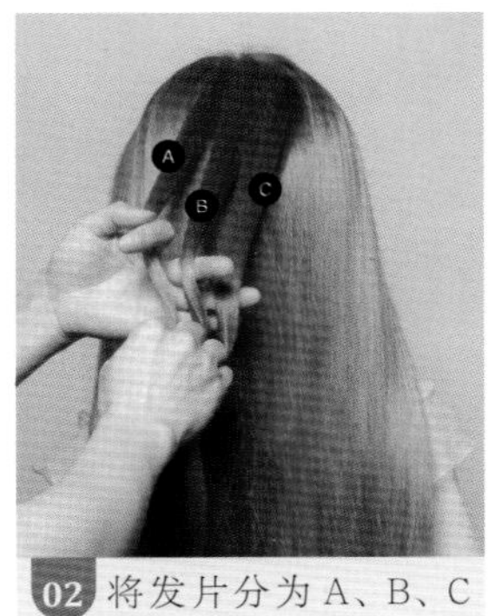

02 将发片分为A、B、C三束均等的发片。

03 将发片B压在发片A之上。

04 将发片A压在发片C之上。

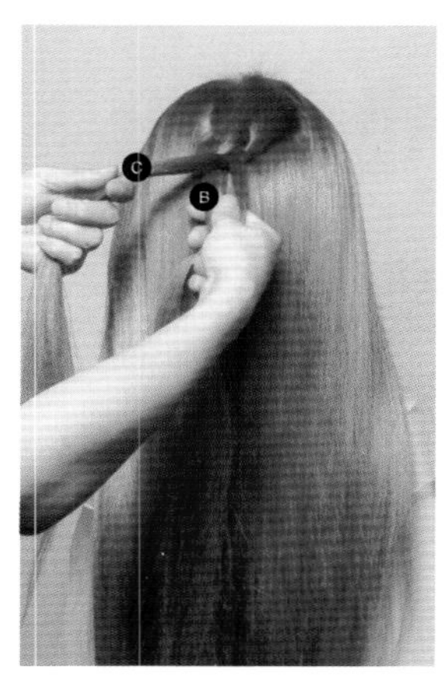

05 将发片 C 压在发片 B 之上。

06 在左侧取一束新发片 A1。

07 将发片 A1 穿过发片 C 下方，并入发片 B。

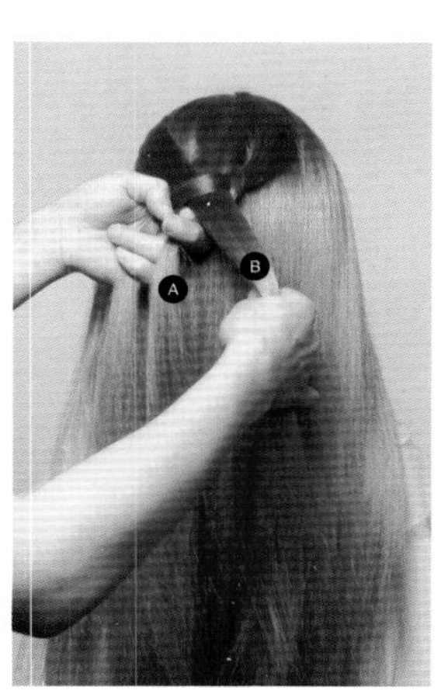

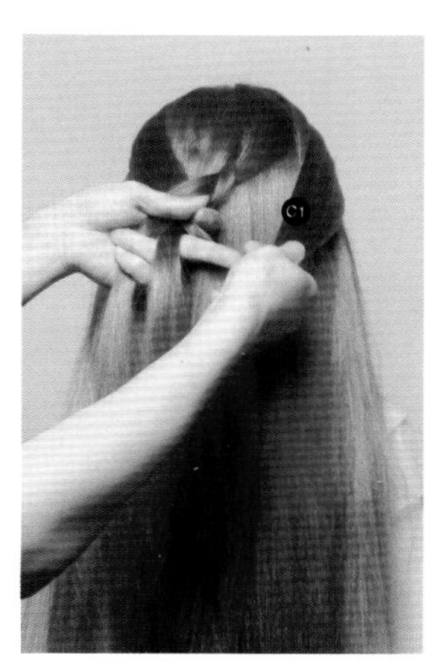

08 将发片 A 穿过发片 B 下方。

09 在右侧取一束新发片 C1。

10 将发片 C1 穿过发片 B 下方，并入发片 A。

11 将发片 C 穿过发片 A 下方。

12 在左侧取一束新发片 A2。

13 将发片 A2 穿过发片 A 下方，并入发片 C。

14 发片要处理光洁、干净，发片的发量要均等。

15 将发片 B 穿过发片 C 下方。

16 在右侧取一束新发片 C2。

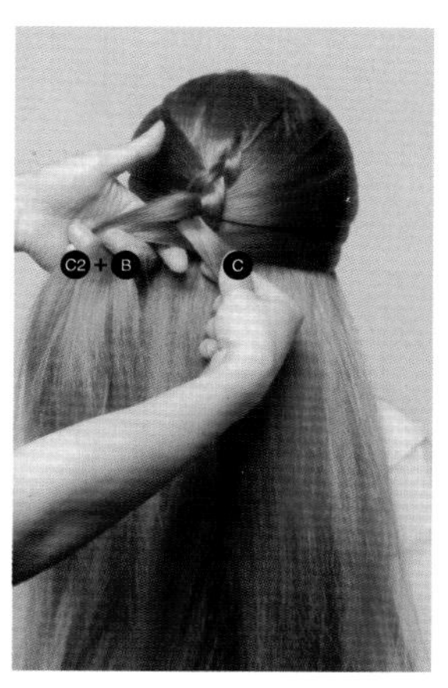

17 将发片 C2 穿过发片 C 下方，并入发片 B。

18 将发片 A 穿过发片 B 下方。

19 在左侧取一束新发片 A3。

20 将发片 A3 穿过发片 B 下方，并入发片 A。

21 将编好的发辫边缘进行拉花。

22 继续以同样的手法进行编发。

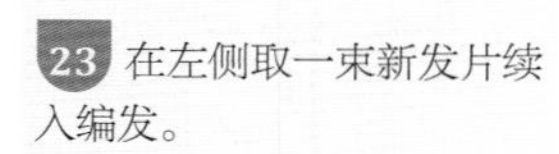

23 在左侧取一束新发片续入编发。

24 将左侧的两束发片上下交叉继续编发。

25 将右侧的两束发片上下交叉继续编发。

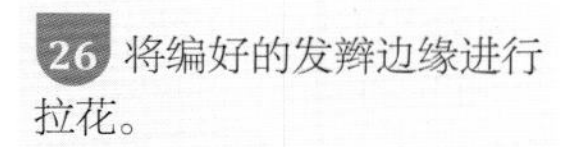

26 将编好的发辫边缘进行拉花。

27 继续以同样的手法进行反三股编发。

28 编至发尾。

29 将发辫边缘进行拉花，左右轮廓要大致对称。

30 将发尾用皮筋扎起。

31 佩戴饰品，进行点缀。

08

反五股拉花编发

扫描二维码
观看教学视频

01 在顶区取一束发片。

02 将其分为 A、B 两束均等的发片。

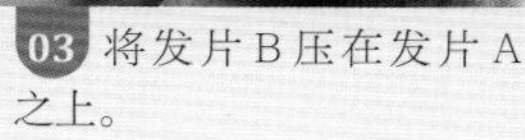

03 将发片 B 压在发片 A 之上。

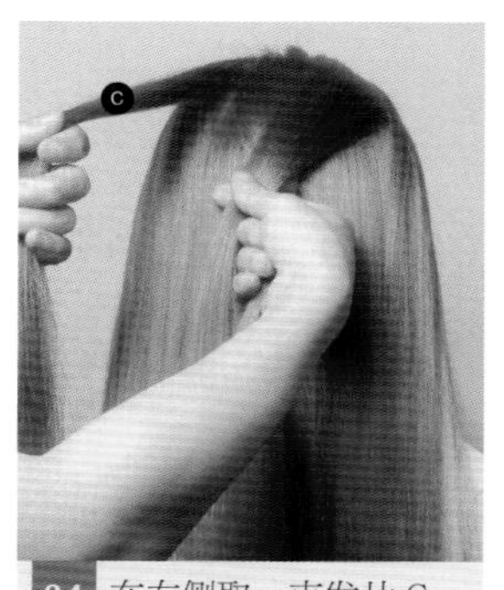

04 在左侧取一束发片 C。

05 将发片 C 压在发片 B 之上。

06 将发片 A 向上提拉。

07 在右侧取一束发片 D。

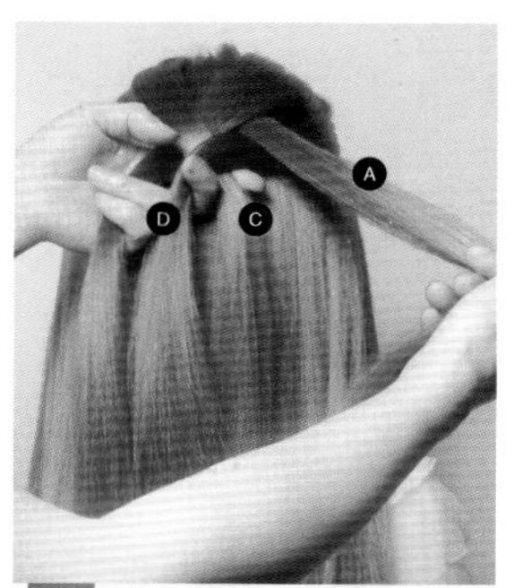

08 将发片 D 穿过发片 A 下方，压在发片 C 之上。

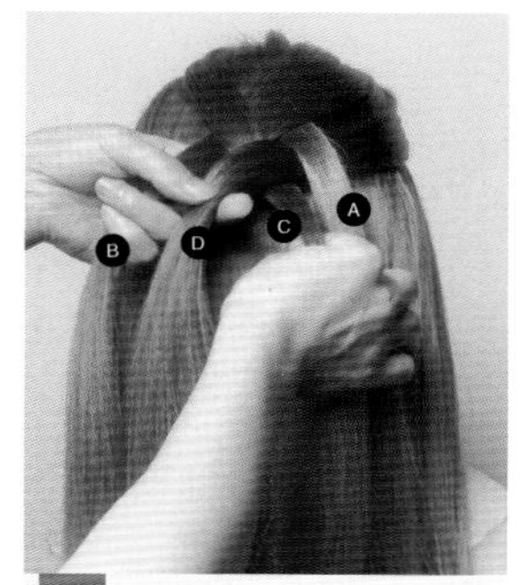

09 将编入的发片梳理干净。

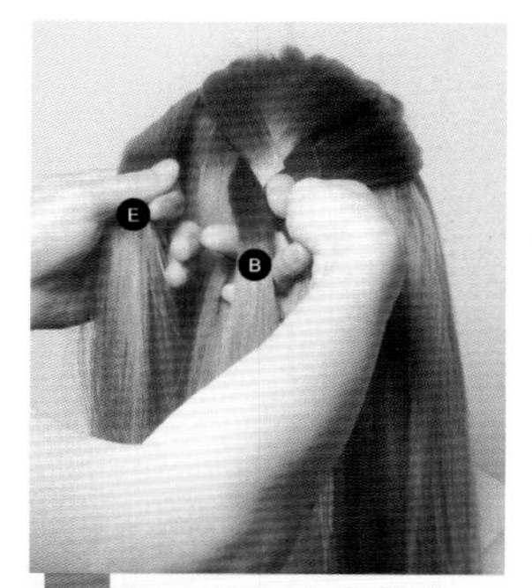

10 将发片 B 向上提拉，在左侧取一束发片 E。

11 将发片 E 穿过发片 B 下方。

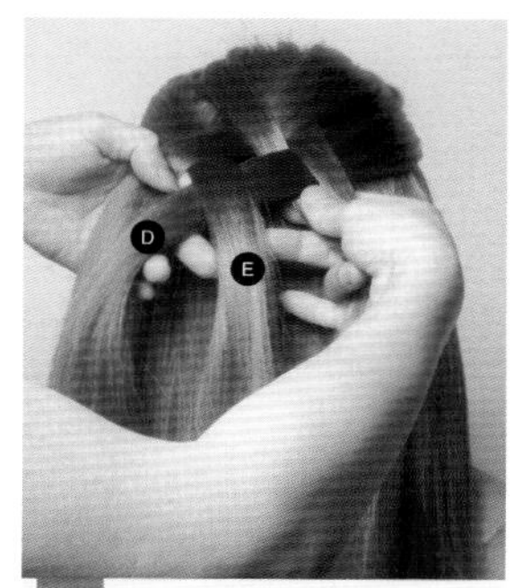

12 将发片 E 压在发片 D 之上。

13 将编入的发片梳理干净。

14 将发片 A 穿过发片 C 下方。

15 将发片 A 压在发片 E 之上。

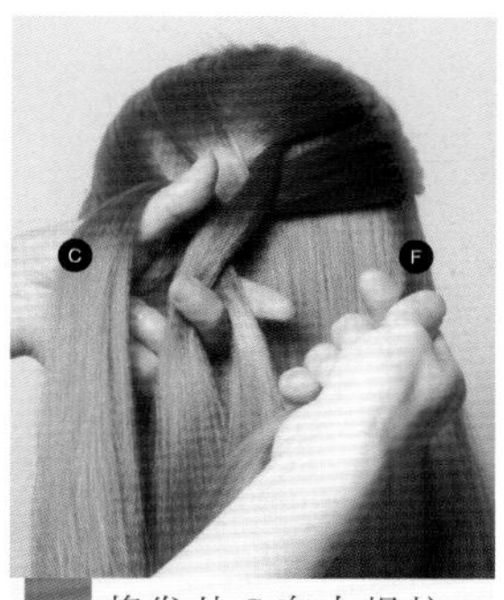

16 将发片 C 向上提拉，在右侧取一束发片 F。

17 将发片 F 并入发片 A。

18 将发片 C 放下。

19 将左右发片梳理干净。

20 将发片 B 穿过发片 D 下方。

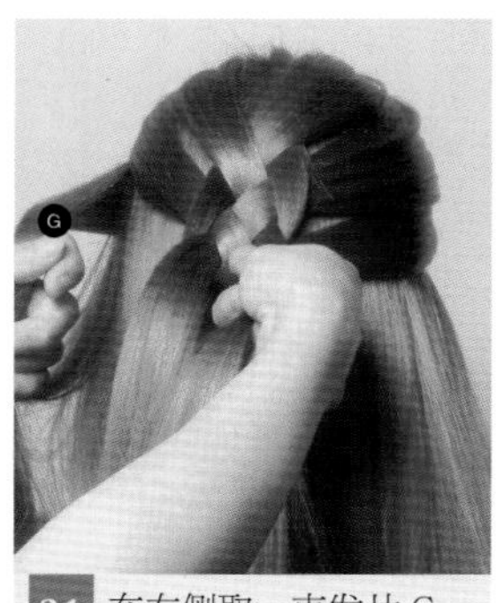

21 在左侧取一束发片 G。

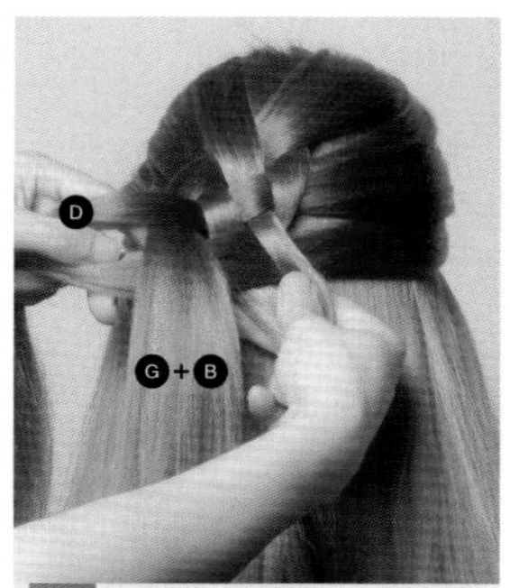

22 将发片 G 穿过发片 D 下方，并将发片 G 并入发片 B。

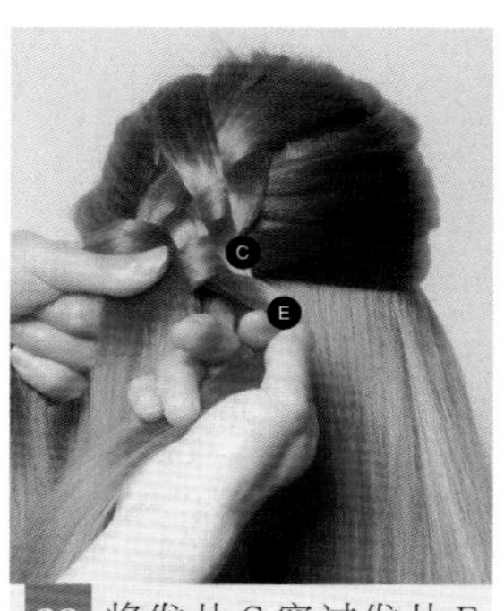

23 将发片 C 穿过发片 E 下方。

24 将发片 C 压在发片 B 之上。

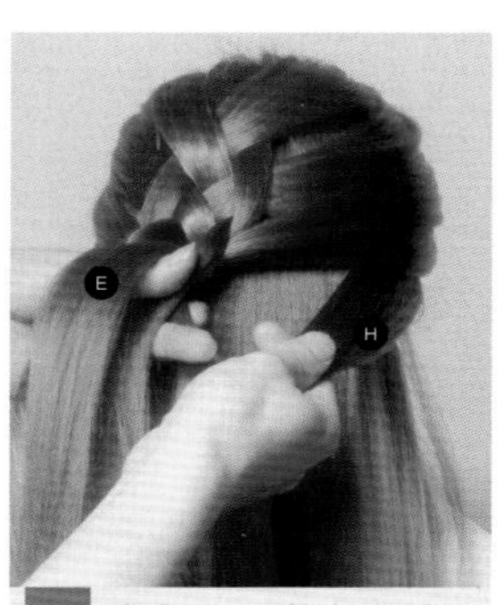

25 将发片 E 向上提拉，在右侧取一束发片 H。

26 将发片 H 并入发片 C。

27 将发片 E 放下。

28 将发片 D 穿过发片 A 下方。

29 将发片梳理干净，将发片 A 向上提拉。

30 在左侧取一束发片 I。

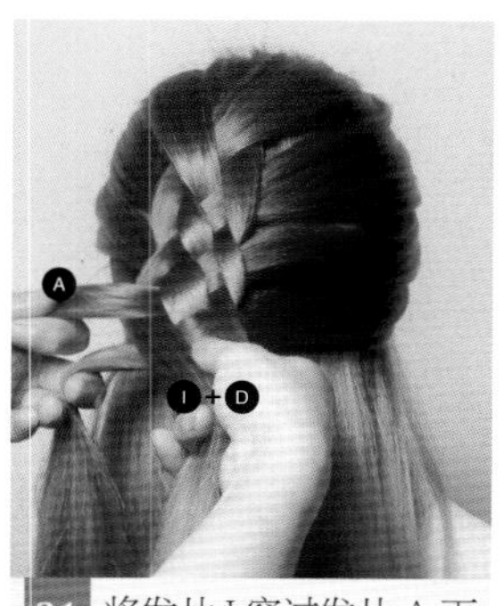

31 将发片I穿过发片A下方，并将发片I并入发片D。

32 将发片梳理干净，发辫要编得紧致有型。

33 将编好的发辫边缘进行拉花。

34 继续进行编发和拉花。

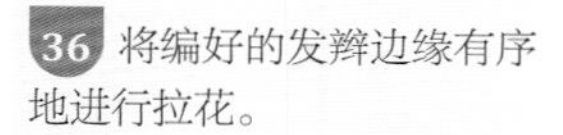

35 以同样的手法进行反五股编发。

36 将编好的发辫边缘有序地进行拉花。

37 采用同样的手法编发，编至发尾。

38 握紧发辫的尾端进行拉花。

39 将发尾用皮筋固定。

40 佩戴饰品，进行点缀。

09

系发马尾编发

扫描二维码
观看教学视频

01 将所有头发向后梳理干净。

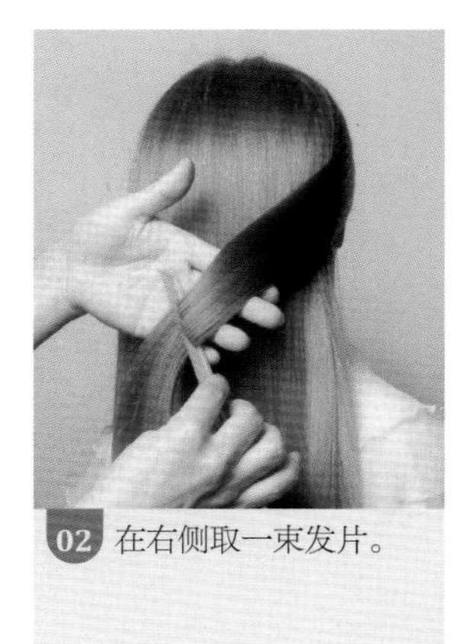

02 在右侧取一束发片。

03 将发片拉向左侧。

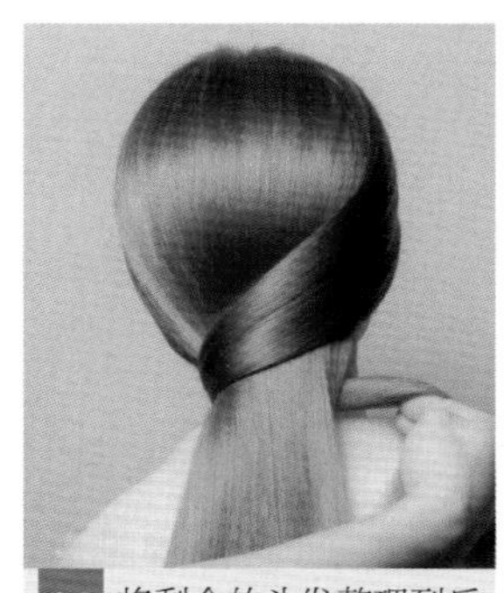

04 将剩余的头发整理到后发区，用拉到左侧的发片缠绕一圈。

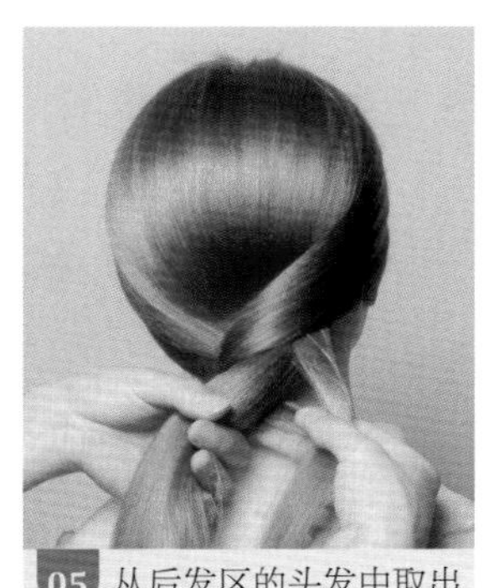

05 从后发区的头发中取出一束发片，与右侧发片缠绕后剩余的发尾并列对齐。

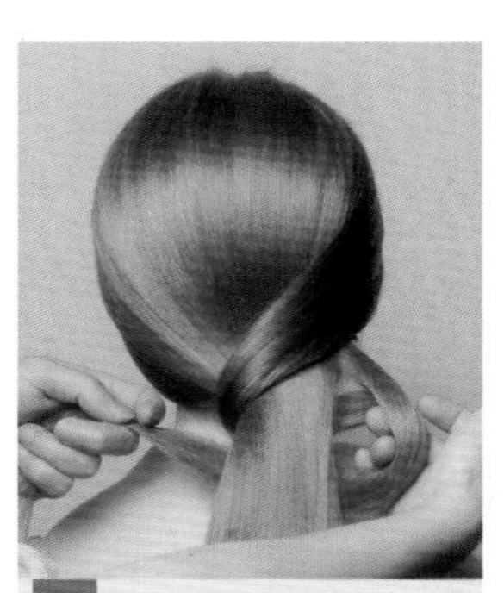

06 将两束发片合并，从右向左对折，将发尾从后发区发片下方穿过。

07 将发尾向上提拉，从左向右穿过对折的发片。

08 继续从后发区的头发中取一束发片。

09 将两束发片并列对齐。

10 将两束发片合并，从上向下对折。

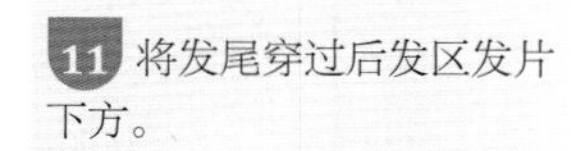

11 将发尾穿过后发区发片下方。

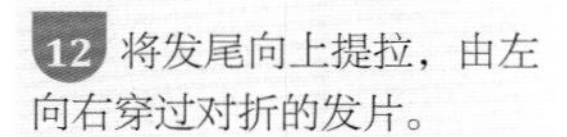

12 将发尾向上提拉，由左向右穿过对折的发片。

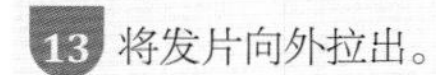

13 将发片向外拉出。

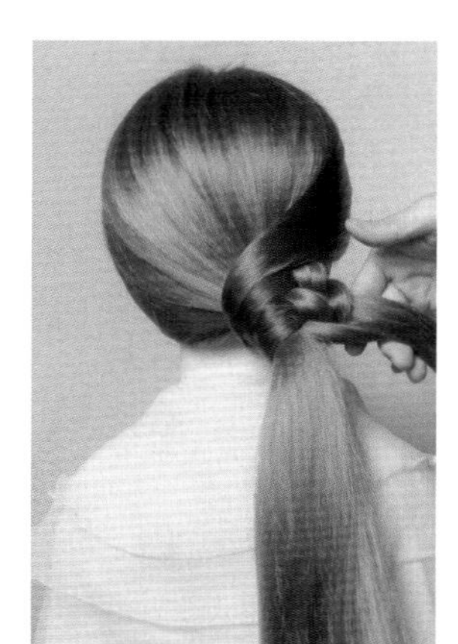

14 提拉发片，使发辫紧致。

15 继续从后发区取一束发片。

16 将两束发片并列对齐。

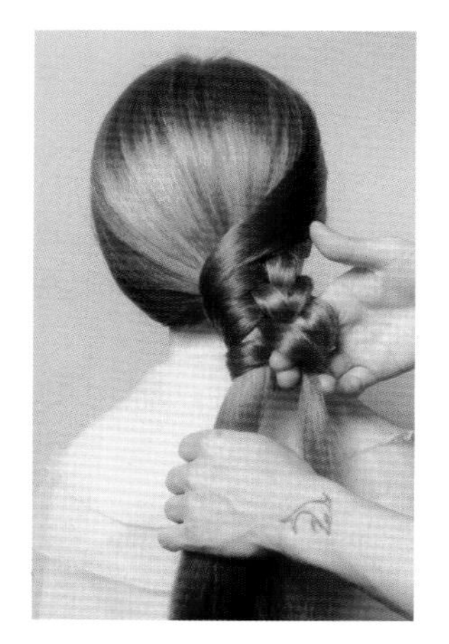

17 将两束发片合并，从右向左对折。

18 将发尾穿过后发区发片下方。

19 将发尾向上提拉，由左向右穿过对折的发片。

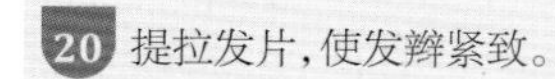

20 提拉发片，使发辫紧致。

21 继续从后发区取一束发片。

22 将两束发片并列对齐。

23 将两束发片合并，从右向左对折，再将发尾穿过后发区发片下方。

24 将发尾向上提拉，由左向右穿过对折的发片。

25 提拉发片，使发辫紧致。

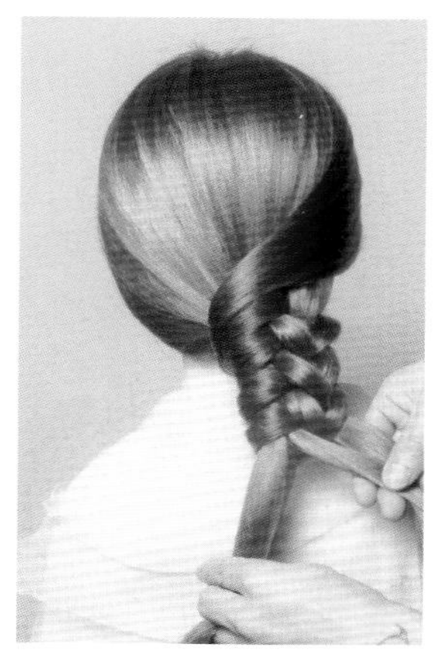

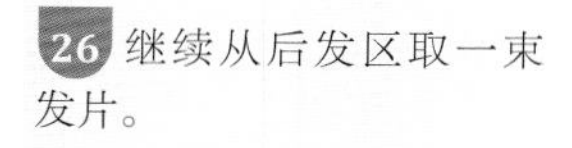

26 继续从后发区取一束发片。

27 将两束发片并列对齐。

28 将两束发片合并，从右向左对折，再将发尾穿过后发区发片下方。

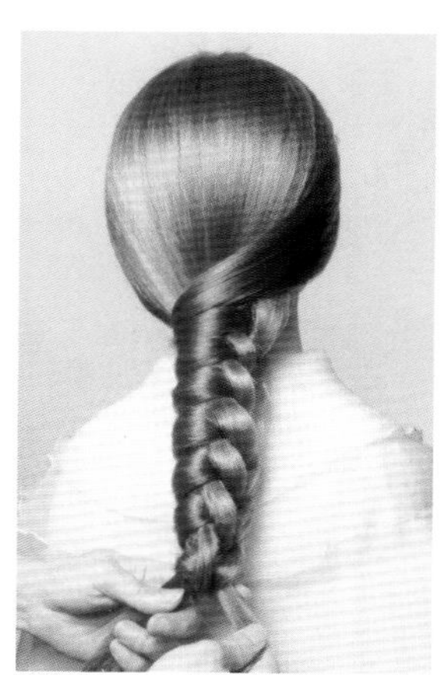

29 将发尾由左向右穿过对折的发片。提拉发片，使发辫紧致。

30 继续以同样的手法编发。

31 编至发尾。

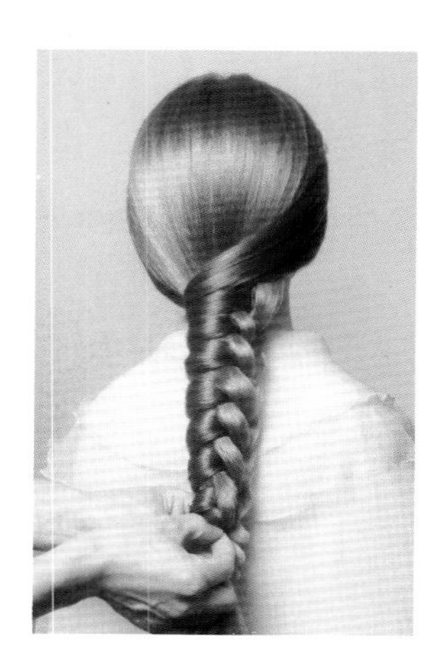

32 将发尾用皮筋扎起。

33 调整发辫的纹理轮廓。

34 佩戴饰品，进行点缀。

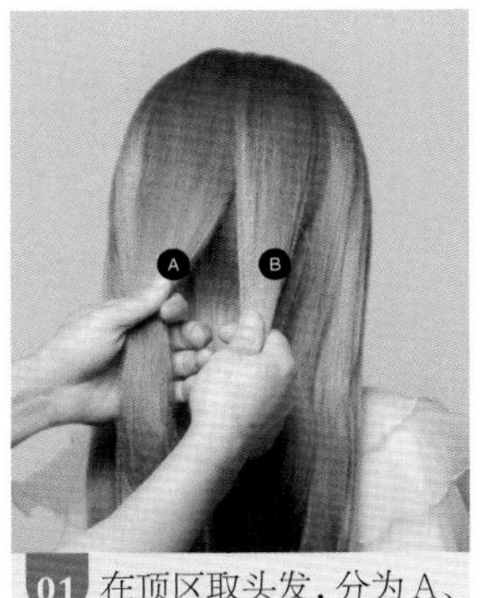

01 在顶区取头发，分为 A、B 两束发片。

02 在右侧取一束新发片 B1。

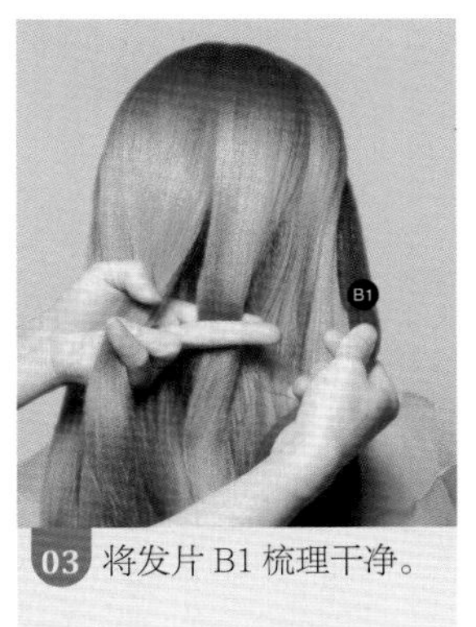

03 将发片 B1 梳理干净。

04 将发片 B1 穿过发片 B 下方。

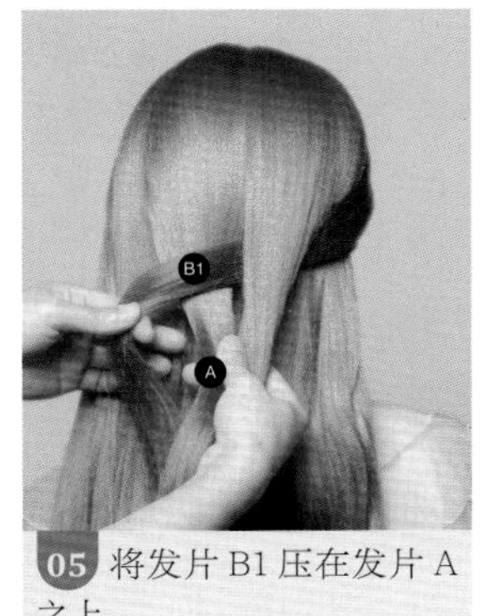

05 将发片 B1 压在发片 A 之上。

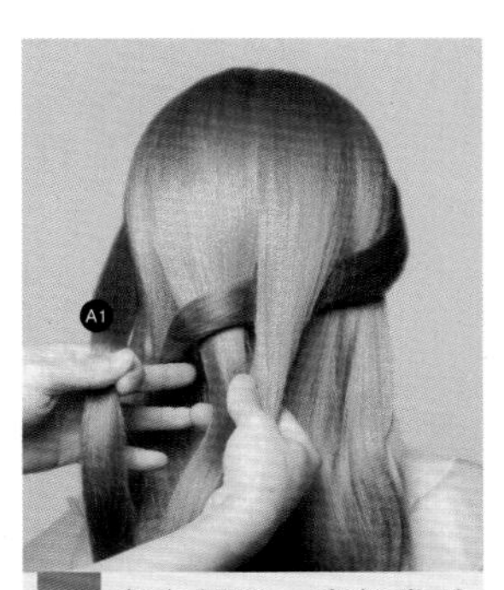

06 在左侧取一束新发片 A1。

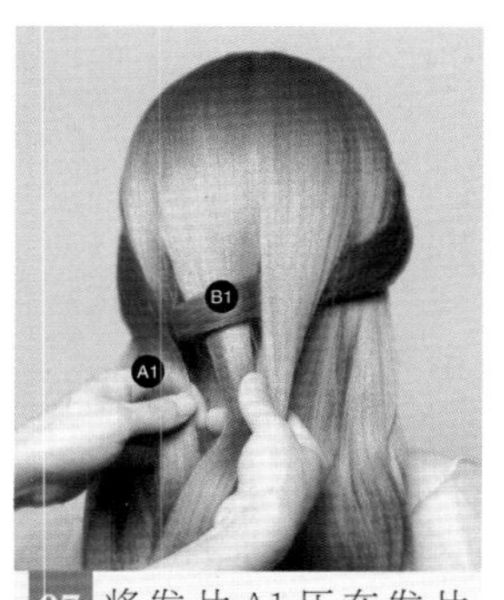

07 将发片 A1 压在发片 B1 之上。

08 将发片 A1 穿过发片 A 下方。

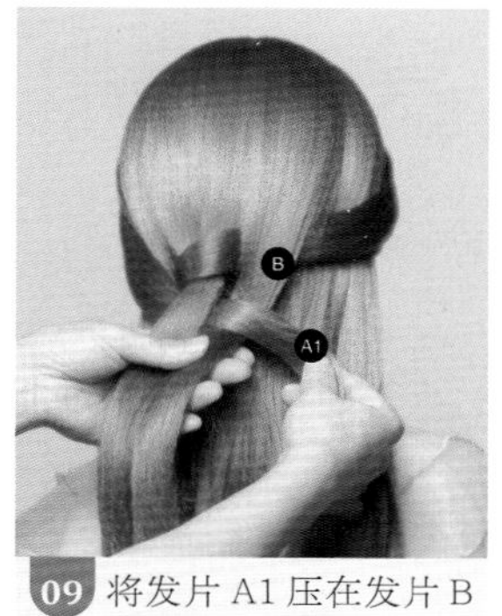

09 将发片 A1 压在发片 B 之上。

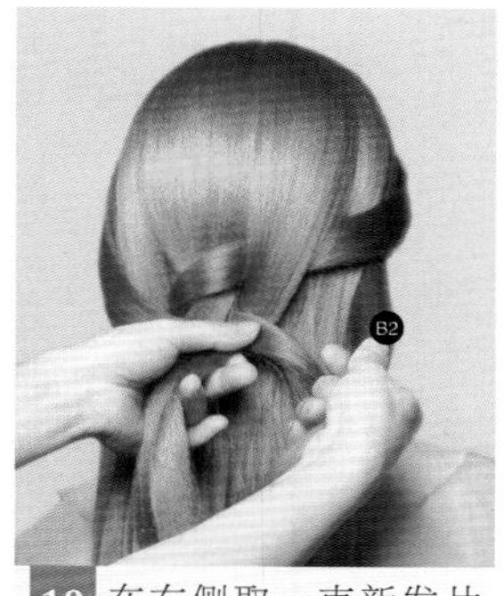

10 在右侧取一束新发片 B2。

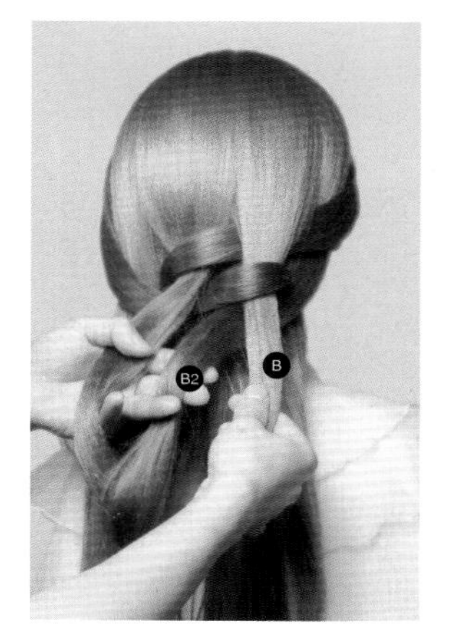

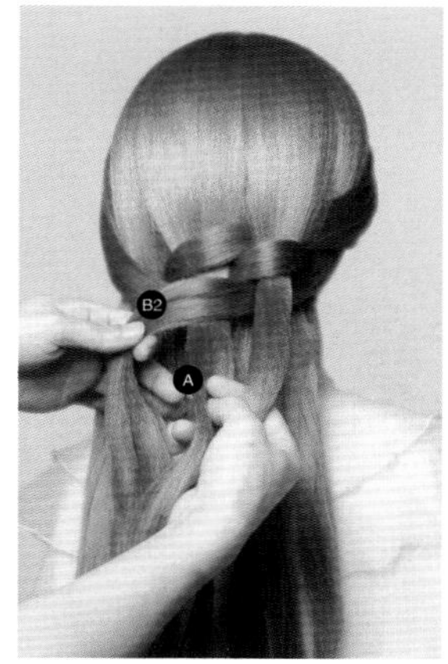

11 将发片 B2 压在发片 A1 之上。

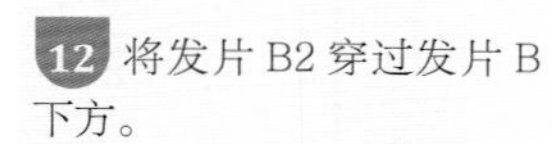

12 将发片 B2 穿过发片 B 下方。

13 将发片 B2 压在发片 A 之上。

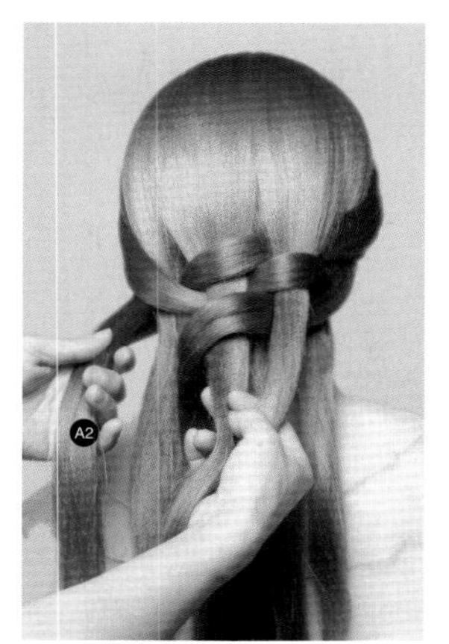

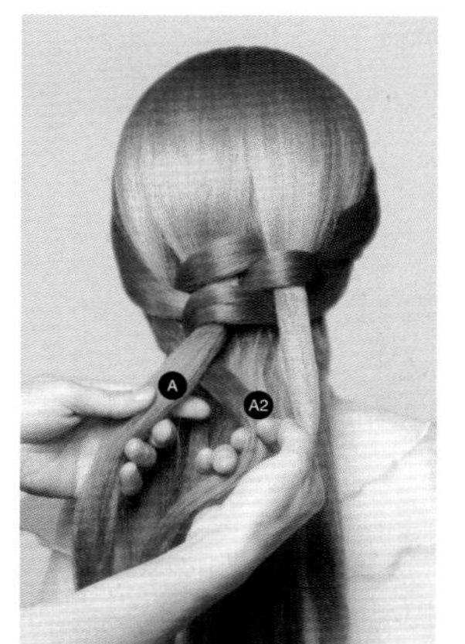

14 在左侧取一束新发片 A2。

15 将发片 A2 压在发片 B2 之上。

16 将发片 A 压在发片 A2 之上。

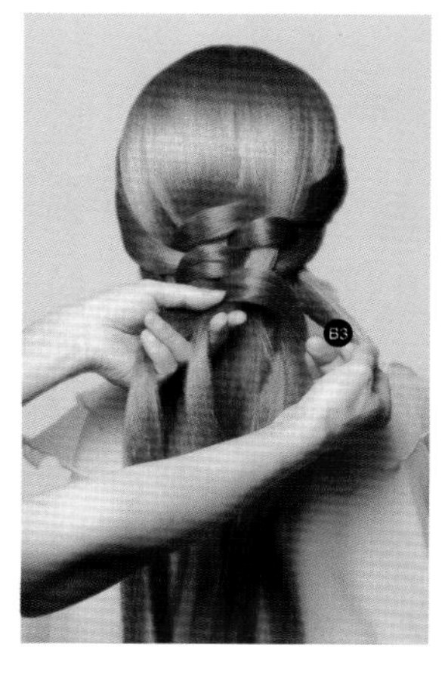

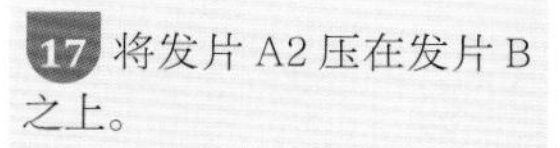

17 将发片 A2 压在发片 B 之上。

18 在右侧取一束新发片 B3。

19 将发片 B3 压在发片 A2 之上。

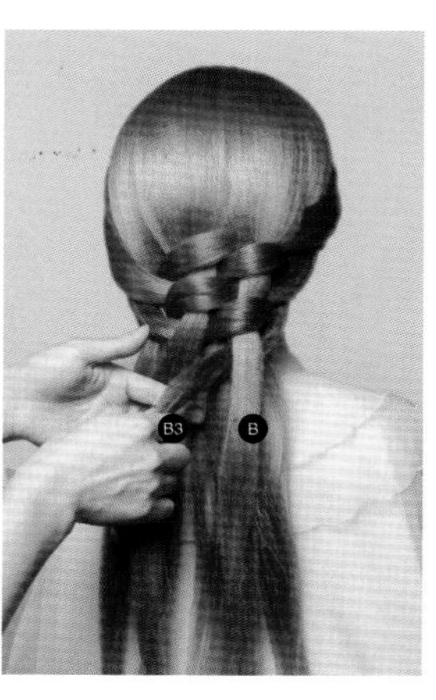

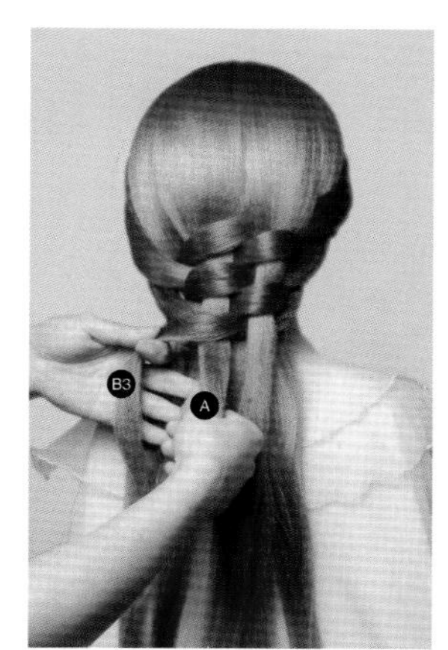

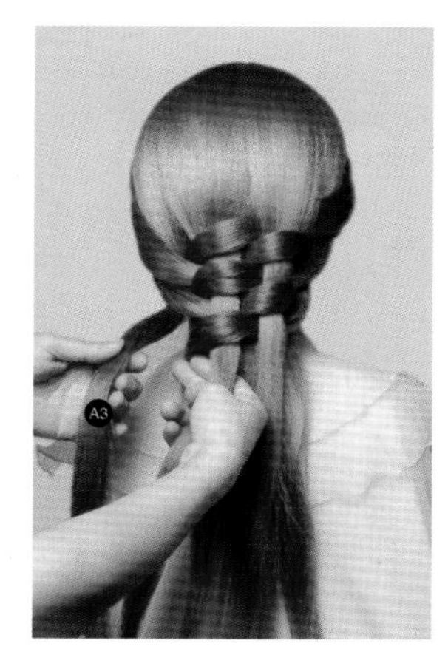

20 将发片 B3 穿过发片 B 下方。

21 将发片 B3 压在发片 A 之上。

22 在左侧取一束新发片 A3。

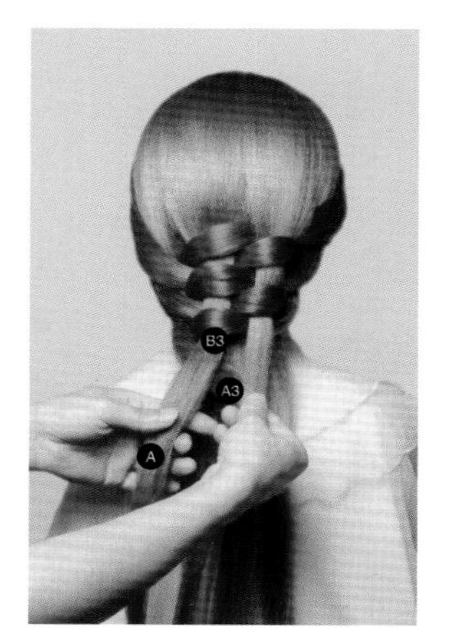

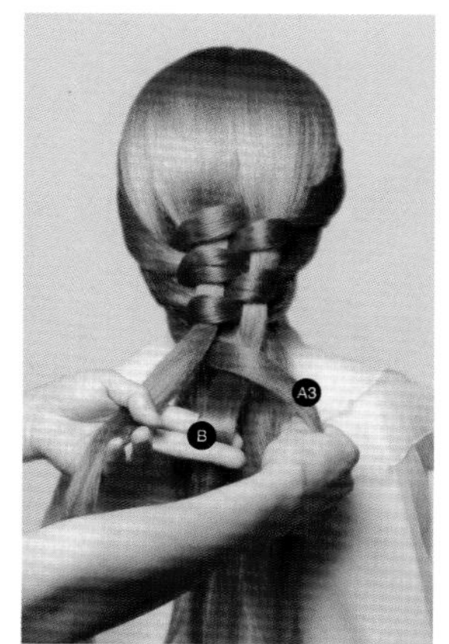

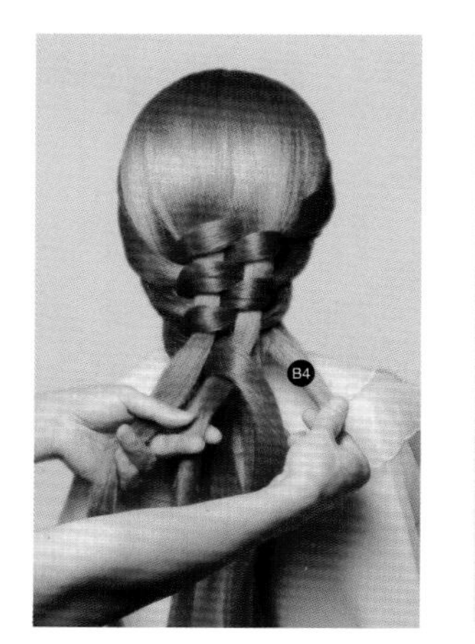

23 将发片 A3 压在发片 B3 之上，穿过发片 A 下方。

24 将发片 A3 压在发片 B 之上。

25 在右侧取一束新发片 B4。

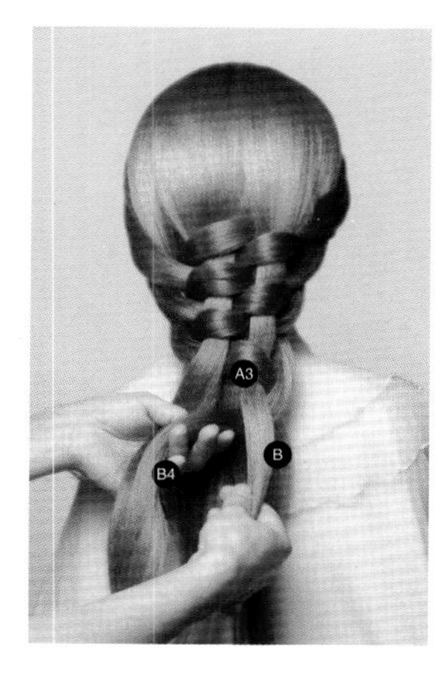

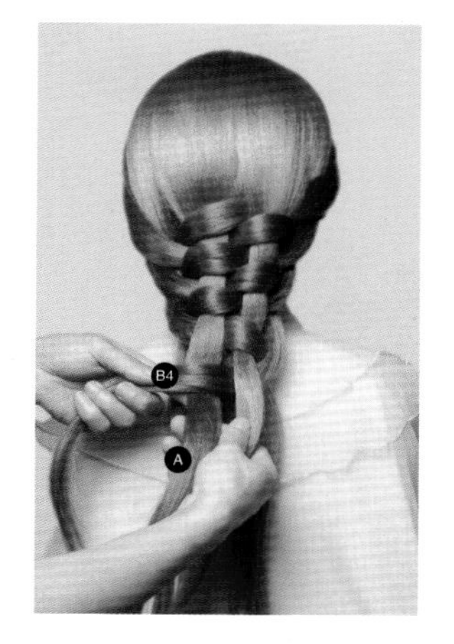

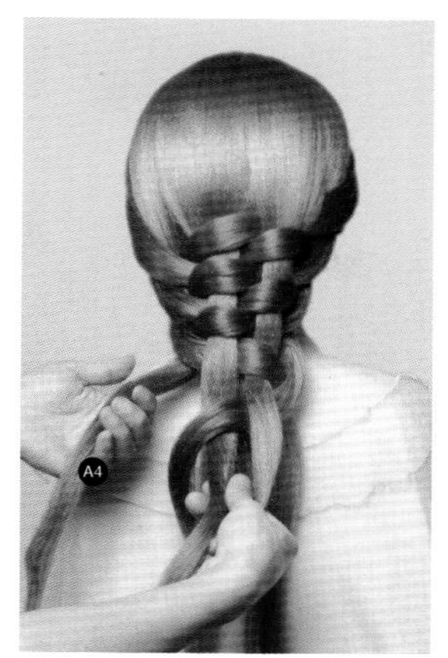

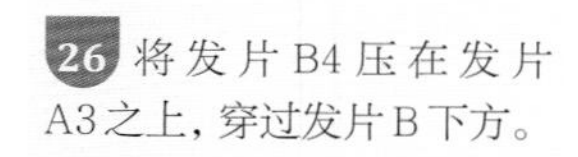

26 将发片 B4 压在发片 A3 之上，穿过发片 B 下方。

27 将发片 B4 压在发片 A 之上。

28 在左侧取一束新发片 A4。

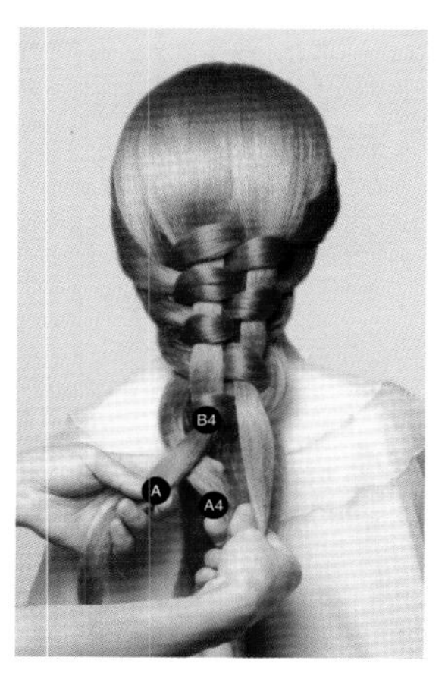

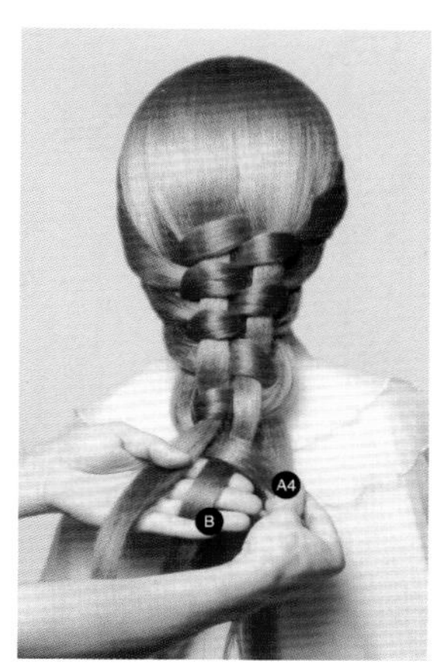

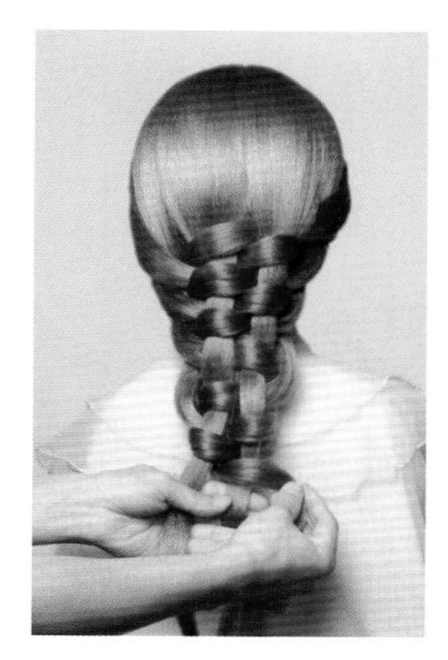

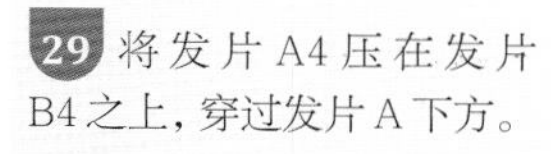

29 将发片 A4 压在发片 B4 之上，穿过发片 A 下方。

30 将发片 A4 压在发片 B 之上。

31 继续以同样的手法编发，编至尾端。

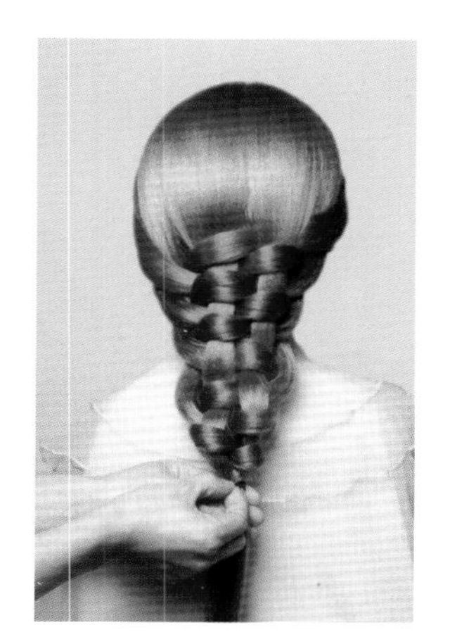

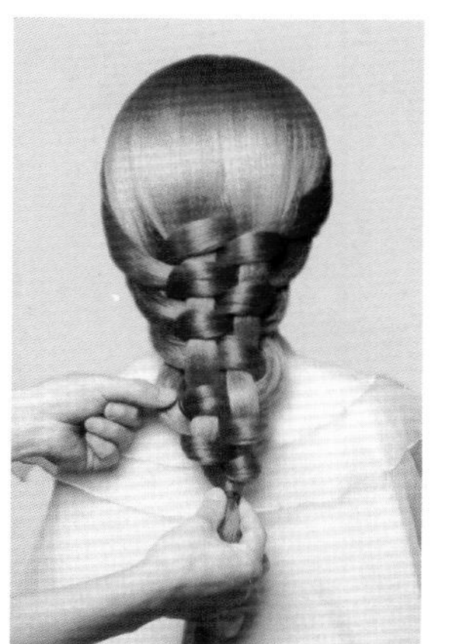

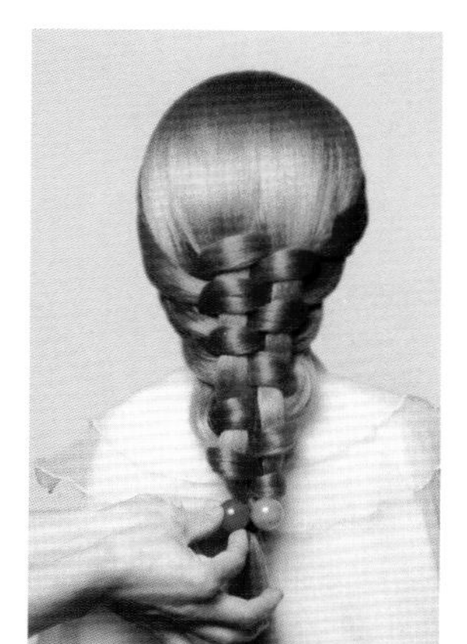

32 将发尾用皮筋扎起。

33 调整发辫的轮廓、纹理。

34 佩戴饰品，进行点缀。

两股加发扭扭编发

扫描二维码
观看教学视频

01 在顶区取一束发片，将其梳理干净。

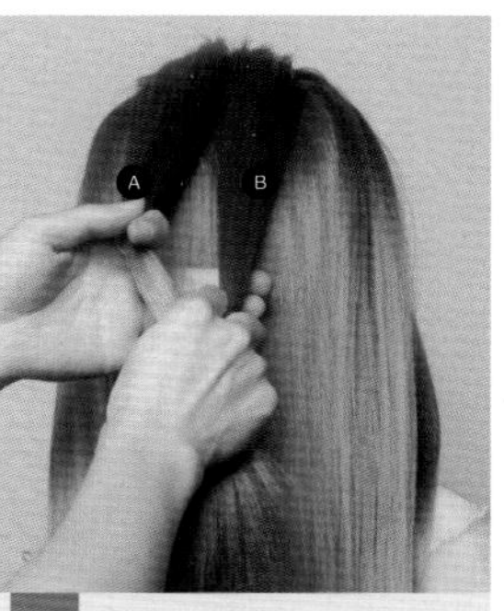

02 将发片分为 A、B 两束均等的发片。

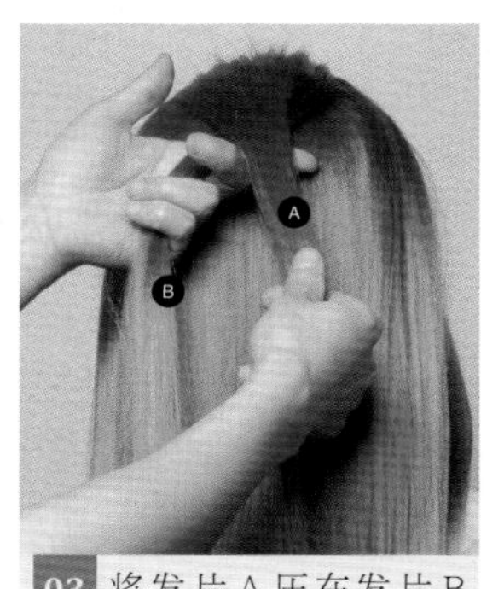

03 将发片 A 压在发片 B 之上。

04 在右侧取一束发片 C。

05 将发片 A 并入发片 C，将发片 C 穿过发片 B 下方。

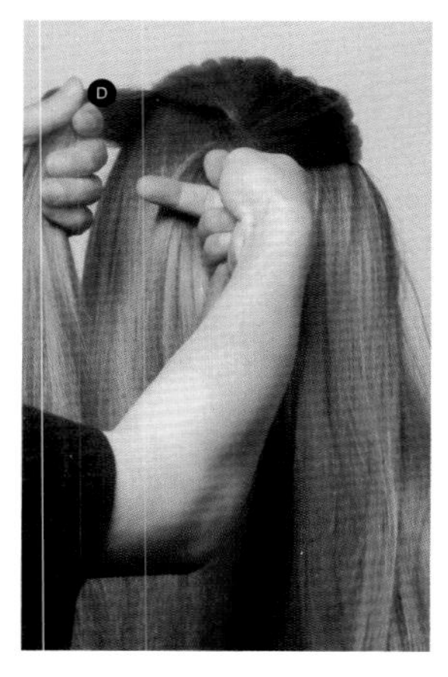

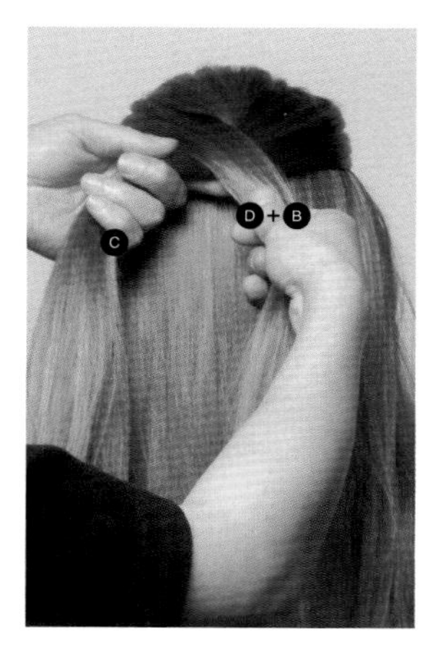

06 在左侧取一束发片D。

07 将发片D压在发片C之上，将发片B并入发片D。

08 在右侧取一束发片E。

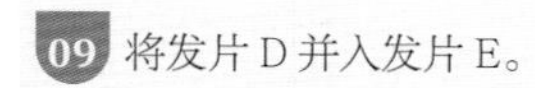

09 将发片D并入发片E。

10 将发片E穿过发片C下方。

11 在左侧取一束发片F。

12 将发片F压在发片E之上，将发片C并入发片F。

13 在右侧取一束发片G。

14 将发片F并入发片G。

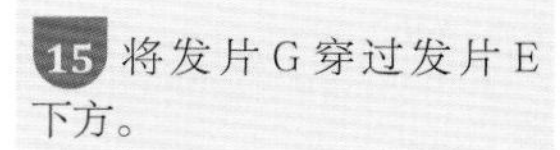
15 将发片G穿过发片E下方。

16 在左侧取一束发片H。

17 将发片E并入发片H。

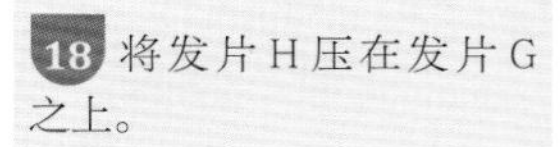
18 将发片H压在发片G之上。

19 在右侧取一束发片I。

20 将发片H并入发片I。

21 将发片I穿过发片G下方。

22 在左侧取一束发片J。

23 将发片J压在发片I上方，将发片G并入发片J。

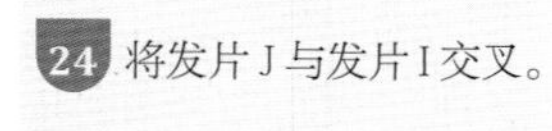

24 将发片J与发片I交叉。

25 将发片I穿过发片J下方。

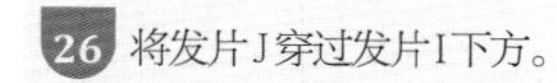

26 将发片J穿过发片I下方。

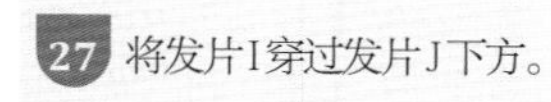

27 将发片I穿过发片J下方。

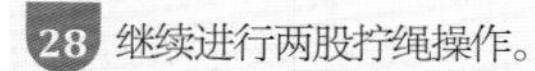

28 继续进行两股拧绳操作。

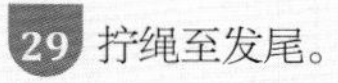

29 拧绳至发尾。

30 将发尾用皮筋扎起。

31 将左右发片的轮廓进行调整。

32 佩戴饰品，进行点缀。

12 排骨编发

扫描二维码
观看教学视频

01 在顶区取一束发片。

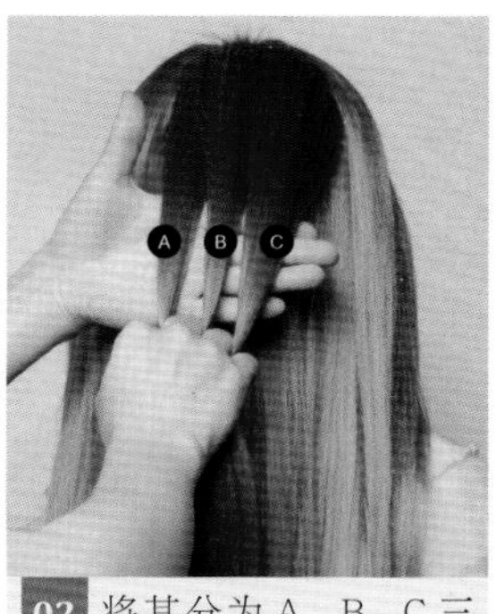

02 将其分为 A、B、C 三束发片。

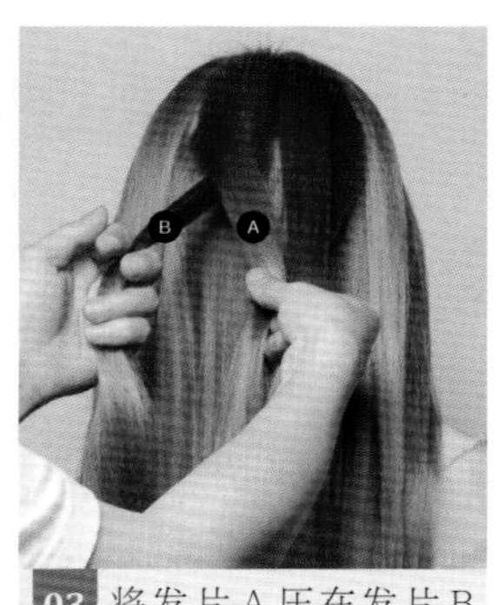

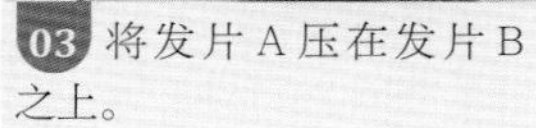

03 将发片 A 压在发片 B 之上。

04 将发片 C 压在发片 A 之上。

05 将发片 B 由左向右提拉。

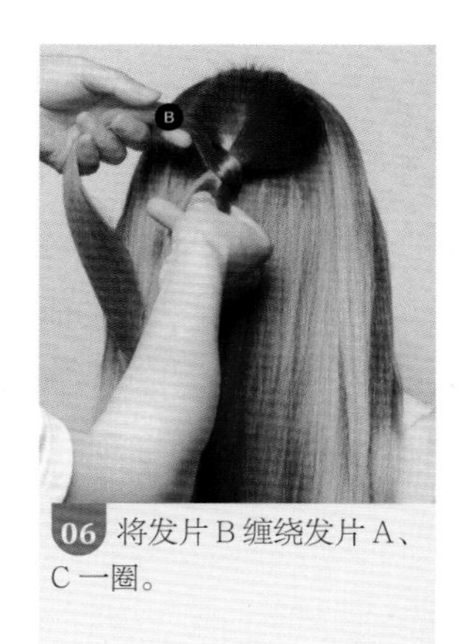

06 将发片 B 缠绕发片 A、C 一圈。

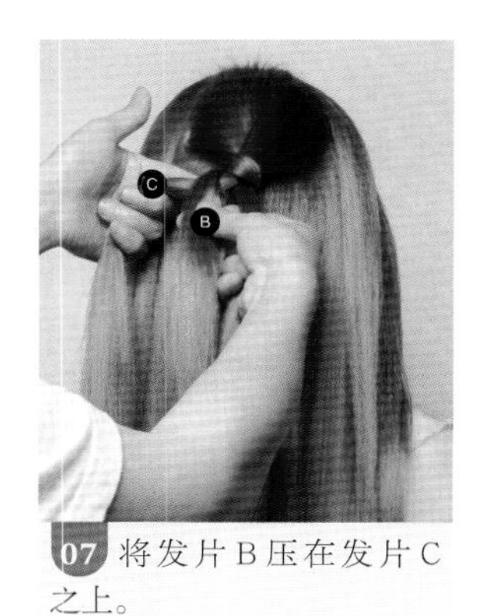

07 将发片 B 压在发片 C 之上。

08 在左侧取一束发片。

09 将新取的发片并入发片 B。

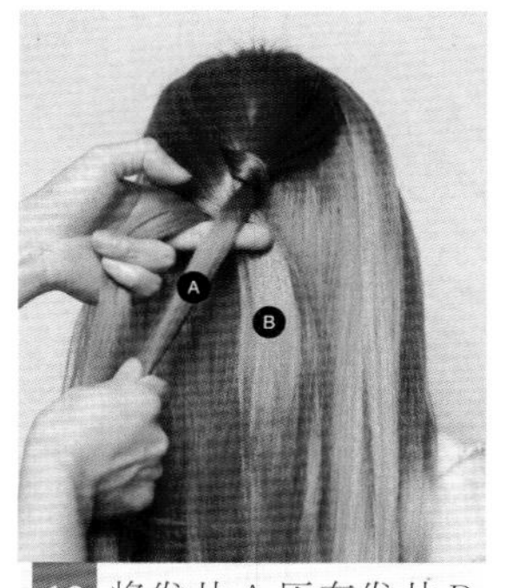

10 将发片 A 压在发片 B 之上。

11 在右侧取一束发片。

12 将新取的发片并入发片 A。

13 将发片 C 压在发片 A 之上。

14 将发片 C 穿过发片 A、B 下方，从右向左提拉。

15 将发片 C 压在发片 A 之上。

16 在左侧取一束发片。

17 将新取的发片由左向右提拉。

18 将新取的发片并入发片 C。

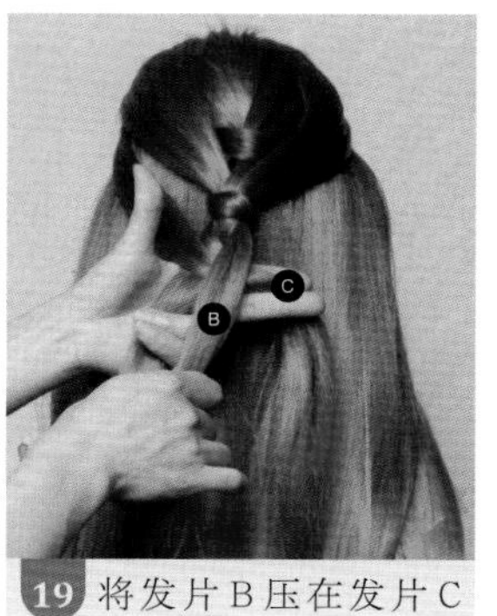

19 将发片 B 压在发片 C 之上。

20 在右侧取一束发片。

21 将新取的发片由右向左提拉。

22 将新取的发片并入发片 B。

23 将发片 A 压在发片 B 之上。

24 将发片 A 缠绕发片 B、C 一圈。

25 在左侧取一束发片。

26 将新取的发片由左向右提拉。

27 将新取的发片并入发片 A。

28 将发片 C 压在发片 A 之上。

29 在右侧取一束发片。

30 将新取的发片并入发片 C。

31 将发片 B 取出来。

32 将发片 B 压在发片 C、A 之上。

33 将发片 B 由右向左穿过发片 A、C 下方。

34 在左侧取一束发片。

35 将新取的发片并入发片 B。

36 将发片 A 压在发片 B 之上。

37 在右侧取一束发片。

38 将新取的发片并入发片 A。

39 将发片 C 压在发片 A 之上，缠绕发片 A、B 一圈。

40 在左侧取一束发片。

41 将新取的发片并入发片 C。

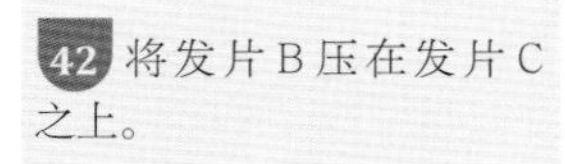

42 将发片 B 压在发片 C 之上。

43 在右侧取一束发片。

44 将新取的发片并入发片 B。

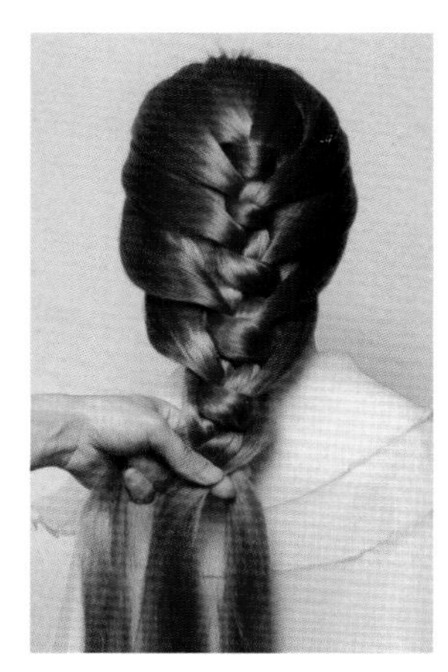

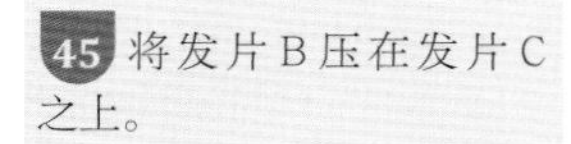

45 将发片 B 压在发片 C 之上。

46 发辫要编得紧致一些。

47 将发片 A、B、C 整理顺滑。

48 取出发片 A。

49 将发片 A 由左向右提拉，压在发片 B、C 之上。

50 将发片 A 由右向左穿过发片 B、C 下方。

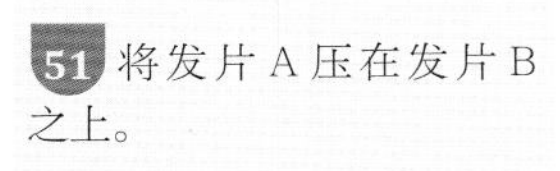
51 将发片 A 压在发片 B 之上。

52 将发片 C 压在发片 A 之上。

53 将发片 B 压在发片 C 之上。

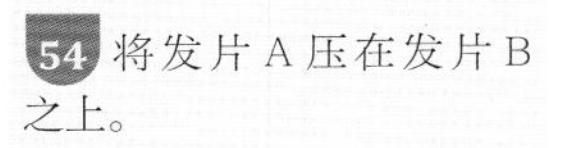
54 将发片 A 压在发片 B 之上。

55 将发片 C 压在发片 A 之上。

56 将发片 B 压在发片 C 之上。

57 采用同样的手法进行三股编发收尾。

58 将发尾用皮筋扎起。

59 佩戴饰品，进行点缀。

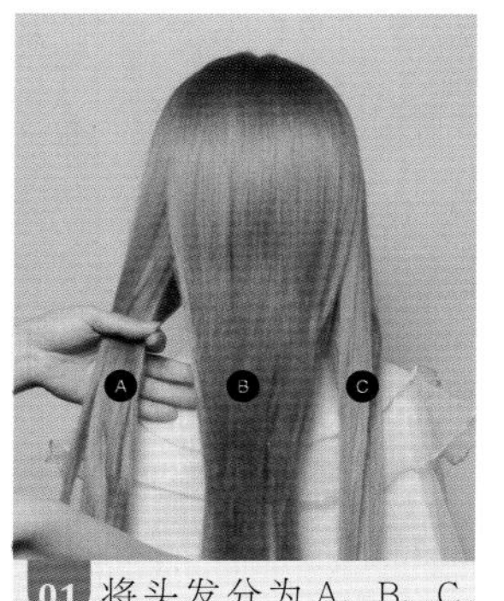

01 将头发分为 A、B、C 三束发片。

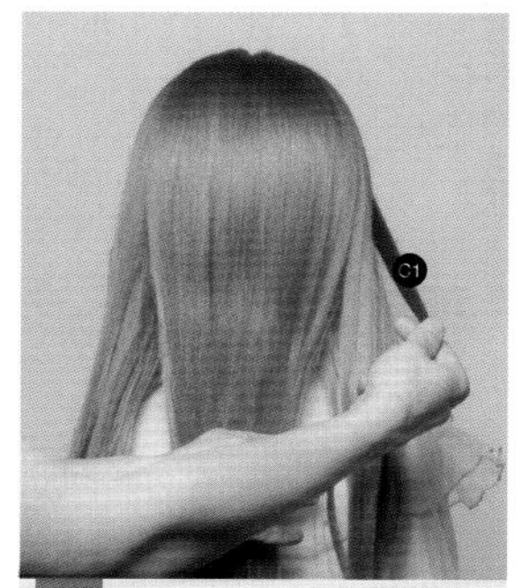

02 在发片 C 中取一束新发片 C1。

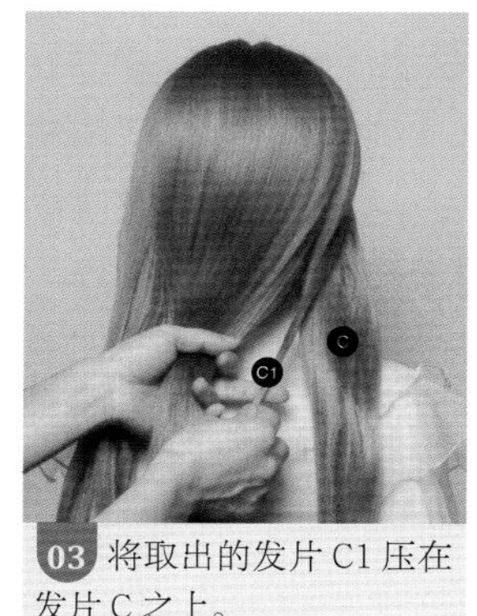

03 将取出的发片 C1 压在发片 C 之上。

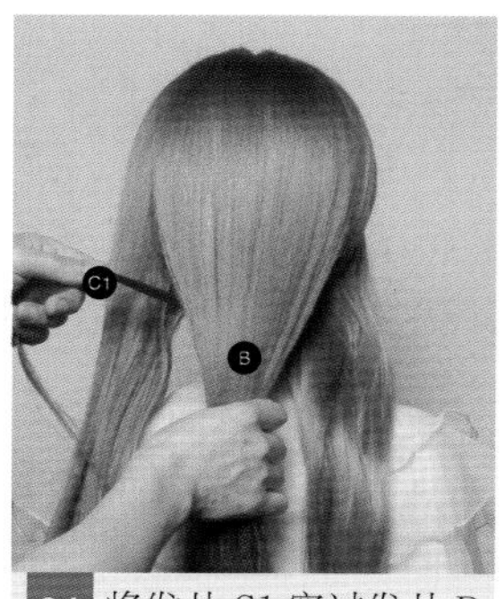

04 将发片 C1 穿过发片 B 下方。

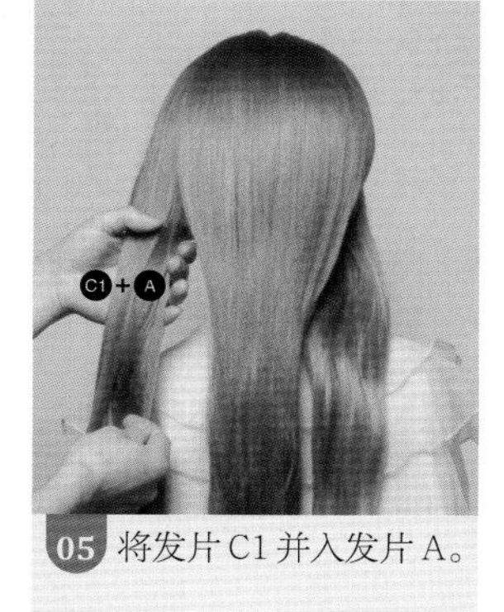

05 将发片 C1 并入发片 A。

06 在发片 A 中取一束新发片 A1。

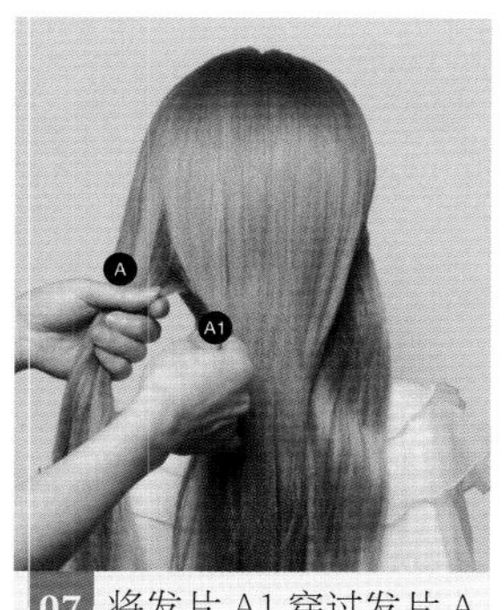

07 将发片 A1 穿过发片 A 下方。

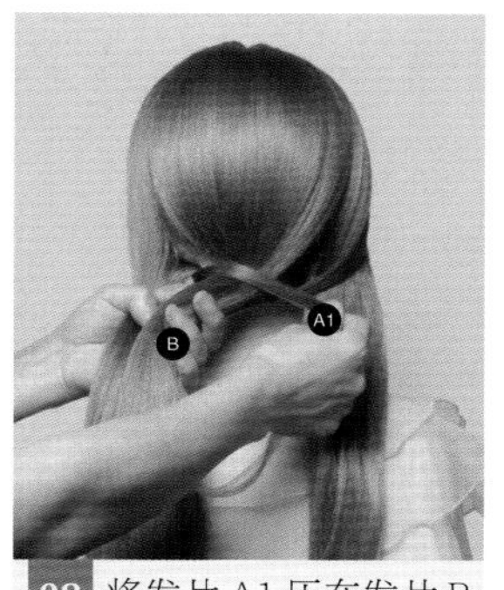

08 将发片 A1 压在发片 B 之上。

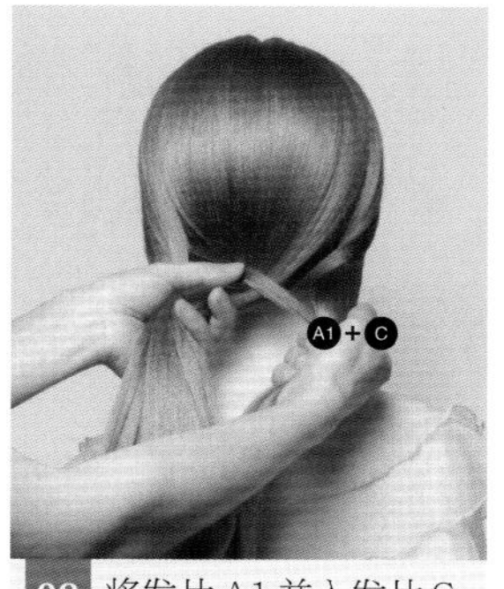

09 将发片 A1 并入发片 C。

10 在发片 C 中取一束新发片 C2。

11 将发片 C2 压在发片 C 之上。

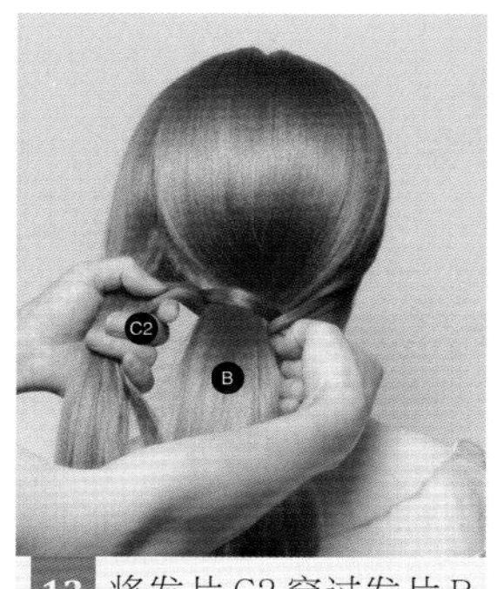

12 将发片 C2 穿过发片 B 下方。

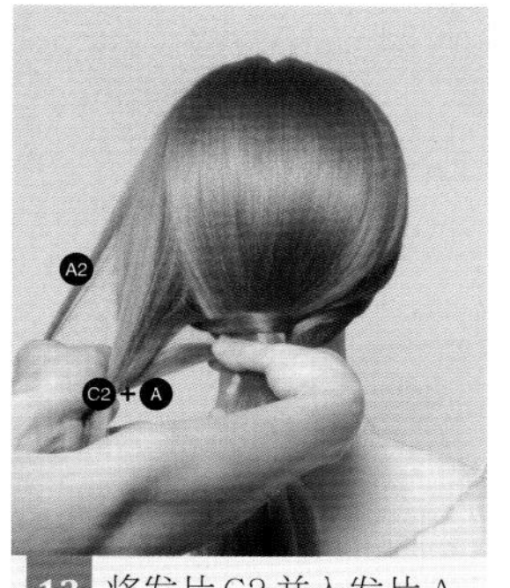

13 将发片 C2 并入发片 A，并从中取一束新发片 A2。

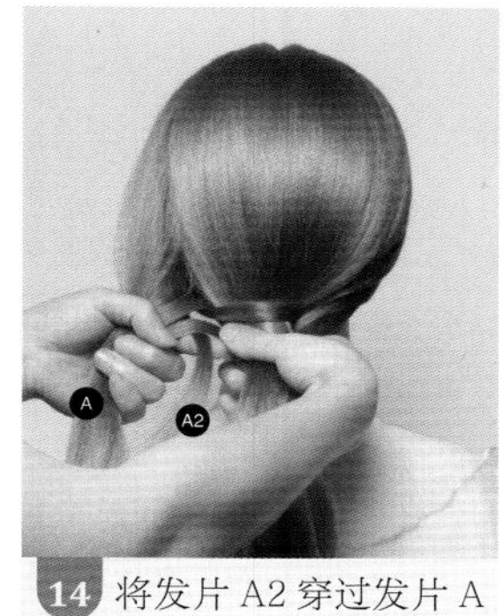

14 将发片 A2 穿过发片 A 下方。

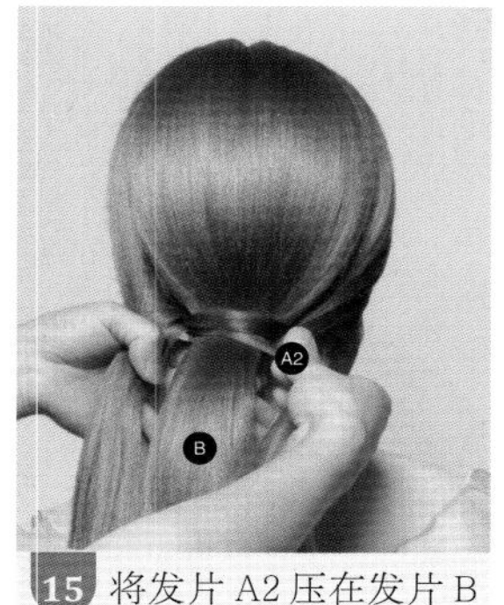

15 将发片 A2 压在发片 B 之上。

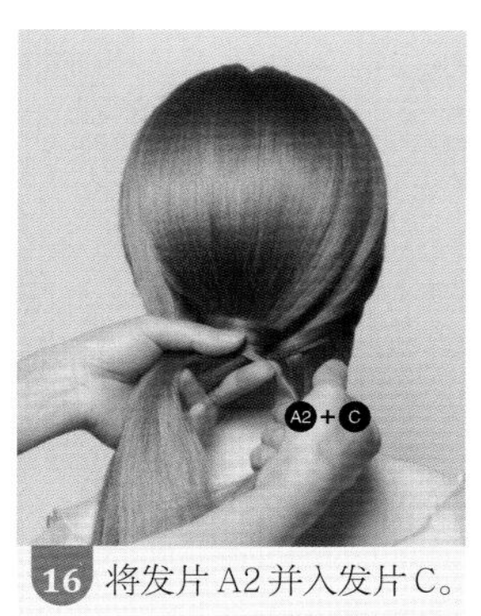

16 将发片 A2 并入发片 C。

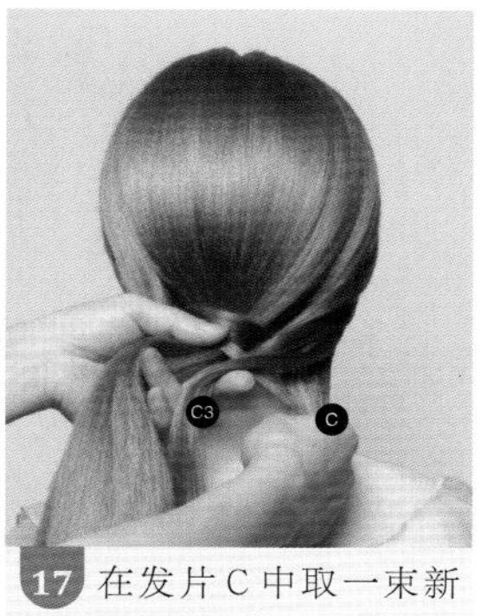

17 在发片 C 中取一束新发片 C3，并将其压在发片 C 之上。

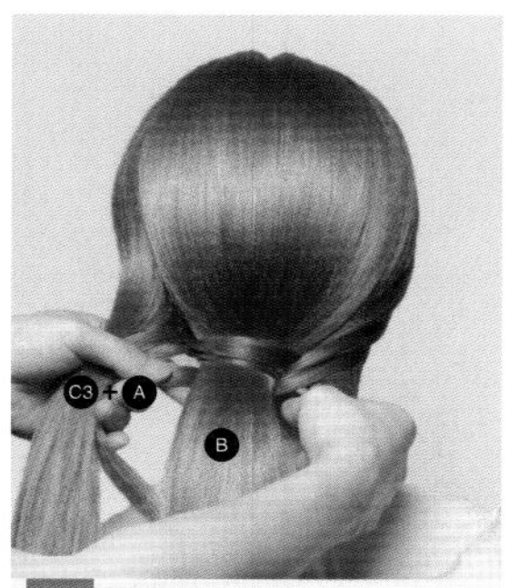

18 将发片 C3 穿过发片 B 下方，并将发片 C3 并入发片 A。

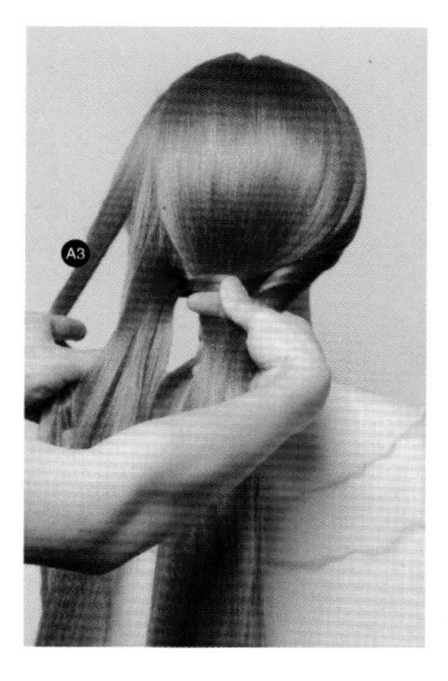

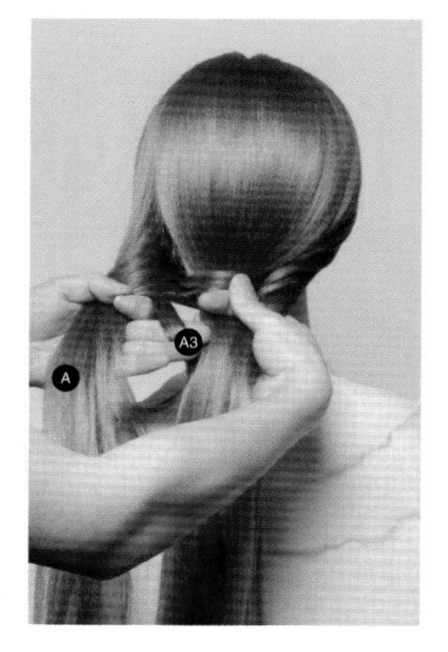

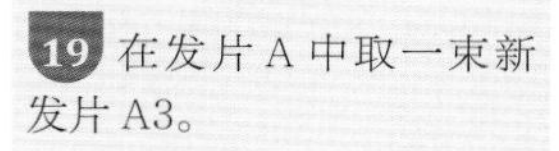

19 在发片 A 中取一束新发片 A3。

20 将发片 A3 穿过发片 A 下方。

21 将发片 A3 压在发片 B 之上。

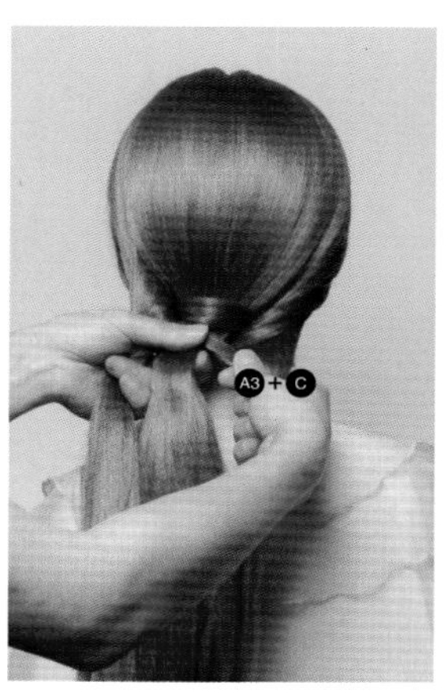

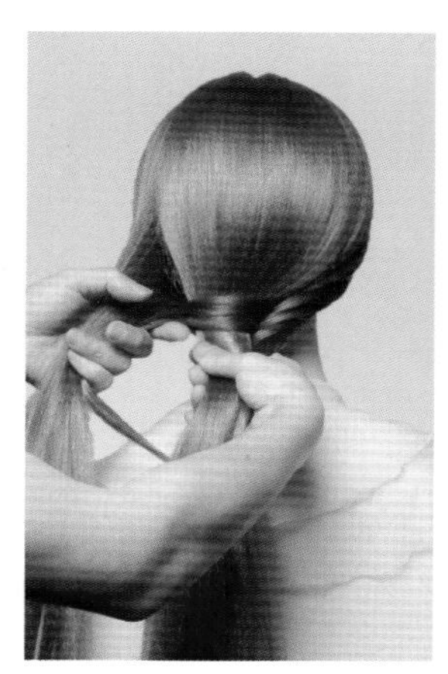

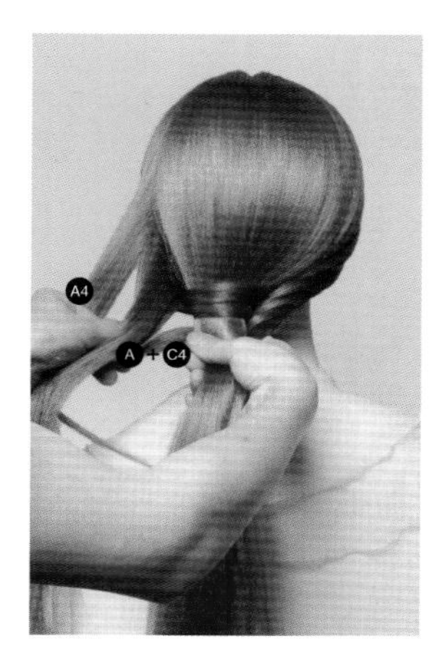

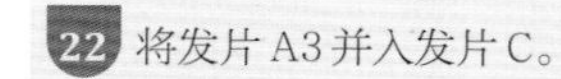

22 将发片 A3 并入发片 C。

23 从发片 C 中取一束新发片 C4，压在发片 C 上，穿过发片 B 下方。

24 将发片 C4 并入发片 A，并从中取出一束新发片 A4。

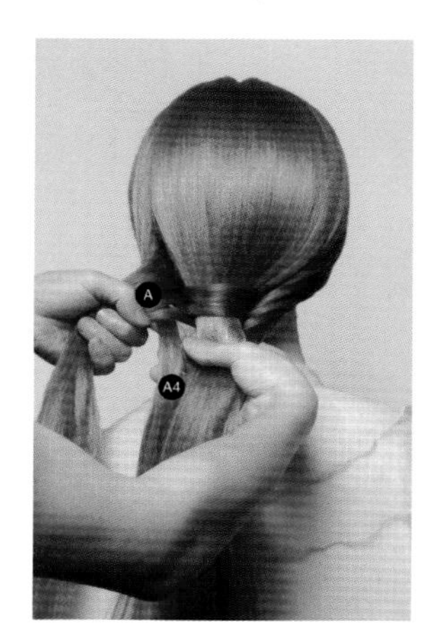

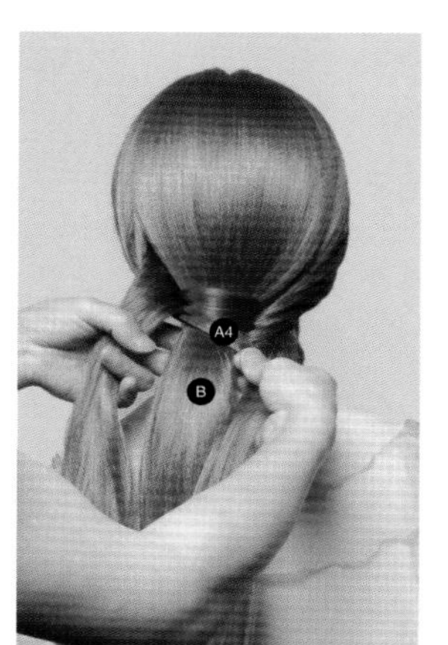

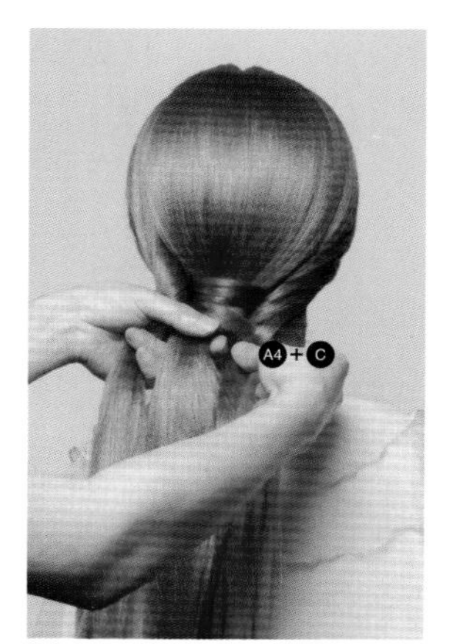

25 将发片 A4 穿过发片 A 下方。

26 将发片 A4 压在发片 B 之上。

27 将发片 A4 并入发片 C。

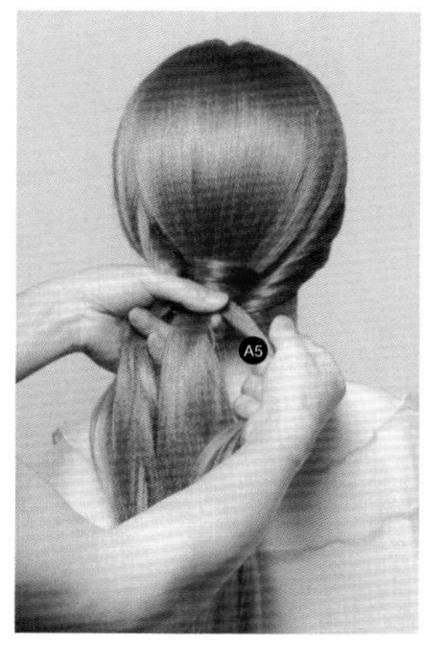

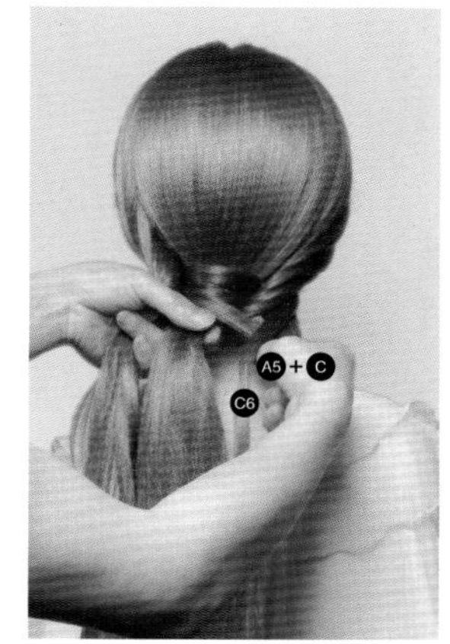

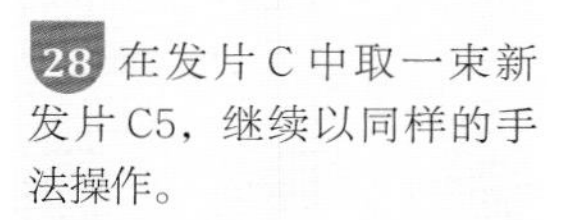

28 在发片 C 中取一束新发片 C5，继续以同样的手法操作。

29 在发片 A 中取一束新发片 A5，继续以同样的手法操作。

30 将发片 A5 并入发片 C，并从中取出新发片 C6。

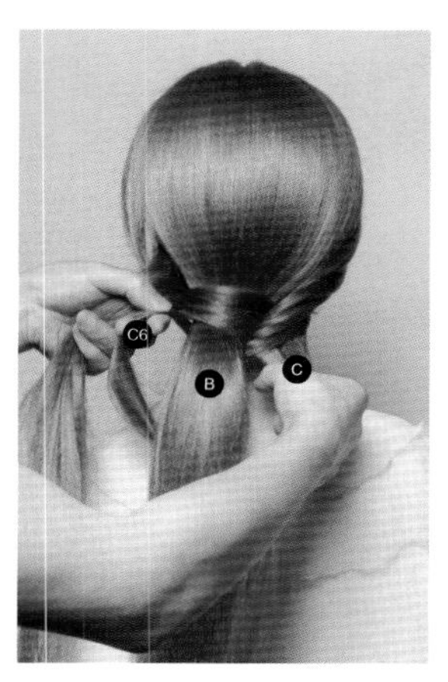

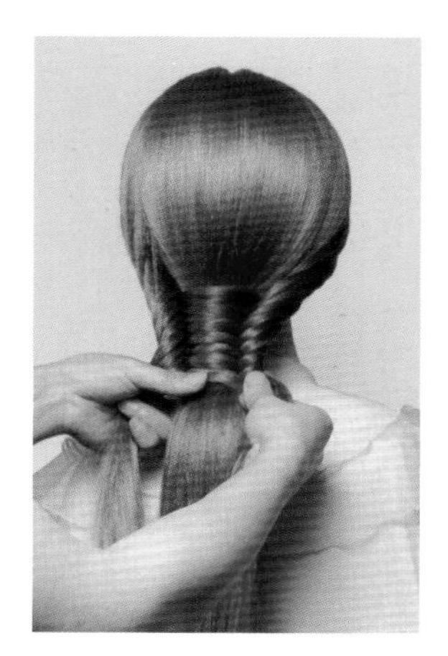

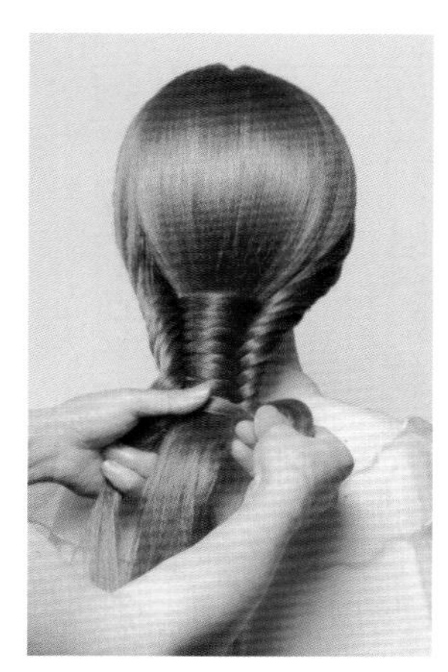

31 将发片 C6 穿过发片 B 下方。

32 继续采用同样的手法编发。

33 注意左右续入的发片要均等。

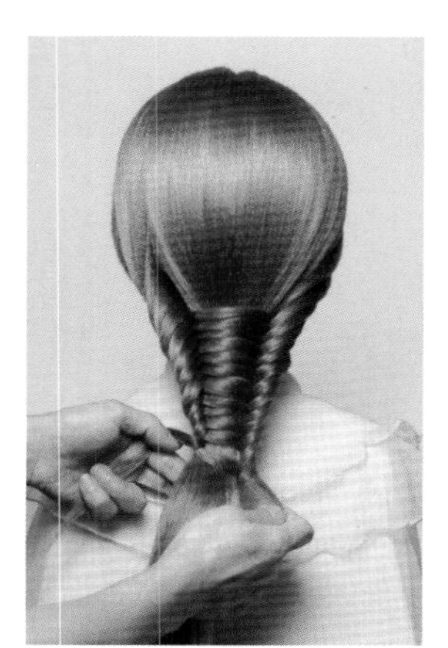

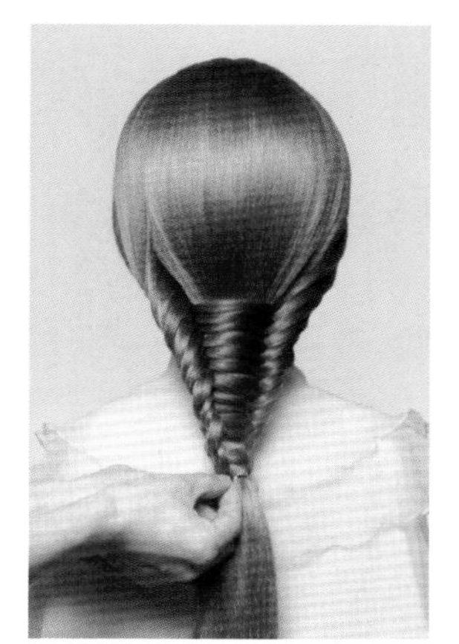

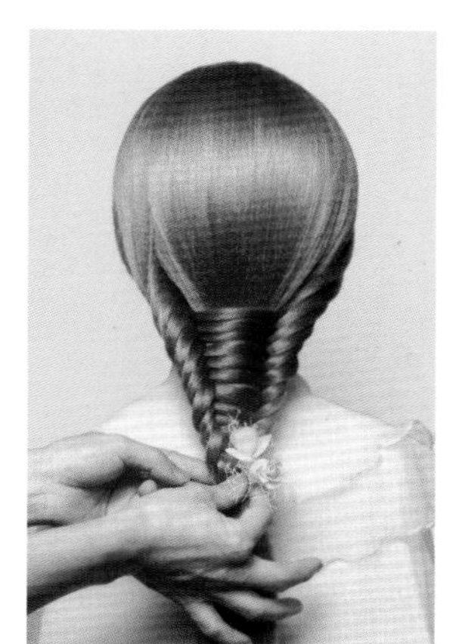

34 编至发尾，收紧尾端。

35 将发尾用皮筋扎起。

36 佩戴饰品，进行点缀。

14

V形三股单边续发编发

扫描二维码
观看教学视频

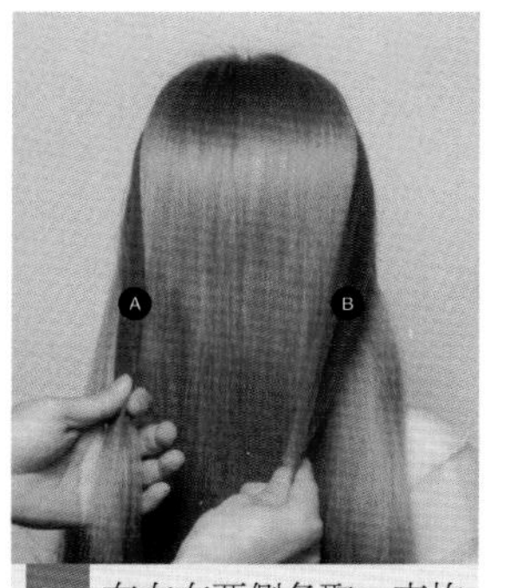

01 在左右两侧各取一束均等的发片A、B。

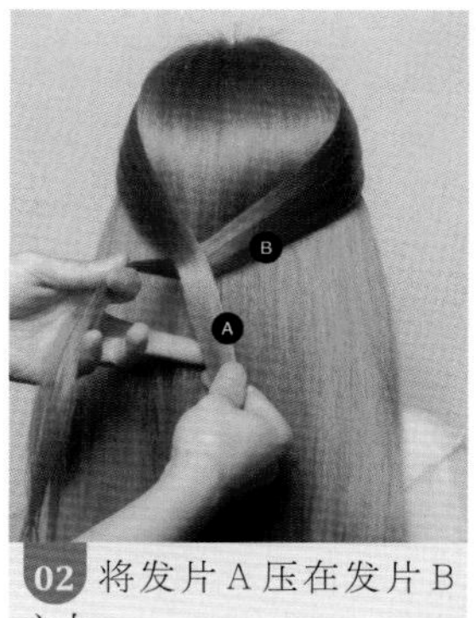

02 将发片A压在发片B之上。

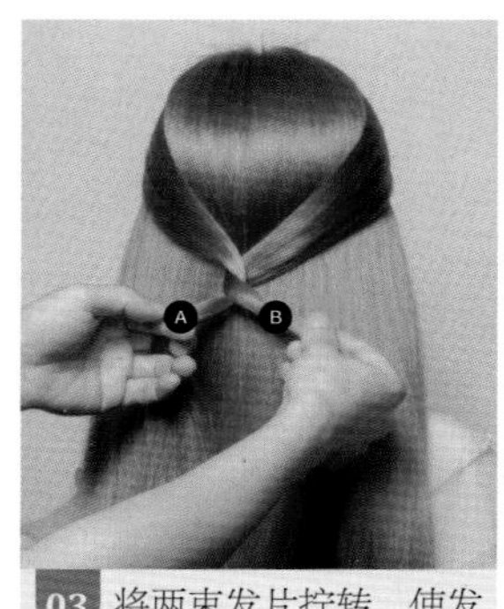

03 将两束发片拧转，使发片B压在发片A之上。

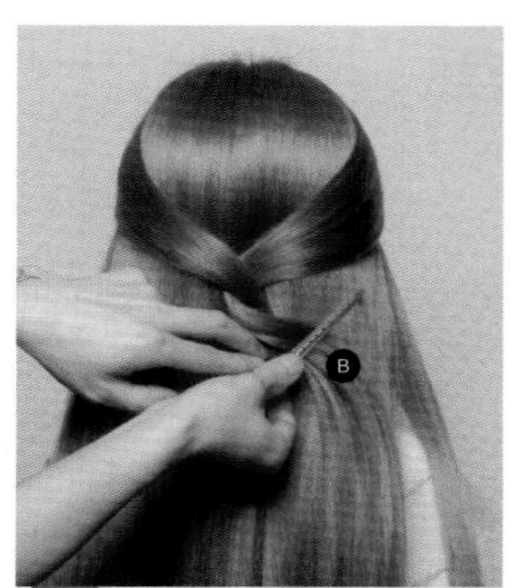

04 将发片B用鸭嘴夹固定在右侧。

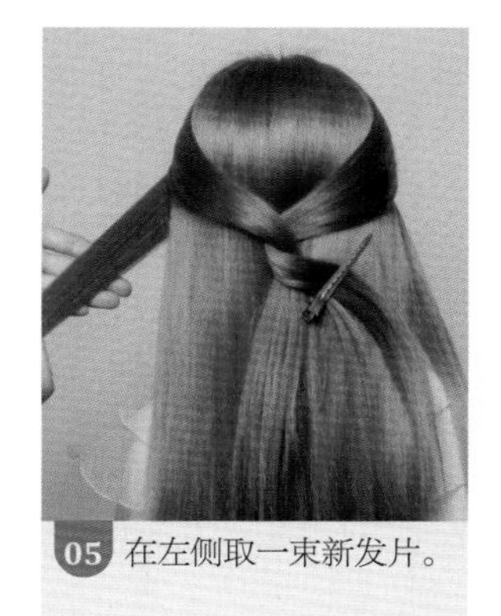

05 在左侧取一束新发片。

06 将新发片分为A1、A2、A3三束均等的发片。

07 将发片 A1 压在发片 A2 之上。

08 将发片 A3 压在发片 A1 之上。

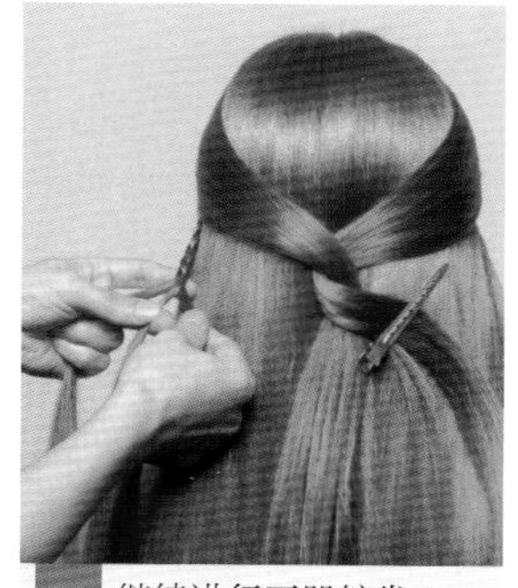

09 继续进行三股编发。

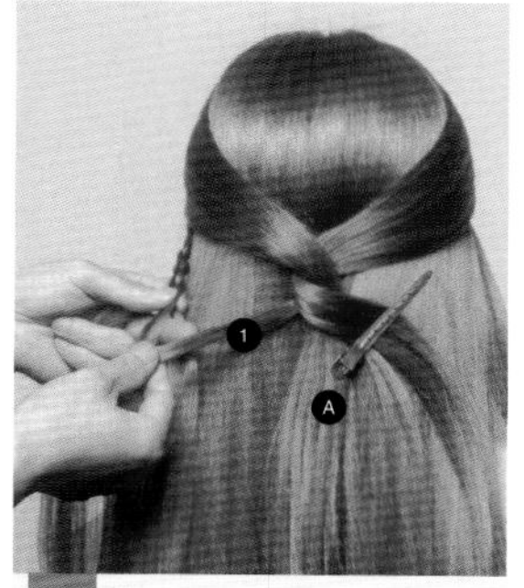

10 编一段三股辫后，在发片 A 中取出发片 1，进行三股续发编发。

11 将发片 1 并入发片 A2。

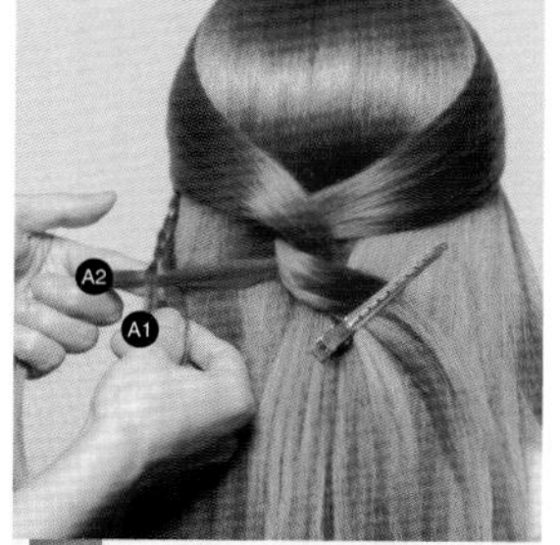

12 将发片 A1 压在发片 A2 之上。

13 三股编发要编得紧一些。

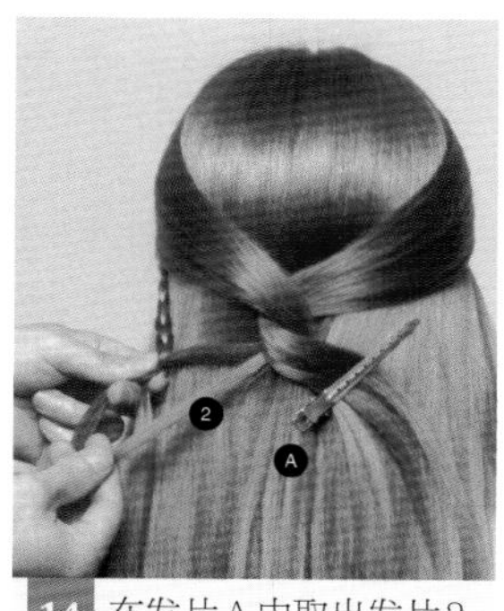

14 在发片 A 中取出发片 2。

15 将发片 2 并入发片 A1。

16 将发片 A3 压在发片 A1 之上。

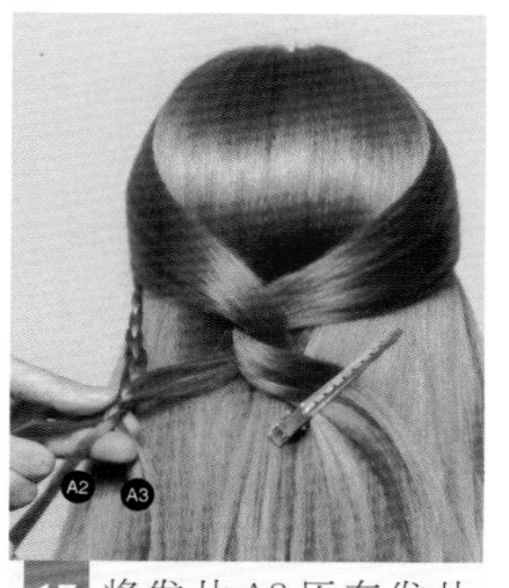

17 将发片 A2 压在发片 A3 之上。

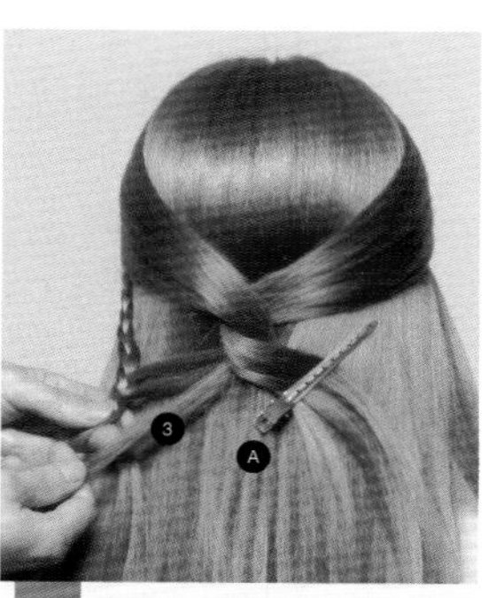

18 在发片 A 中取出发片 3。

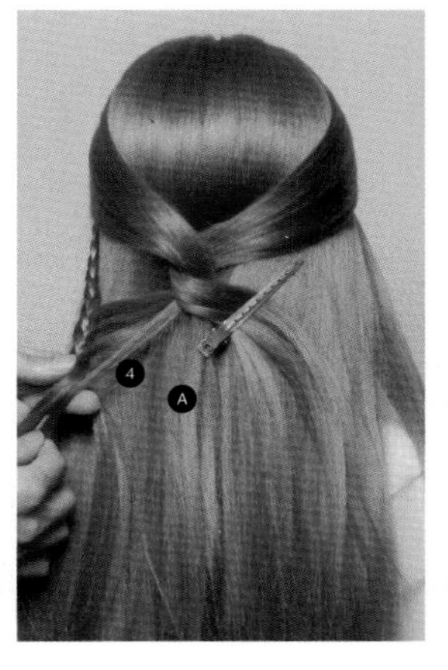

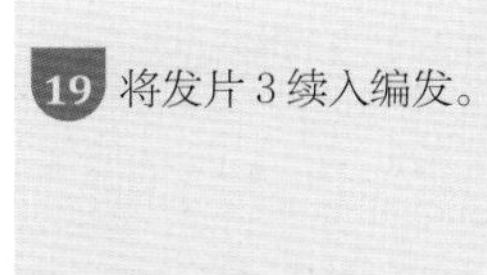

19 将发片 3 续入编发。

20 在发片 A 中取出发片 4。

21 将发片 4 续入编发。

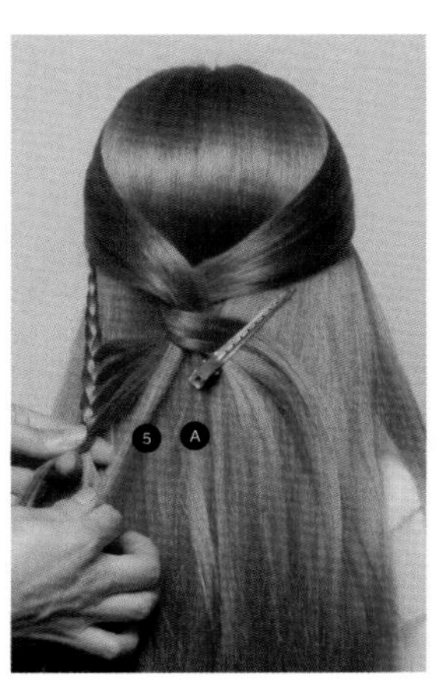

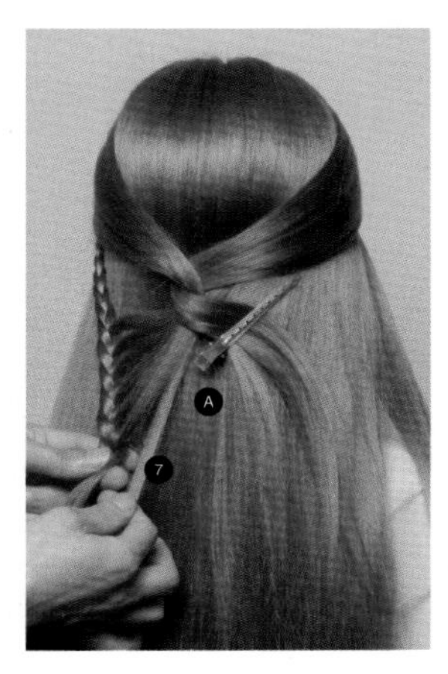

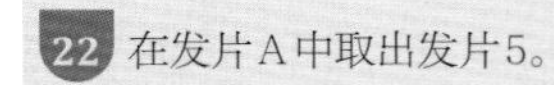

22 在发片 A 中取出发片 5。

23 将发片 5 续入编发，取出发片 6。

24 将发片 6 续入编发，取出发片 7。

25 将发片 7 续入编发。

26 继续进行三股编发，编 2~3 段。

27 用鸭嘴夹将其固定在后左侧。

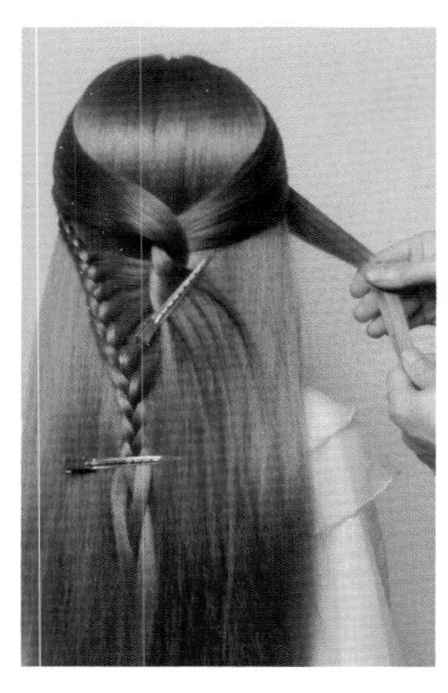

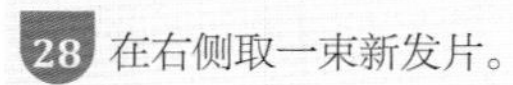

28 在右侧取一束新发片。

29 将其分为大致均等的三束发片。

30 将其进行三股编发。

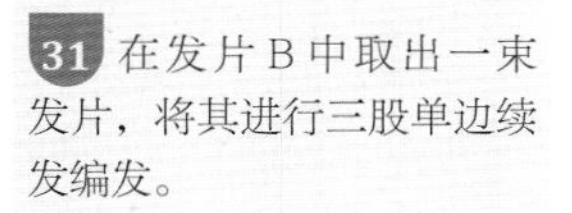

31 在发片 B 中取出一束发片，将其进行三股单边续发编发。

32 与左侧对称地分出多束均等发片，依次进行三股单边续发编发。

33 继续进行三股编发。

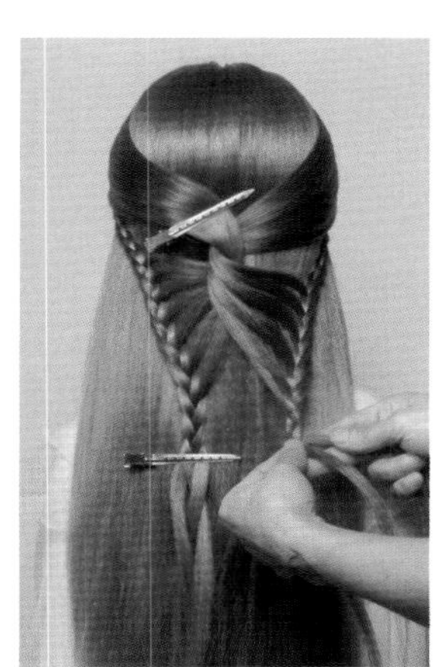

34 编 2~3 段三股编发。

35 将左右发辫合并，用皮筋扎起。

36 佩戴饰品，进行点缀。

单股竹席编发

扫描二维码
观看教学视频

01 在顶区取一束发片A。

02 在右侧取一束发片B1。

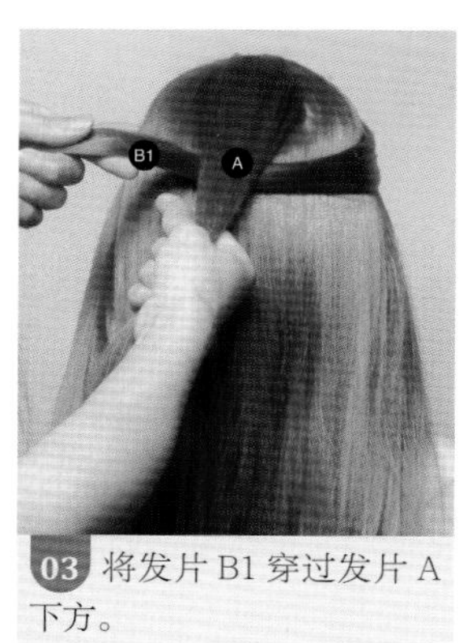

03 将发片B1穿过发片A下方。

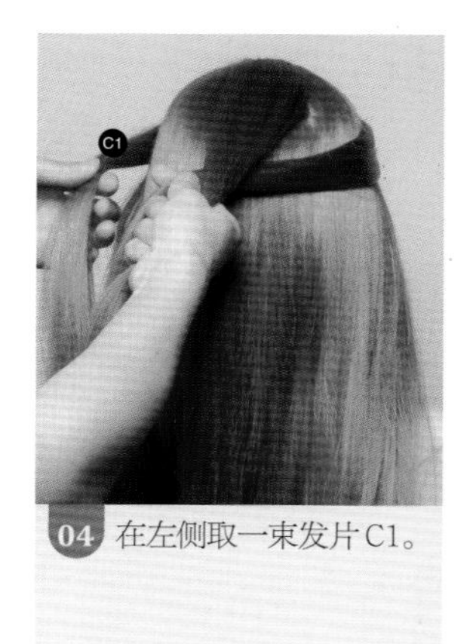

04 在左侧取一束发片C1。

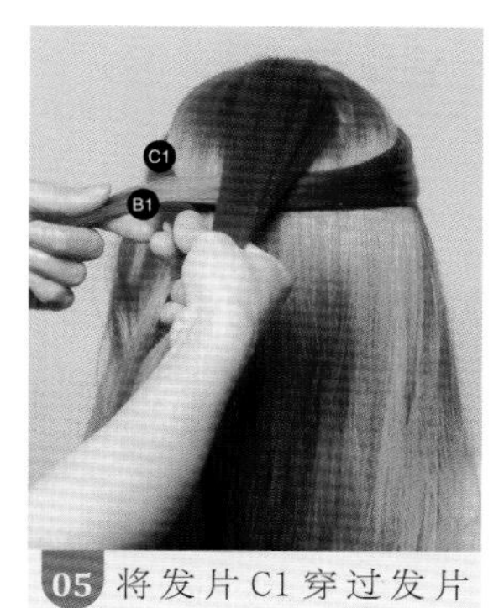

05 将发片C1穿过发片B1下方。

06 将发片C1压在发片A之上。

07 在右侧取一束发片 B2。

08 将发片 B2 压在发片 C1 之上。

09 将发片 B2 穿过发片 A 下方。

10 在左侧取一束发片 C2。

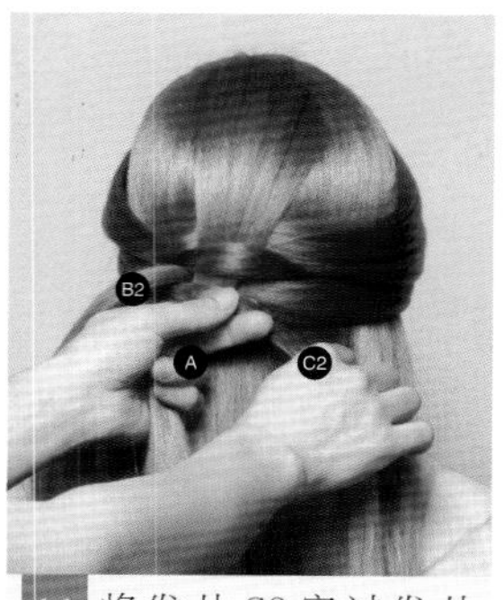

11 将发片 C2 穿过发片 B2 下方，压在发片 A 之上。

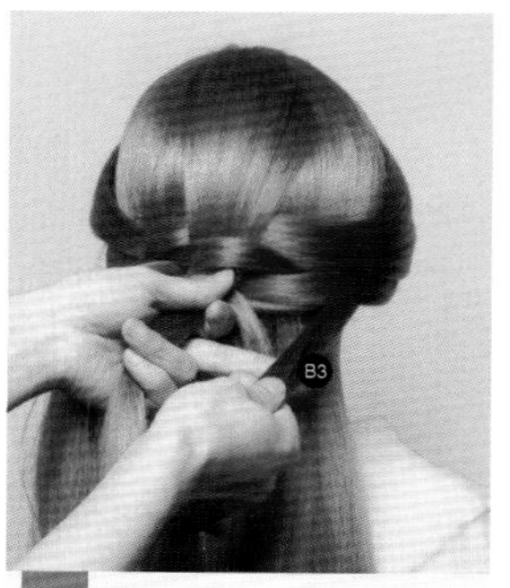

12 在右侧取一束发片 B3。

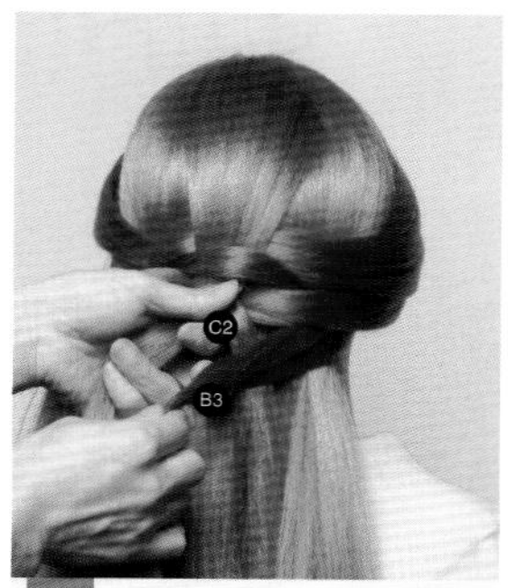

13 将发片 B3 压在发片 C2 之上。

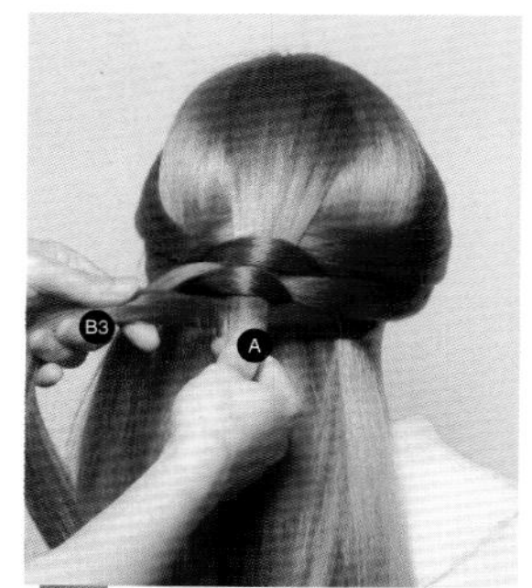

14 将发片 B3 穿过发片 A 下方。

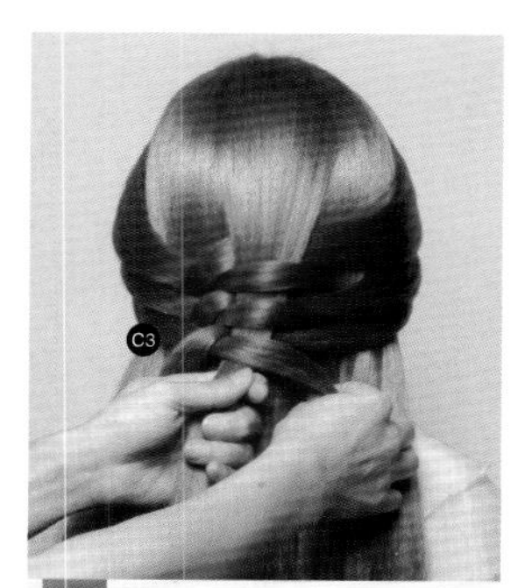

15 在左侧取一束发片 C3，以同样的手法进行编发。

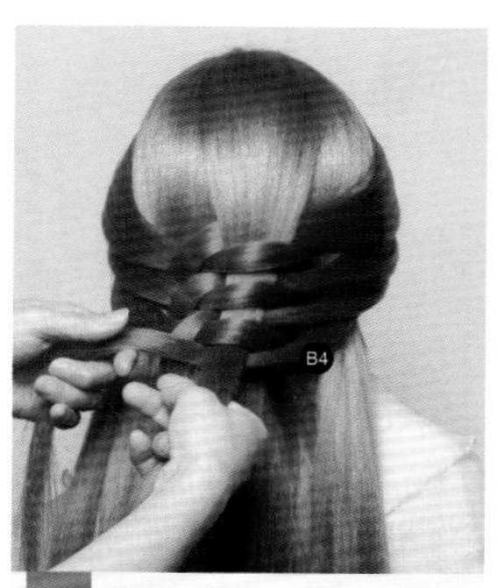

16 在右侧取一束发片 B4。以同样的手法进行编发。

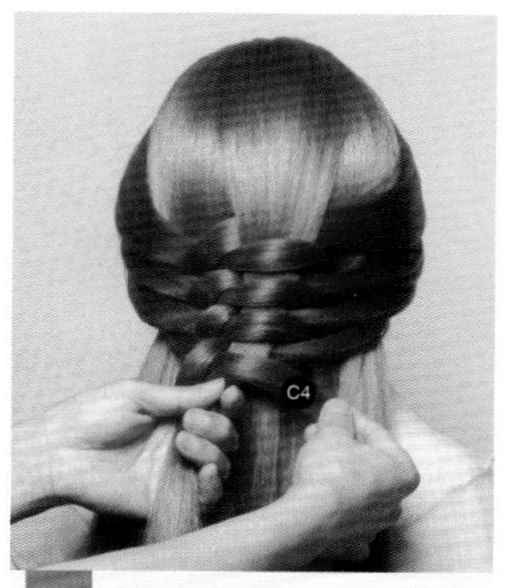

17 在左侧取一束发片 C4，以同样的手法进行编发。

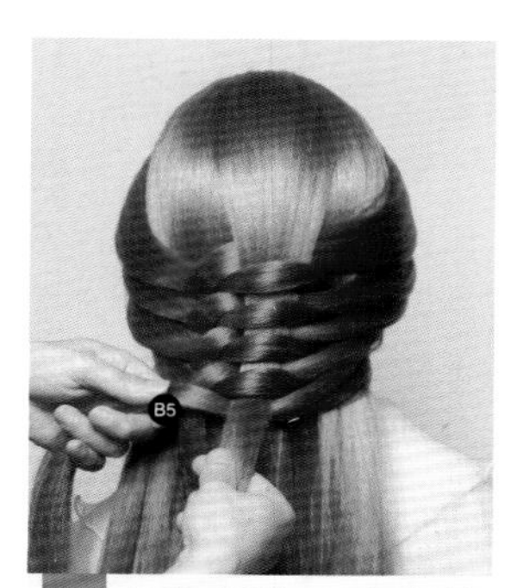

18 在右侧取一束发片 B5，以同样的手法进行编发。

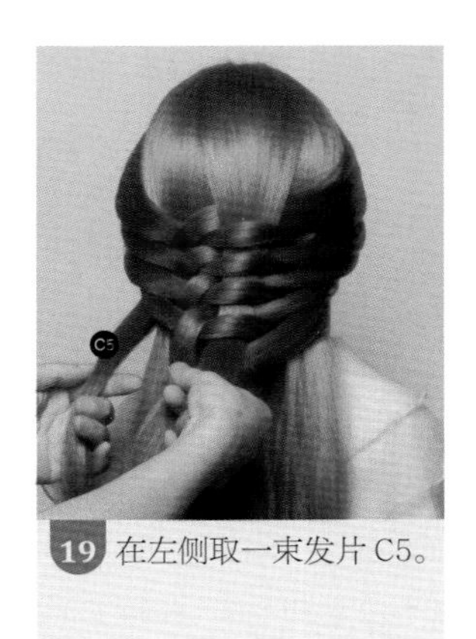

19 在左侧取一束发片 C5。

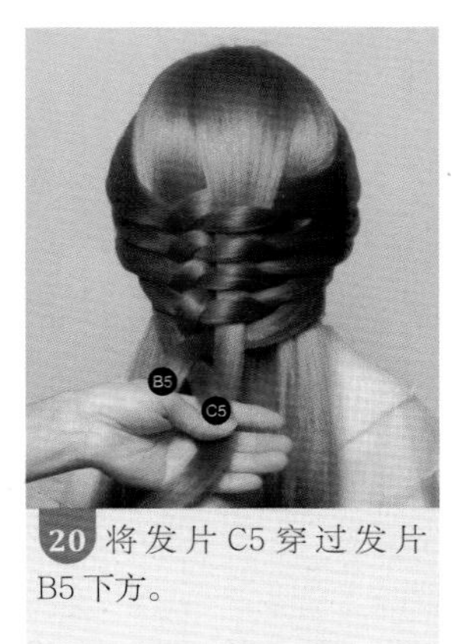

20 将发片 C5 穿过发片 B5 下方。

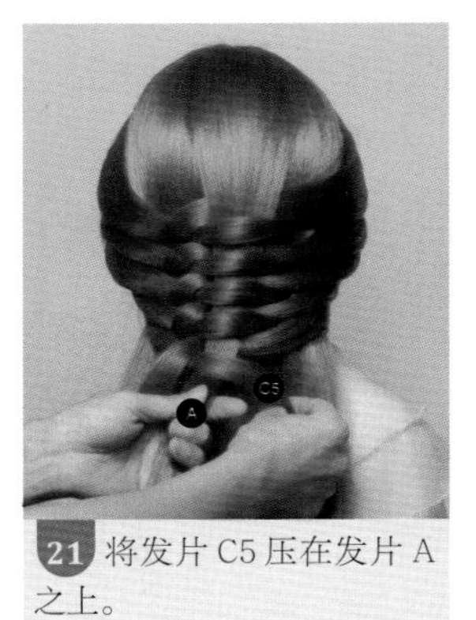

21 将发片 C5 压在发片 A 之上。

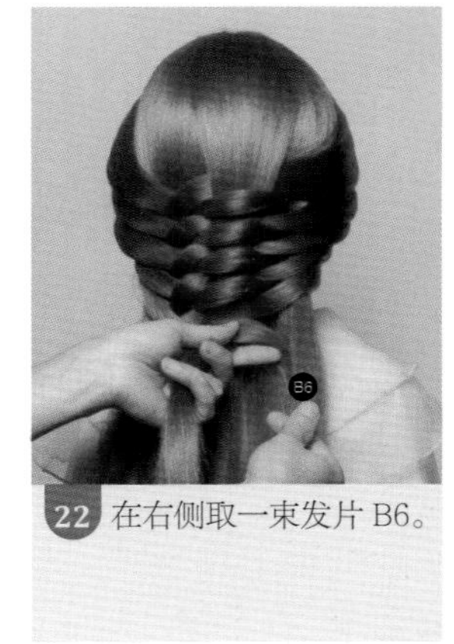

22 在右侧取一束发片 B6。

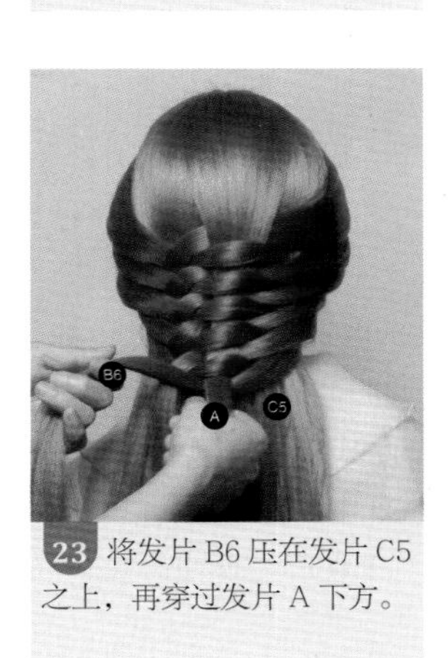

23 将发片 B6 压在发片 C5 之上，再穿过发片 A 下方。

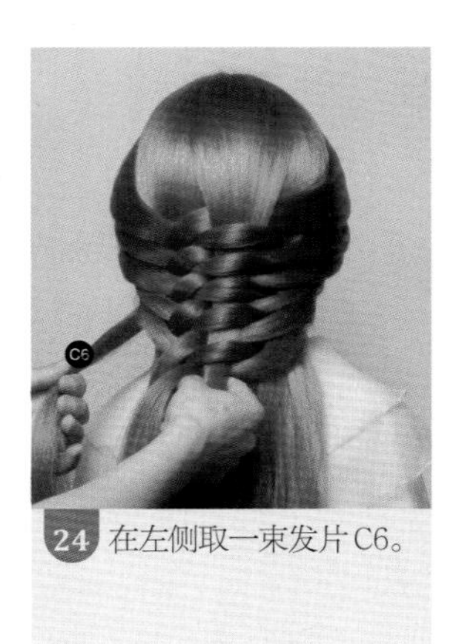

24 在左侧取一束发片 C6。

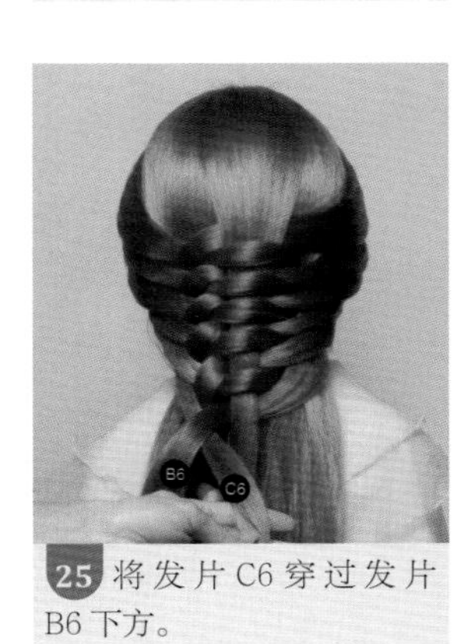

25 将发片 C6 穿过发片 B6 下方。

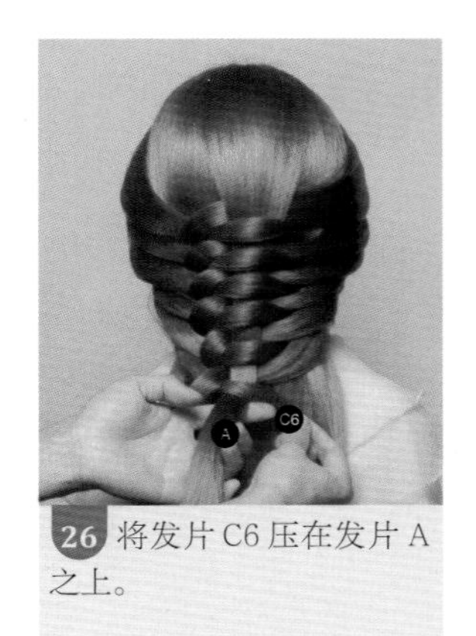

26 将发片 C6 压在发片 A 之上。

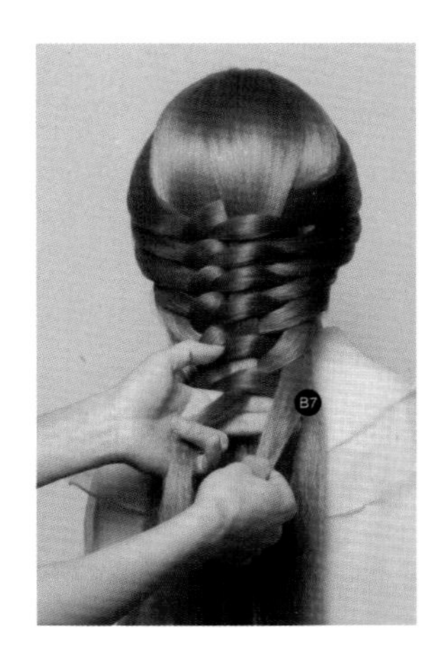

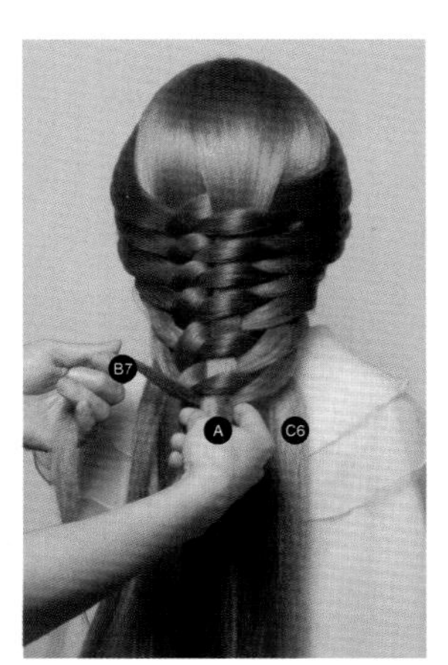

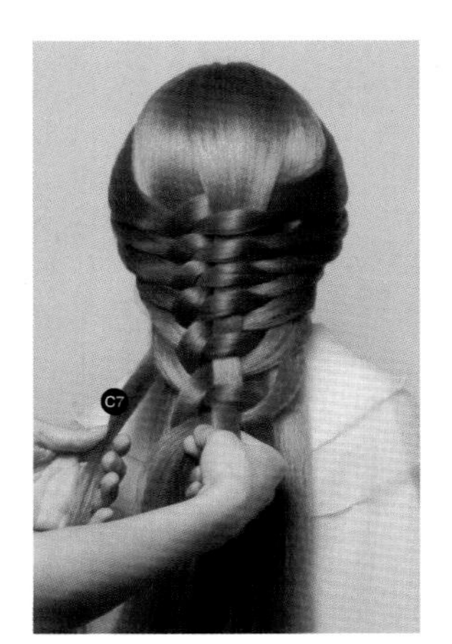

27 在右侧取一束发片 B7。

28 将发片 B7 压在发片 C6之上，穿过发片 A 下方。

29 在左侧取一束发片 C7。

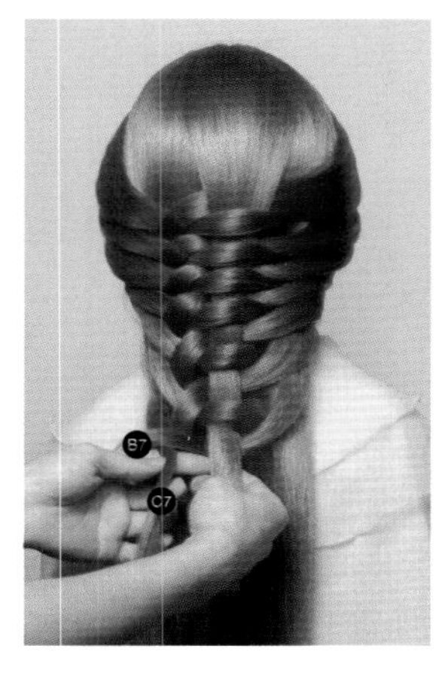

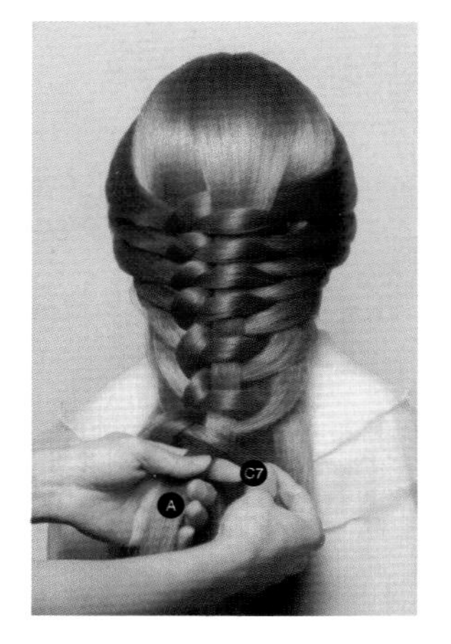

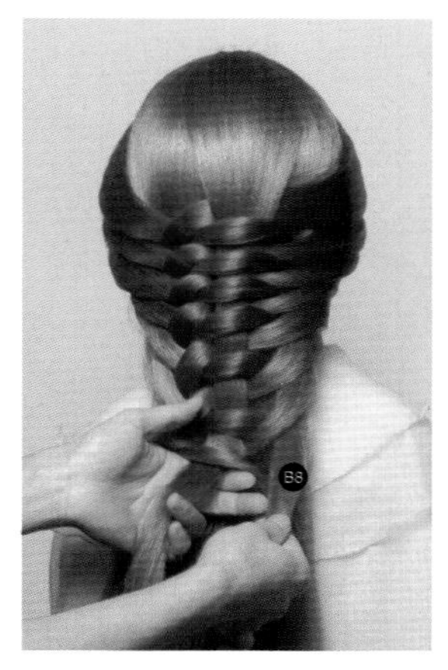

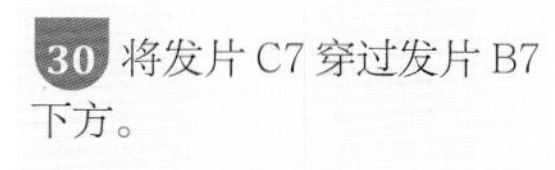

30 将发片 C7 穿过发片 B7 下方。

31 将发片 C7 压在发片 A 之上。

32 在右侧取一束发片 B8。

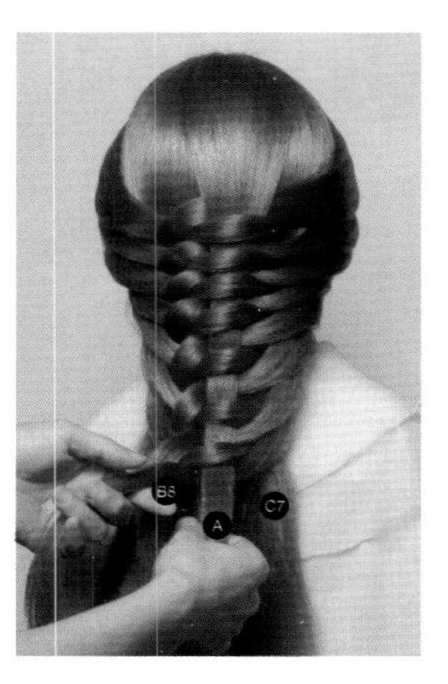

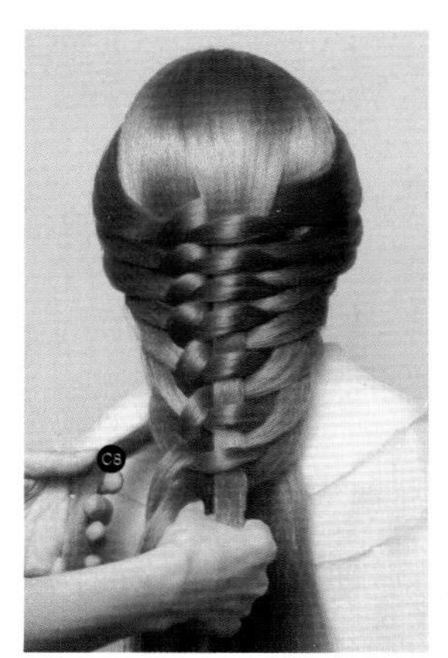

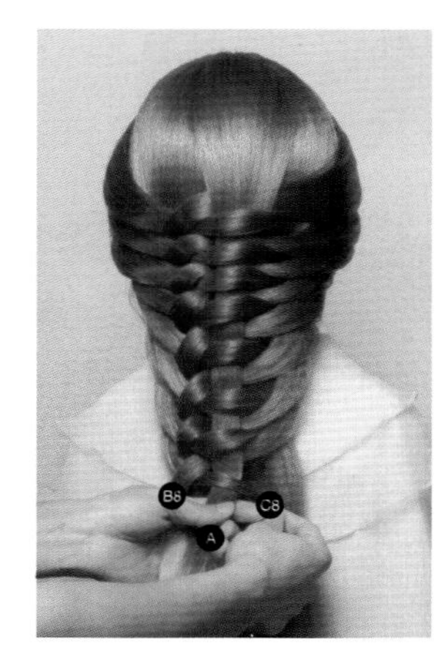

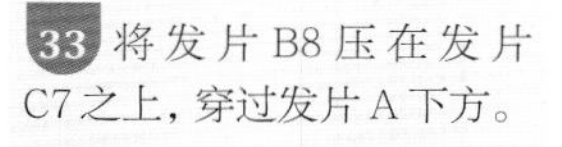

33 将发片 B8 压在发片 C7 之上，穿过发片 A 下方。

34 在左侧取一束发片 C8。

35 将发片 C8 穿过发片 B8 之下，压在发片 A 之上。

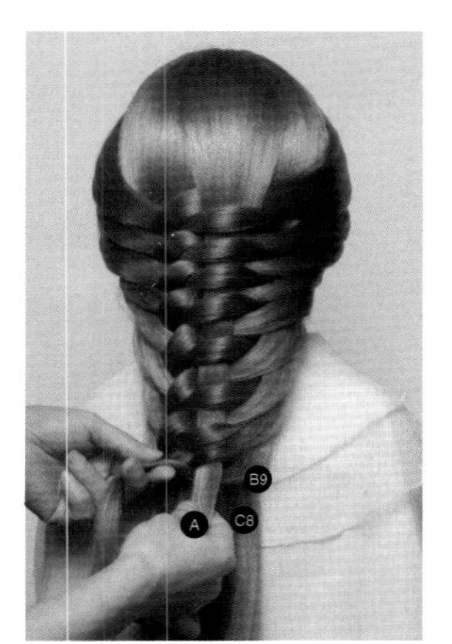

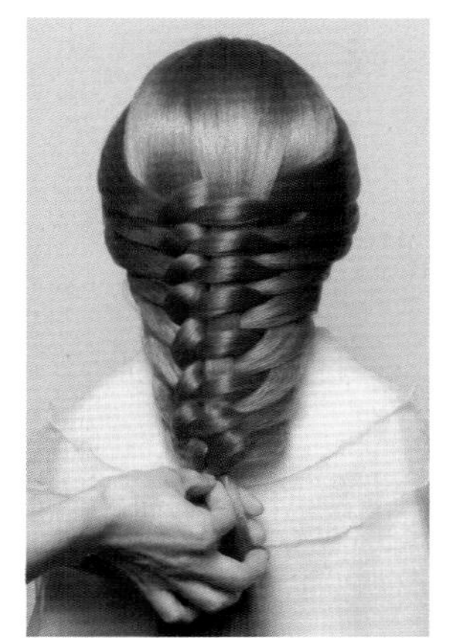

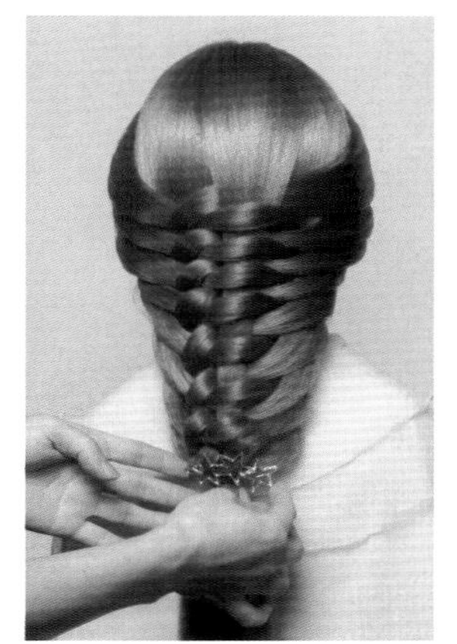

36 在右侧取一束发片 B9。将发片 B9 压在发片 C8 之上，穿过发片 A 下方。

37 将发尾用皮筋扎起。

38 佩戴饰品，进行点缀。

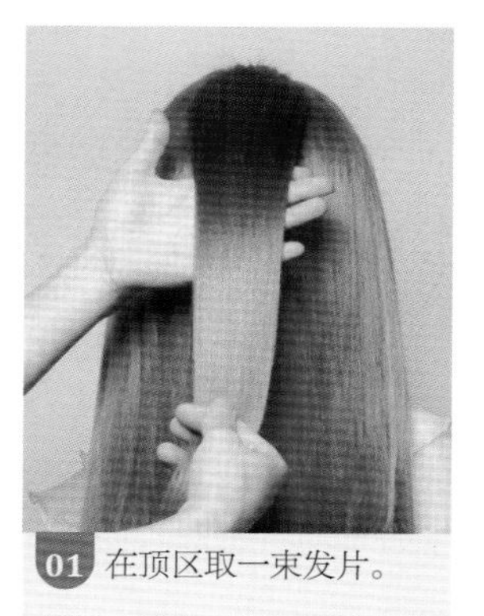

01 在顶区取一束发片。

02 将发片分为大致均等的A、B、C三束发片。

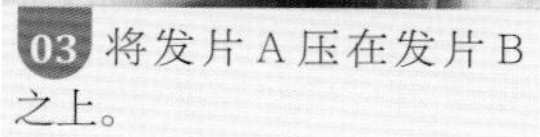

03 将发片A压在发片B之上。

04 将发片C压在发片A之上。

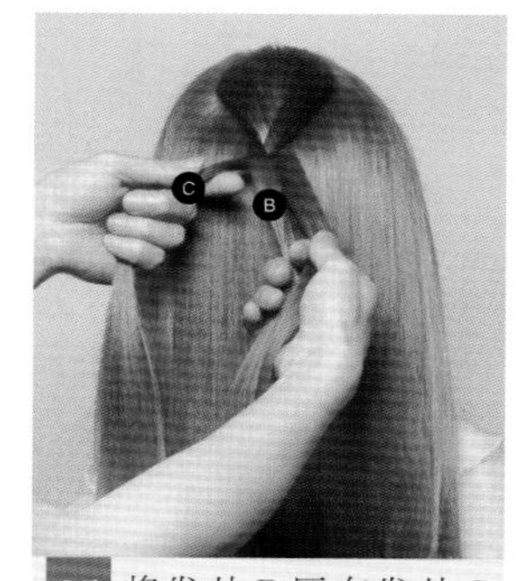

05 将发片B压在发片C之上。

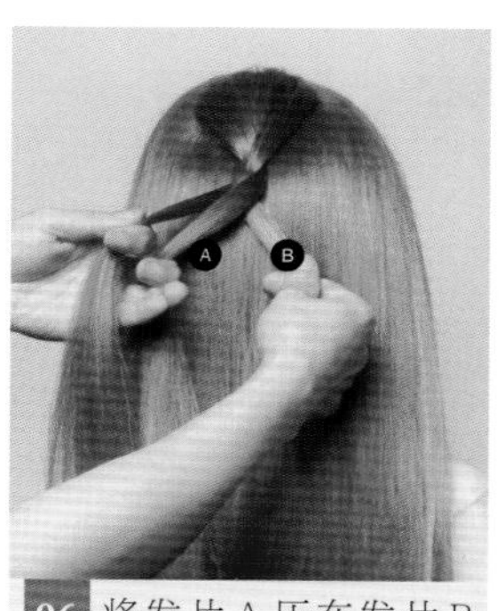

06 将发片A压在发片B之上。

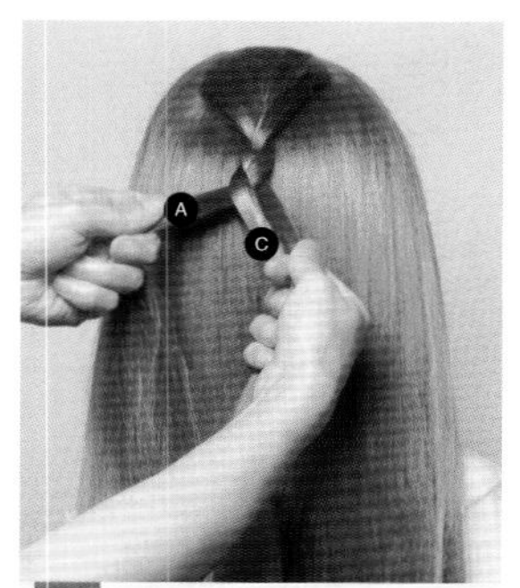

07 将发片C压在发片A之上。

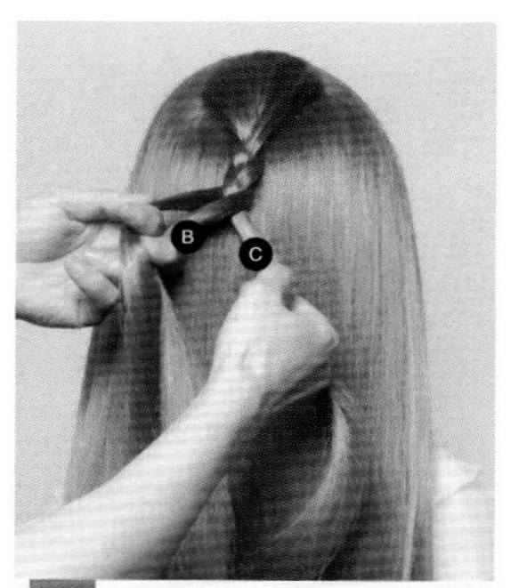

08 将发片B压在发片C之上。

09 再编一个发结，将编好的三股编发边缘进行单边拉花。

10 拉花的纹理要均匀。

11 继续以同样的手法进行三股编发，并进行单边拉花。

12 编至发尾，将边缘进行单边拉花。

13 将发尾用皮筋扎起。

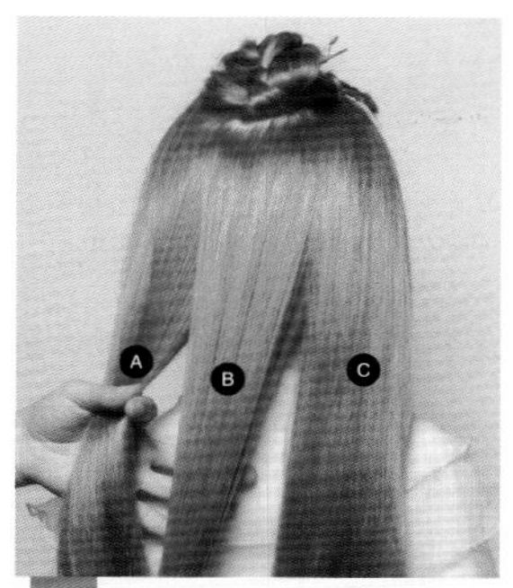

14 将扎起的编发盘在头顶。将剩余头发分为大致均等的A、B、C三束发片。

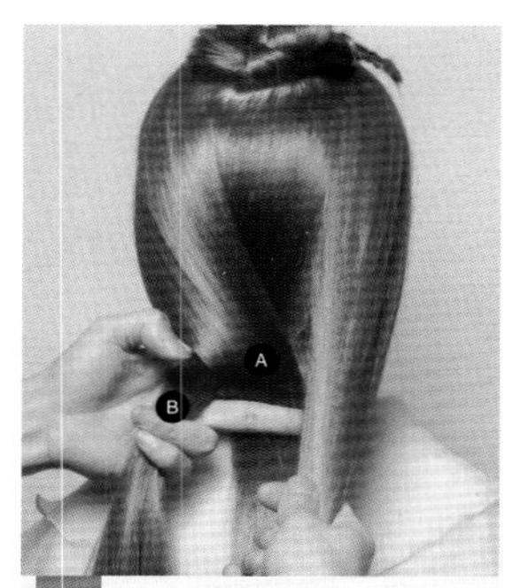

15 将发片A压在发片B之上。

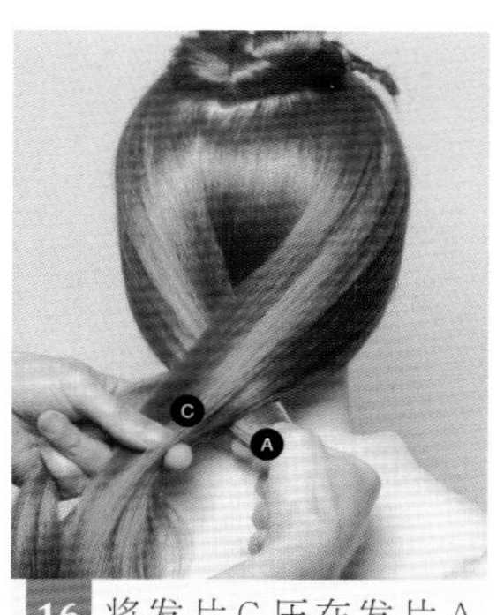

16 将发片C压在发片A之上。

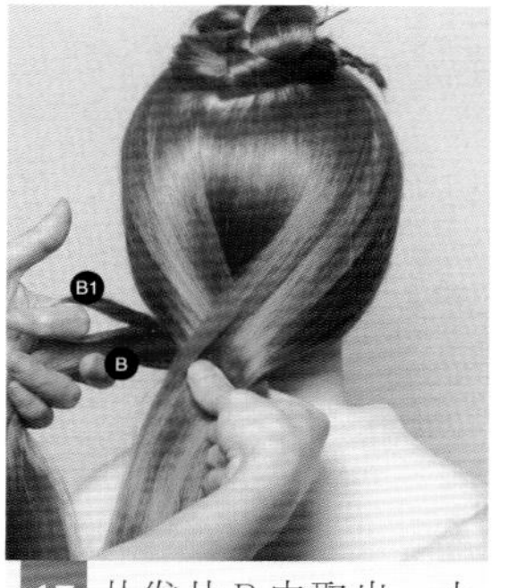

17 从发片B中取出一小束发片B1。

18 将发片B压在发片C之上。

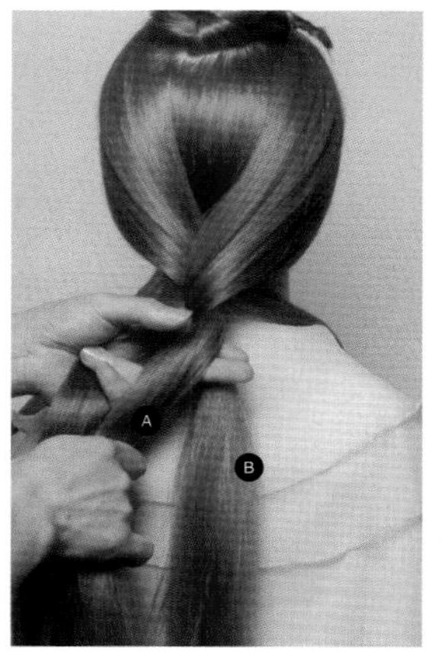

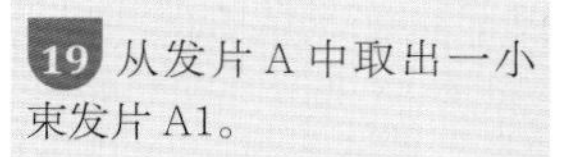

19 从发片 A 中取出一小束发片 A1。

20 将发片 A 压在发片 B 之上。

21 从发片 C 中取出一小束发片 C1。

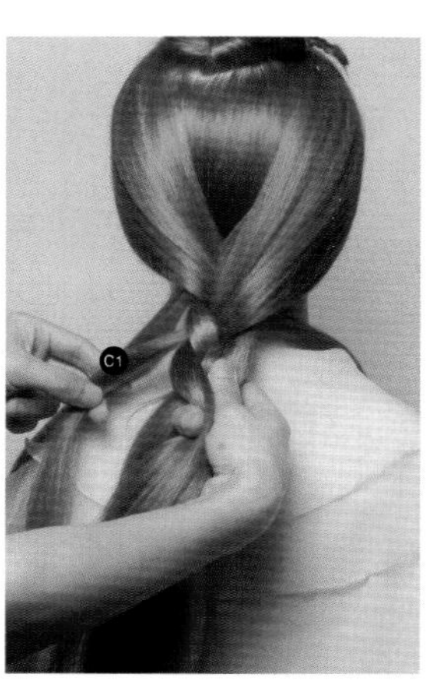

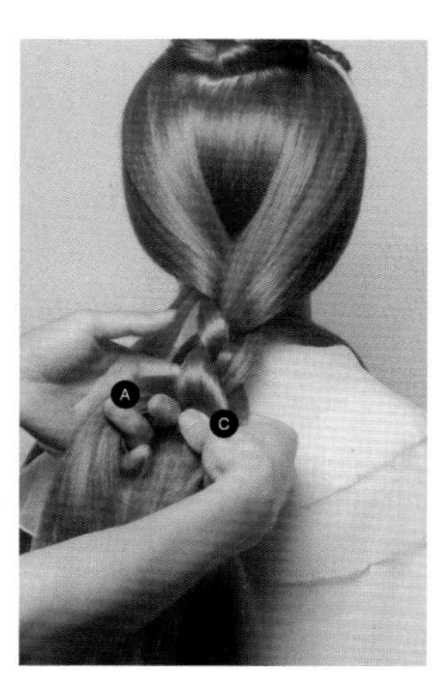

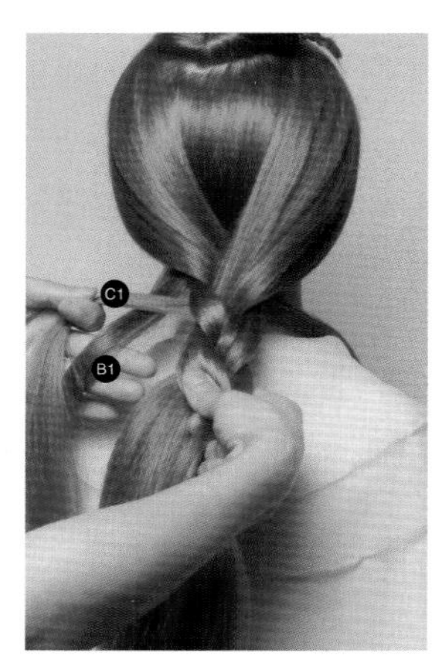

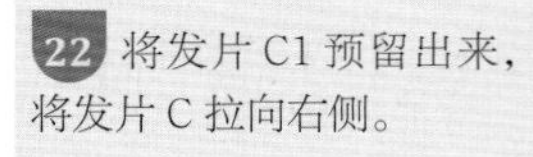

22 将发片 C1 预留出来，将发片 C 拉向右侧。

23 将发片 C 压在发片 A 之上。

24 将发片 B1 穿过发片 C1 下方。

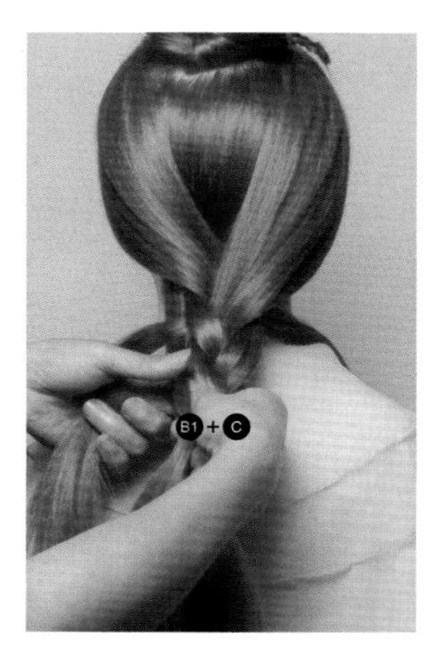

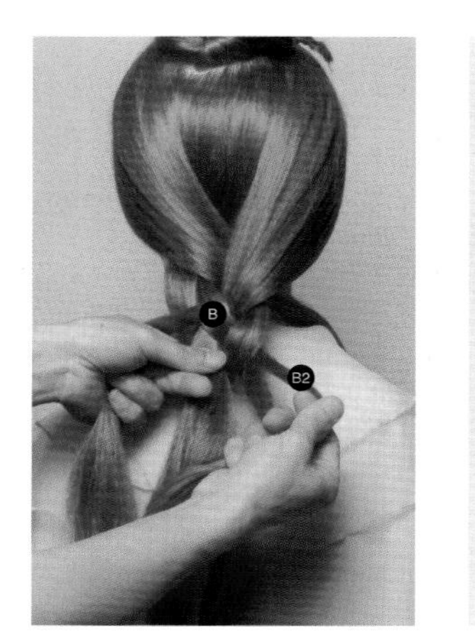

25 将发片 B1 并入发片 C。

26 将发片 C 压在发片 A 之上。

27 从发片 B 中取出一小束发片 B2。

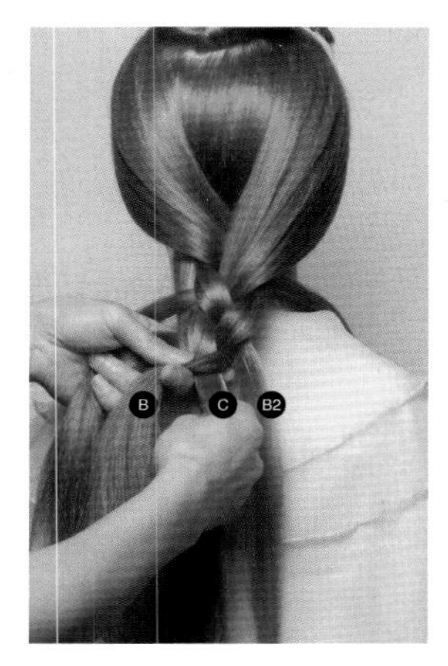

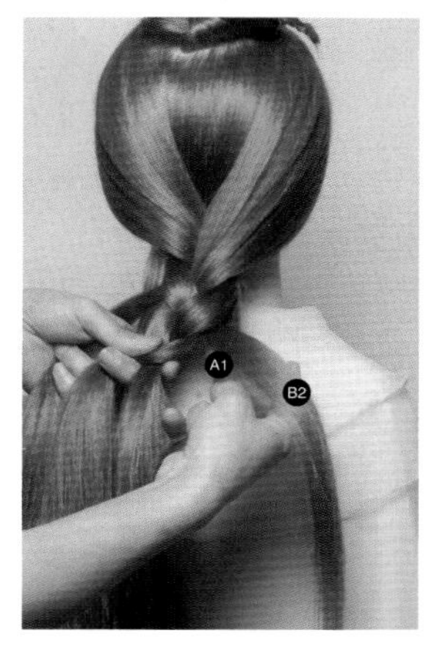

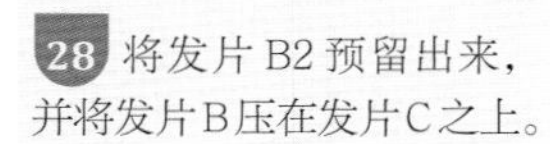

28 将发片 B2 预留出来，并将发片 B 压在发片 C 之上。

29 将发片 A1 穿过发片 B2 下方。

30 将发片 A1 并入发片 B。

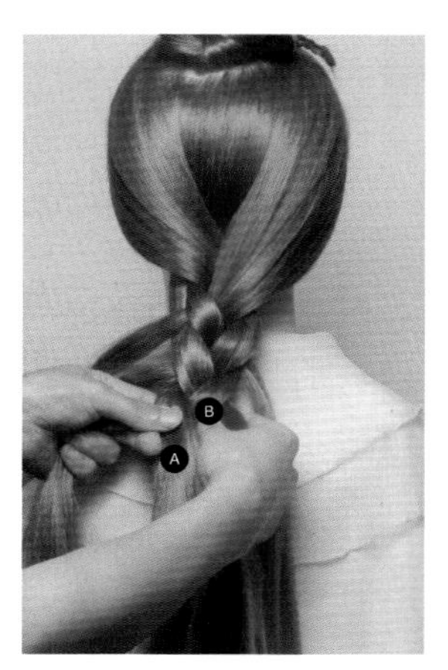

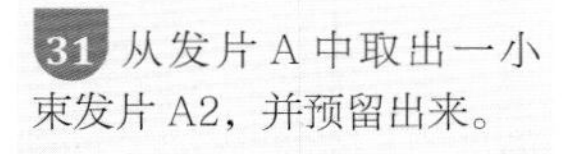

31 从发片 A 中取出一小束发片 A2，并预留出来。

32 将发片 A 压在发片 B 之上。

33 将发片 C1 穿过发片 A2 下方。

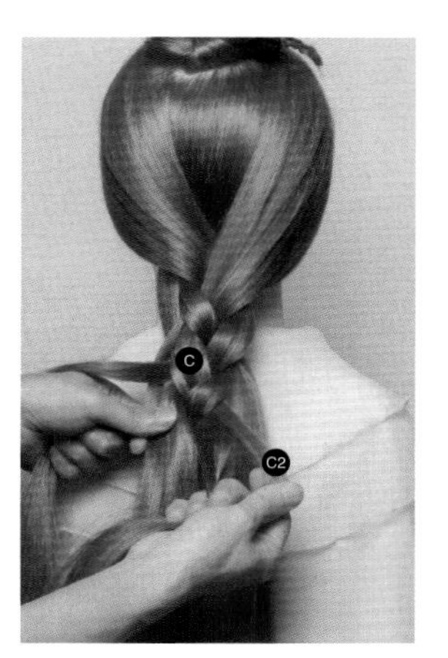

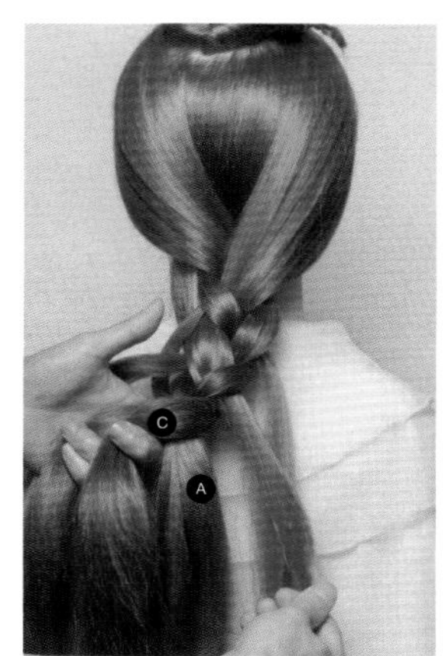

34 将发片 C1 并入发片 A。

35 从发片 C 中取出一小束发片 C2。

36 将发片 C2 预留出来，并将发片 C 压在发片 A 之上。

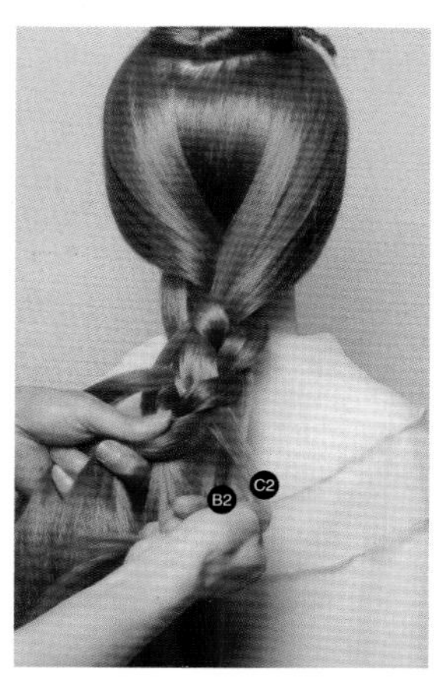

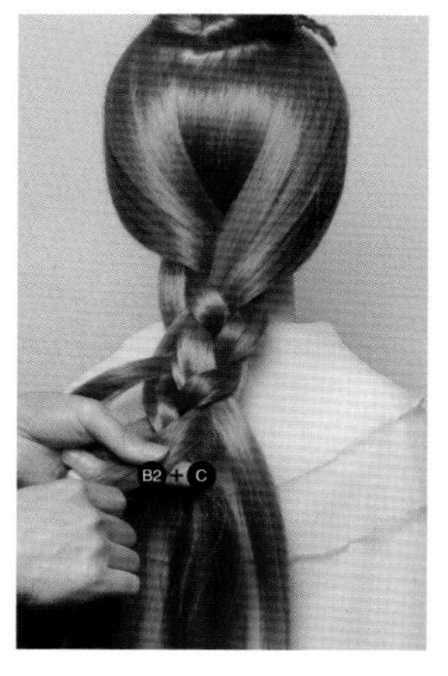

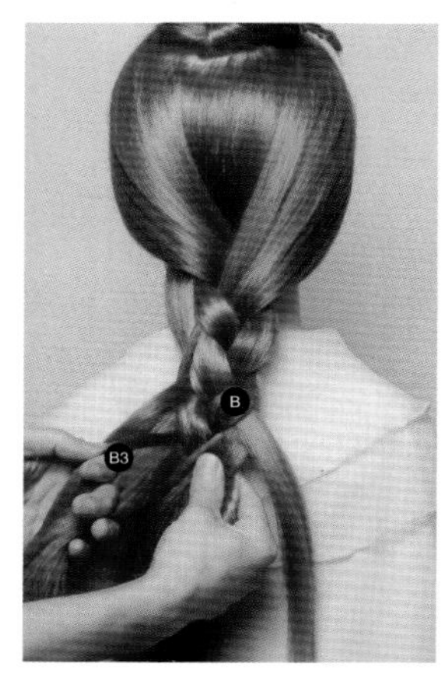

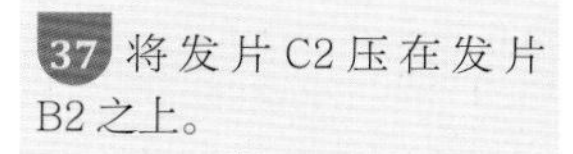

37 将发片 C2 压在发片 B2 之上。

38 将发片 B2 并入发片 C。

39 从发片 B 中取出一小束发片 B3。

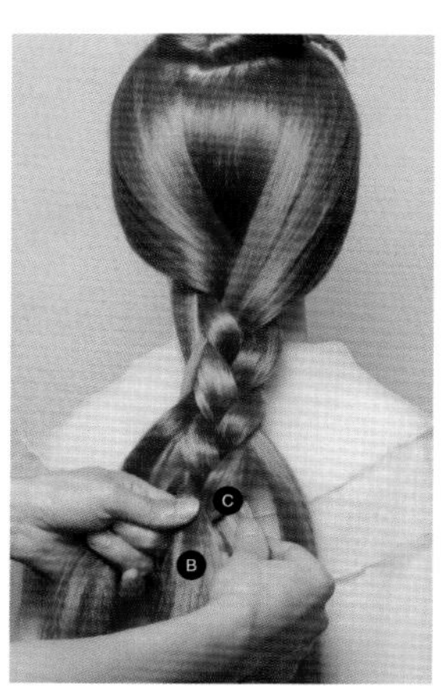

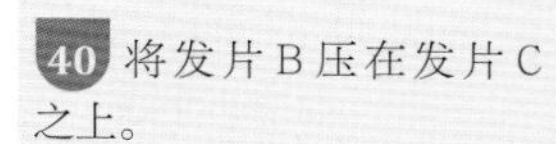

40 将发片 B 压在发片 C 之上。

41 将发片 A2 穿过发片 B3 下方。

42 将第一个边缘预留编入的发片进行拉扯。

43 左右拉扯宽度、轮廓要均等。

44 继续拉扯第二个预留编入的发片。

45 依次拉扯边缘预留编入的发片，并进行调整。

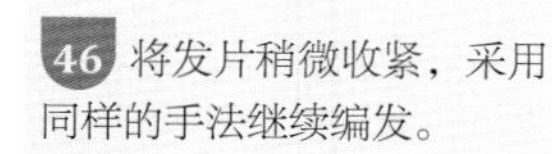
46 将发片稍微收紧，采用同样的手法继续编发。

47 左右续入的发片要均等。

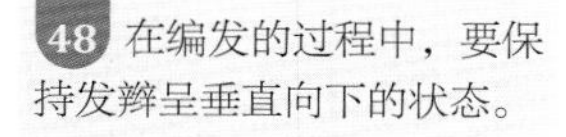
48 在编发的过程中，要保持发辫呈垂直向下的状态。

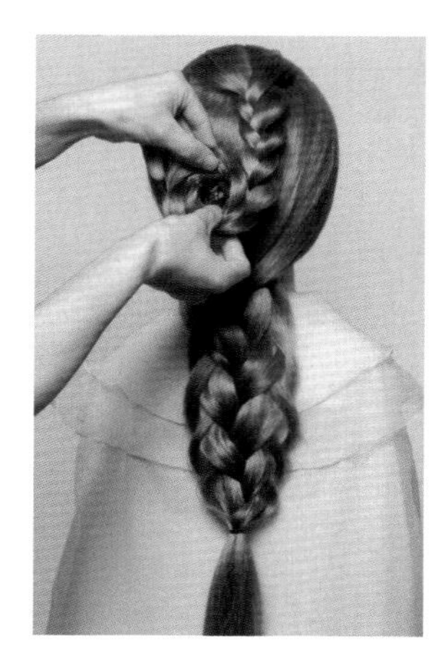

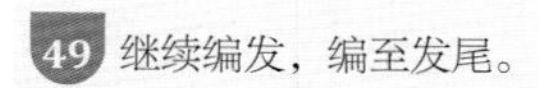
49 继续编发，编至发尾。

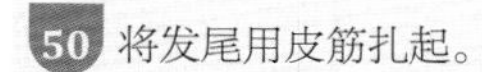
50 将发尾用皮筋扎起。

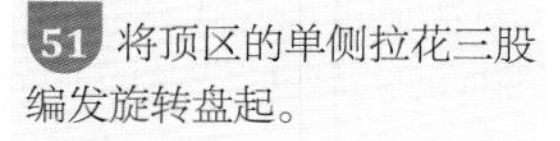
51 将顶区的单侧拉花三股编发旋转盘起。

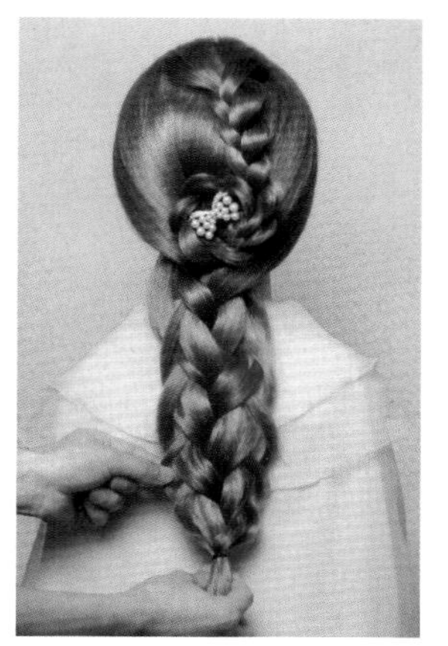

52 将其固定在后发区正后方。

53 在玫瑰花蕊处佩戴饰品，然后调整发辫边缘的轮廓、纹理。

54 佩戴饰品，进行点缀。

17

铜钱辫披发

扫描二维码
观看教学视频

01 在左侧取一束发片，将其梳理干净。

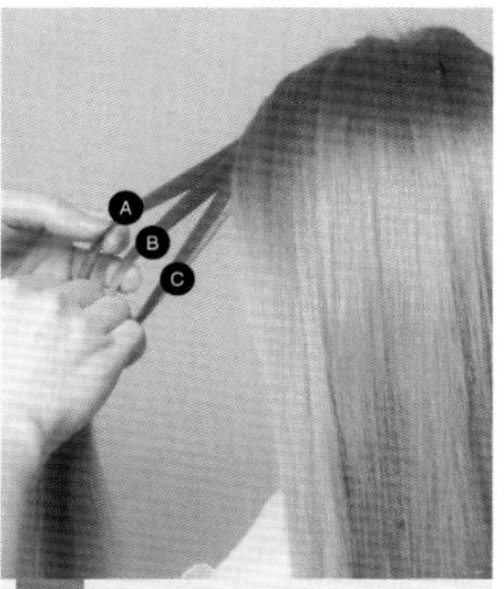

02 将发片分为 A、B、C 三束均等的发片。

03 将发片 A 压在发片 B 之上。

04 将发片 C 压在发片 A 之上。

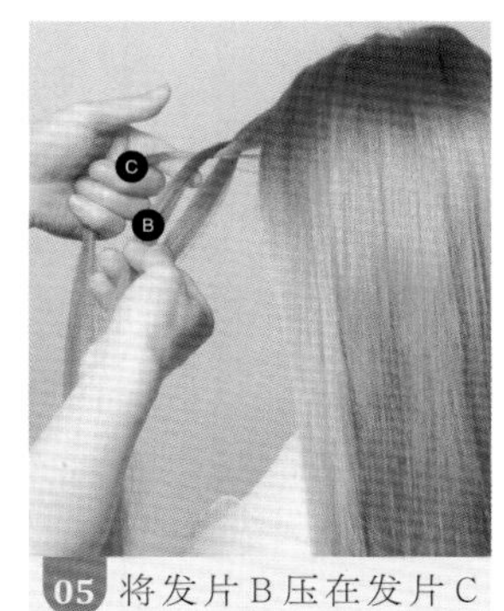

05 将发片 B 压在发片 C 之上。

06 将发片 A 压在发片 B 之上。

07 将发片C压在发片A之上。

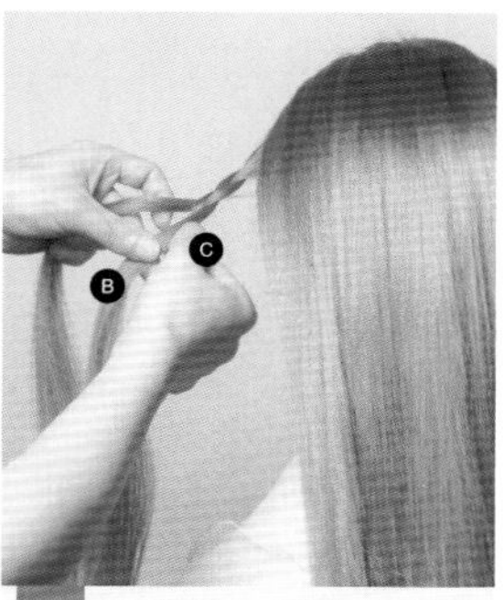

08 将发片B压在发片C之上。

09 继续以同样的手法进行三股编发，编至发尾，编成发辫D。

10 在发辫边缘再取一束发片。

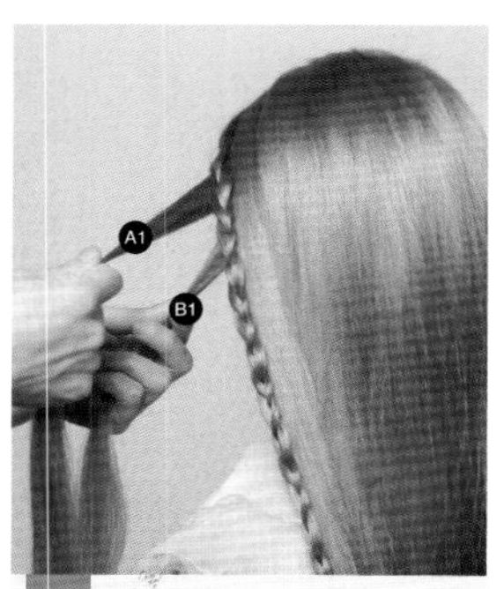

11 将其分为A1、B1两束均等的发片。

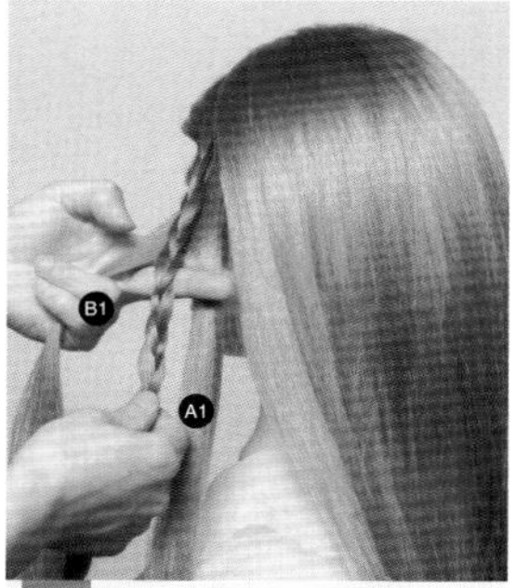

12 将发片A1压在发片B1之上。将发辫D摆在发片A1和发片B1之间。

13 取一束发片C1。

14 将发片A1压在发片C1之上。

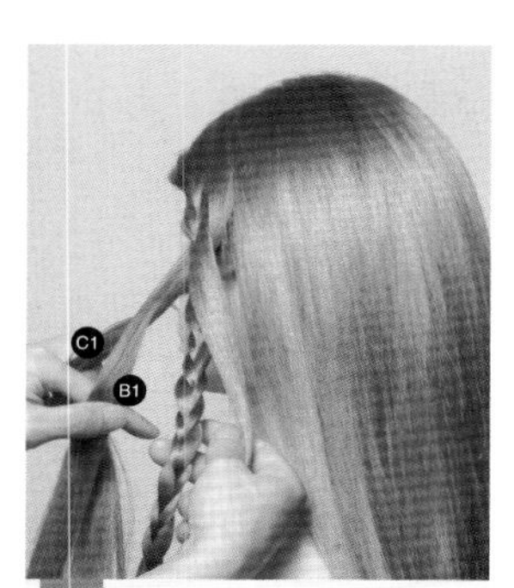

15 将发片B1压在发片C1之上。

16 将发片B1穿过发辫D下方。

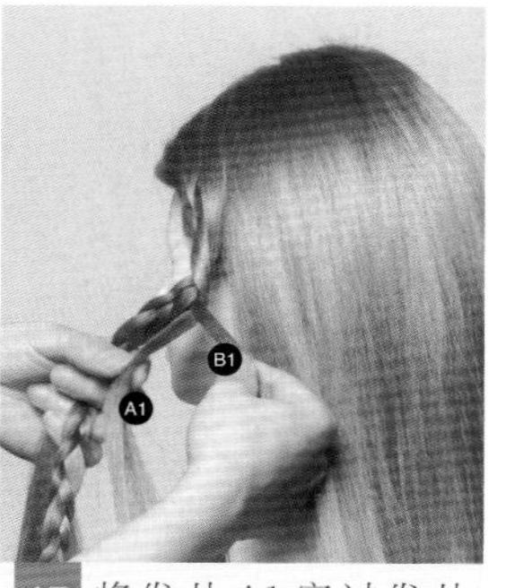

17 将发片A1穿过发片B1下方。

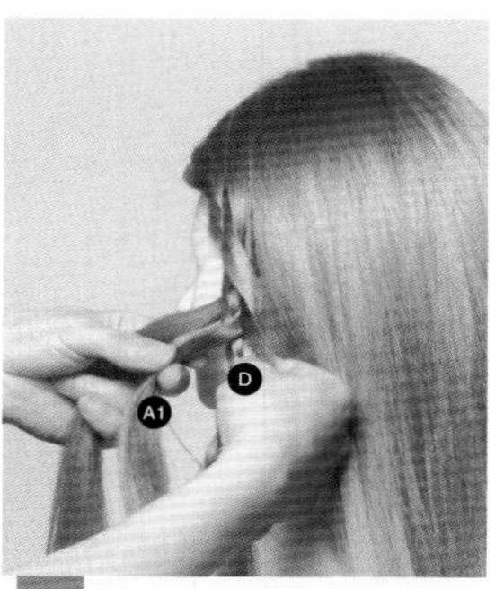

18 将发片A1压在发辫D之上。

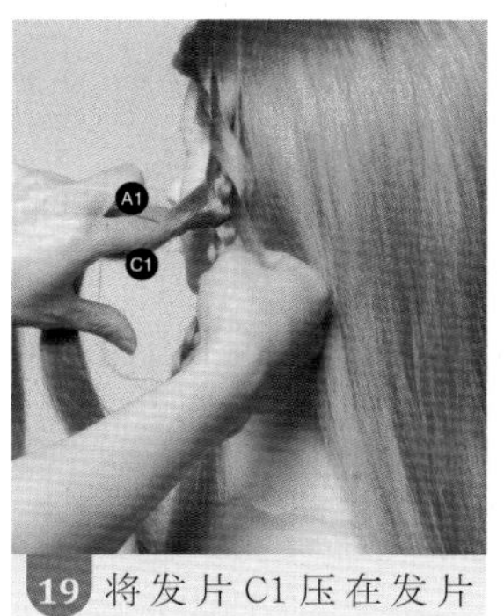

19 将发片C1压在发片A1之上。

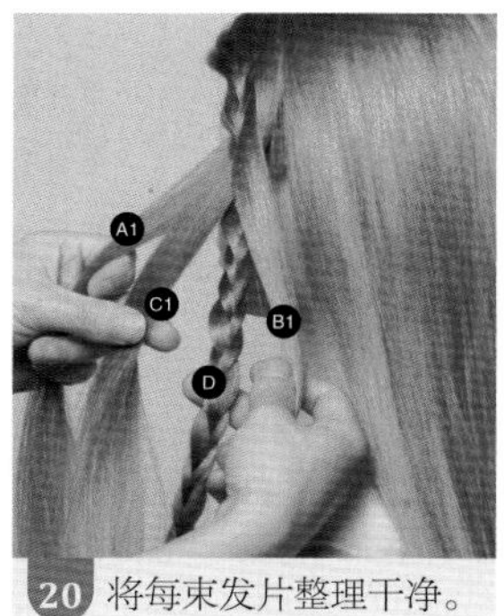

20 将每束发片整理干净。

21 将发片C1穿过发辫D下方。将发片B1穿过发片C1下方。

22 将发片B1压在发辫D之上。

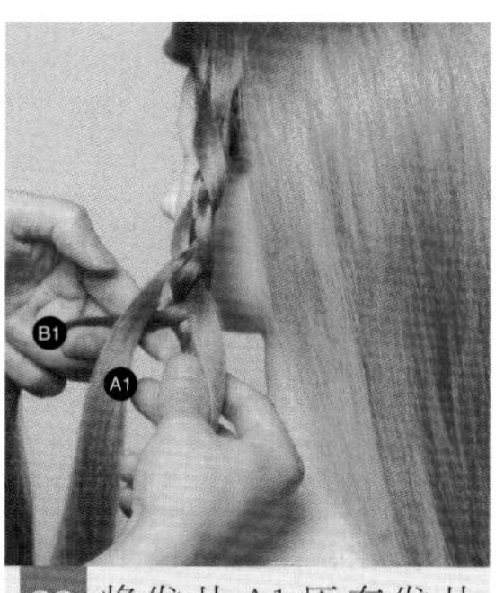

23 将发片A1压在发片B1之上。

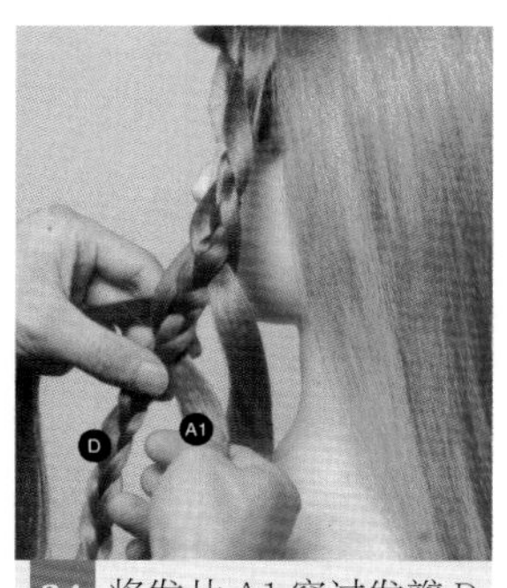

24 将发片A1穿过发辫D下方。

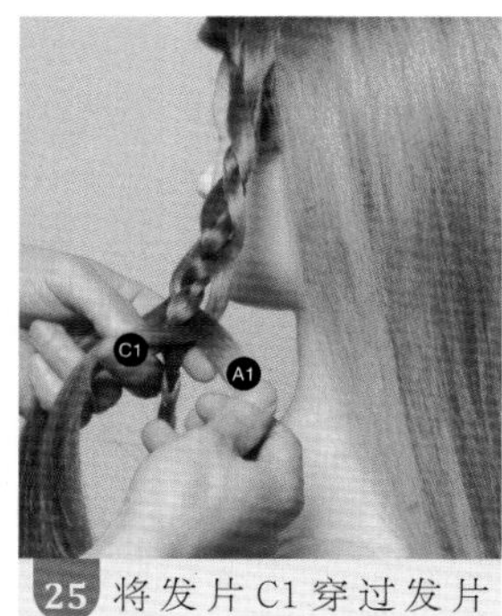

25 将发片C1穿过发片A1下方。

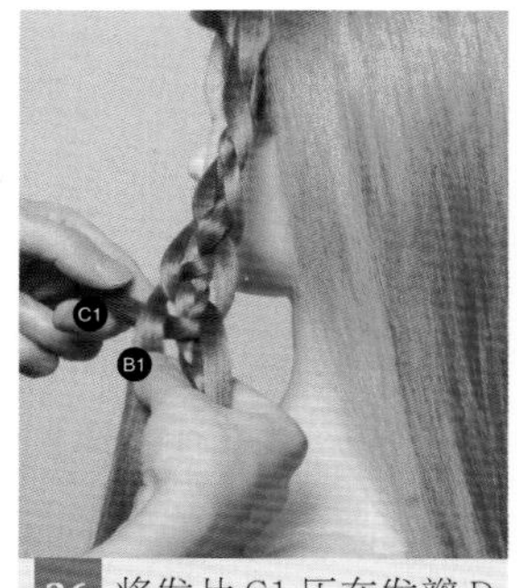

26 将发片C1压在发辫D之上，并穿过发片B1下方。

27 将发片B1穿过发辫D下方。

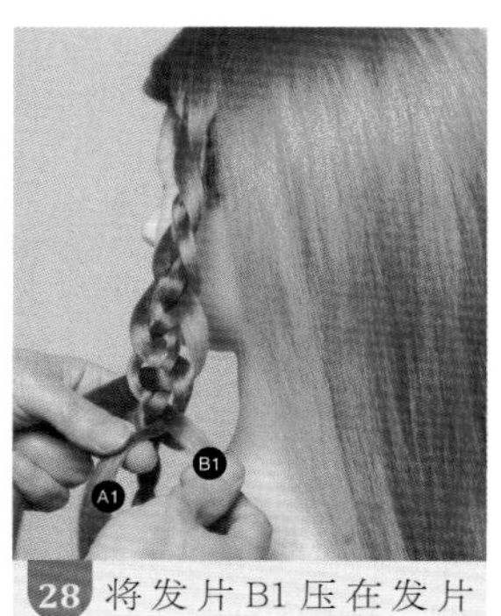

28 将发片B1压在发片A1之上。

29 继续以同样的手法进行编发。

30 每束发片的纹理都要清晰。

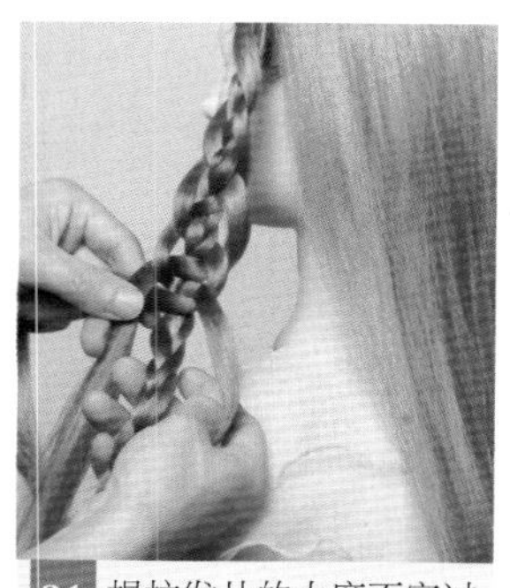

31 提拉发片的力度不宜过大，发辫不宜过紧。

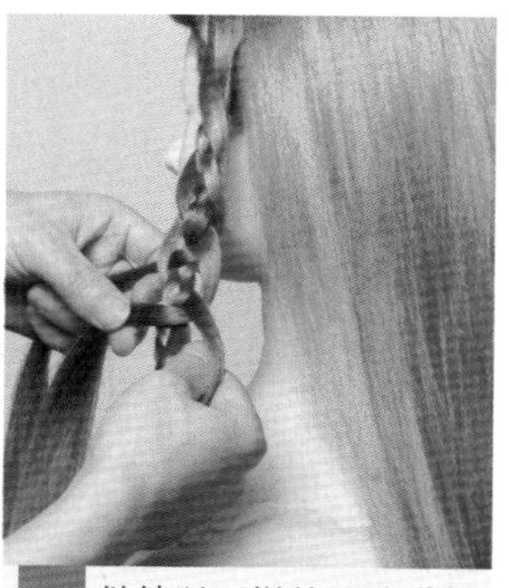

32 继续以同样的手法进行编发。

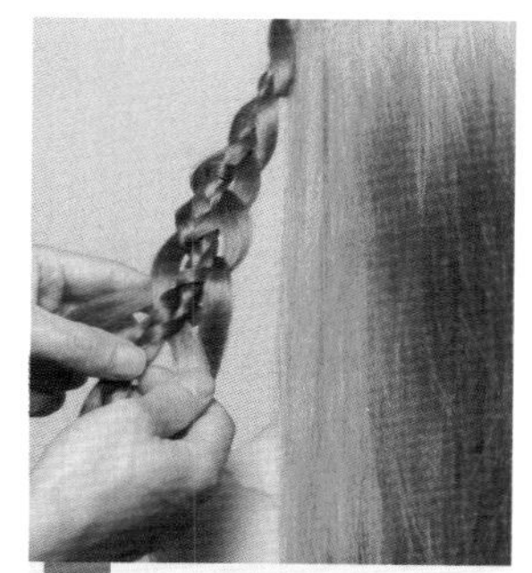

33 将发片继续重复穿过发辫的下方。

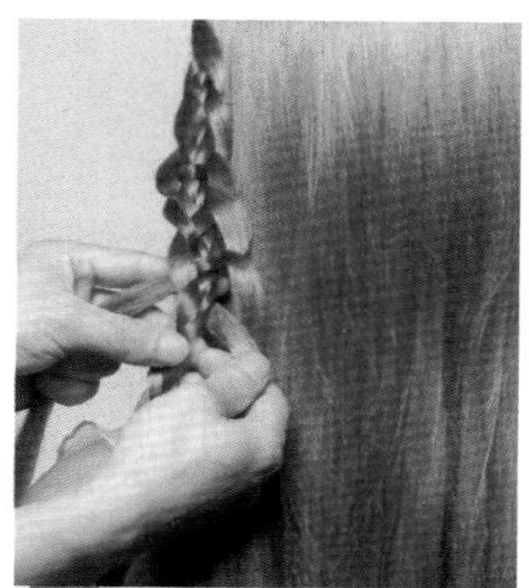

34 在编发的过程中，发辫要自然下垂。

35 将发片 C 穿过发片 A 下方。

36 将发片 C 压在发辫 D 之上。

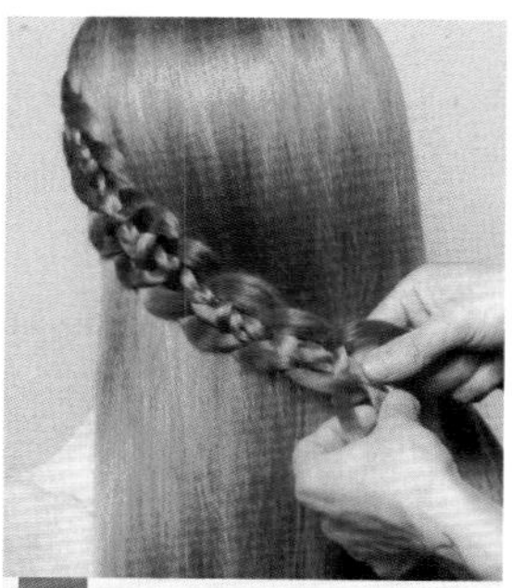

37 重复相同手法编发，编至发尾。

38 对发辫边缘轮廓进行调整。

39 将发尾用皮筋扎起。

40 将发辫向右侧提拉。

41 将发辫尾端分出三股发片。

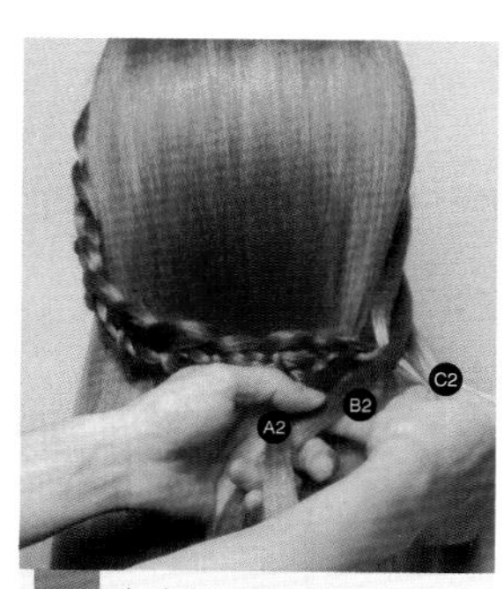

42 在右侧取三束发片，分别与左侧发辫的发尾衔接，得到 A2、B2、C2 三束均等的发片。

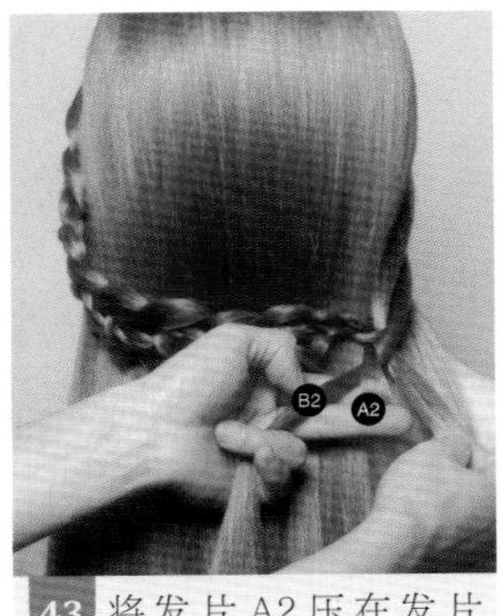

43 将发片 A2 压在发片 B2 之上。

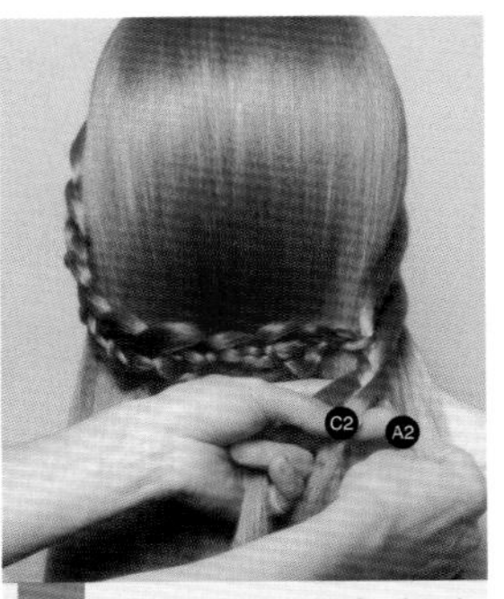

44 将发片 C2 压在发片 A2 之上。

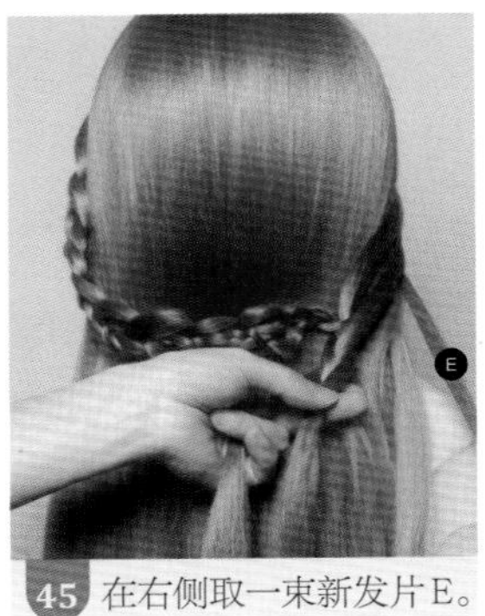

45 在右侧取一束新发片 E。

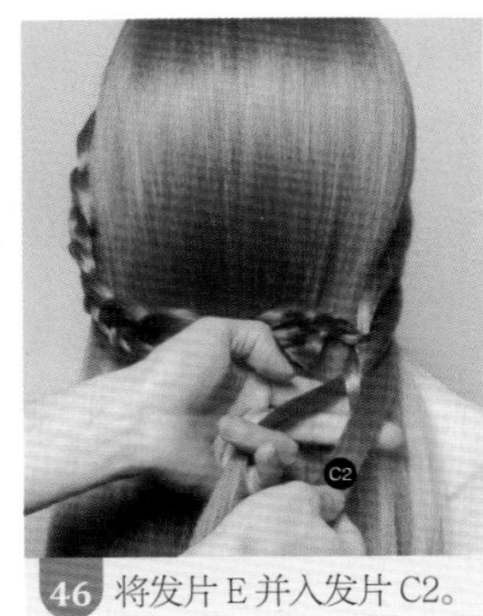

46 将发片 E 并入发片 C2。

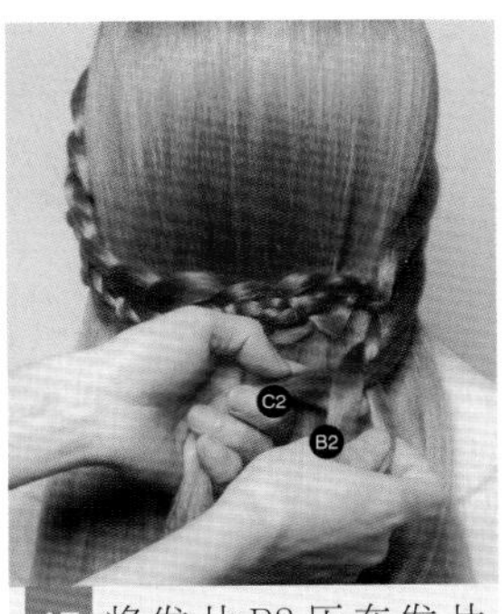

47 将发片 B2 压在发片 C2 之上。

48 将发片 A2 压在发片 B2 之上。

49 在发辫的下方继续取一束新发片 F。

50 将发片 F 并入发片 A2。

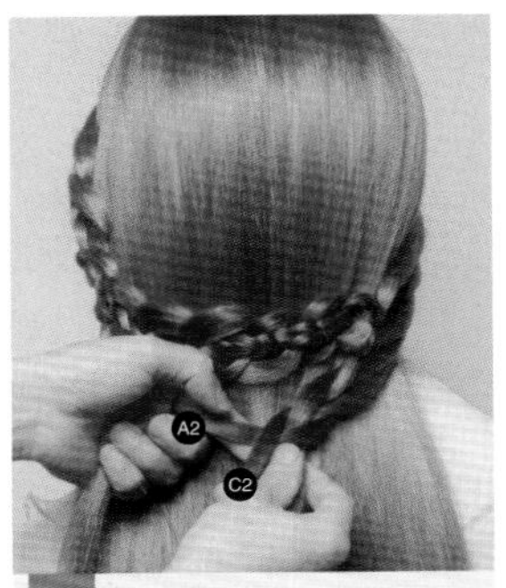

51 将发片 C2 压在发片 A2 之上。

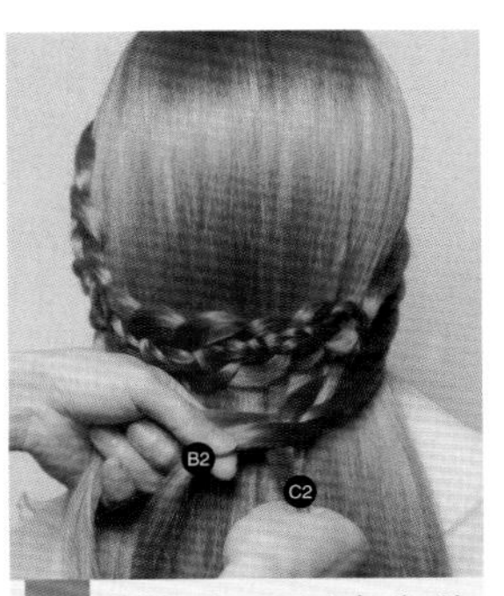

52 将发片 B2 压在发片 C2 之上。

53 将发片 A2 压在发片 B2 之上。

54 将发片 C2 压在发片 A2 之上。

55 取发辫下方一束新发片 G。

56 将发片 G 并入发片 C2。

57 将发片 B2 压在发片 C2 之上。

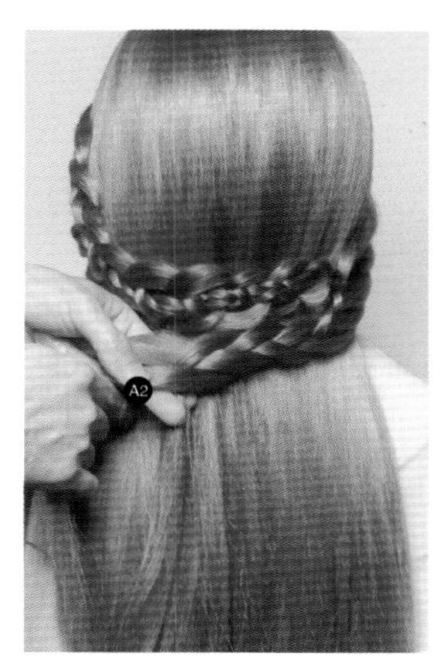

58 将发片 A2 压在发片 B2 之上。

59 取发辫下方一束新发片 H。

60 将发片 H 并入发片 A2。

61 取发卡饰品将发辫固定。

62 调整发卡饰品的位置。

63 整理发辫边缘的轮廓、纹理。

三股单侧拉花编发

扫描二维码
观看教学视频

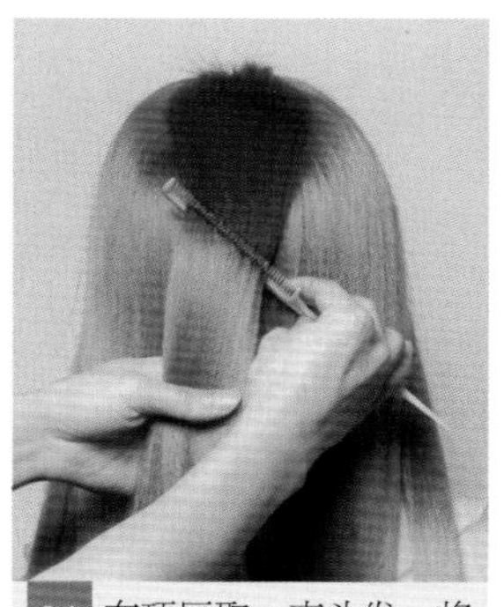

01 在顶区取一束头发，将其梳理干净。

02 用珍珠发卡将其固定成发束。

03 调整珍珠发卡使其居中。

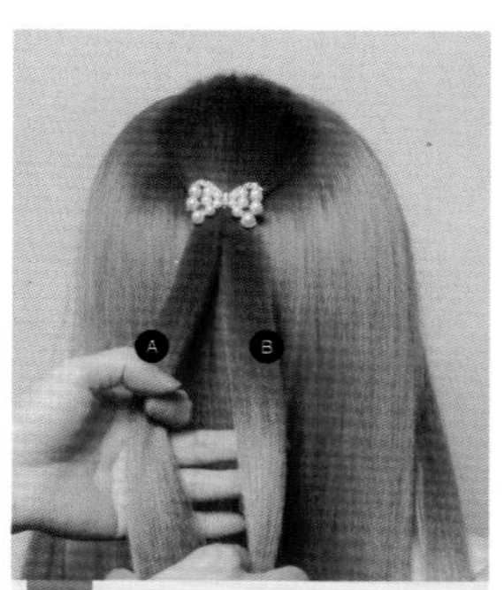

04 将用珍珠发卡固定成的发束分为 A、B 两束均等的发片。

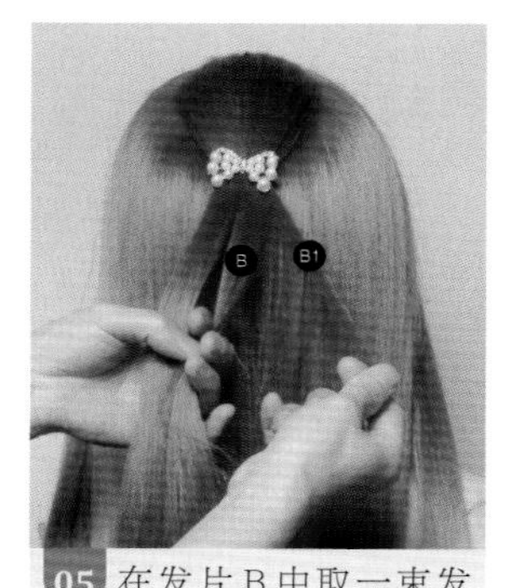

05 在发片 B 中取一束发片 B1。

06 将发片 B1 压在发片 B 之上，并将发片 B1 并入发片 A。

07 在发片 A 中取一束发片 A1。

08 将发片 A1 压在发片 A 之上，并将发片 A1 并入发片 B。

09 在发片 B 处取一束发片 B2。

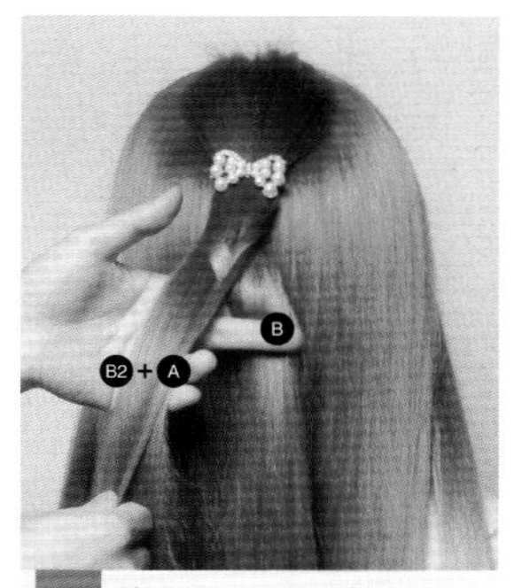

10 将发片 B2 压在发片 B 之上，并将发片 B2 并入发片 A。

11 在发片 A 处取一束发片 A2。

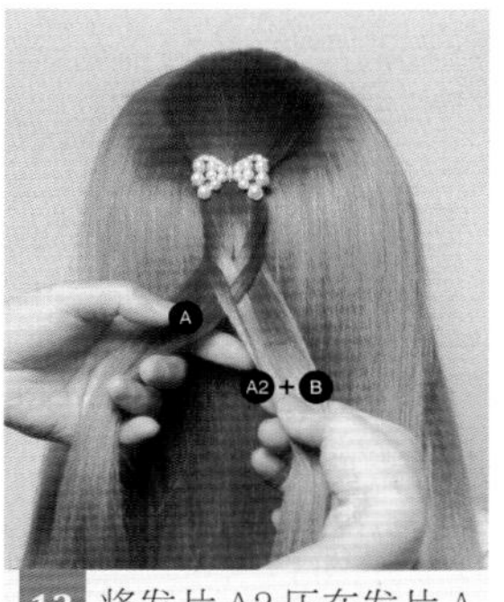

12 将发片 A2 压在发片 A 之上，将发片 A2 并入发片 B。

13 继续采用同样的手法进行编发，即鱼骨编发。

14 将发辫边缘进行拉扯，使其纹理更加鲜明。

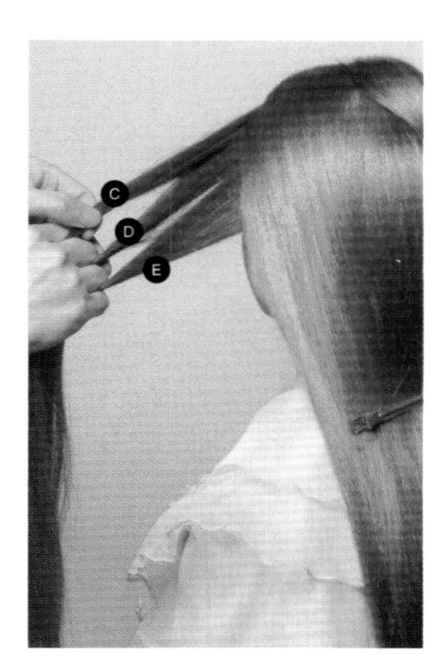

15 继续进行鱼骨编发并拉扯发辫边缘。

16 编发至脖子处，用鸭嘴夹暂时固定发尾。

17 在左侧取 C、D、E 三束均等的发片。

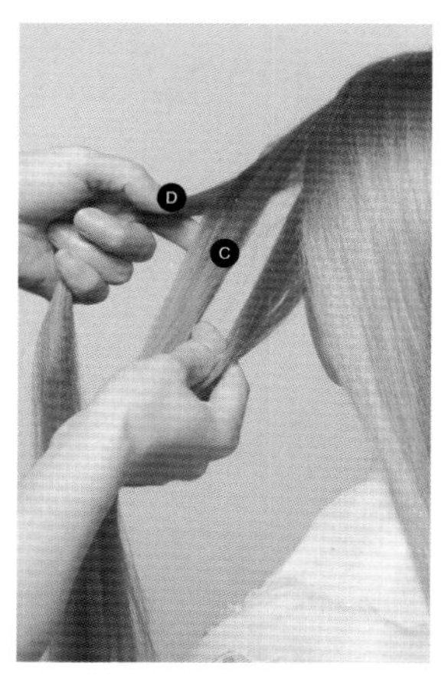

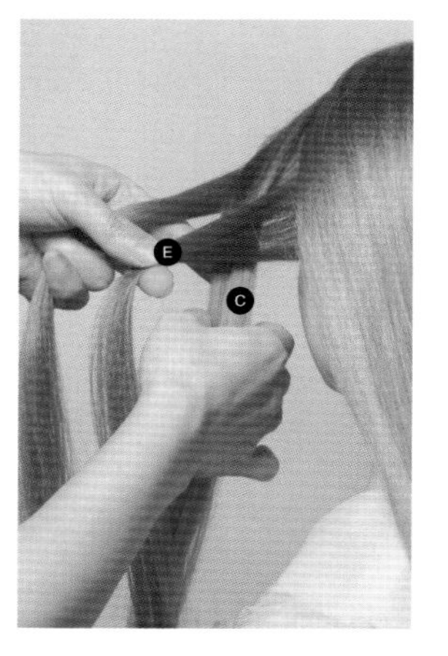

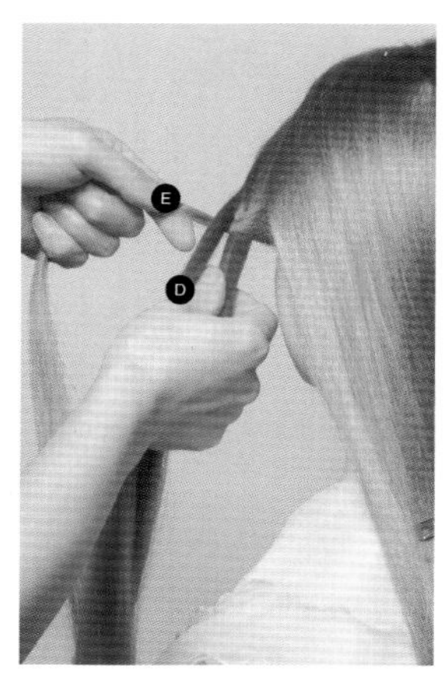

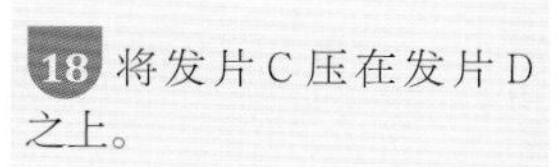

18 将发片C压在发片D之上。

19 将发片E压在发片C之上。

20 将发片D压在发片E之上。

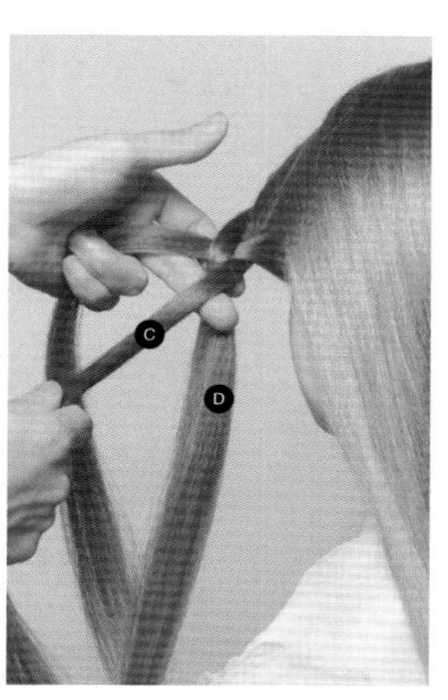

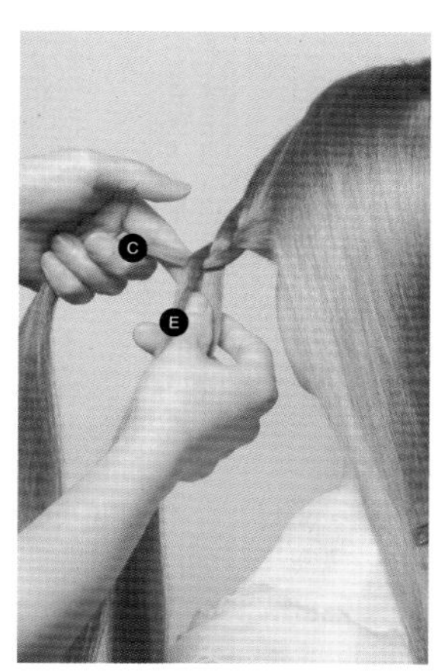

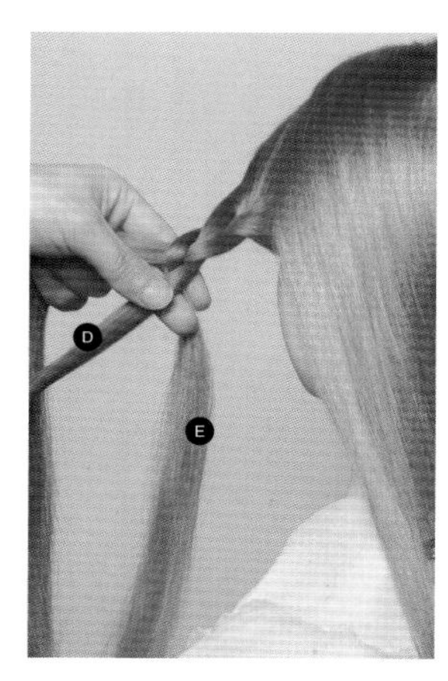

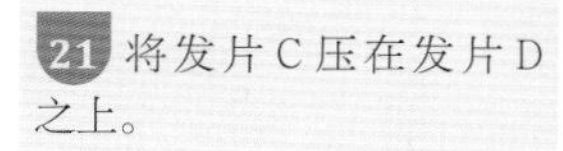

21 将发片C压在发片D之上。

22 将发片E压在发片C之上。

23 将发片D压在发片E之上。

24 采用同样的手法进行三股编发。

25 将编好的三股辫一侧进行拉花。

26 拉花的力度要均匀，发辫的边缘轮廓要均等。

27 将三股辫向后发区中部进行提拉。

28 取鸭嘴夹将其与鱼骨辫暂时固定在一起。

29 在右侧取一束发片。

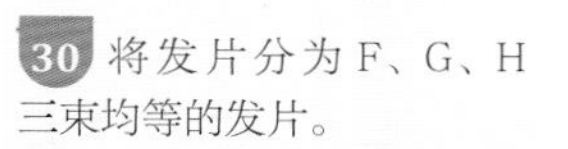

30 将发片分为 F、G、H 三束均等的发片。

31 使用与左侧相同的手法对其进行三股编发。

32 将三股辫的单侧进行拉花。

33 将两条三股辫与鱼骨辫合并，并用皮筋扎起。

34 将之前固定发尾的鸭嘴夹取下，调整发辫，使其左右对称。

35 佩戴饰品，进行点缀。

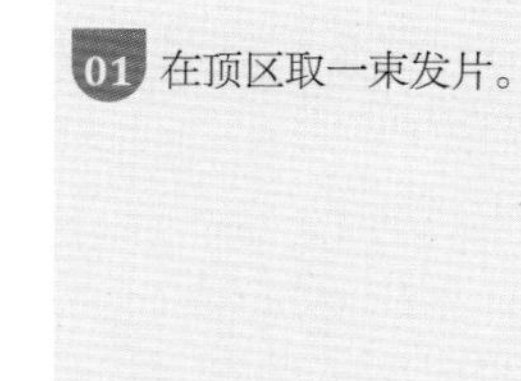

02 取头饰将发片进行固定。

03 将发片梳理干净。

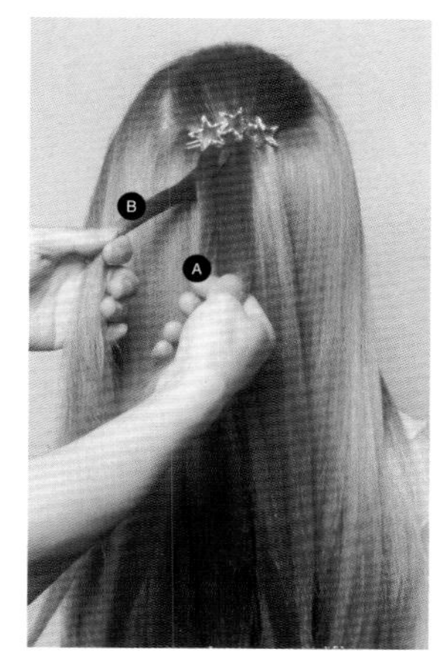

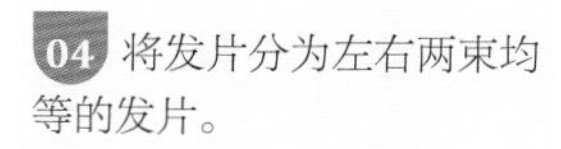

04 将发片分为左右两束均等的发片。

05 将左侧发片分为 A、B、C 三束大致均等的发片。

06 将发片 A 压在发片 B 之上。

07 将发片 C 压在发片 A 之上。

08 将发片 B 压在发片 C 之上。

09 将发片 A 压在发片 B 之上。

10 采用同样的手法进行三股编发，编至发尾。

11 将发尾用皮筋扎起。

12 将右侧发片采用同样的手法进行三股编发。

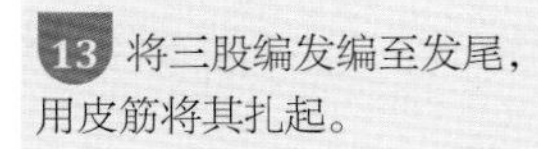

13 将三股编发编至发尾，用皮筋将其扎起。

14 在左侧取一束发片，将穿发器的尖端穿过左侧发辫的第一个发结。

15 将左侧取出的发片穿过穿发器的圆孔。

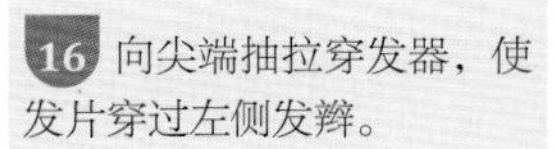

16 向尖端抽拉穿发器，使发片穿过左侧发辫。

17 将穿过的发片进行调整，使其干净、紧致。

18 采用同样的手法穿过第二束发片，并取第三束发片。

19 采用同样的手法穿过第三束发片，并取第四束发片。

20 将第四束发片穿过穿发器的圆孔。

21 采用同样的手法穿过第四束发片，并取第五束发片。

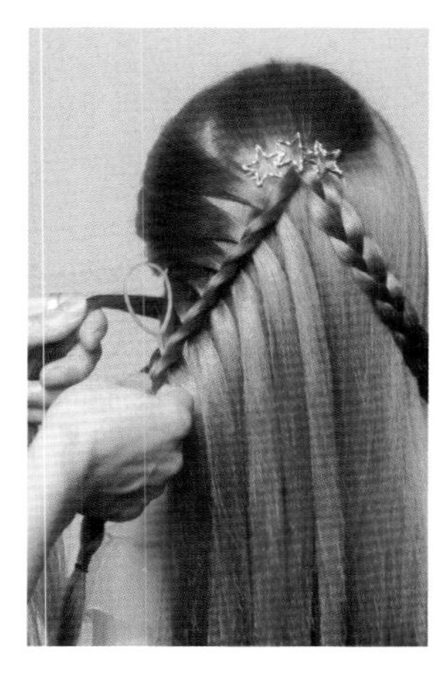

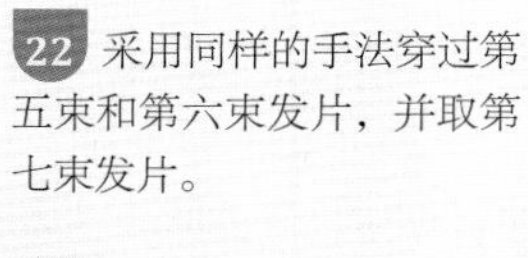

22 采用同样的手法穿过第五束和第六束发片，并取第七束发片。

23 采用同样的手法穿过第七束发片，并取第八束发片。

24 采用同样的手法穿过第八束发片。在右侧取出第一束发片，通过穿发器穿过右侧发辫。

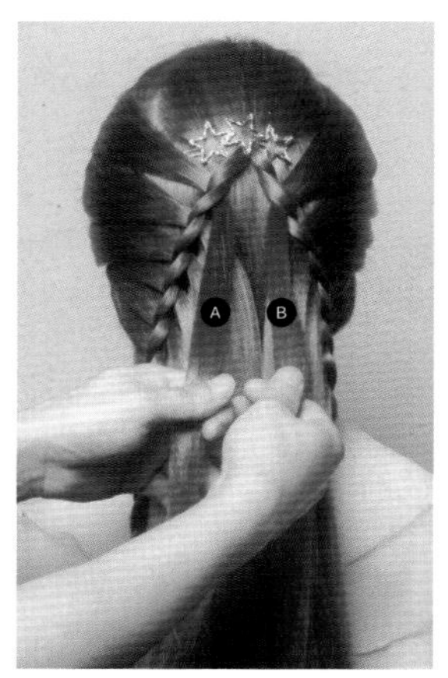

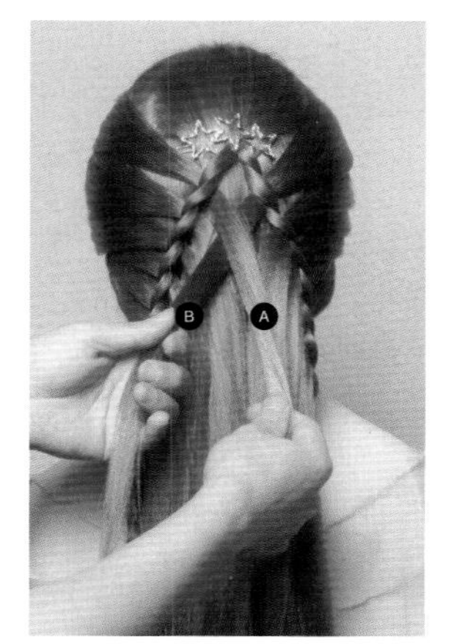

25 依次以同样的手法将右侧的八束发片穿过右侧发辫。

26 取分别穿过左右发辫的第一束发尾 A、B。

27 将发片 A 压在发片 B 之上。

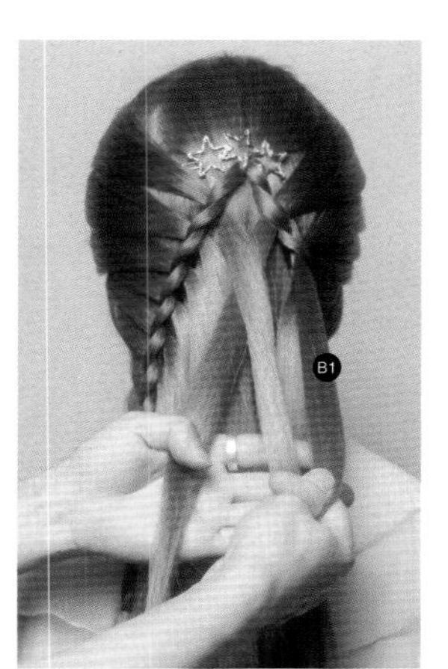

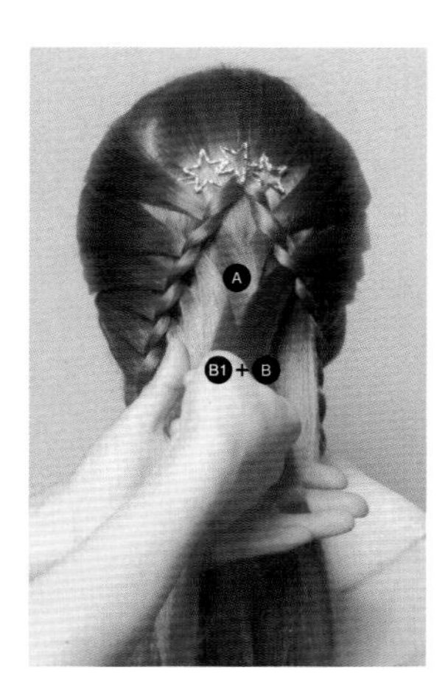

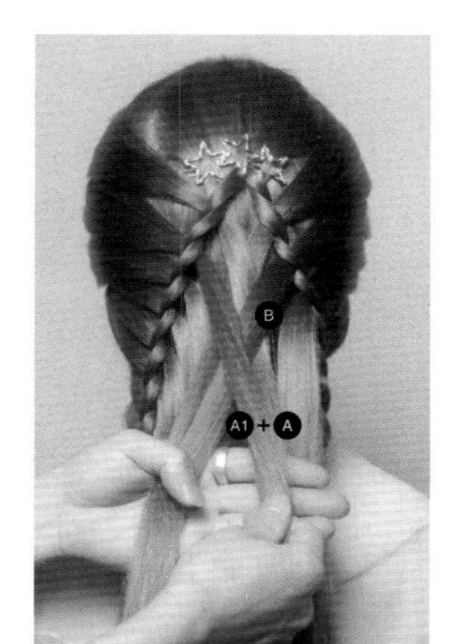

28 在右侧取发片 B1。

29 将发片 B1 压在发片 A 之上，并入发片 B。

30 在左侧取发片 A1，压在发片 B 之上，并将其并入发片 A。

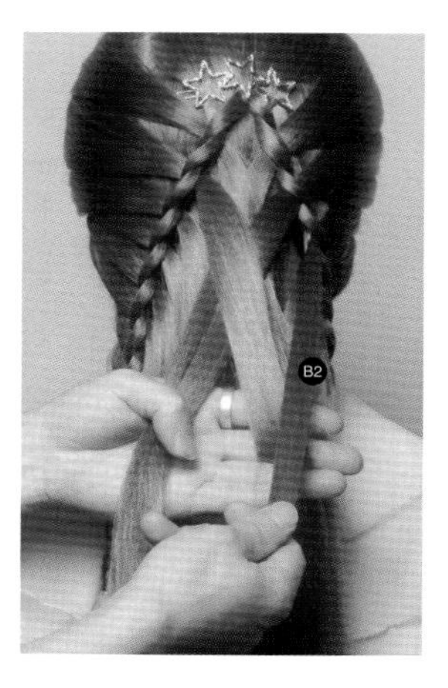

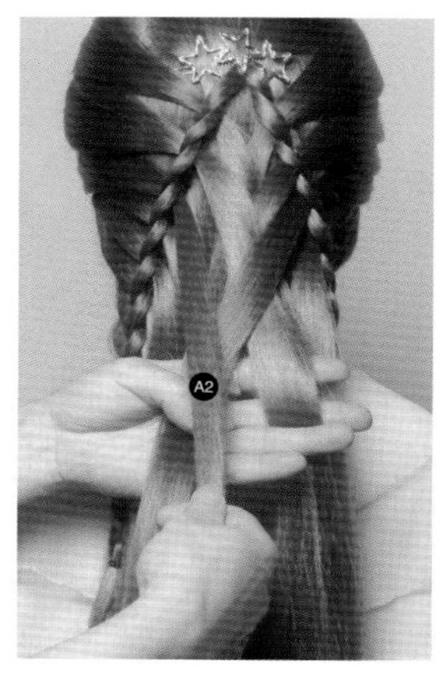

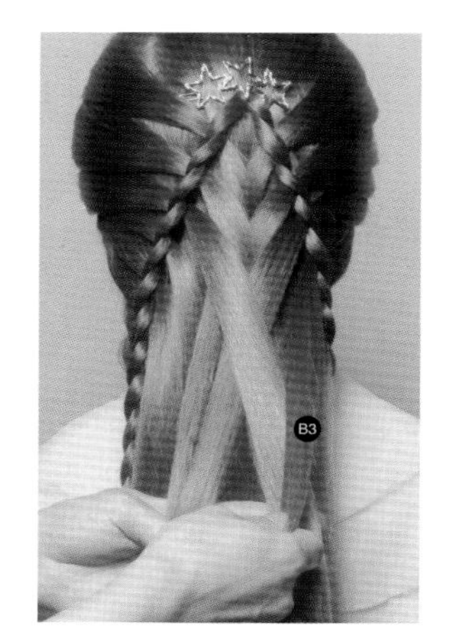

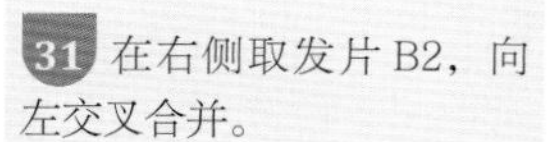

31 在右侧取发片 B2，向左交叉合并。

32 在左侧取发片 A2，向右交叉合并。

33 在右侧取发片 B3，向左交叉合并。

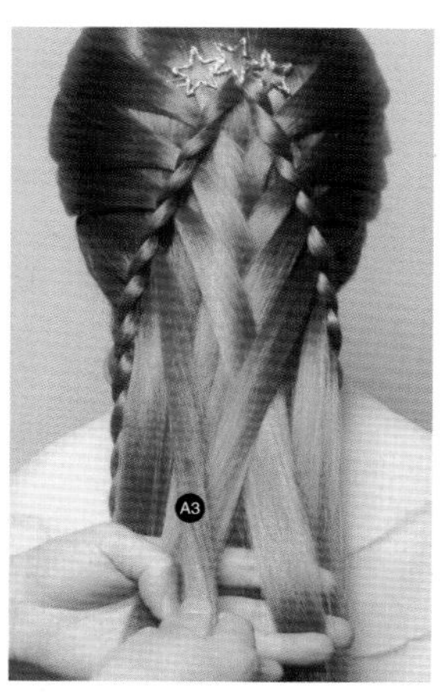

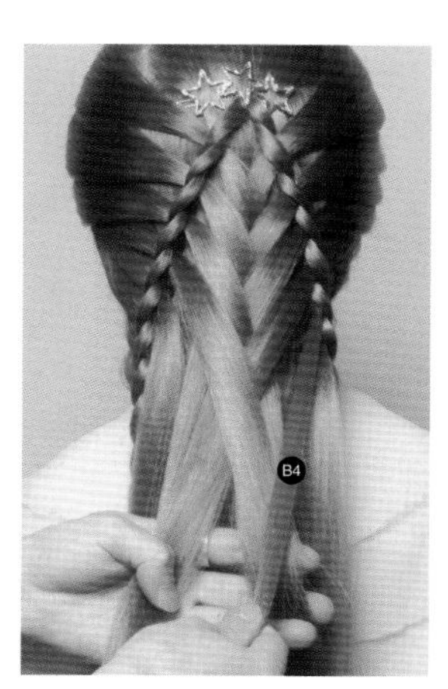

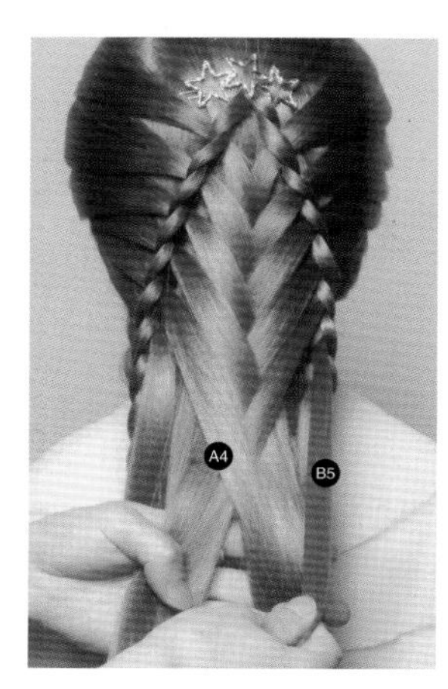

34 在左侧取发片 A3，向右交叉合并。

35 在右侧取发片 B4，向左交叉合并。

36 在左侧取发片 A4，向右交叉合并。在右侧取发片 B5，向左交叉合并。

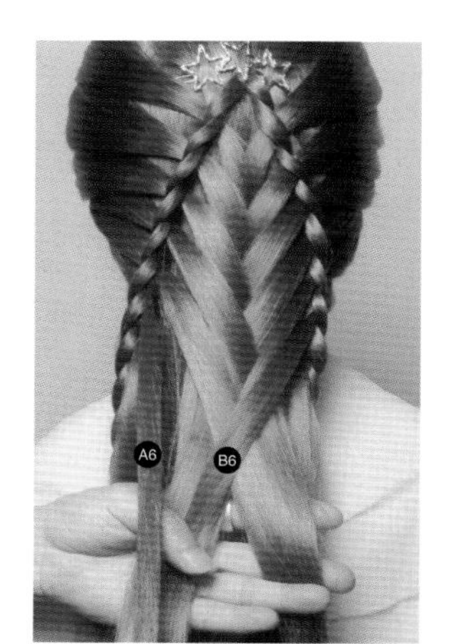

37 在左侧取发片 A5，向右交叉合并。

38 在右侧取发片 B6，向左交叉合并。在左侧取发片 A6，向右交叉合并。

39 在右侧取发片 B7，向左交叉合并。

40 在左侧取发片 A7，向右交叉合并。

41 在右侧取发片 B8，向左交叉合并。

42 在左侧取发片 A8，向右交叉合并。

43 在右侧取发片 B9，向左交叉合并。

44 在左侧取发片 A9，向右交叉合并。

45 在右侧取发片 B10，向左交叉合并，进行鱼骨编发。

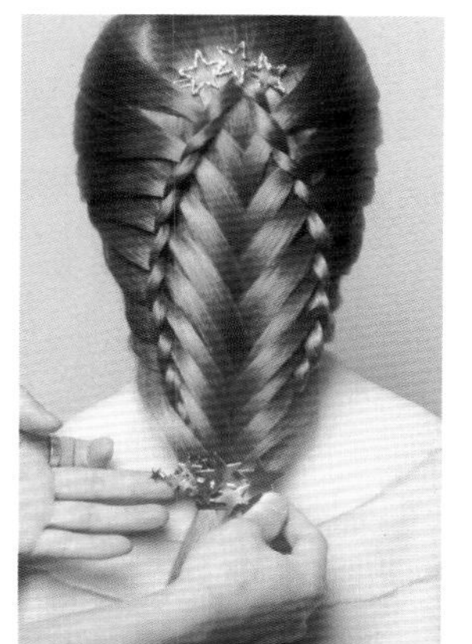

46 将发尾用皮筋扎起。

47 调整左右发辫的轮廓和纹理。

48 佩戴饰品，进行点缀。

双侧 8 字拧蝴蝶结扎发

扫描二维码
观看教学视频

01 分出上下两个发区，将上发区的头发用鸭嘴夹固定待用。

02 将下发区分为左右两个发区。

03 在左侧取前额处的一束发片。

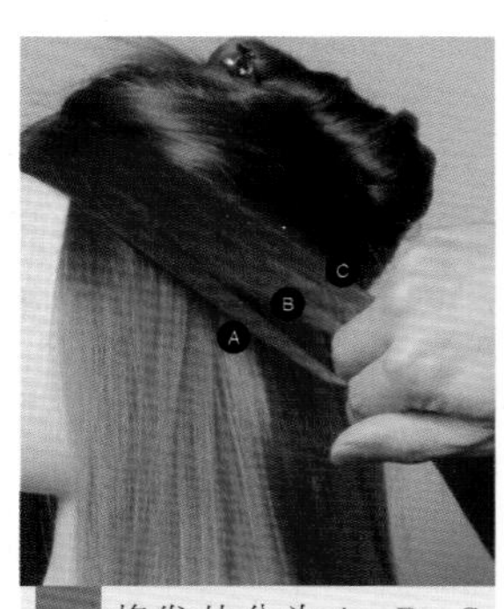

04 将发片分为 A、B、C 三束均等的发片。

05 将发片 A 压在发片 B 之上。

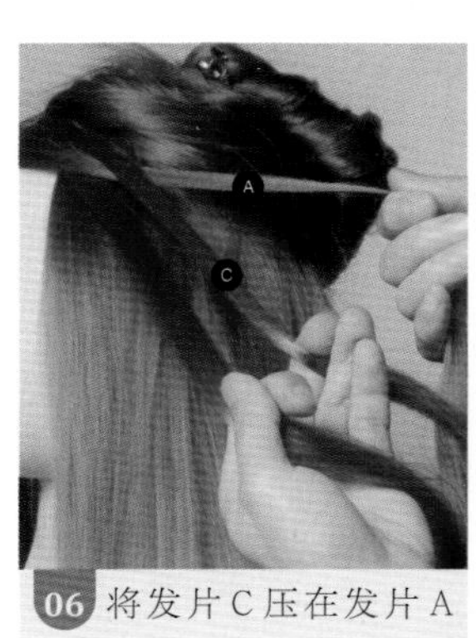

06 将发片 C 压在发片 A 之上。

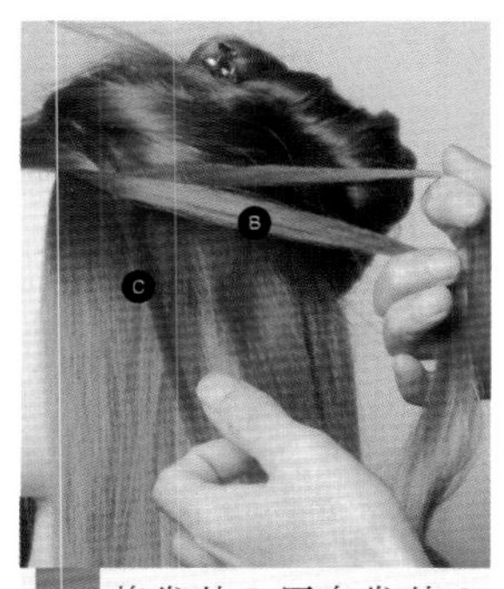

07 将发片 B 压在发片 C 之上。

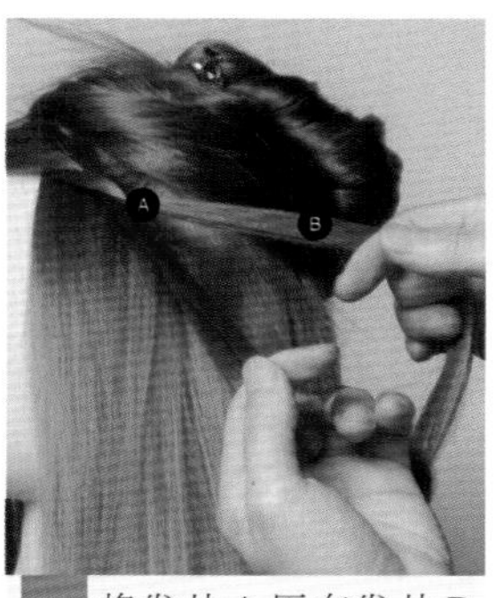

08 将发片 A 压在发片 B 之上。

09 将发片 C 压在发片 A 之上。

10 在编发外侧取一束新发片 C1。

11 将新发片 C1 并入发片 C。

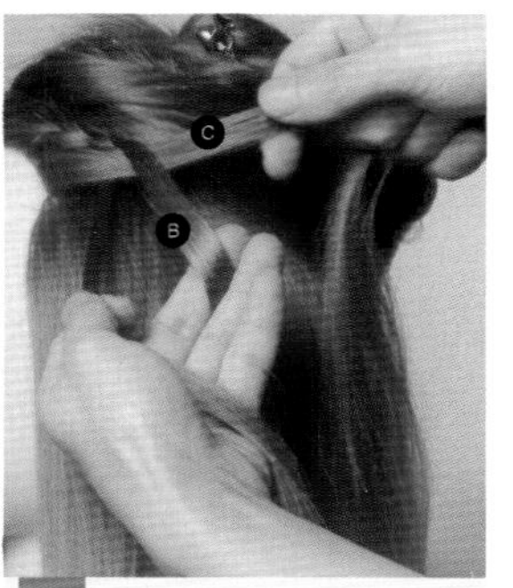

12 将发片 B 压在发片 C 之上。

13 将发片 A 压在发片 B 之上。

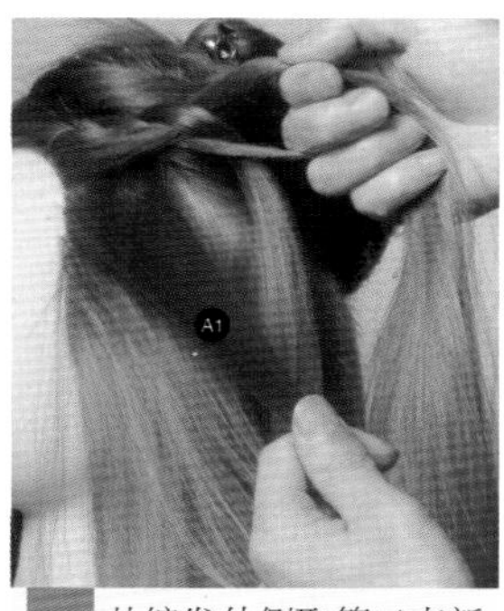

14 从编发外侧取第二束新发片 A1。

15 将新发片 A1 并入发片 A。

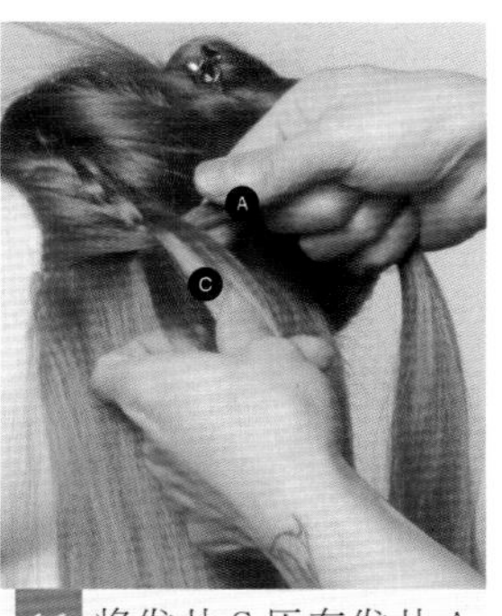

16 将发片 C 压在发片 A 之上。

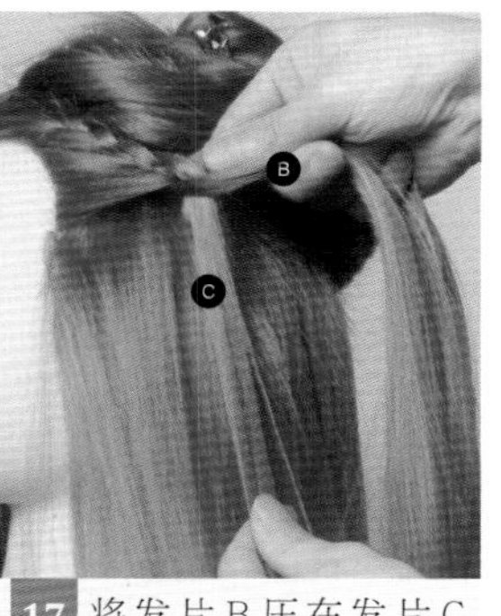

17 将发片 B 压在发片 C 之上。

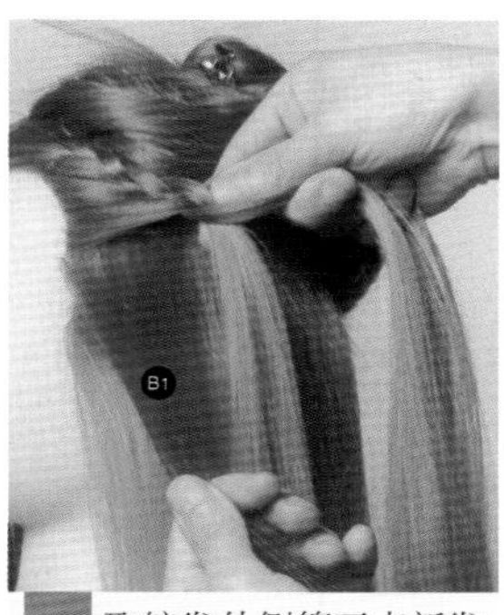

18 取编发外侧第三束新发片 B1。

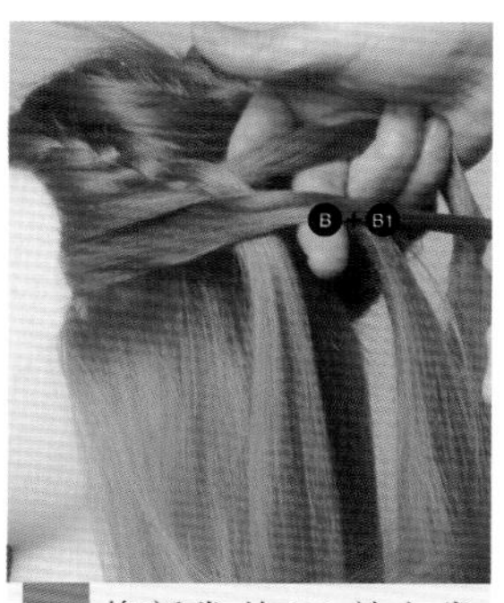

19 将新发片 B1 并入发片 B。

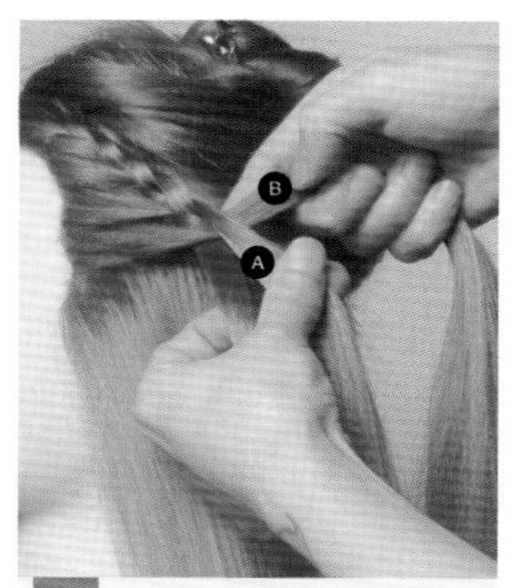

20 将发片 A 压在发片 B 之上。

21 将发片 C 压在发片 A 之上。

22 取编发外侧第四束新发片 C2。

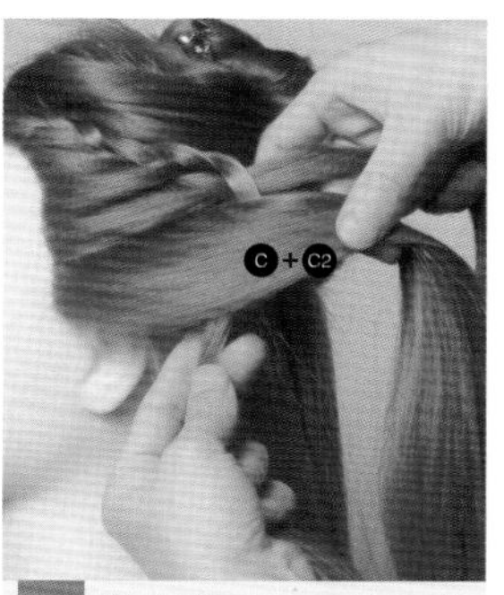

23 将新发片 C2 并入发片 C。

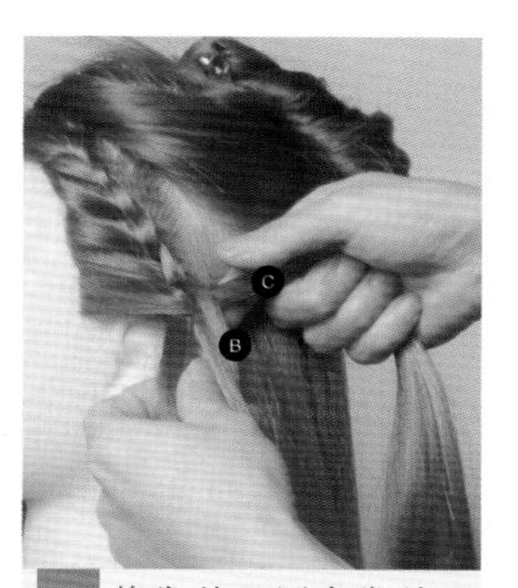

24 将发片 B 压在发片 C 之上。

25 将发片 A 压在发片 B 之上。

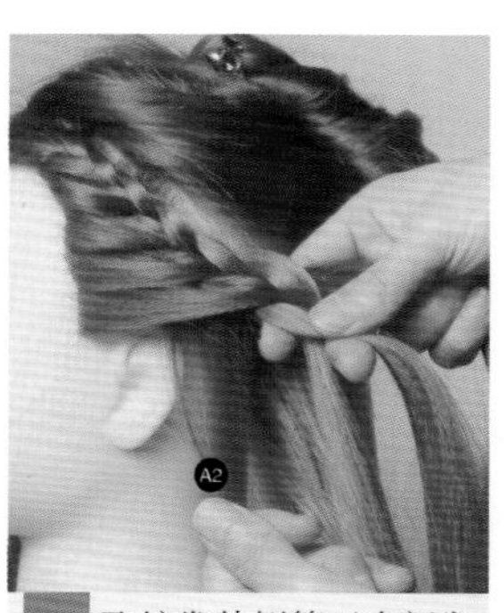

26 取编发外侧第五束新发片 A2。

27 将新发片 A2 并入发片 A。

28 调整发辫松紧度，不宜过松。

29 将发片 C 压在发片 A 之上。

30 将发片 B 压在发片 C 之上。

31 取编发外侧第六束新发片 B2。

32 将新发片 B2 并入发片 B。

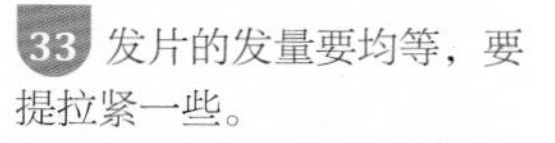

33 发片的发量要均等，要提拉紧一些。

34 继续取编发外侧一束新发片。

35 将新发片续入进行编发。

36 继续进行三股单边续发编发。

37 继续进行三股单边续发编发。

38 取编发外侧发片继续续入进行编发。

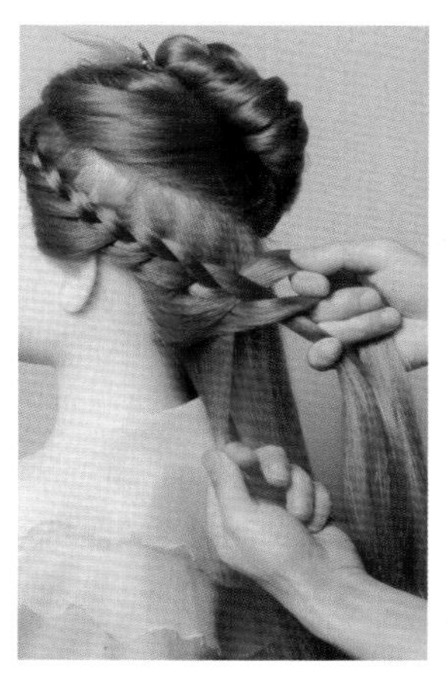

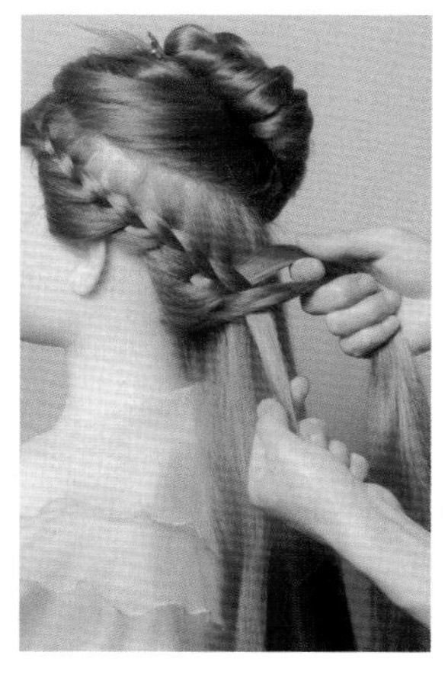

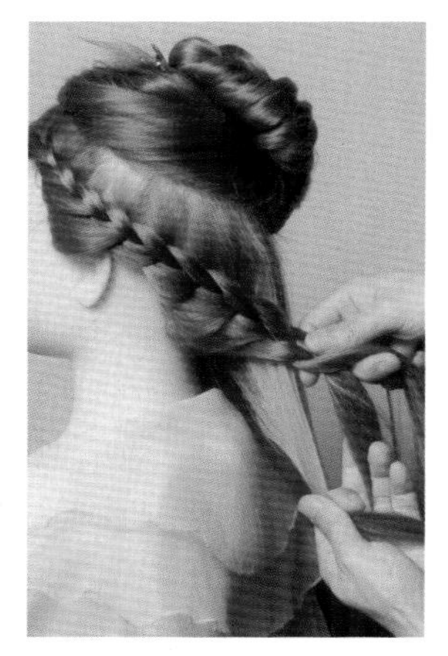

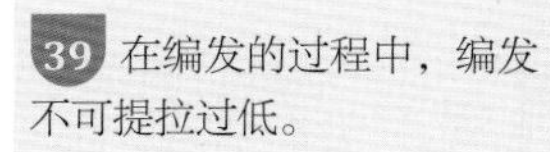

39 在编发的过程中，编发不可提拉过低。

40 以同样的手法继续进行三股单边续发编发。

41 取编发外侧最后一束发片续入编发。

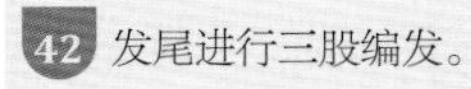

42 发尾进行三股编发。

43 将发尾用皮筋扎起。

44 在右侧取前额处一束发片，将发片分为 D、E、F 三束均等的发片。

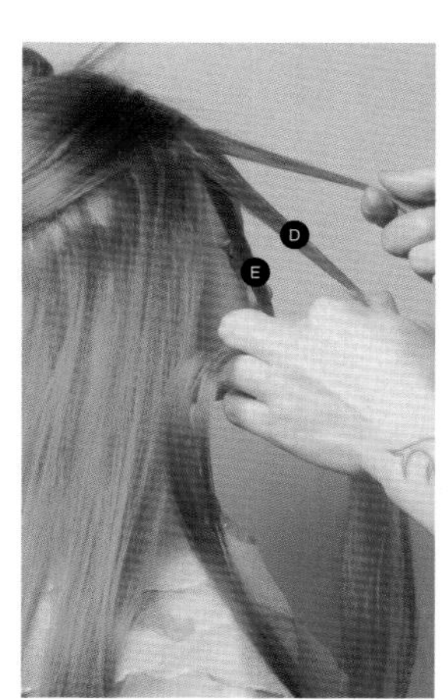

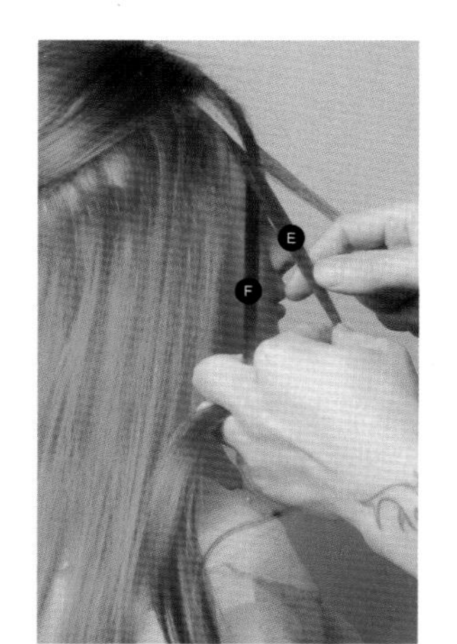

45 将发片 D 压在发片 E 之上。

46 将发片 F 压在发片 D 之上。

47 将发片 E 压在发片 F 之上。

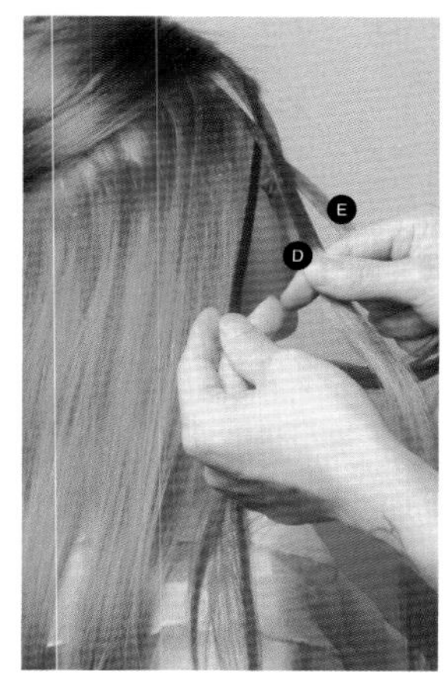

48 将发片 D 压在发片 E 之上。

49 取编发外侧一束新发片续入编发，进行三股单边续发编发。

50 采用和左侧编发同样的手法进行三股单边续发编发。

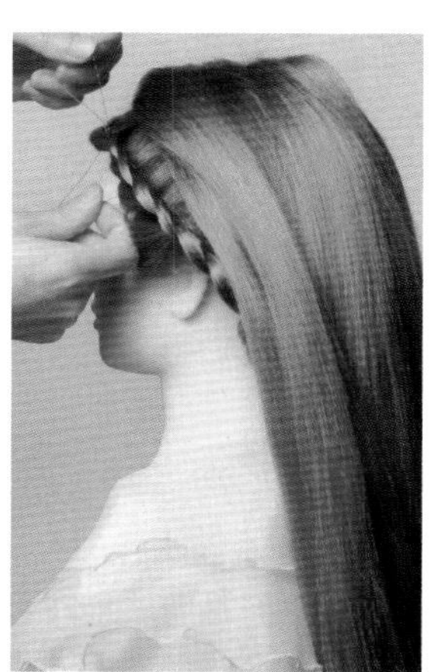

51 将发尾用皮筋扎起。

52 将上发区的头发放下，并梳理干净。

53 在左侧发辫处穿入一根细铁丝并使其呈 U 形。

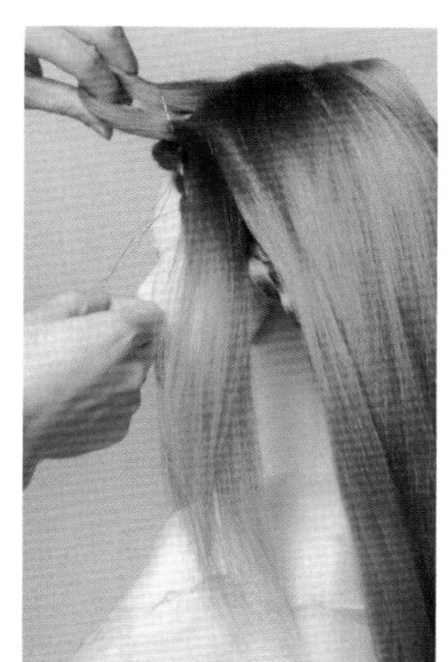

54 在左侧取一束发片，将其梳理干净，穿过铁丝的 U 形孔。

55 用手指将发片向下折并用铁丝将其勾住。

56 勾住发片一端，轻轻将铁丝向外拉，将发片从发辫处拉出 8 字形蝴蝶结。

57 取出铁丝，调整 8 字形蝴蝶结的纹理和轮廓。

58 以同样的手法继续进行 8 字拧蝴蝶结编发。

59 继续取一束发片，将其梳理干净。

60 将其穿过铁丝 U 形孔，拉出 8 字形蝴蝶结。

61 将铁丝穿过发辫，使铁丝呈 U 形。

62 继续取一束新发片，将其梳理干净。

63 将发片用铁丝穿过发辫，使其呈 8 字形蝴蝶结。

64 将铁丝穿过发辫，使铁丝呈 U 形。

65 继续取一束新发片，将其用铁丝穿过发辫，使其呈 8 字形蝴蝶结形状。

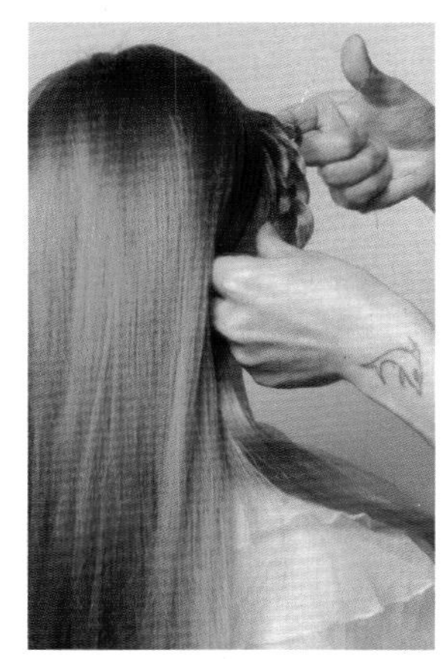
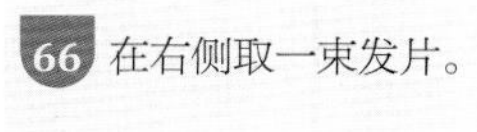

66 在右侧取一束发片。

67 将铁丝穿过右侧发辫，使其呈 U 形。

68 将发片用铁丝穿过发辫。

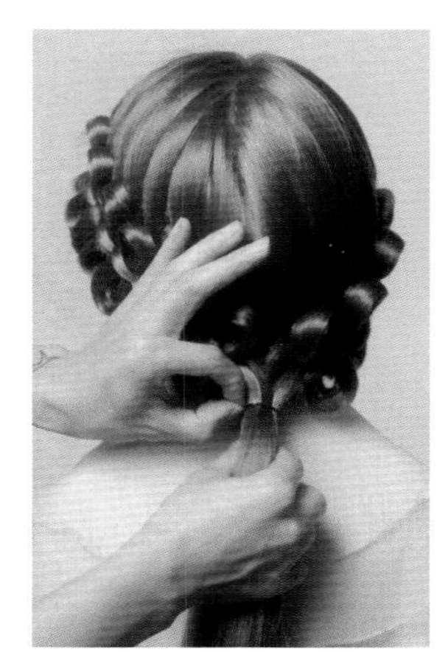
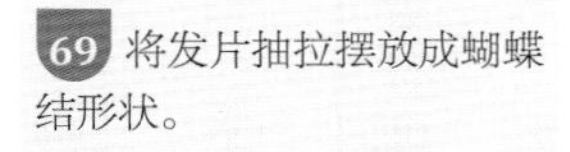

69 将发片抽拉摆放成蝴蝶结形状。

70 以同样的手法依次将右侧头发进行蝴蝶结编发。

71 将左右两侧的发辫合并，用皮筋扎起。

72 将之前分别捆扎左右两侧发辫的皮筋取出。

73 将发尾头发梳理干净。

74 在发结皮筋处佩戴小花，进行点缀。

21 环扣披发

扫描二维码
观看教学视频

01 在左侧取前额处一束发片 A。

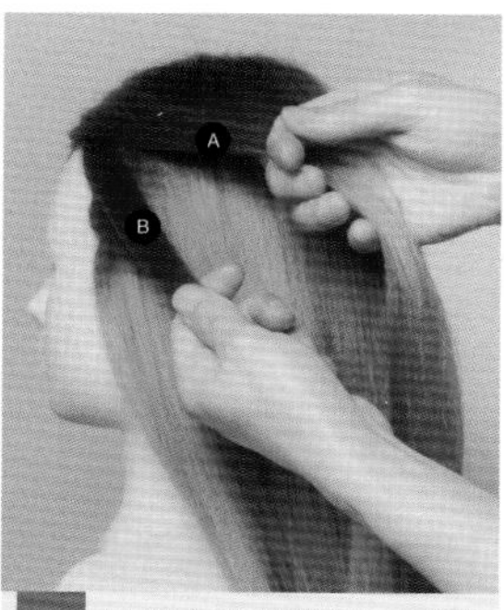

02 继续在边缘取第二束发片 B。

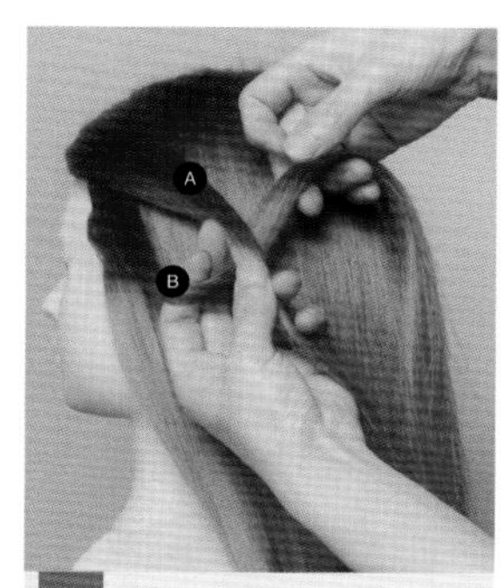

03 将发片 B 对折穿过发片 A 下方。

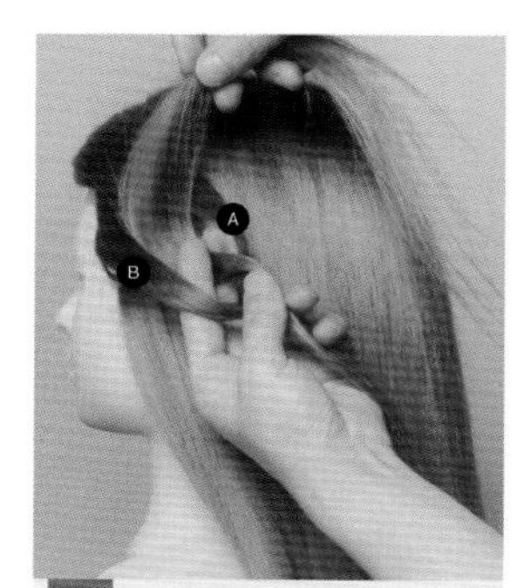

04 将发片 B 的发尾压在发片 A 之上。

05 将发片 B 的发尾穿过发片 B 下方，呈打结状。

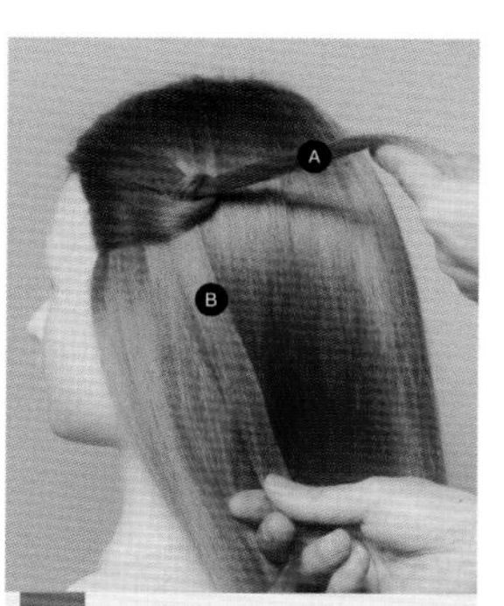

06 将两束发片的发尾进行提拉，使发结更加紧致。

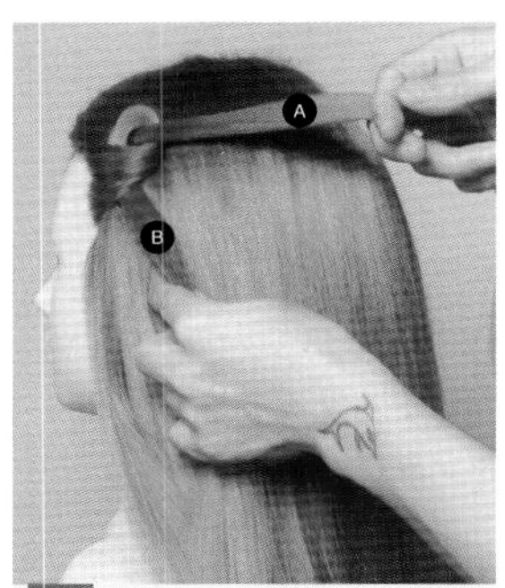

07 使发片 B 垂下，用发片 A 准备进行后续操作。

08 取一束新发片，继续采用同样的手法操作，完成第二个发结。

09 取一束新发片，继续采用同样的手法操作，完成第三个发结。

10 继续取新发片，进行打结编发。

11 将打结编发的发尾进行提拉，使发结更加紧致。

12 继续取一束新发片，以同样的手法进行打结编发。

13 将发尾进行提拉，使发结更加紧致。

14 取一束发片，用皮筋将新发片与发结发尾合并扎起，得到发片 C。

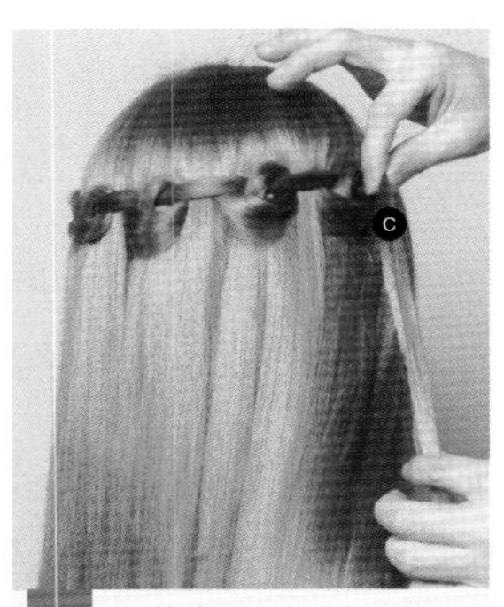

15 将扎起的发片 C 梳理干净。

16 在右侧取前额处一束发片 D。

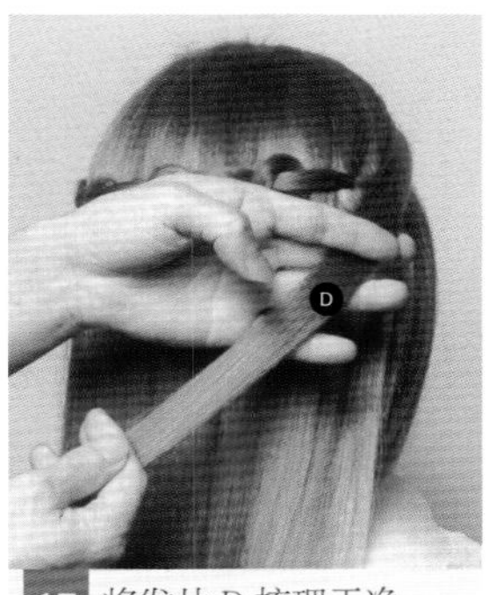

17 将发片 D 梳理干净。

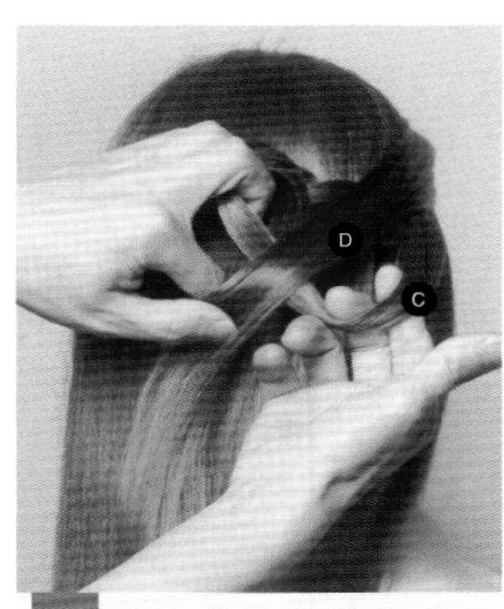

18 将皮筋扎起的发片 C 缠绕在发片 D 的下方。

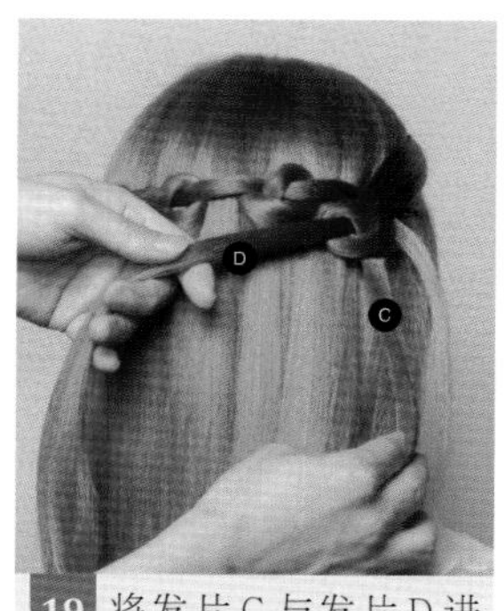

19 将发片 C 与发片 D 进行打结编发。

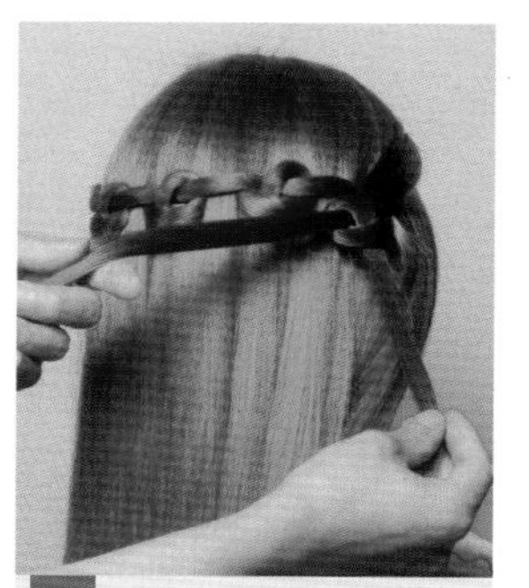

20 提拉两束发片的发尾，使发结更加紧致。

21 继续取新发片，进行打结编发。

22 由右向左进行打结编发，发结要匀称排列。

23 采用同样的手法，继续进行打结编发。

24 编至左侧。

25 在左侧发际线处取一束发片。

26 用皮筋将新发片与发结发尾合并扎起。

27 在左侧取一束新发片 E。

28 取一束新发片 F，与发片 E 进行交叉缠绕打结。

29 取一束新发片，进行打结编发。

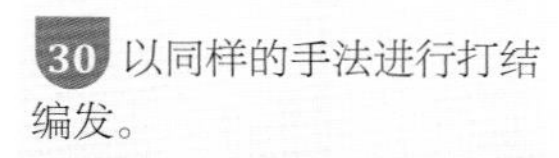

30 以同样的手法进行打结编发。

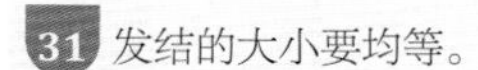

31 发结的大小要均等。

32 在右侧取一束发片。

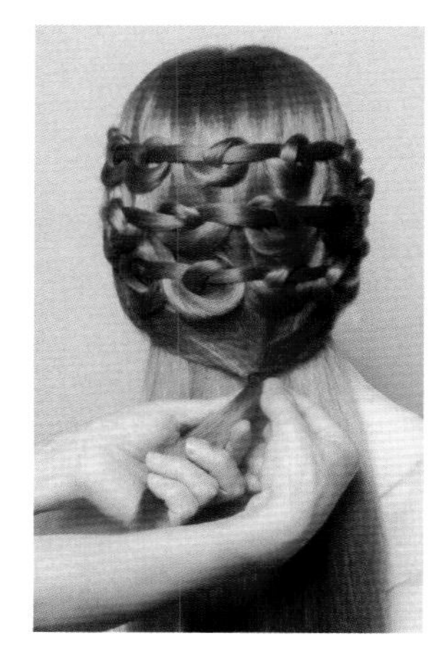

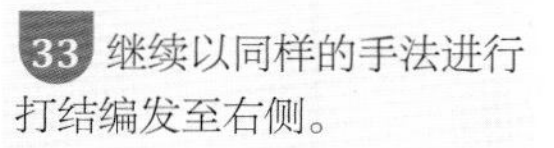

33 继续以同样的手法进行打结编发至右侧。

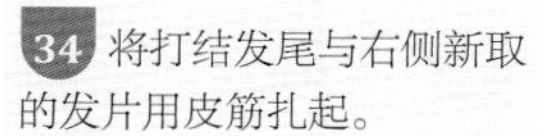

34 将打结发尾与右侧新取的发片用皮筋扎起。

35 从左右两侧各取一束发片，将两束发片合并，并用皮筋扎起。

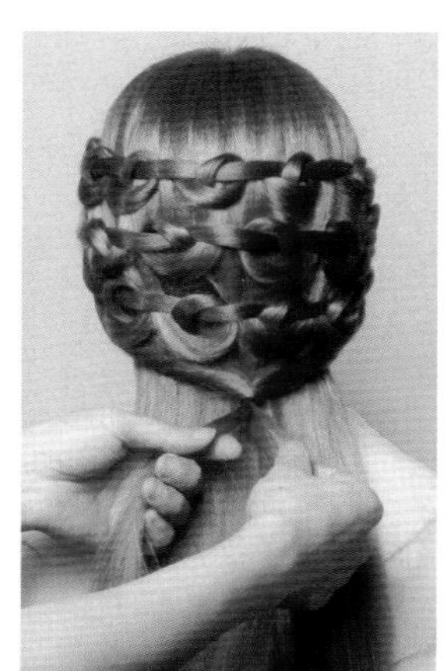

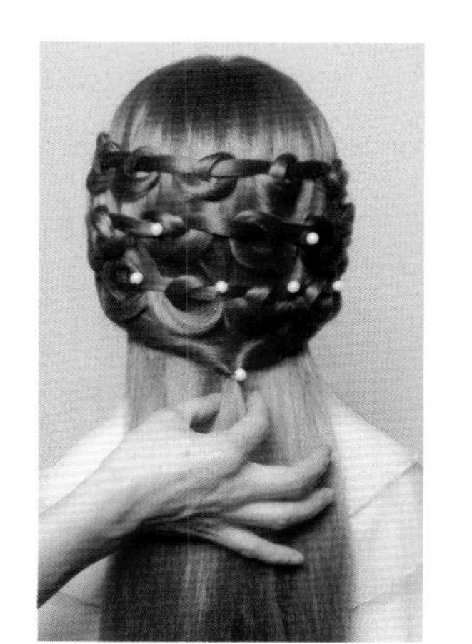

36 将发尾在皮筋处掏转。

37 将发尾分开提拉，使发辫更紧致。

38 佩戴珍珠发卡，点缀发型。

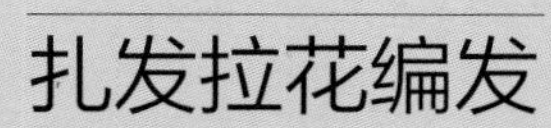

扎发拉花编发

扫描二维码
观看教学视频

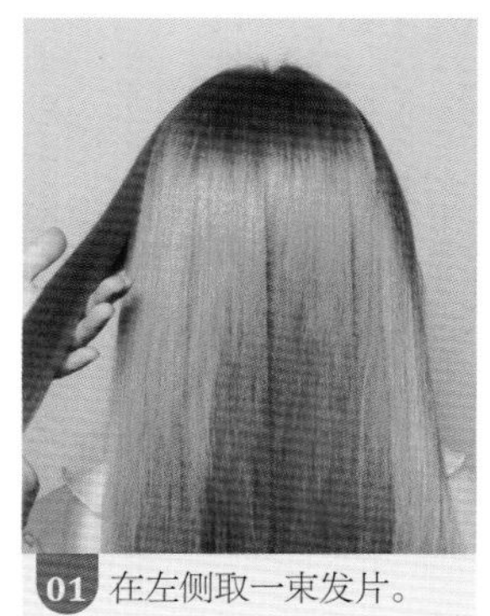

01 在左侧取一束发片。

02 在右侧取一束相等发量的发片。

03 将两束发片合并，并用皮筋扎起。

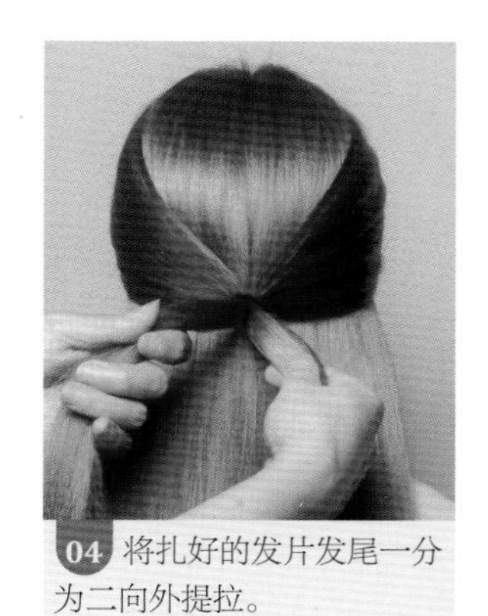

04 将扎好的发片发尾一分为二向外提拉。

05 用手指穿过发尾皮筋处。

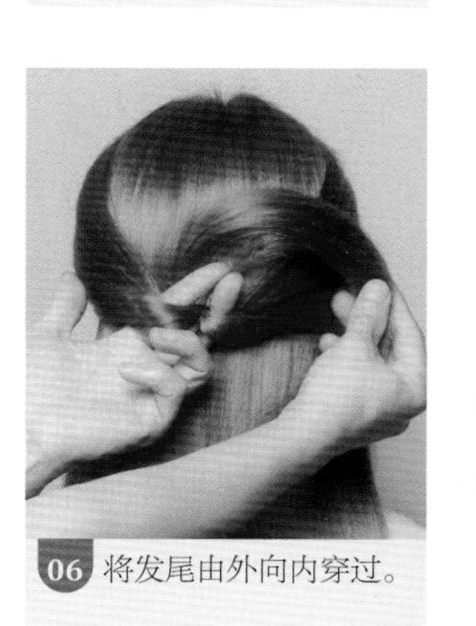

06 将发尾由外向内穿过。

07 将穿过的发尾梳理干净。

08 在左侧取一束发片梳理干净。

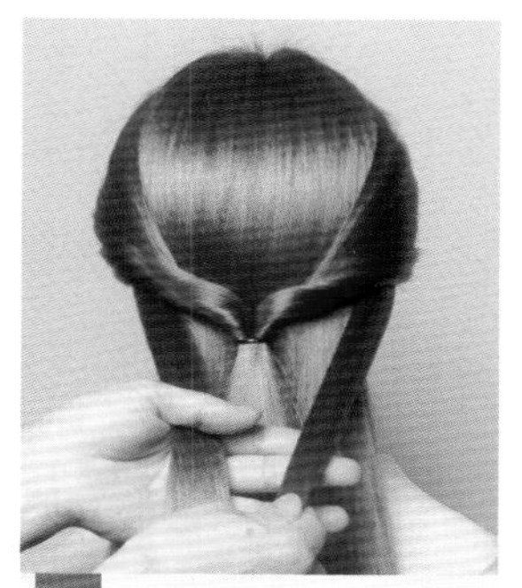

09 在右侧取一束相等发量的发片梳理干净。

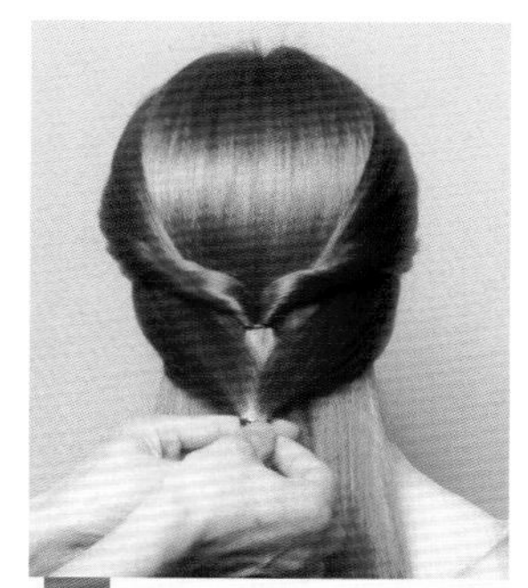

10 将两束发片合并，并用皮筋扎起。

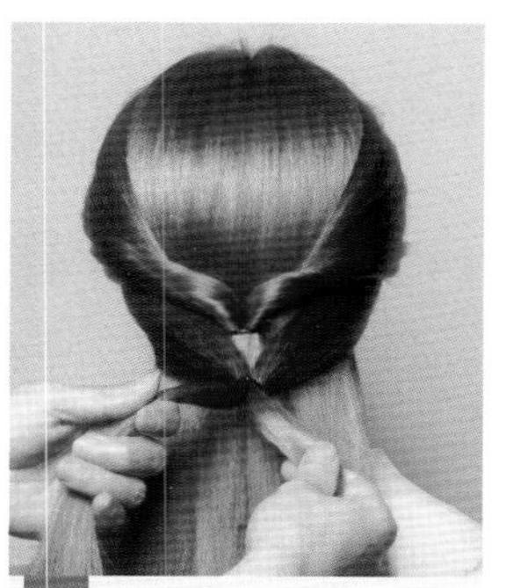

11 将扎好的发片发尾一分为二，并向外拉紧。

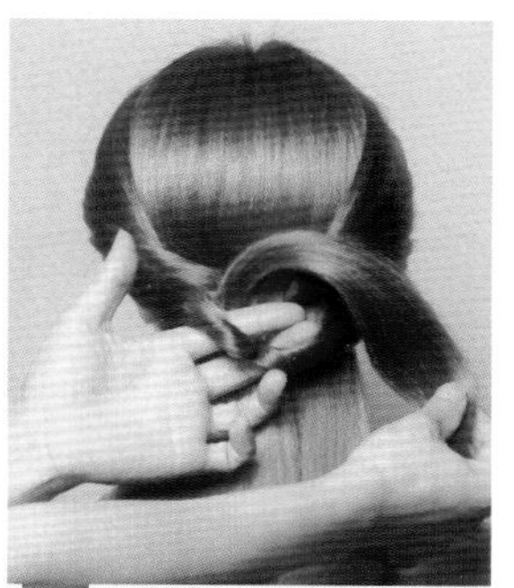

12 将发尾由外向内穿过。

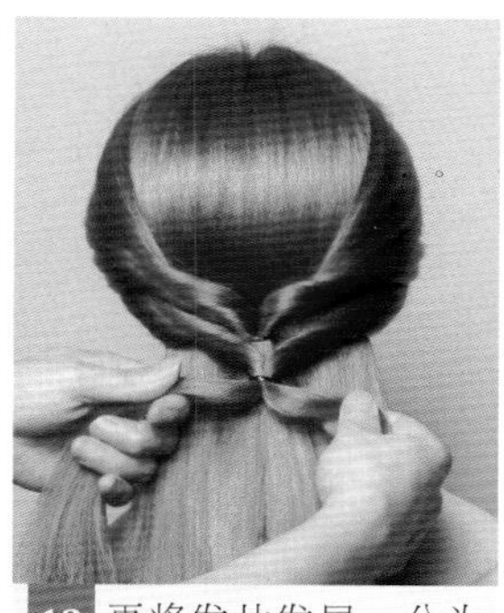

13 再将发片发尾一分为二，并向外拉紧。

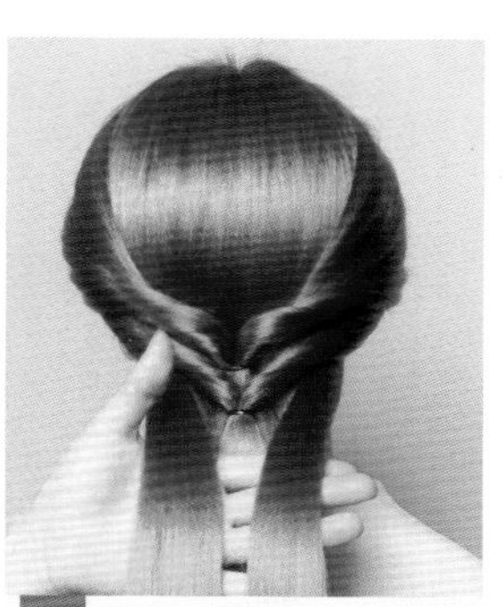

14 继续采用同样的手法，左右各取一束相等发量的发片。

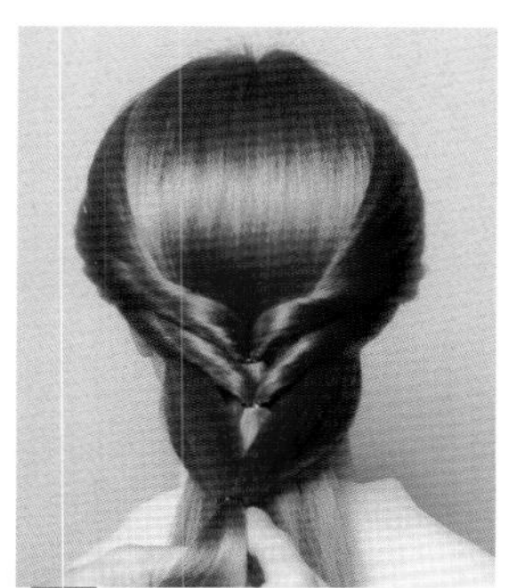

15 将其合并，并用皮筋扎起。

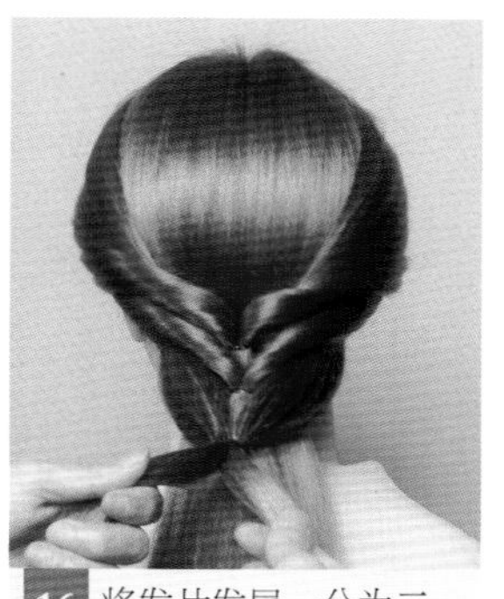

16 将发片发尾一分为二，并向外拉紧。

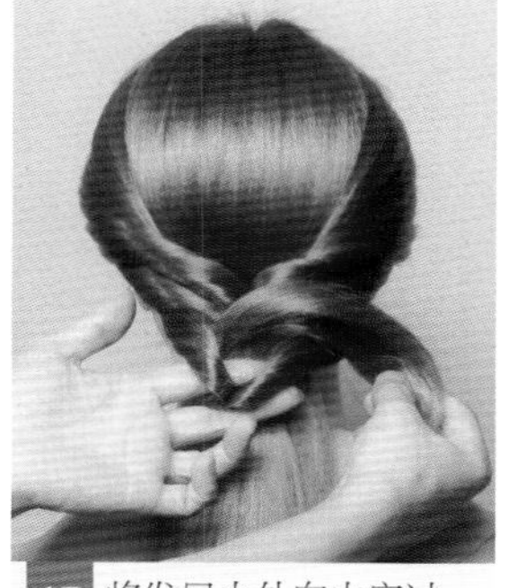

17 将发尾由外向内穿过。

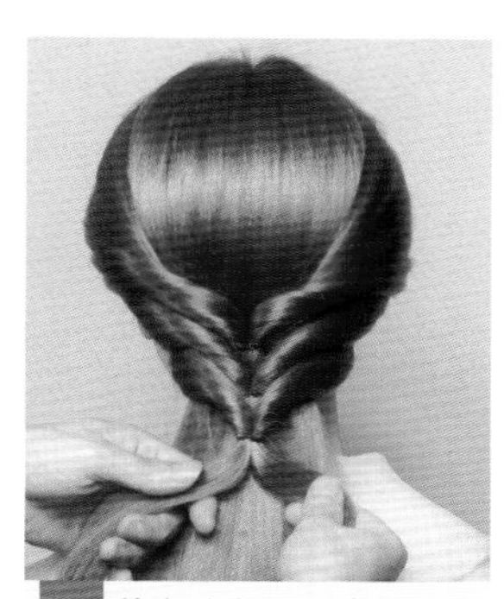

18 将发片发尾一分为二，向外拉紧。

19 继续采用同样的手法，左右各取一束相等发量的发片。

20 用皮筋将两束发片扎起，并向内提拉。

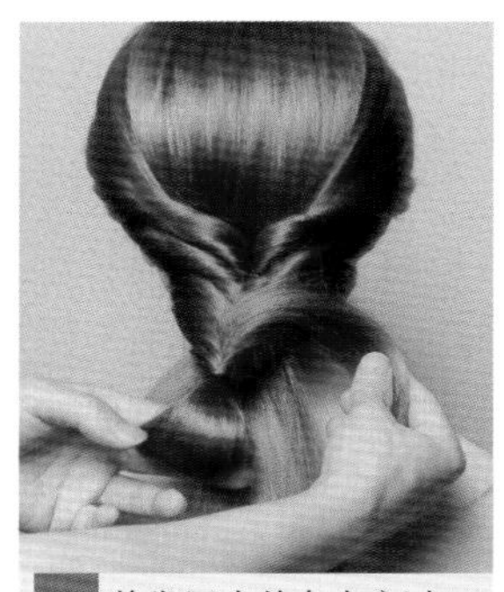

21 将发尾由外向内穿过。

22 将发片发尾一分为二，向外拉紧。

23 继续采用同样的手法，左右各取一束相等发量的发片。

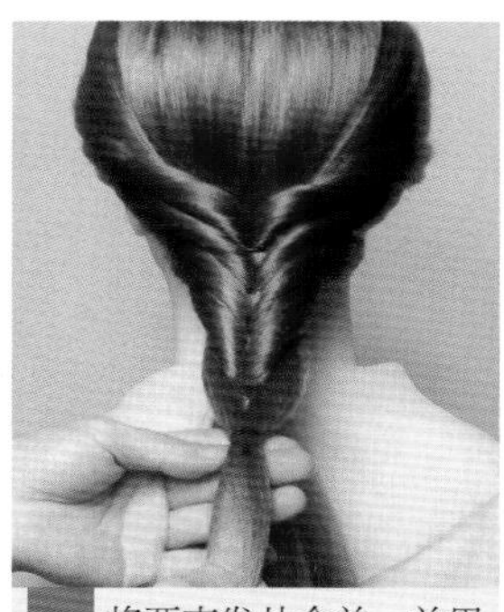

24 将两束发片合并，并用皮筋扎起。

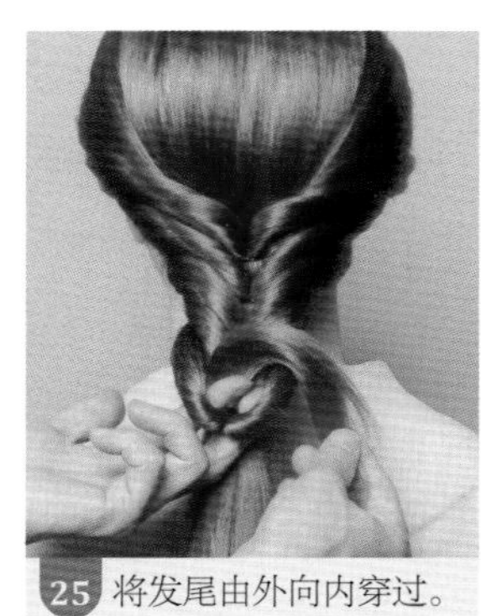

25 将发尾由外向内穿过。

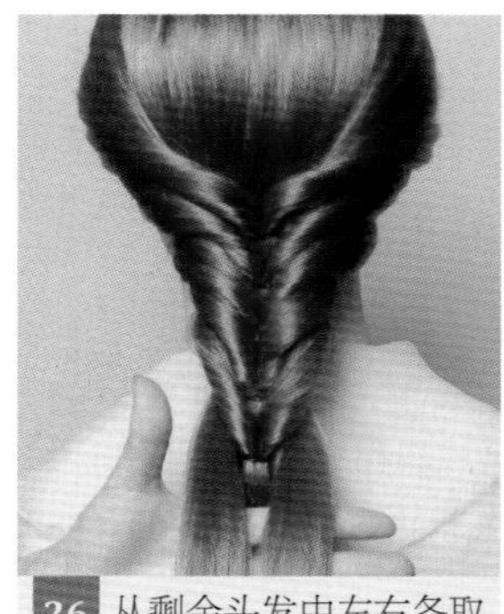

26 从剩余头发中左右各取一束相等发量的发片。

27 将两束发片合并，并用皮筋扎起。

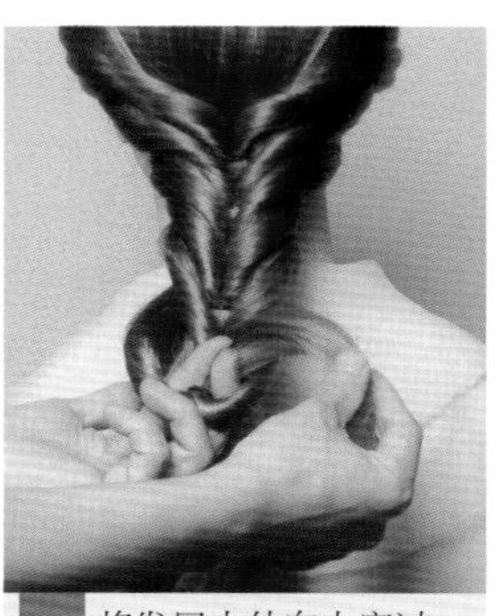

28 将发尾由外向内穿过。

29 取最后左右两束发片。

30 将两束发片合并，并用皮筋扎起。将发尾由外向内穿过，一分为二，向外拉紧。

31 将下方第一束发片由内向外进行拉花。

32 将下方第二束发片进行拉花。

33 依次从下向上将发片进行拉花。

34 注意发辫左右的发丝纹理和发型轮廓。

36 继续调整发辫的细节纹理。

35 拉花时注意发丝不可凌乱，纹理要有层次感。

37 将发尾的皮筋进行调整，使发尾处于居中位置。

38 最后做整体轮廓的修饰调整。

39 佩戴饰品，进行点缀。

23 草席编发

扫描二维码
观看教学视频

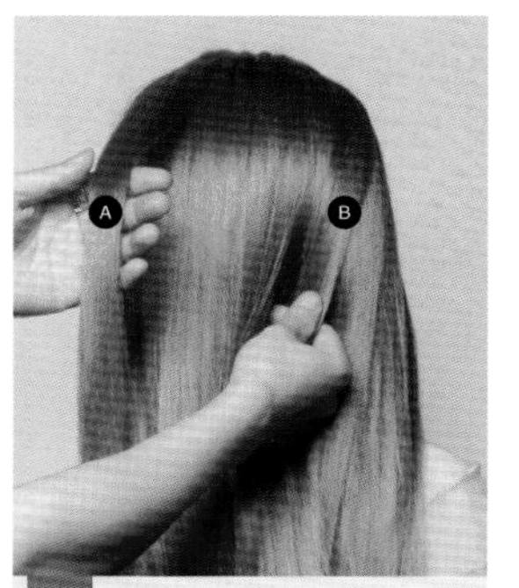

01 在顶区左侧处取一束发片A，在顶区右侧处取一束发片B。

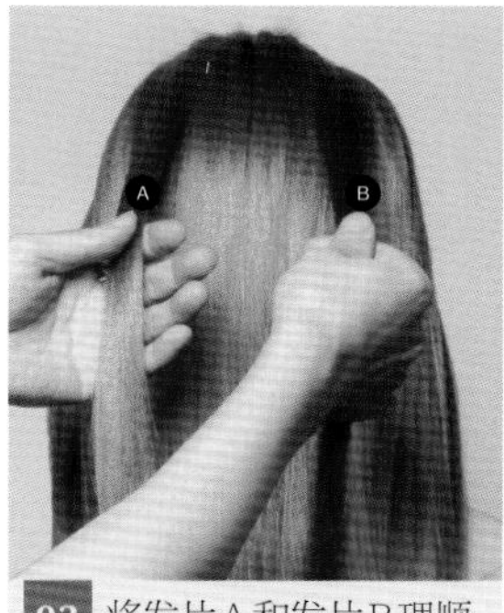

02 将发片A和发片B理顺。

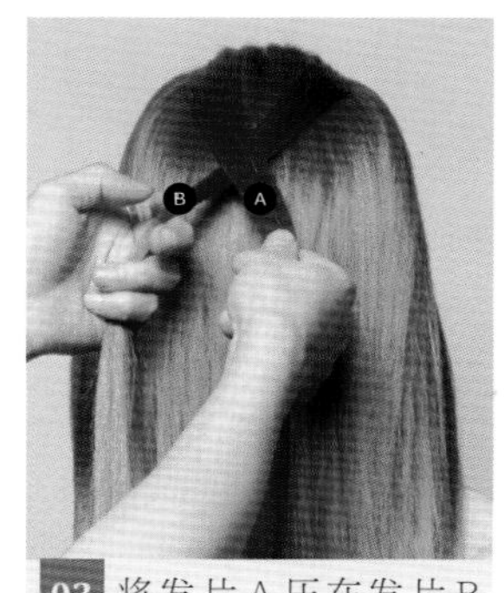

03 将发片A压在发片B之上。

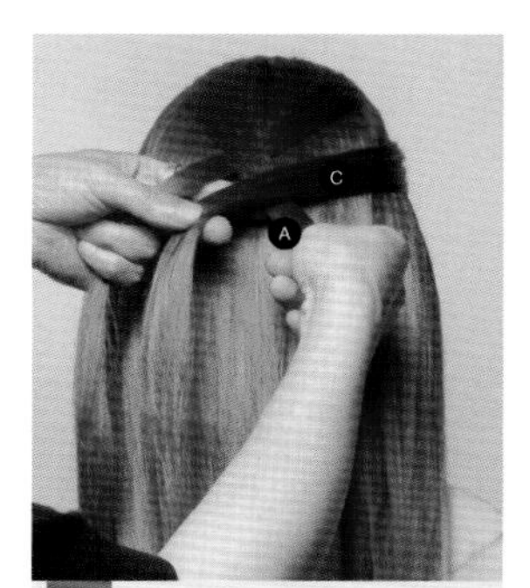

04 在右侧取一束发片C，压在发片A之上。

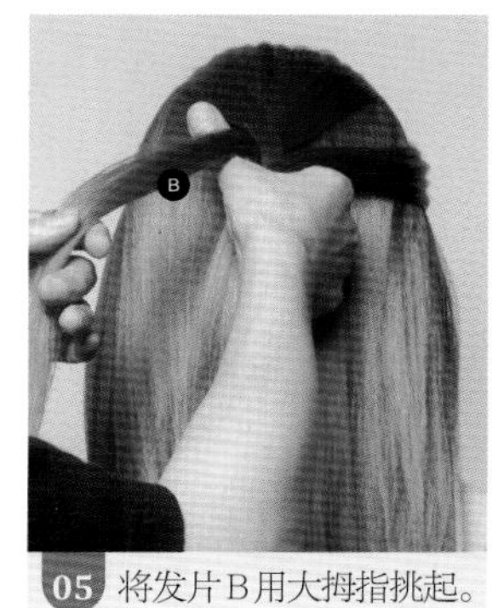

05 将发片B用大拇指挑起。

06 在左侧取一束发片D，将其穿过发片B下方，压在发片C之上，将发片B放下。

07 将发片 A 用大拇指挑起。

08 在右侧取一束发片 E，穿过发片 A 下方，压在发片 D 之上，将发片 A 放下。

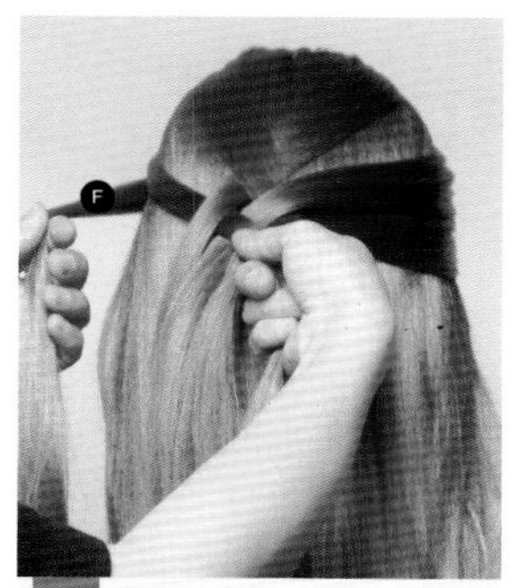

09 在左侧取一束发片 F。

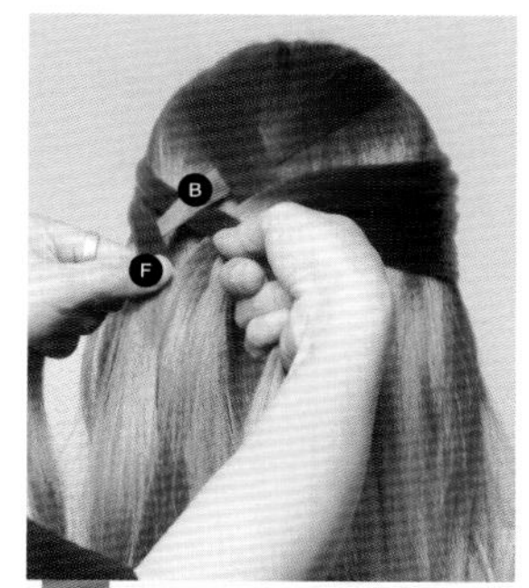

10 将发片 F 压在发片 B 之上。

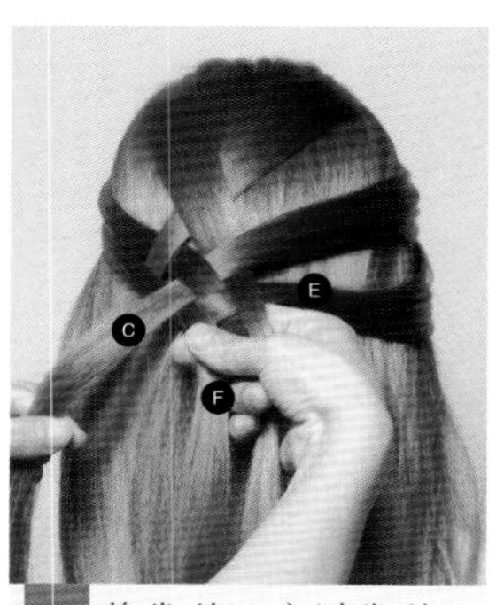

11 将发片 F 穿过发片 C 下方，压在发片 E 之上。

12 形成左右各三束均等的发片。

13 在右侧取一束发片 G。

14 将发片 G 压在发片 A 之上。

15 将发片 G 穿过发片 D 下方。

16 将发片 G 压在发片 F 之上。

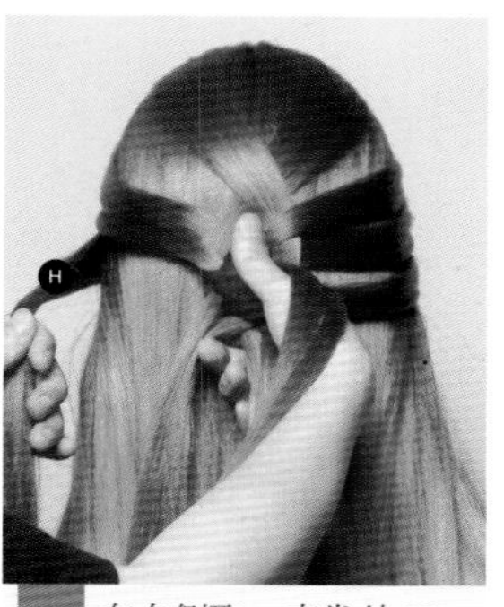

17 在左侧取一束发片 H。

18 将右侧发片分为上下两层，将发片 H 穿在上下两层发片之间。

19 将上下两层发片合并。

20 在右侧取一束发片 I，将右侧发片分出上下两层，将上下发片交叉提拉。

21 将发片 I 穿在上下两层发片之间。

22 将上下两层发片合并。

23 在左侧取一束发片 J。

24 将左侧发片分出上下两层并交叉提拉。将发片 J 穿在上下两层发片之间。

25 在右侧取一束发片 K，将右侧发片分出上下两层并交叉提拉。

26 将发片 K 穿在上下两层发片之间。

27 在左侧取一束发片 L。

28 将左侧发片分出上下两层，交叉提拉，将发片 L 穿在上下两层发片之间。

29 将上下两层发片合并。

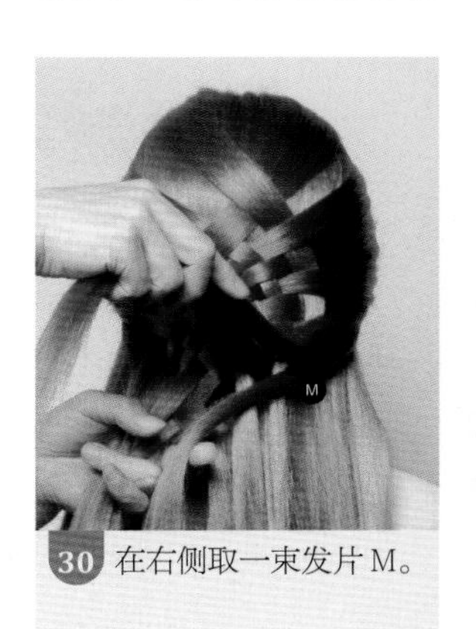

30 在右侧取一束发片 M。

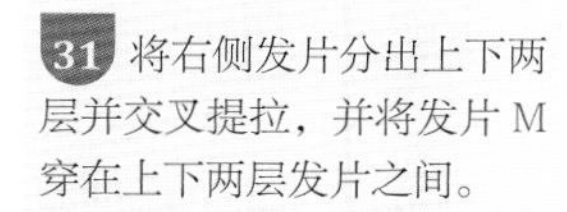

31 将右侧发片分出上下两层并交叉提拉，并将发片 M 穿在上下两层发片之间。

32 将上下两层发片合并。

33 将左侧发片分出上下两层并交叉提拉。

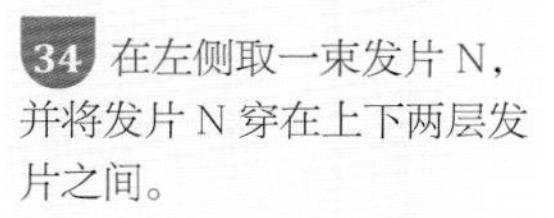

34 在左侧取一束发片 N，并将发片 N 穿在上下两层发片之间。

35 将右侧发片分出上下两层并交叉提拉。

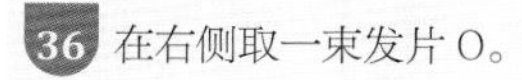

36 在右侧取一束发片 O。

37 将发片 O 穿在上下两层发片之间，将上下两层发片合并。

38 将左侧发片分出上下两层并交叉提拉。

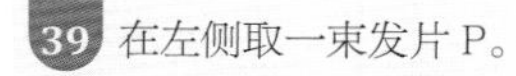

39 在左侧取一束发片 P。

40 将发片 P 穿过上下两层发片之间。

41 将右侧发片分出上下两层并交叉提拉。

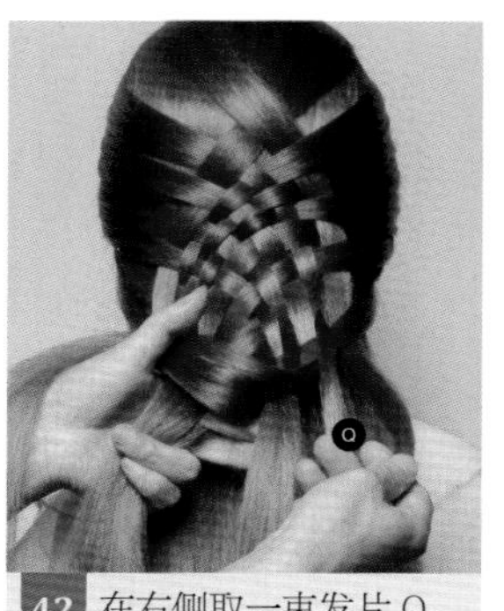

42 在右侧取一束发片 Q。

43 将发片 Q 穿在上下两层发片之间。

44 发片要梳理干净。

45 将上下两层发片合并。

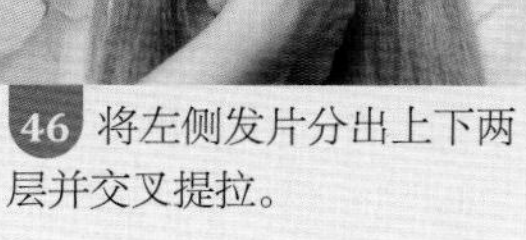

46 将左侧发片分出上下两层并交叉提拉。

47 在左侧取一束发片 R。

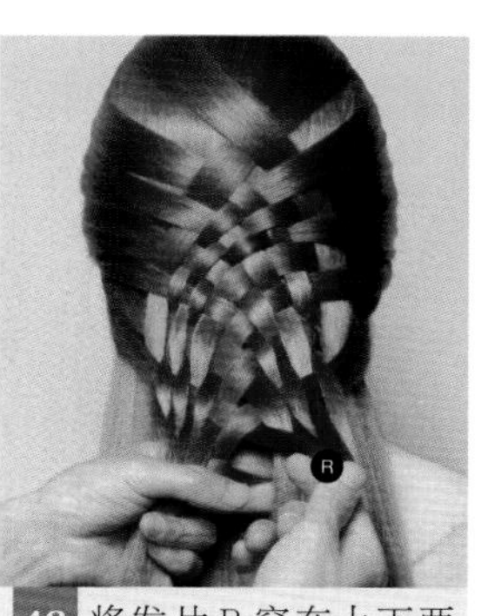

48 将发片 R 穿在上下两层发片之间。

49 将右侧发片分出上下两层并交叉提拉。

50 将上下两层发片合并，将所有发片进行梳理，并将发片整理干净。

51 将左侧发片分出上下两层并交叉提拉。

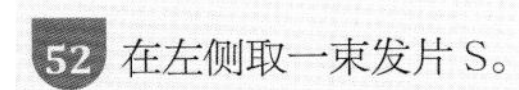

52 在左侧取一束发片 S。

53 将发片 S 穿在上下层发片之间。

54 上下两层发片要分清楚。

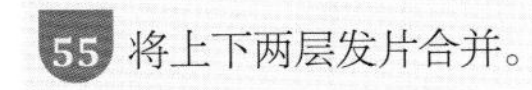

55 将上下两层发片合并。

56 在右侧取一束发片 T，穿过上下两层发片之间。

57 将上下两层发片合并。

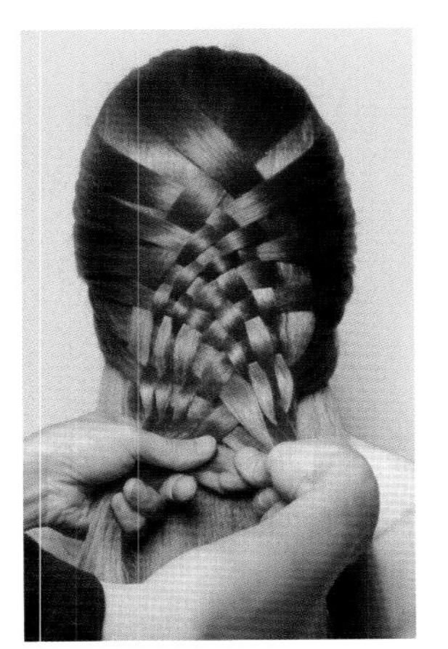

58 将左右两侧的发片进行提拉。

59 用皮筋将编发扎起。

60 佩戴饰品，进行点缀。

24

六股辫编发

扫描二维码
观看教学视频

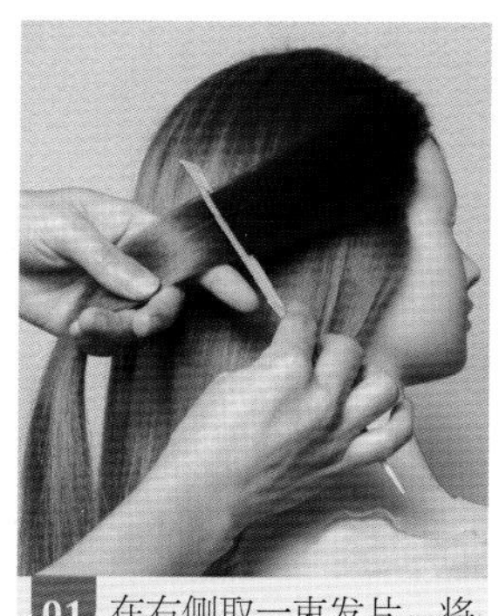

01 在右侧取一束发片，将其梳理干净。

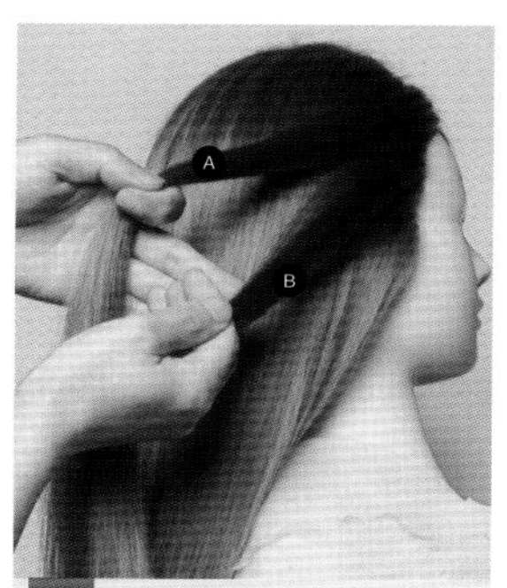

02 将发片分成 A、B 两束均等的发片。

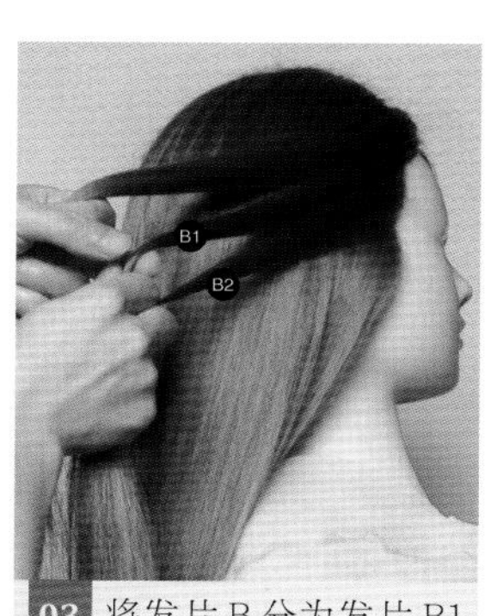

03 将发片 B 分为发片 B1 和发片 B2。

04 将发片 B2 压在发片 B1 之上。

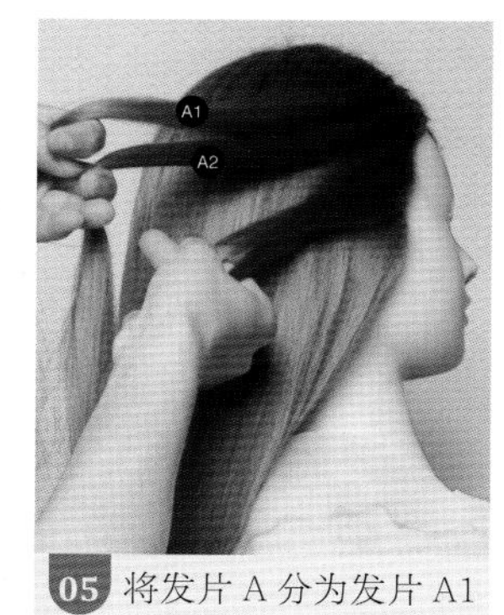

05 将发片 A 分为发片 A1 和发片 A2。

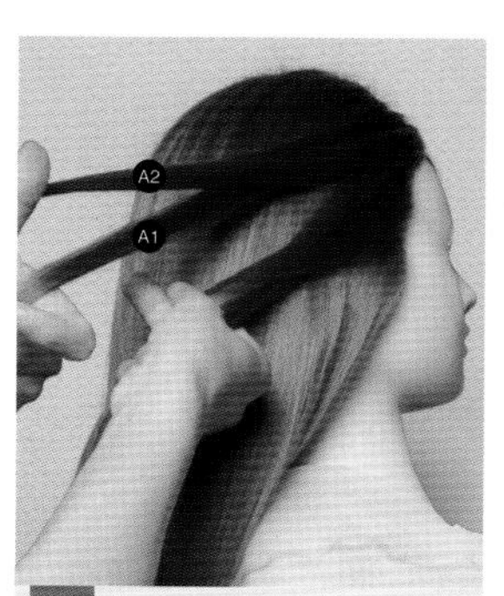

06 将发片 A2 压在发片 A1 之上。

07 将发片 A1 压在发片 B2 之上。

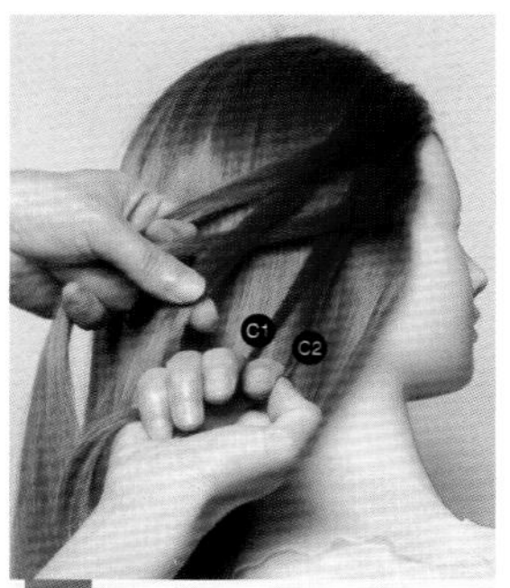

08 将发片 B1 分为发片 C1 和发片 C2。

09 将发片 C2 压在发片 A1 之上。

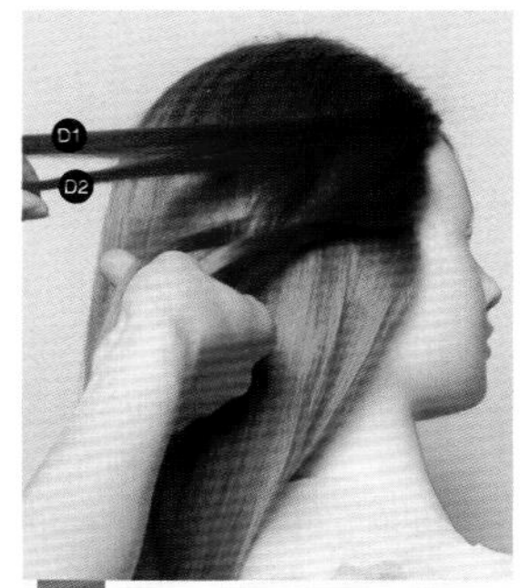

10 将发片 A2 分为发片 D1 和发片 D2。

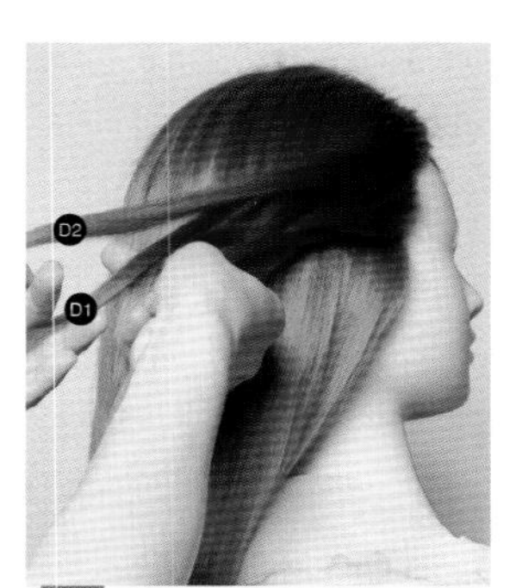

11 将发片 D2 与发片 D1 交叉。

12 将发片 D1 穿过发片 B2 下方。

13 将发片 D1 压在发片 C2 之上。

14 将每束发片整理干净。

15 形成左右均等的六束发片。

16 将最靠右的一束发片压在右侧另外两束发片之上。

17 将左侧中间的发片从上方绕至左侧，作为左侧第一束发片。

18 在发辫左侧上方取一束新发片 E。

19 将发片 E 从左侧第一束和第二束发片之间穿过。

20 将右侧最外侧的发片压在发片 E 上。

21 将左侧中间的发片与第一束发片交叉。

22 将交叉后的第一束发片压在左侧另外两束发片之上。

23 在发辫左侧上方取第二束新发片。

24 将新发片续入，并进行编发。

25 将右侧最外侧的发片分为两份，将右侧一份压在靠右的两束发片之上，向左提拉。

26 将左侧中间的发片与第一束发片交叉。

27 将交叉后的第一束发片压在靠左的两束发片之上。

28 在发辫左侧上方取第三束新发片。

29 将新发片续入，并进行编发。

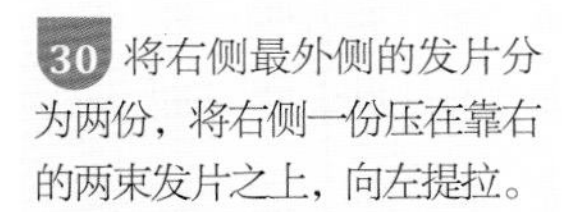

30 将右侧最外侧的发片分为两份，将右侧一份压在靠右的两束发片之上，向左提拉。

31 将左侧中间的发片与第一束发片交叉。

32 将交叉后的第一束发片压在靠左的两束发片之上。在发辫左侧上方取第四束新发片。

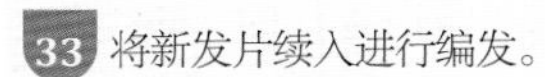

33 将新发片续入进行编发。

34 将右侧最外侧的发片分为两份，将右侧一份压在靠右的两束发片之上，向左提拉。

35 将左侧中间的发片与第一束发片交叉。

36 将交叉后的第一束发片压在靠左的两束发片之上。在发辫左侧上方取第五束新发片。

37 将新发片续入进行编发。

38 将右侧最外侧的发片分为两份，将右侧一份压在靠右的两束发片之上，向左提拉。

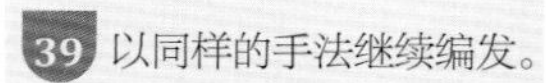

39 以同样的手法继续编发。

40 将右侧最外侧的发片分为两份，将右侧一份压在靠右的两束发片之上，向左提拉。

41 发辫要编得紧一些。

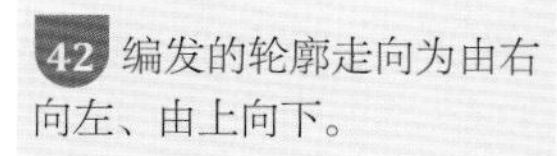

42 编发的轮廓走向为由右向左、由上向下。

43 继续续入新发片，进行六股编发。

44 将右侧最外侧的发片压在靠右的两束发片之上。

45 取左侧边缘一束新发片。

46 将发片续入，并进行编发。

47 将左侧第一束和第二束发片交叉。

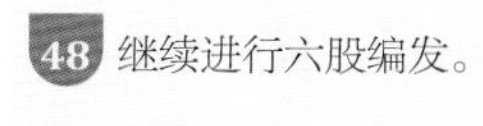

48 继续进行六股编发。

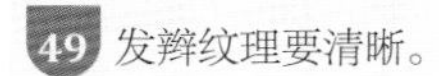

49 发辫纹理要清晰。

50 以同样的手法继续进行续发编发。

51 继续进行六股编发。

52 取左侧边缘一束发片，进行续发编发。

53 将左侧两束发片进行交叉。

54 采用同样的手法继续进行编发，编至发尾。

55 将发辫与剩余的头发合并在一起。

56 用皮筋将头发扎起，佩戴饰品，进行点缀。

25

三股双侧加二减二编发

扫描二维码
观看教学视频

01 在顶区取一束发片。

02 将其分为 A、B、C 三束均等的发片。

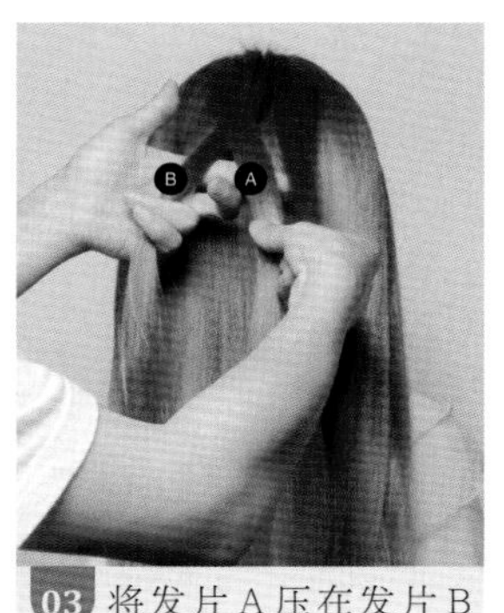

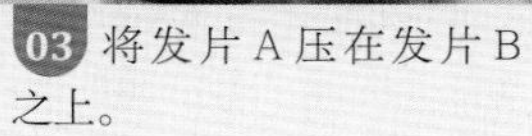

03 将发片 A 压在发片 B 之上。

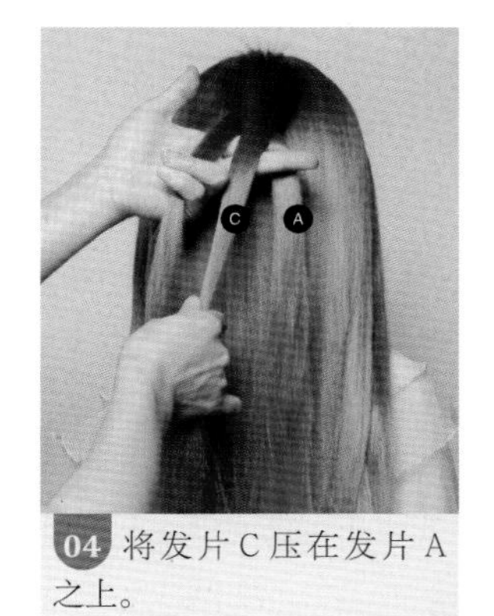

04 将发片 C 压在发片 A 之上。

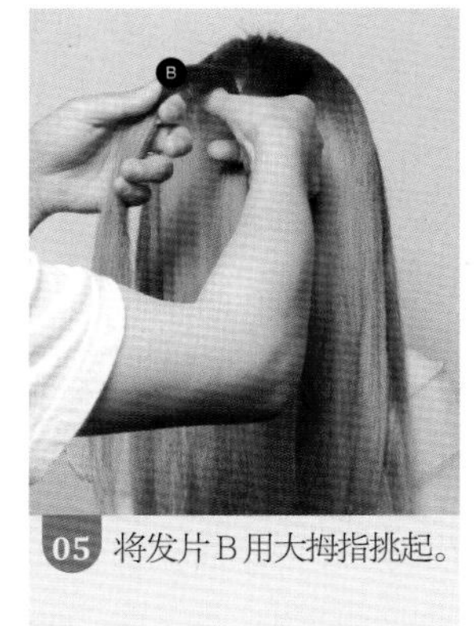

05 将发片 B 用大拇指挑起。

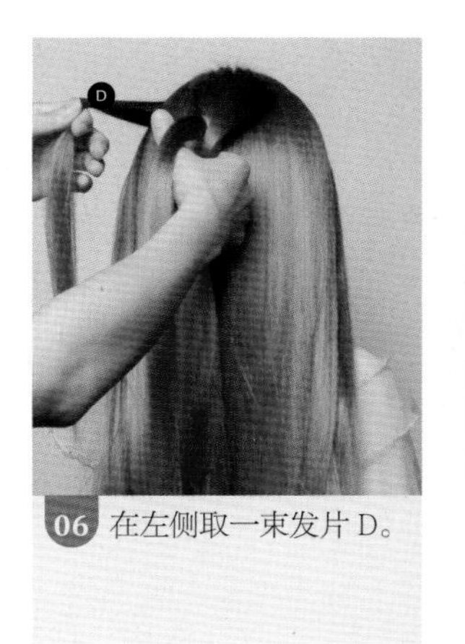

06 在左侧取一束发片 D。

07 将发片 D 穿过发片 B 下方。

08 将发片 B 放下，将发片 D 压在发片 C 之上。

09 将发片 A 向上提拉。

10 用大拇指将发片 A 挑起。

11 在右侧取一束发片 E。

12 将发片 E 穿过发片 A 下方，压在发片 D 之上。

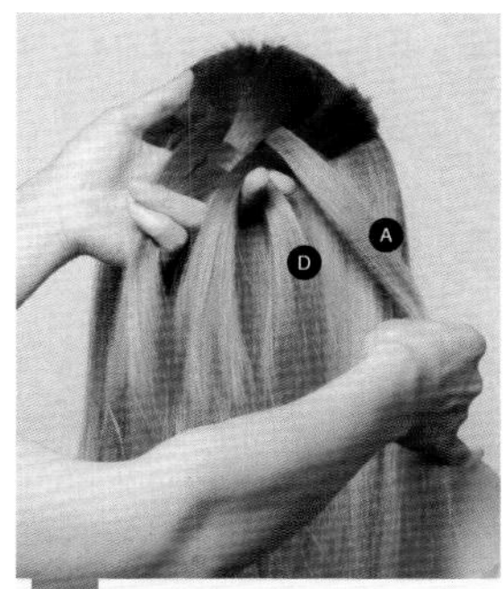

13 将发片 A 放下。

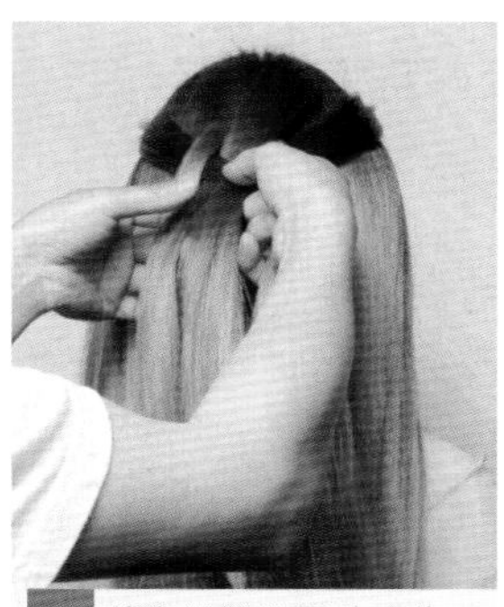

14 将发辫编得紧致一些。

15 将发片 C 向上提拉。

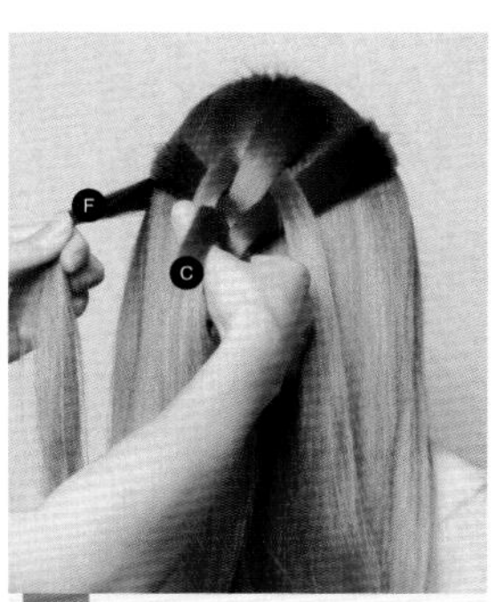

16 用大拇指将发片 C 挑起，在左侧取一束发片 F。

17 将发片 F 压在发片 B 之上，穿过发片 C 下方，压在发片 E 之上，将发片 C 放下。

18 将发片 D 向上提拉，用大拇指挑起。

19 在右侧取一束发片 G。

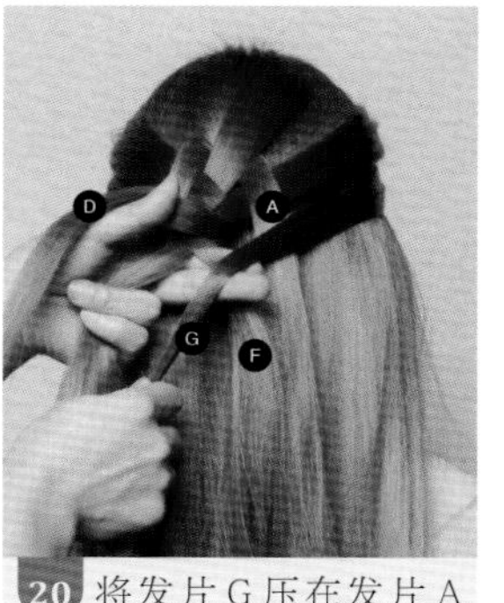

20 将发片 G 压在发片 A 之上，穿过发片 D 下方，压在发片 F 之上。

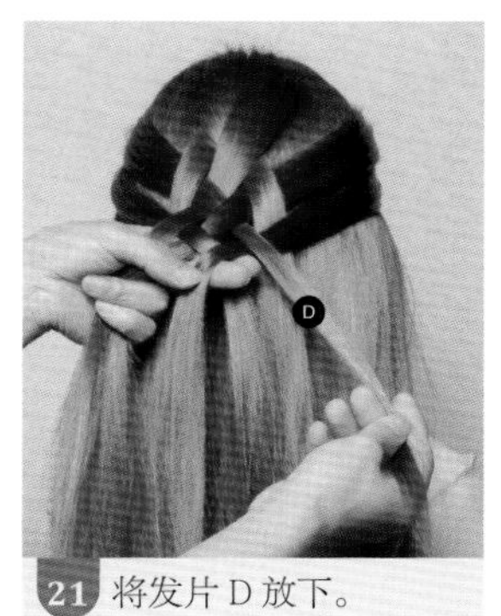

21 将发片 D 放下。

22 将编好的发辫左右提拉。

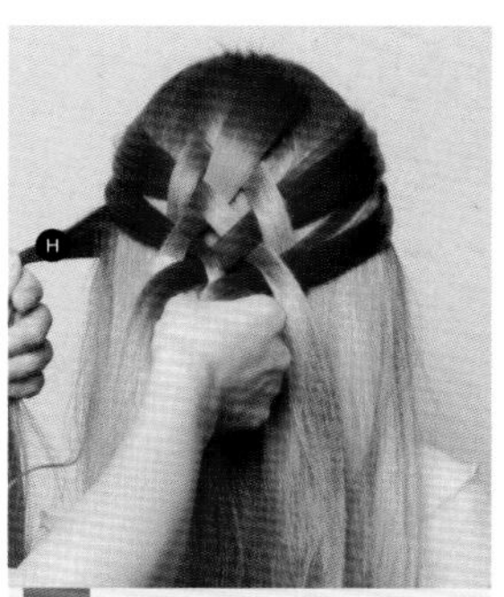

23 在左侧取一束发片 H。

24 将发片 H 穿过发片 E 下方，压在发片 G 之上。

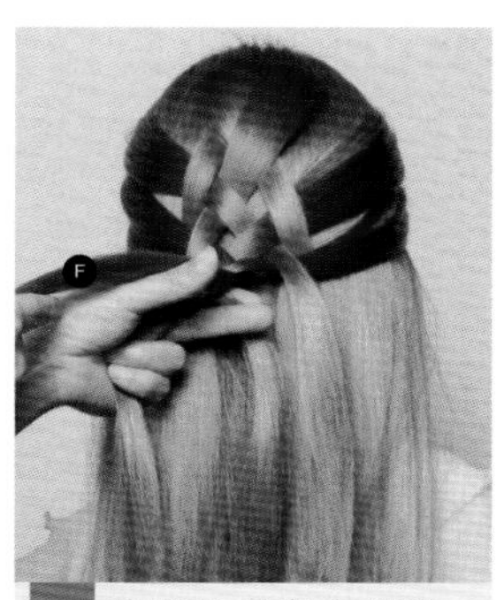

25 将发片 F 向上提拉，用大拇指挑起。

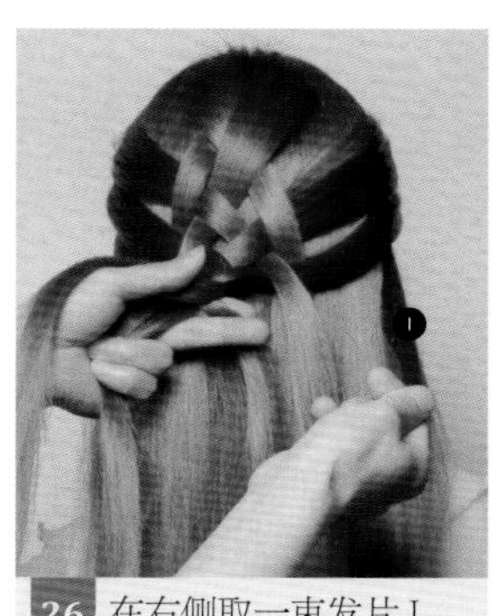

26 在右侧取一束发片 I。

27 将发片 I 压在发片 D 之上，穿过发片 F 下方，压在发片 H 之上。

28 将发片 F 放下，将编好的发辫左右提拉。

29 将发片 G 向上提拉，用大拇指挑起。

30 在左侧取一束发片 J。

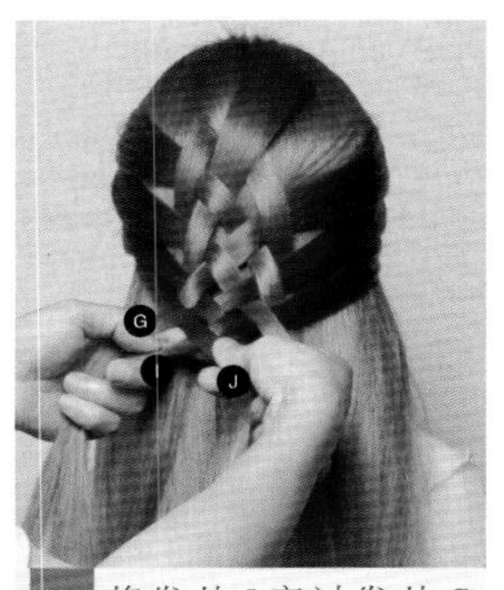

31 将发片 J 穿过发片 G 下方，压在发片 I 之上，将发片 G 放下。

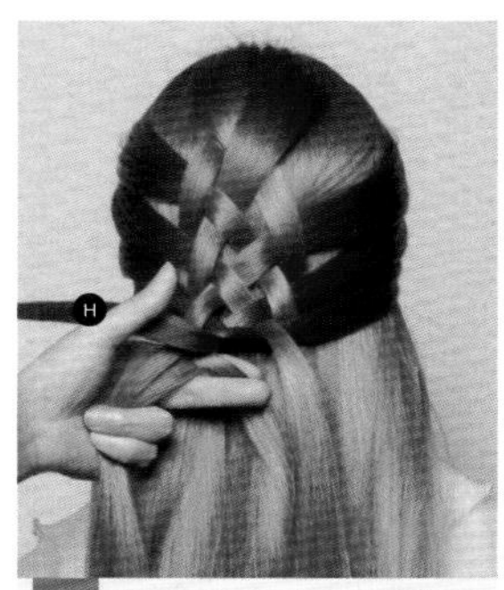

32 将发片 H 向上提拉，用大拇指挑起。

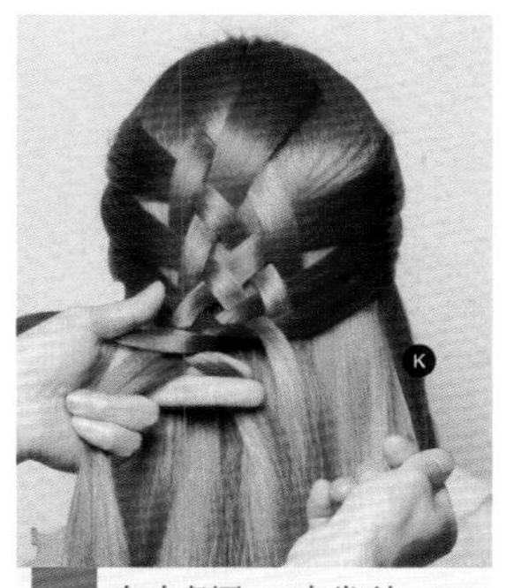

33 在右侧取一束发片 K。

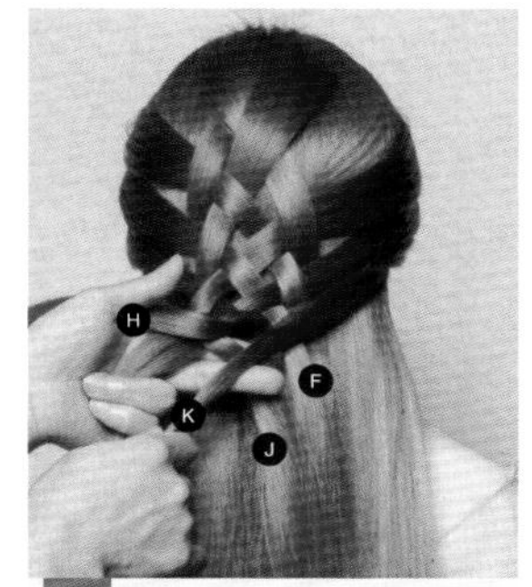

34 将发片 K 压在发片 F 之上，穿过发片 H 下方，压在发片 J 之上。

35 将发片 H 放下，将编好的发辫左右提拉。

36 将发片 I 向上提拉。

37 将发片 I 用大拇指挑起，在左侧取一束发片 L。

38 将发片 L 穿过发片 I 下方，压在发片 K 之上，将发片 I 放下。

39 将发片 J 向上提拉。

40 将发片 J 用大拇指挑起，在右侧取一束发片 M。

41 将发片 M 穿过发片 J 下方，压在发片 L 之上。

42 将发片 J 放下。

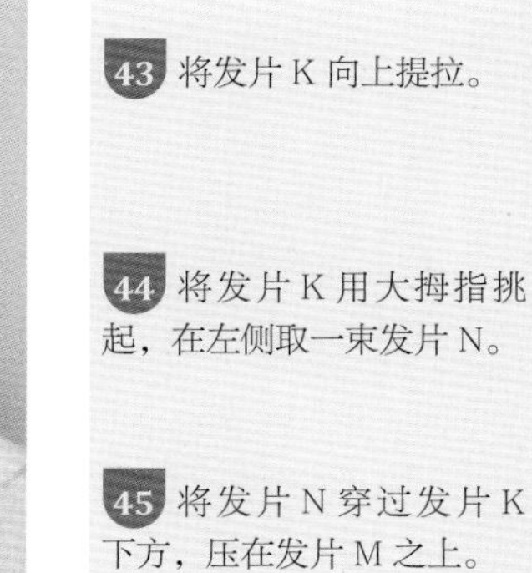

43 将发片 K 向上提拉。

44 将发片 K 用大拇指挑起，在左侧取一束发片 N。

45 将发片 N 穿过发片 K 下方，压在发片 M 之上。

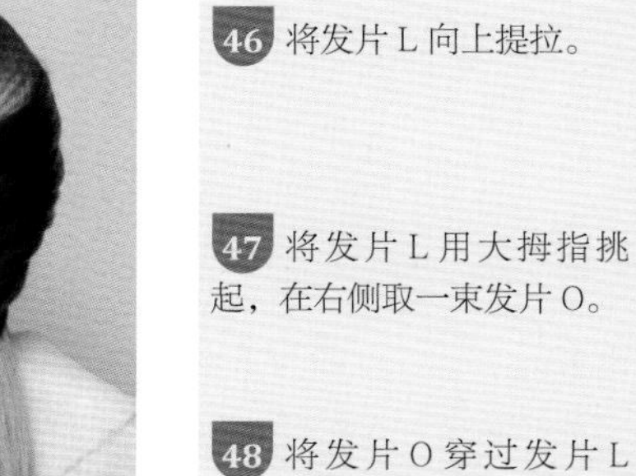

46 将发片 L 向上提拉。

47 将发片 L 用大拇指挑起，在右侧取一束发片 O。

48 将发片 O 穿过发片 L 下方，压在发片 N 之上，将发片 L 放下。

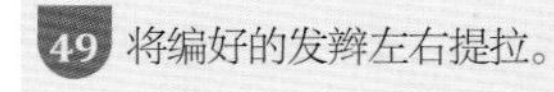

49 将编好的发辫左右提拉。

50 将发片 M 向上提拉。

51 在左侧取一束发片 P。

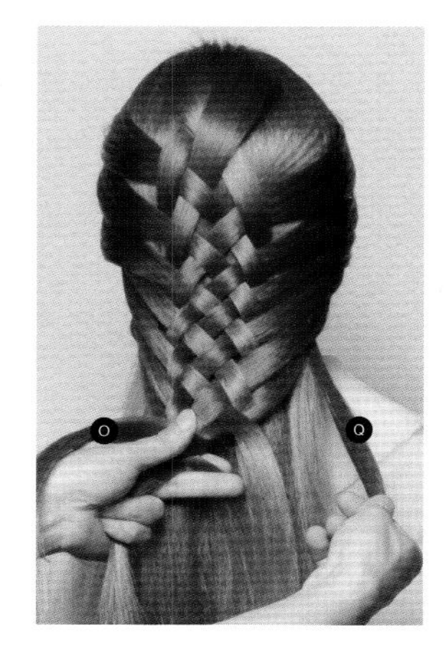

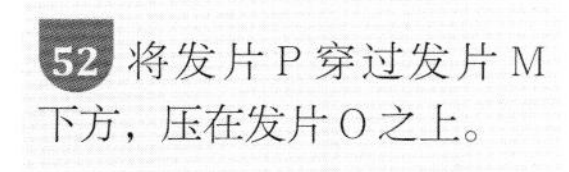

52 将发片 P 穿过发片 M 下方，压在发片 O 之上。

53 将发片 O 向上提拉。

54 将发片 O 用大拇指挑起，在右侧取一束发片 Q。

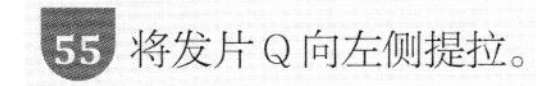

55 将发片 Q 向左侧提拉。

56 将发片 Q 穿过发片 O 下方，压在发片 P 之上。

57 继续以同样的手法进行编发。

58 发辫要编得左右均等。

59 编至发尾。

60 将发尾用皮筋扎起，佩戴饰品，进行点缀。

中国结编发

扫描二维码
观看教学视频

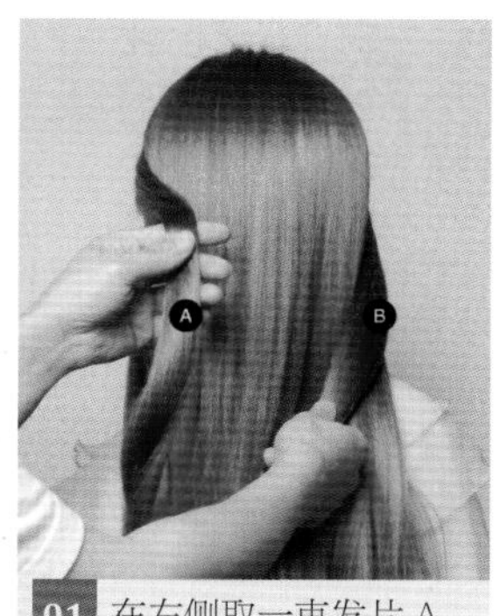

01 在左侧取一束发片 A，在右侧取一束发片 B。

02 将两束发片梳理干净。

03 将发片 A 压在发片 B 之上。

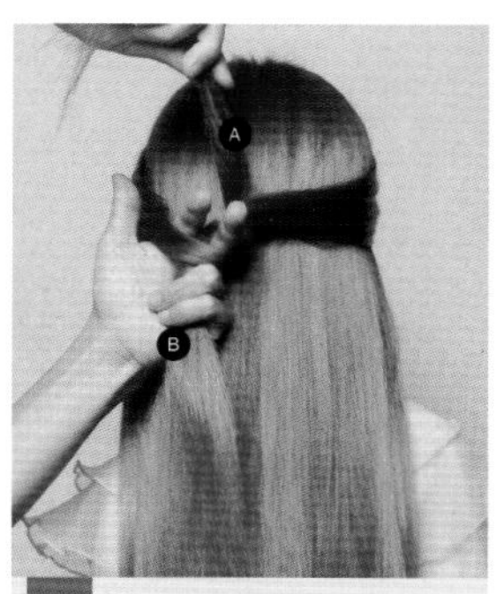

04 将发片 A 由下向上穿过发片 B。

05 将发片 A 发尾向左提拉。

06 将发片 B 发尾压在发片 A 发尾之上。

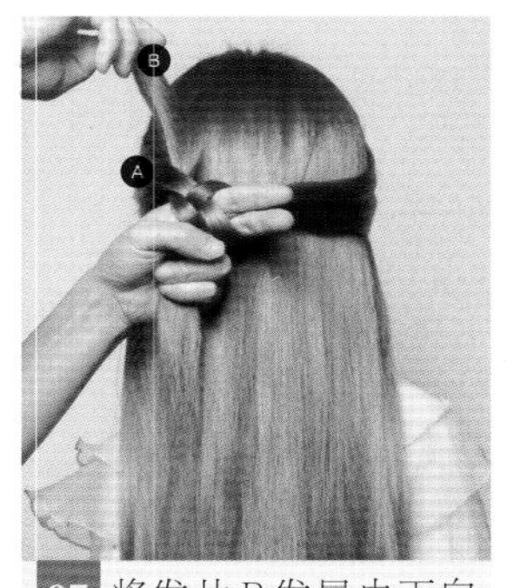

07 将发片 B 发尾由下向上穿过发片 A 下方。

08 将发片 B 发尾穿过两个手指之间的发孔。

09 将发片 B 发尾从发孔中掏出。

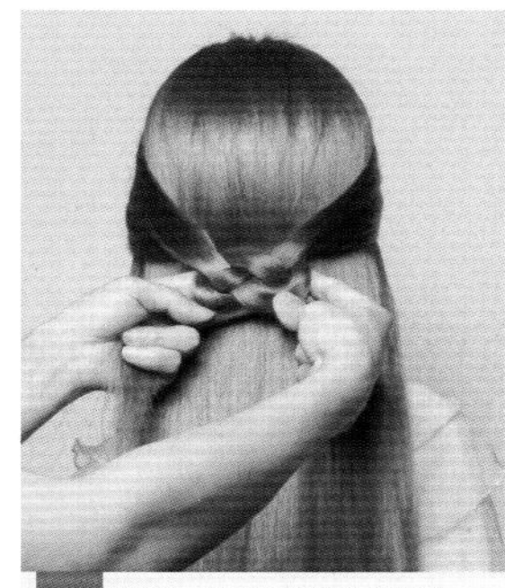

10 将左右发尾进行提拉。

11 调整中国结的形状，使其居中。

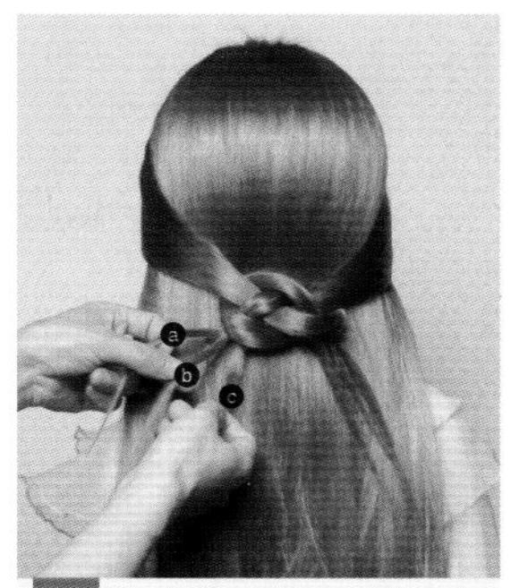

12 将左侧发尾分出 a、b、c 三束均等的发片。

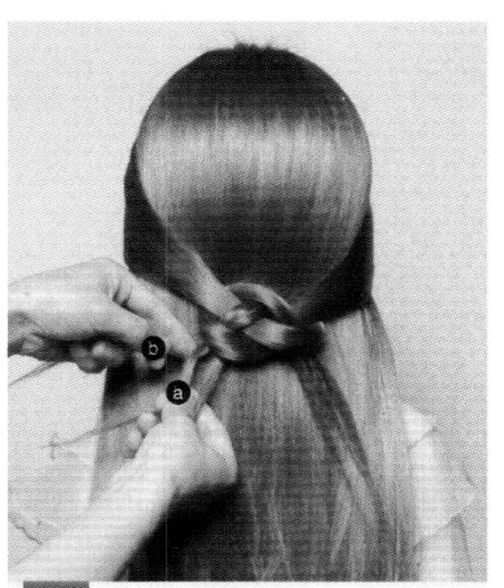

13 将发片 a 压在发片 b 之上。

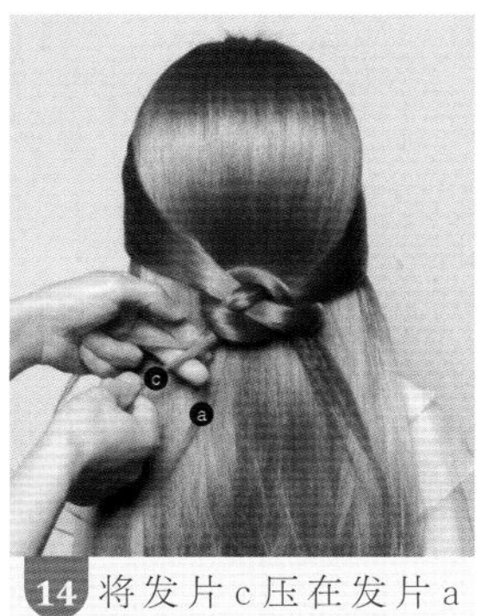

14 将发片 c 压在发片 a 之上。

15 将发片 b 压在发片 c 之上。

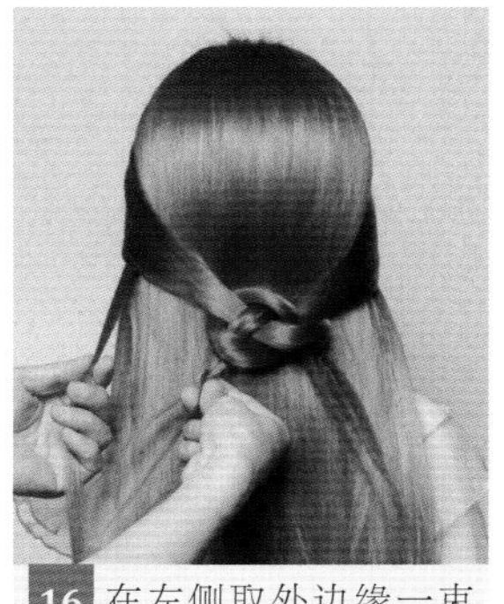

16 在左侧取外边缘一束发片。

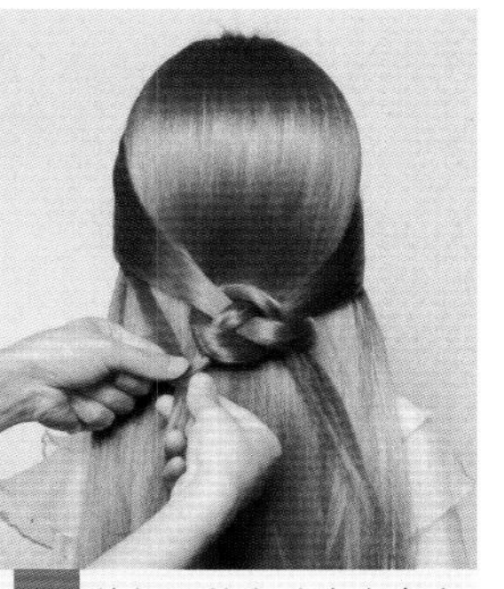

17 将新取的发片由左向右提拉。

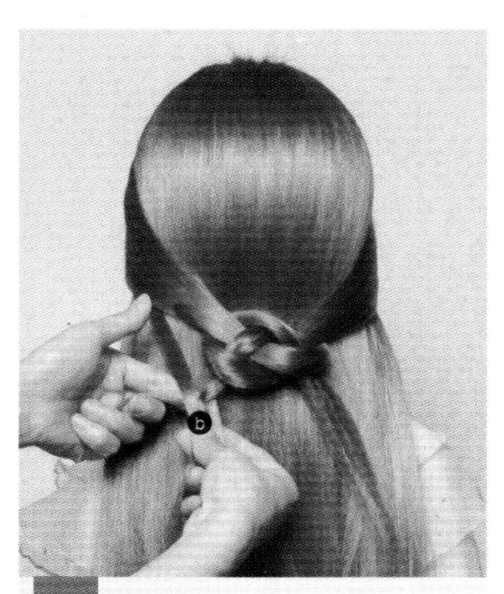

18 将新取的发片并入发片 b。

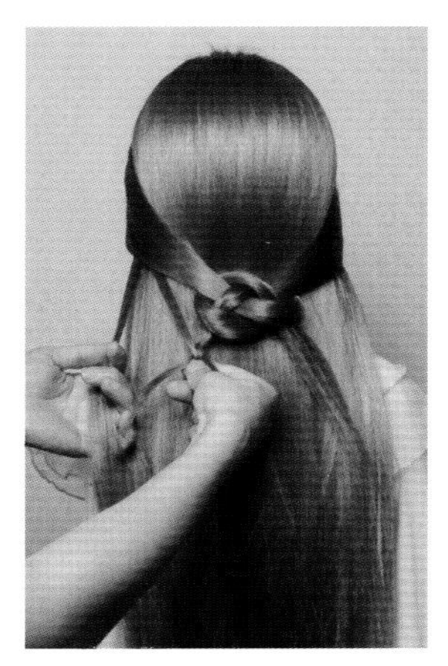

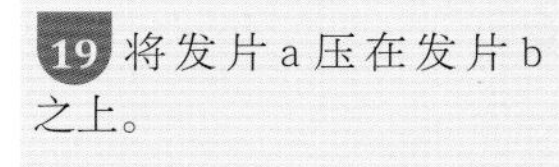

19 将发片 a 压在发片 b 之上。

20 将发片 c 压在发片 a 之上。

21 在左侧取外边缘一束发片。

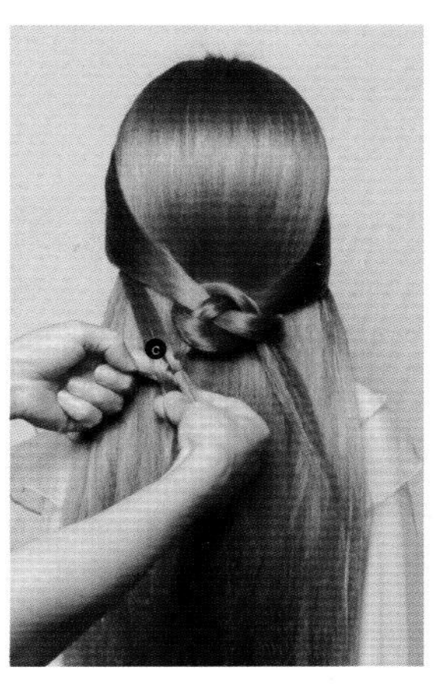

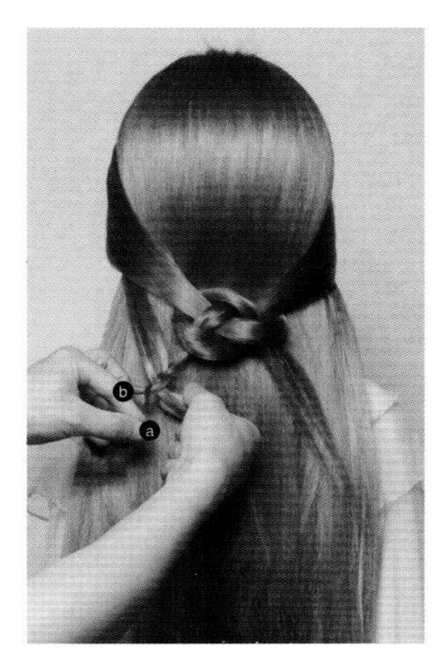

22 将新取的发片并入发片 c。

23 将发片 b 压在发片 c 之上。

24 将发片 a 压在发片 b 之上。

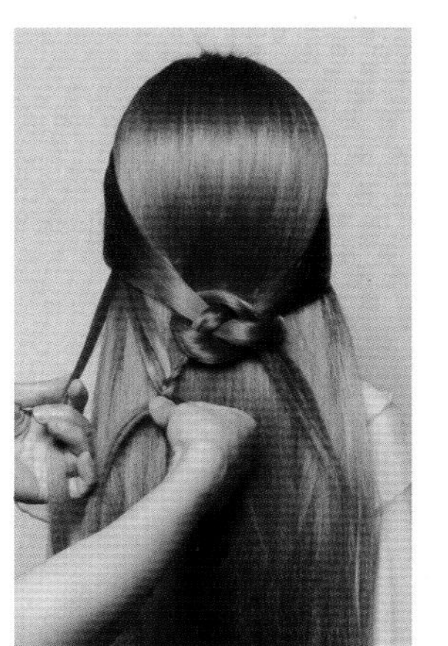

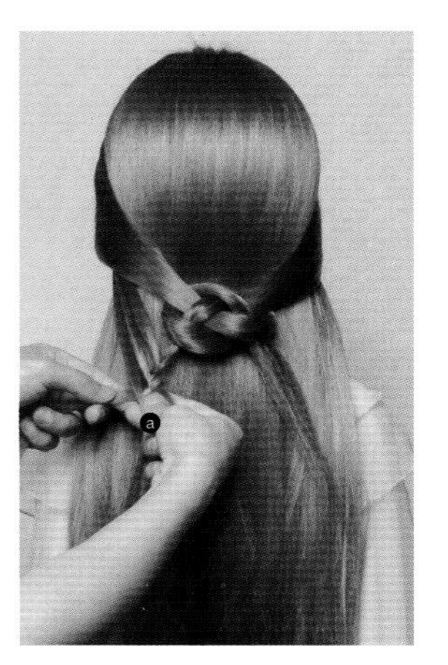

25 在左侧取外边缘一束发片。

26 将新取的发片并入发片 a。

27 将发片 c 压在发片 a 之上。

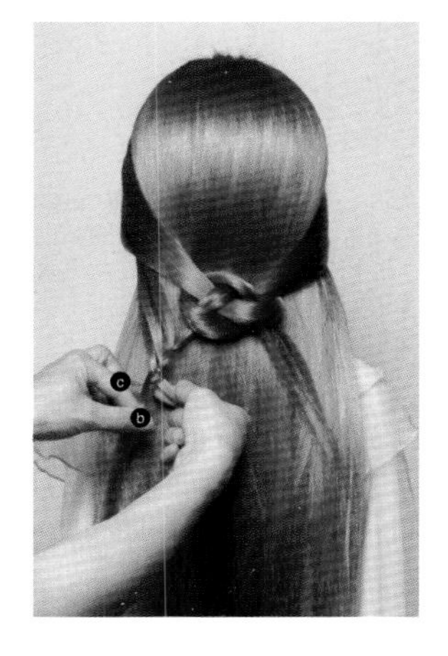

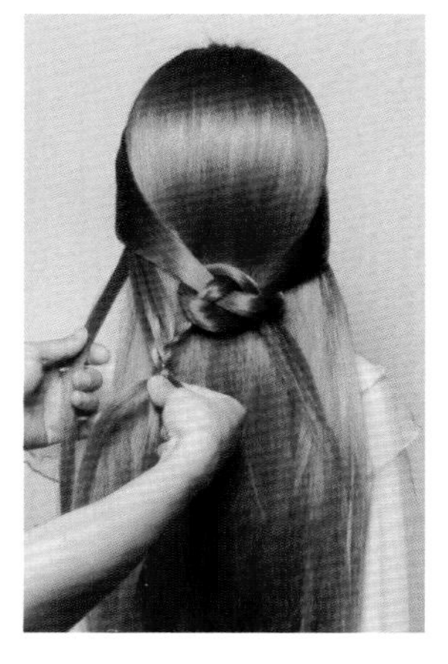

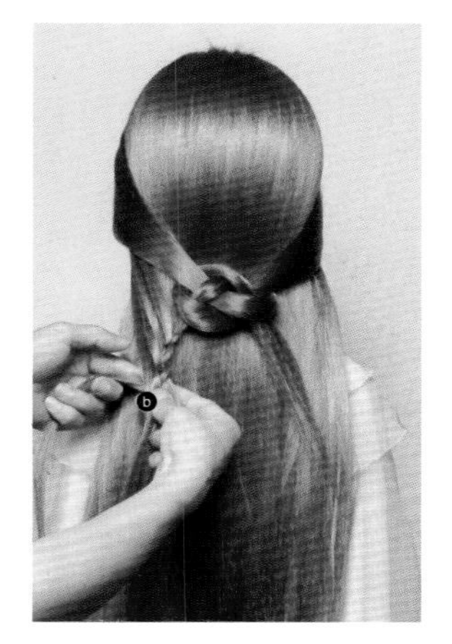

28 将发片b压在发片c之上。

29 在左侧取外边缘一束发片。

30 将新取的发片并入发片b。

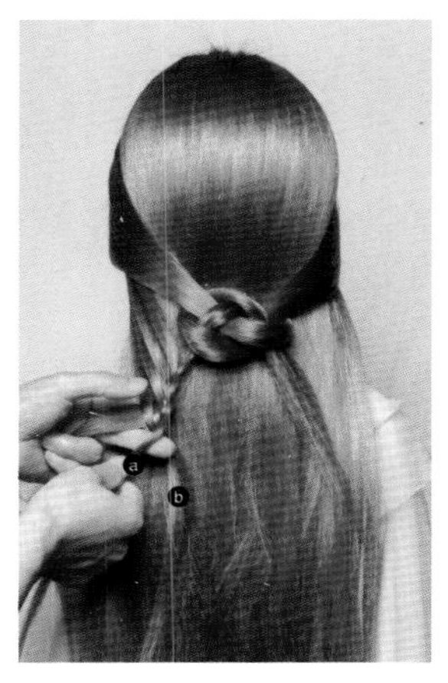

31 将发片a压在发片b之上。

32 将发片c压在发片a之上。

33 在左侧取外边缘一束发片。

34 将新取的发片并入发片c。

35 将发片b压在发片c之上。

36 将发片a压在发片b之上。

37 在左侧取外边缘一束发片。

38 将新取的发片并入发片 a。

39 以同样的手法继续进行续发编发。

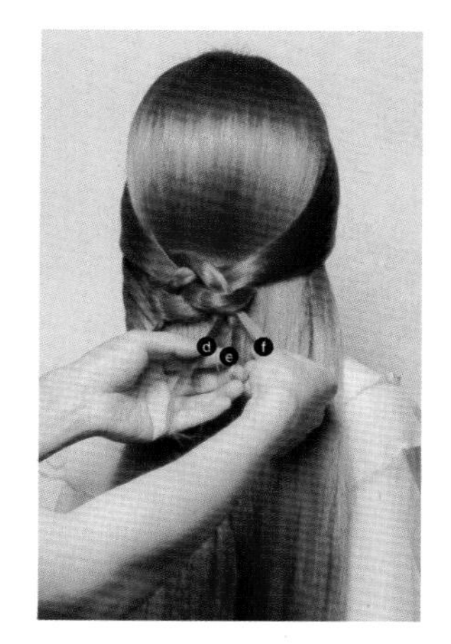

40 续入的发片要均等，发辫要编紧致。

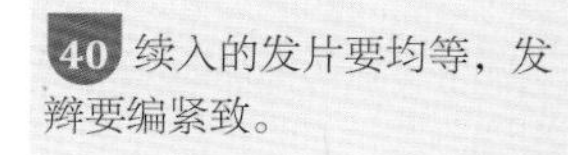

41 编至一半，用鸭嘴夹将其固定。

42 将右侧发尾分出 d、e、f 三束均等的发片。

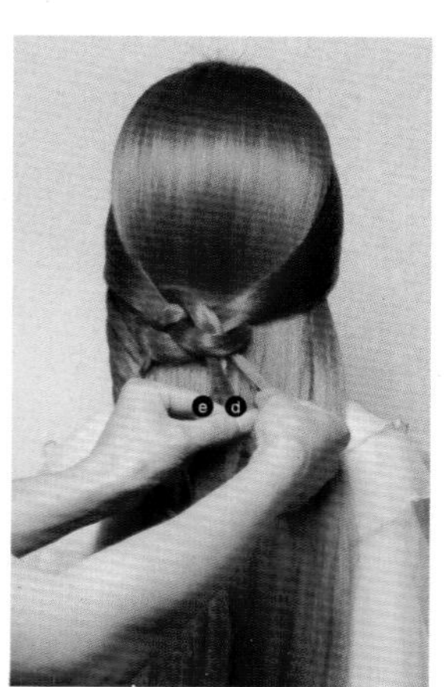

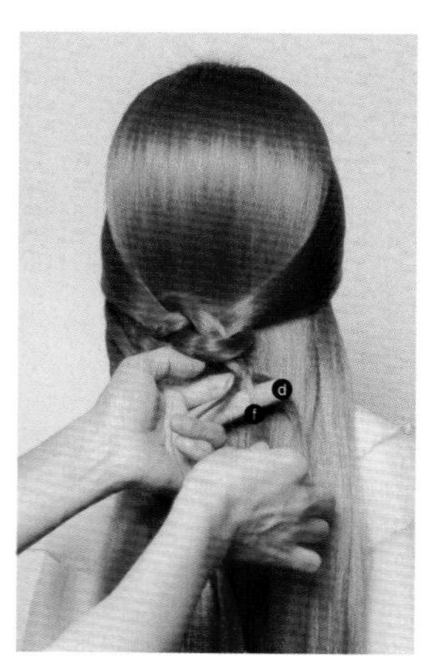

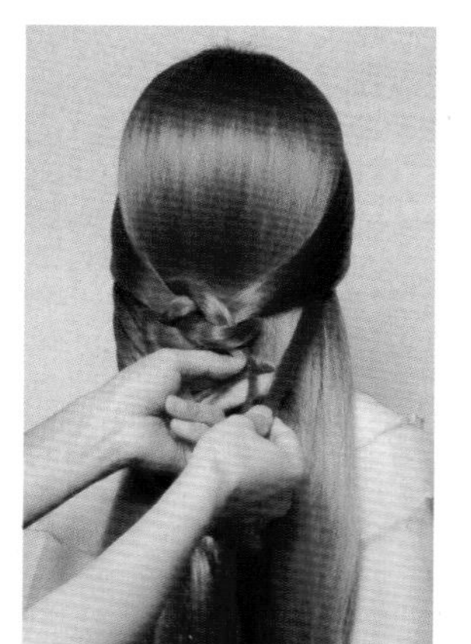

43 将发片 d 压在发片 e 之上。

44 将发片 f 压在发片 d 之上。

45 在右侧取外边缘一束发片。

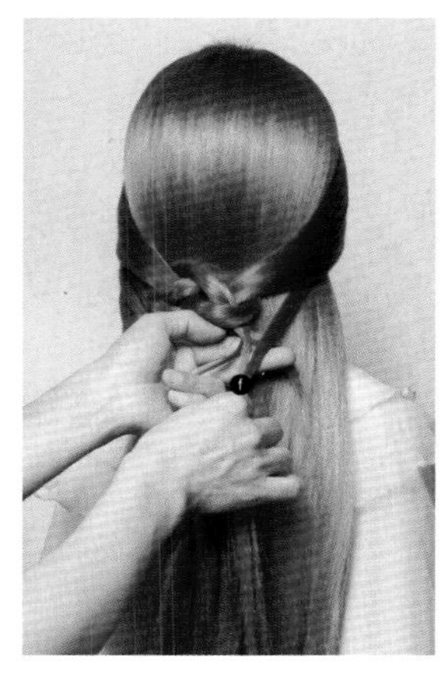

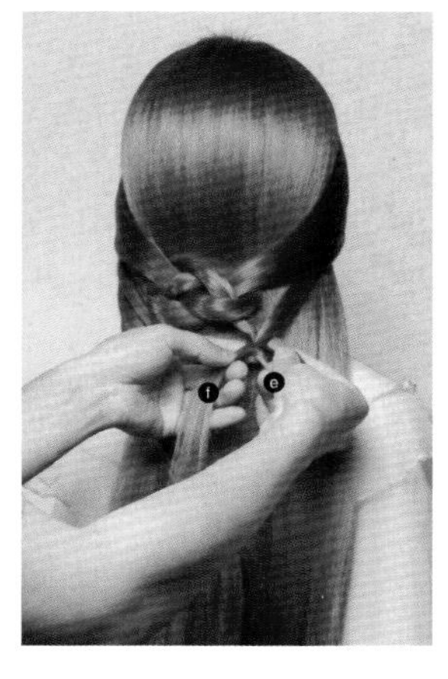

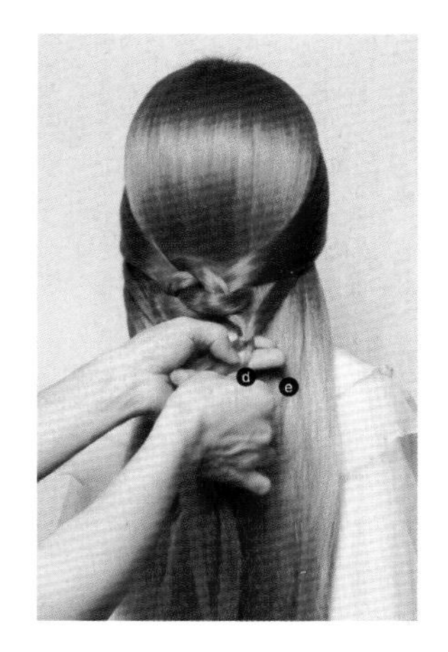

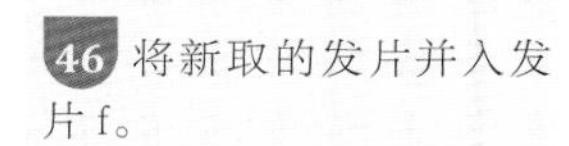
46 将新取的发片并入发片 f。

47 将发片 e 压在发片 f 之上。

48 将发片 d 压在发片 e 之上。

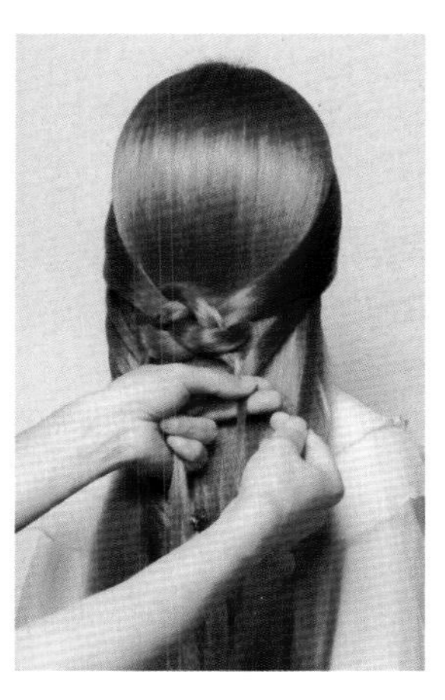
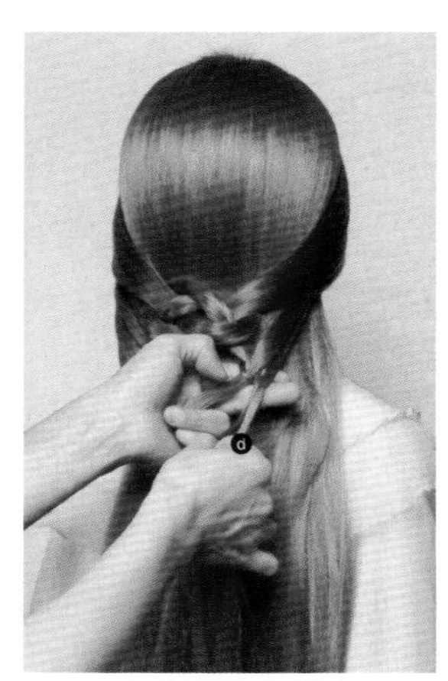

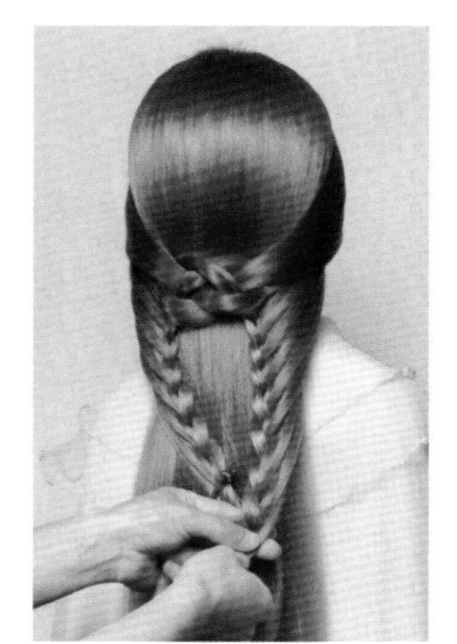

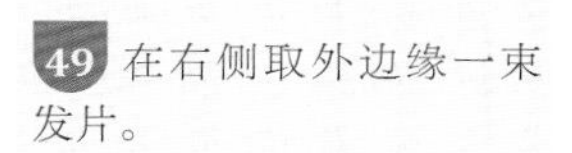
49 在右侧取外边缘一束发片。

50 将新取的发片并入发片 d。

51 以同样的手法进行三股单边续发编发，编至与左侧发辫相等长度。

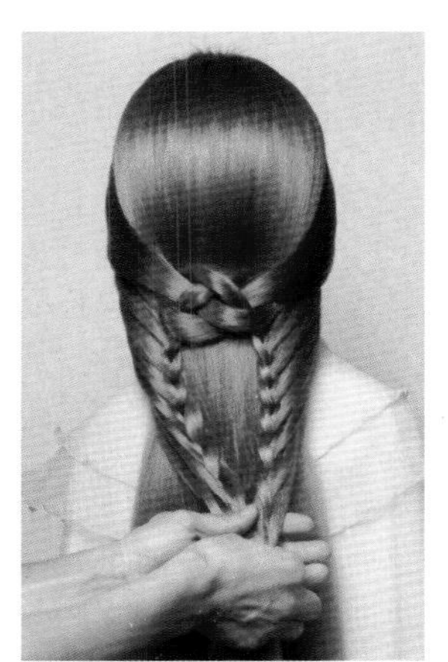

52 将左侧的鸭嘴夹取下，将两条发辫合并在一起。

53 将合并后的发辫用皮筋扎起。

54 佩戴饰品，进行点缀。

27

拧绳反三股拉花编发

扫描二维码
观看教学视频

01 将头发梳理干净，分出左侧发区。

02 分出右侧发区。

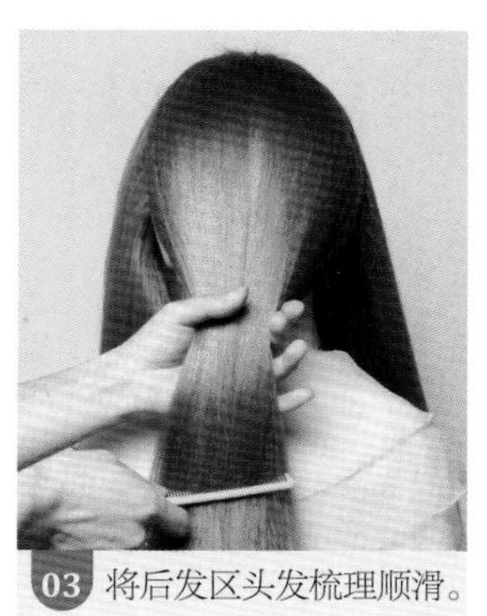

03 将后发区头发梳理顺滑。

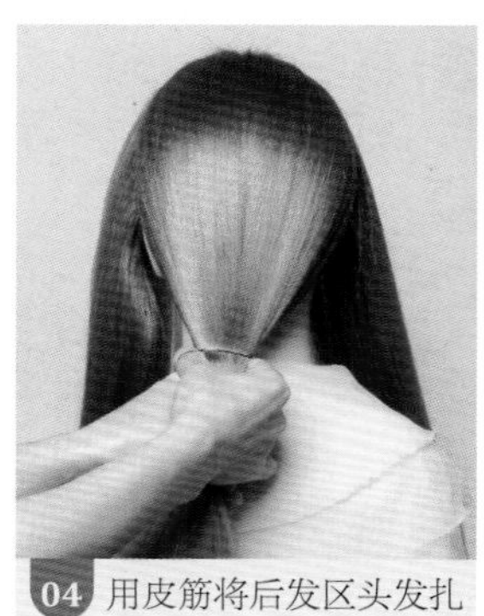

04 用皮筋将后发区头发扎成低马尾。

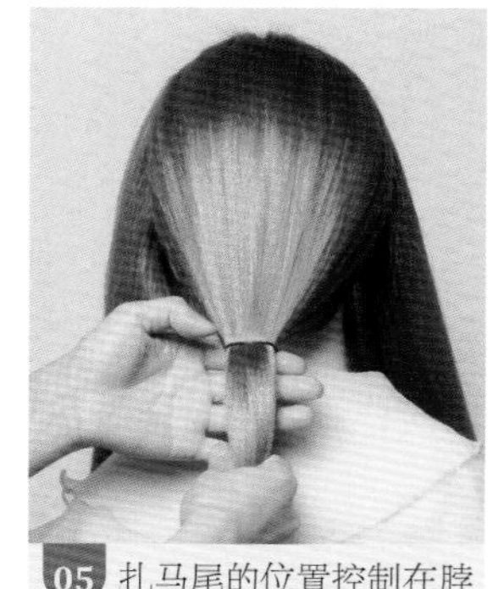

05 扎马尾的位置控制在脖子中间处。

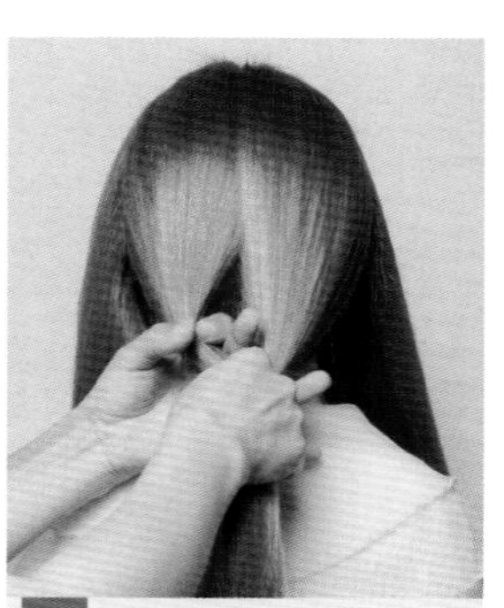

06 将马尾上方左右分开，形成一个孔状。

07 将发尾由上向下穿过发孔。

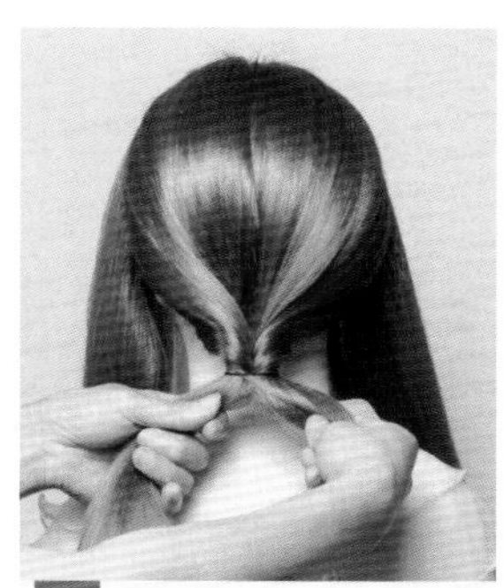

08 将发尾一分为二并左右提拉。

09 将马尾上方头发进行拉扯。

10 使其纹理清晰、轮廓饱满。

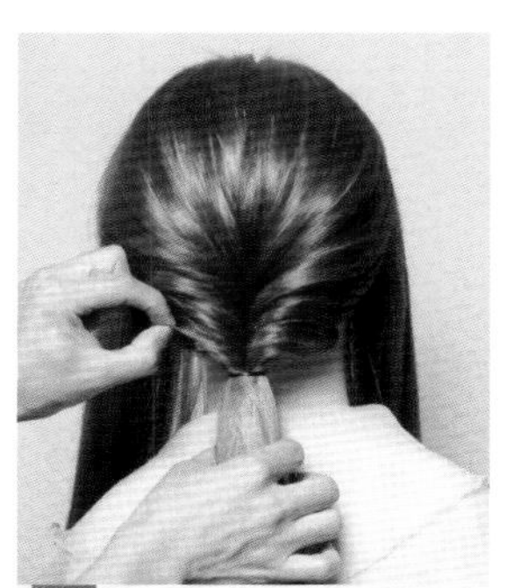

11 发丝在拉扯时要干净、有层次，左右要对称。

12 从左侧发区边缘取一束发片。

13 将其平均分为 A、B 两束发片。

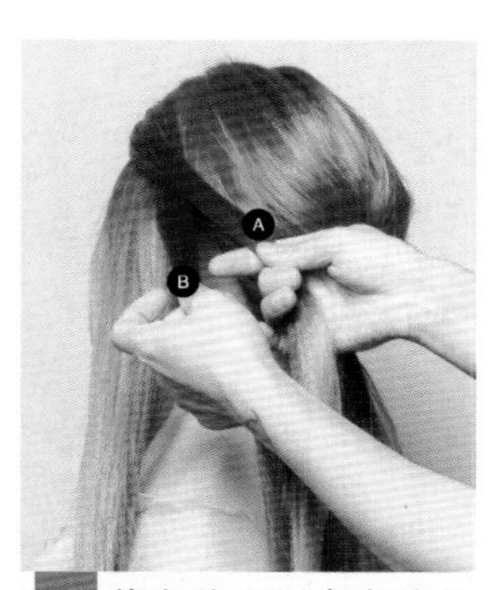

14 将发片 A 压在发片 B 之上。

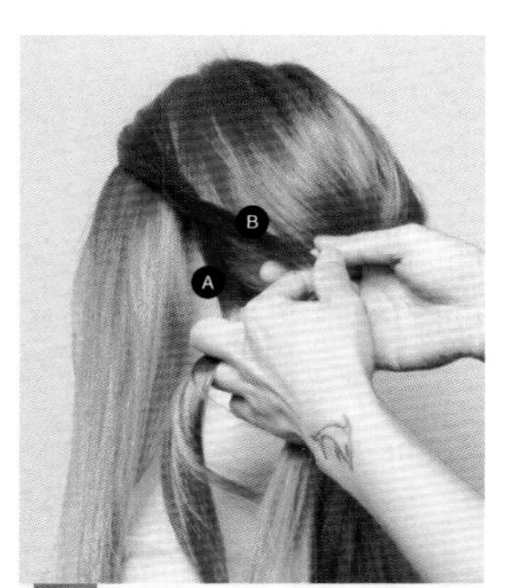

15 将发片 B 压在发片 A 之上，形成两股拧绳。

16 再从左侧发区边缘取一束发片。

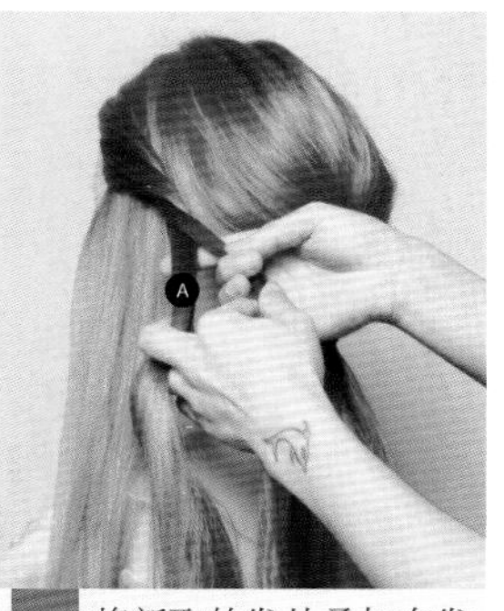

17 将新取的发片叠加在发片 A 之上。

18 从左侧发区边缘取一束发片。

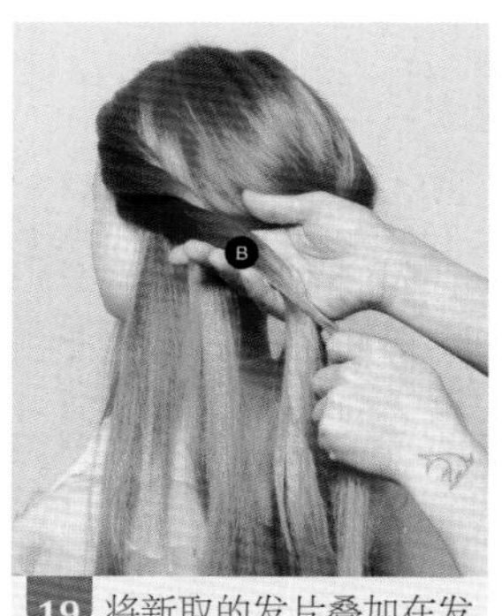

19 将新取的发片叠加在发片 B 上。

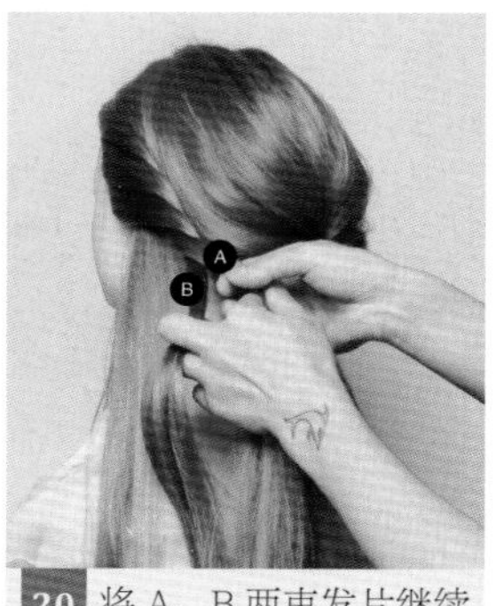

20 将 A、B 两束发片继续进行两股拧绳。

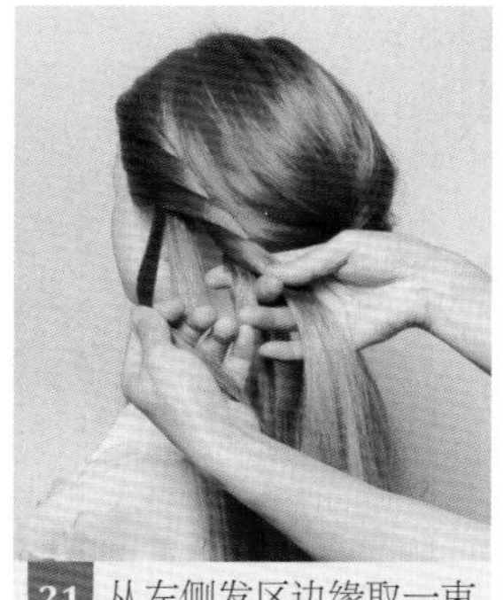

21 从左侧发区边缘取一束发片。

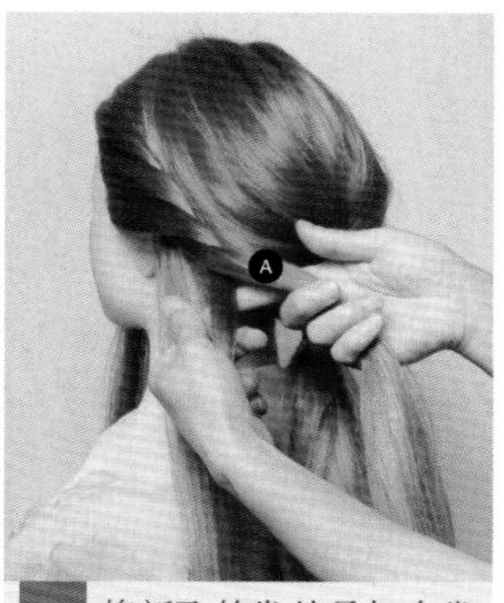

22 将新取的发片叠加在发片 A 上。

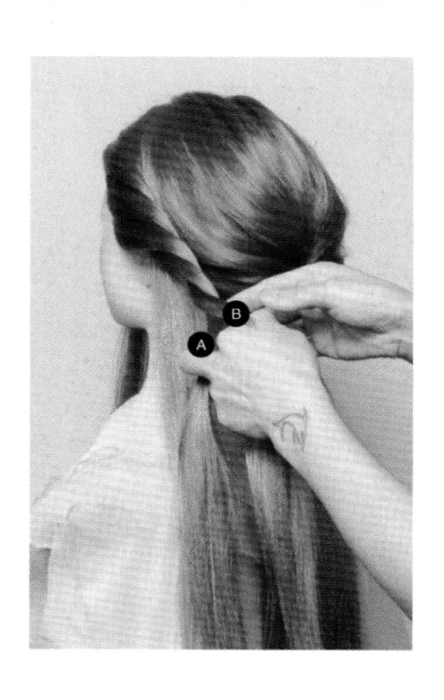

23 将 A、B 两束发片继续进行两股拧绳。

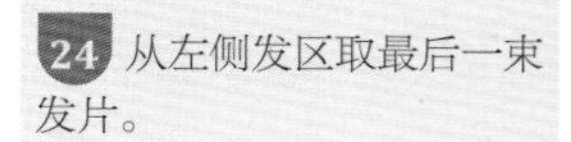

24 从左侧发区取最后一束发片。

25 将新取的发片叠加在发片 B 上。

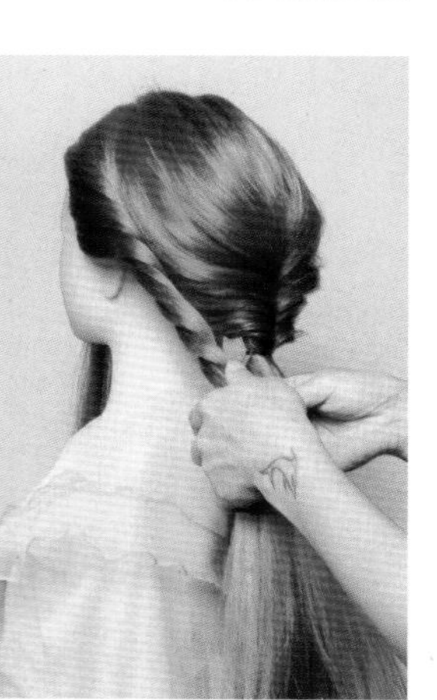

26 将 A、B 两束发片继续进行两股拧绳。

27 以同样的手法继续进行两股拧绳至肩膀处。

28 将发尾拉住，由前向后进行拉花。

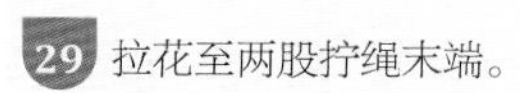

29 拉花至两股拧绳末端。

30 将发辫由左向右提拉。

31 将其固定在马尾发结处。

32 从右侧发区取一束发片。

33 将其平均分为 C、D 两束发片。

34 将发片 C 压在发片 D 上。

35 将发片 D 压在发片 C 之上。

36 采用与左侧同样的手法进行两股拧绳续发编发。

37 继续进行两股拧绳处理。

38 两股拧绳至肩膀处。由前向后进行拉花。

39 拉花的发片大小要均等。

40 继续进行拉花，直至两股拧绳末端。

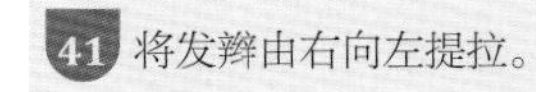

41 将发辫由右向左提拉。

42 将其固定在马尾发结处。

43 将发尾分为 E、F、G 三束均等的发片。

44 将发片 E 穿至发片 F 下方。

45 将发片 G 穿至发片 E 下方。

46 将发片 F 穿至发片 G 下方。

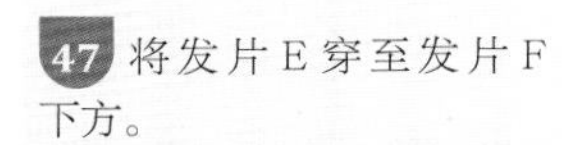

47 将发片 E 穿至发片 F 下方。

48 将发片 G 穿至发片 E 下方。

49 将发片 F 穿至发片 G 下方。

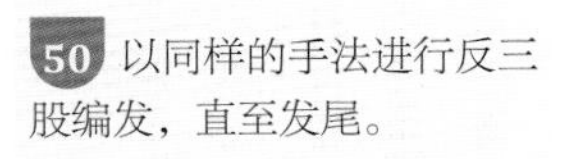

50 以同样的手法进行反三股编发，直至发尾。

51 对发辫边缘进行拉花。

52 左右拉花的纹理要均等。

53 将发尾用皮筋扎起。

54 佩戴饰品，进行点缀。

55 调整发型的轮廓与细节。

28

扎发鱼骨编发

扫描二维码
观看教学视频

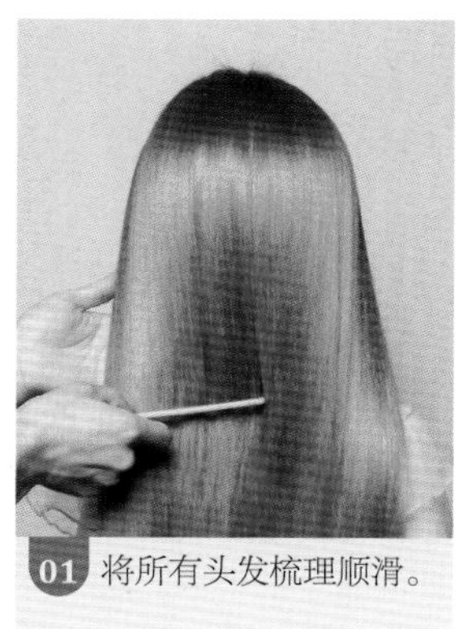

01 将所有头发梳理顺滑。

02 在左侧取一束发片。

03 在右侧取一束发片。

04 将右侧发片向左侧提拉，与左侧发片合并。

05 用皮筋将其扎起。

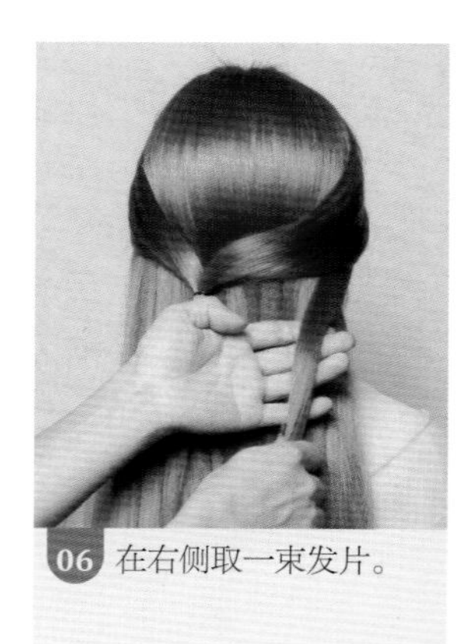

06 在右侧取一束发片。

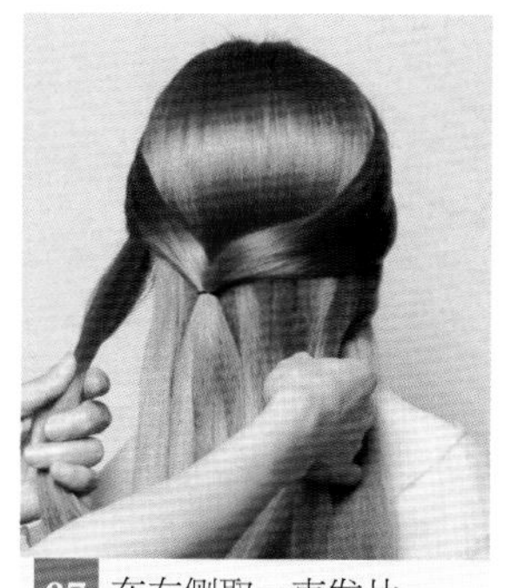

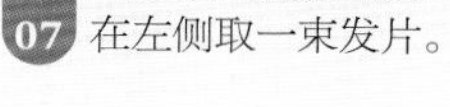
07 在左侧取一束发片。

08 将左侧发片向右侧提拉，与右侧发片合并。

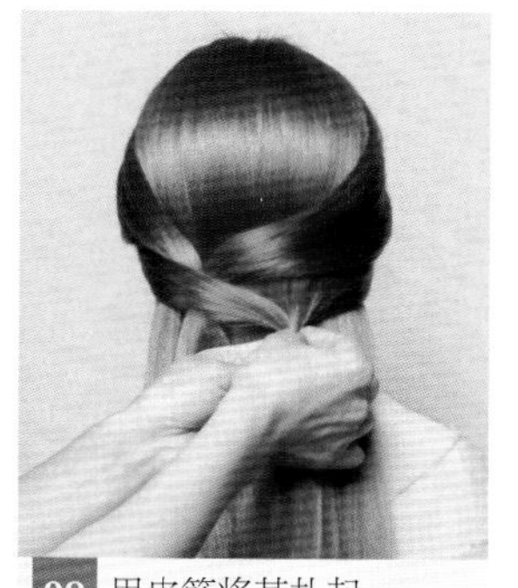

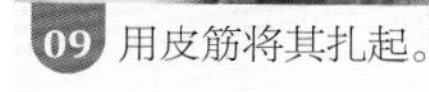
09 用皮筋将其扎起。

10 在左侧取一束发片。

11 在右侧取一束发片。

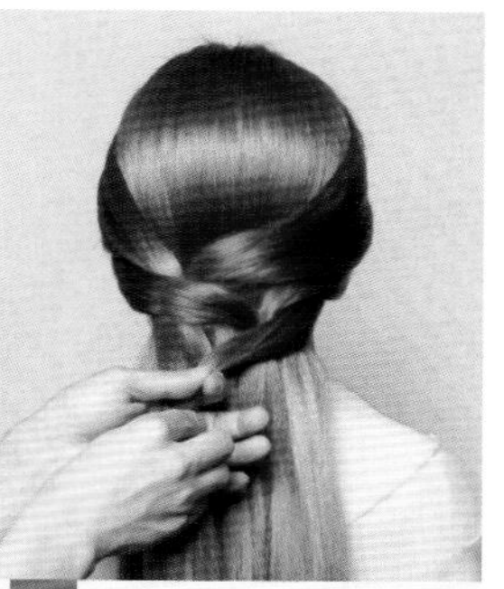

12 将右侧发片向左侧提拉，与左侧发片合并。

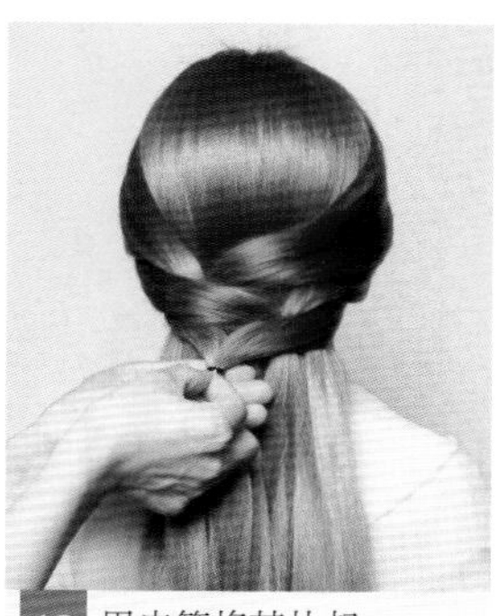

13 用皮筋将其扎起。

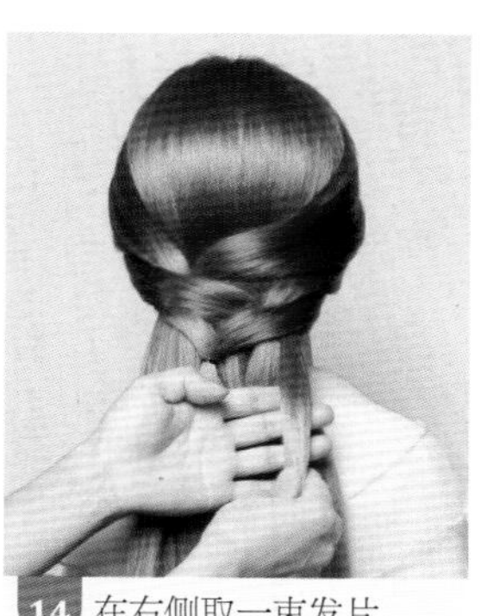

14 在右侧取一束发片。

15 在左侧取一束发片。

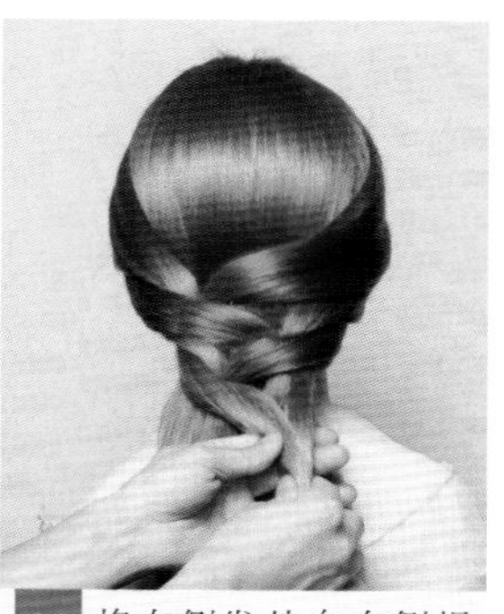

16 将左侧发片向右侧提拉，与右侧发片合并。

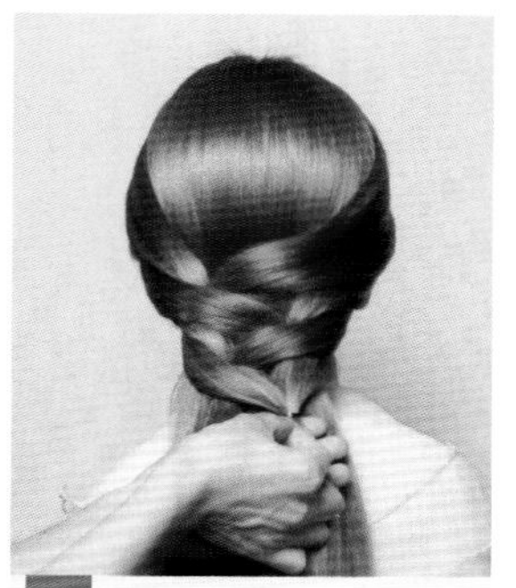

17 用皮筋将其扎起。

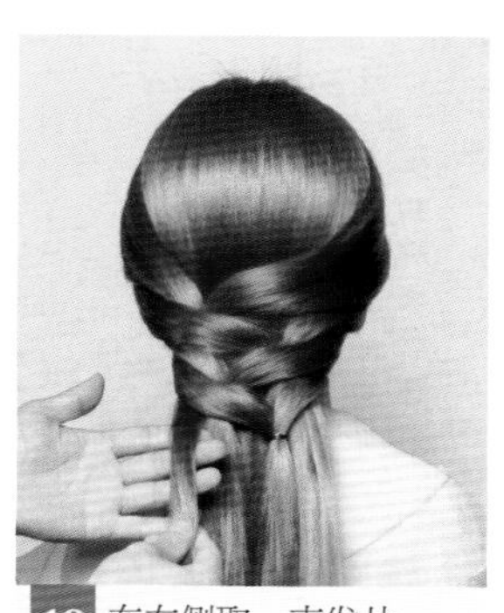

18 在左侧取一束发片。

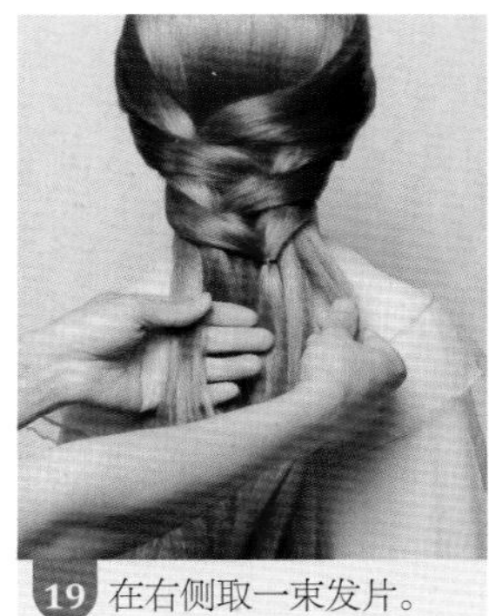

19 在右侧取一束发片。

20 将右侧发片向左侧提拉，与左侧发片合并。

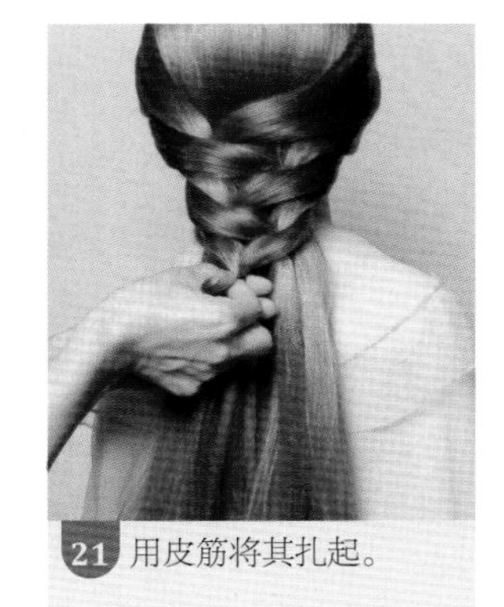

21 用皮筋将其扎起。

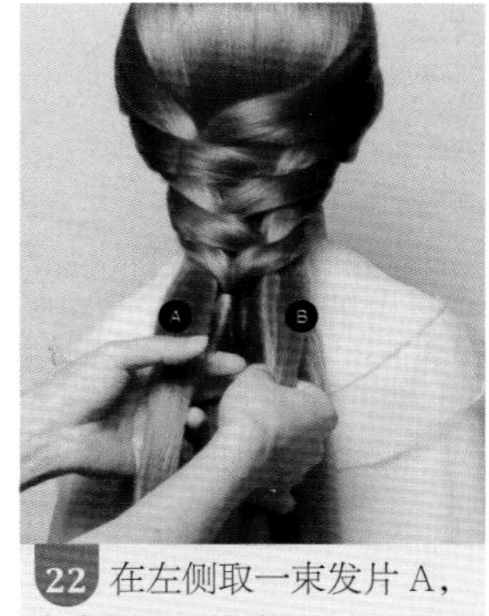

22 在左侧取一束发片 A，在右侧取一束发片 B。

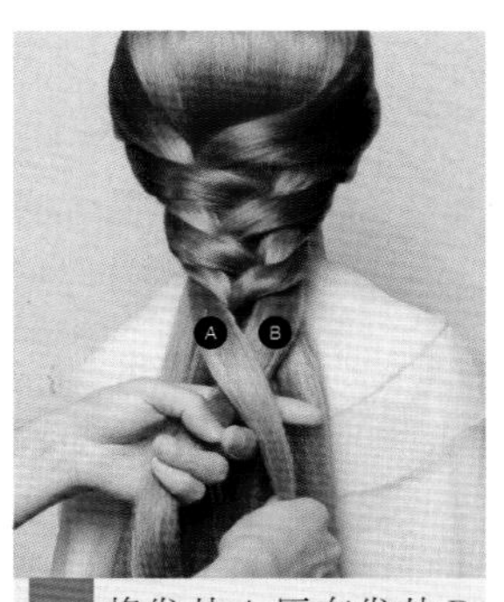

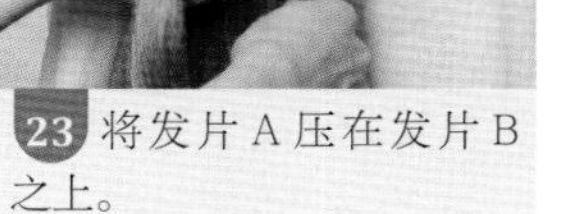

23 将发片 A 压在发片 B 之上。

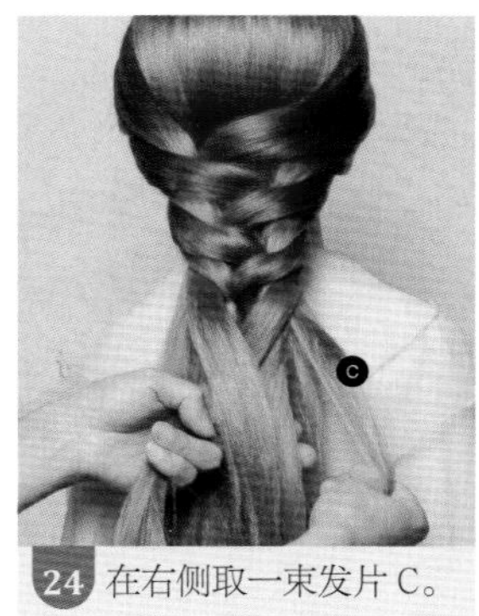

24 在右侧取一束发片 C。

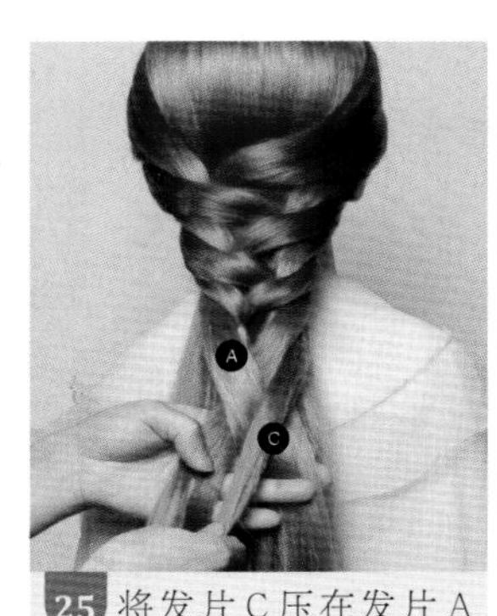

25 将发片 C 压在发片 A 之上。

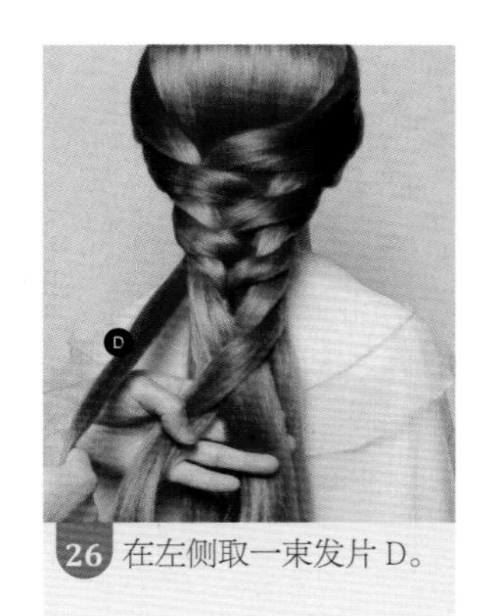

26 在左侧取一束发片 D。

27 将发片 D 压在发片 C 之上。

28 在右侧取一束发片 E。

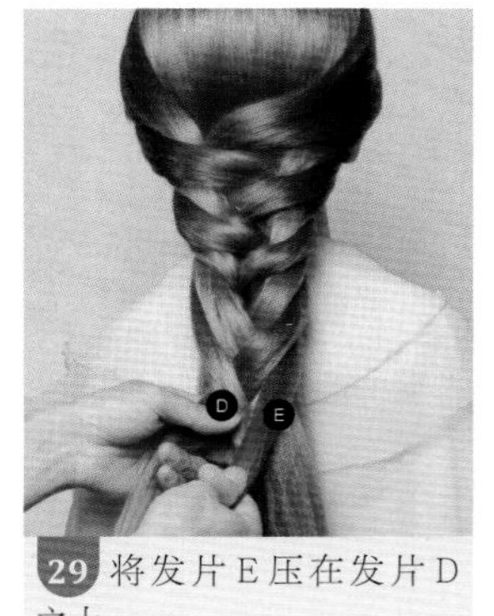

29 将发片 E 压在发片 D 之上。

30 在左侧取一束发片 F。

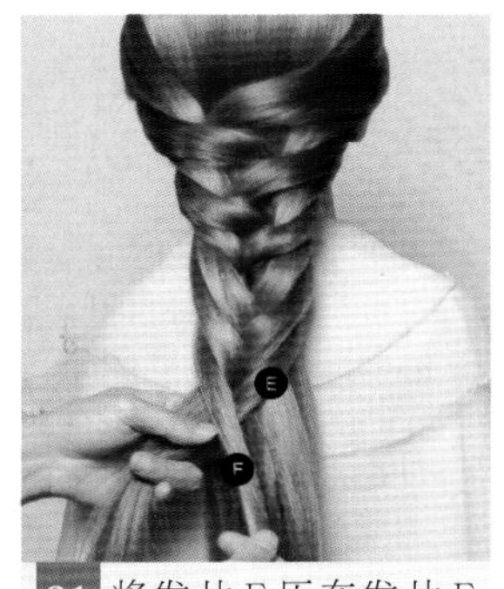

31 将发片F压在发片E之上。

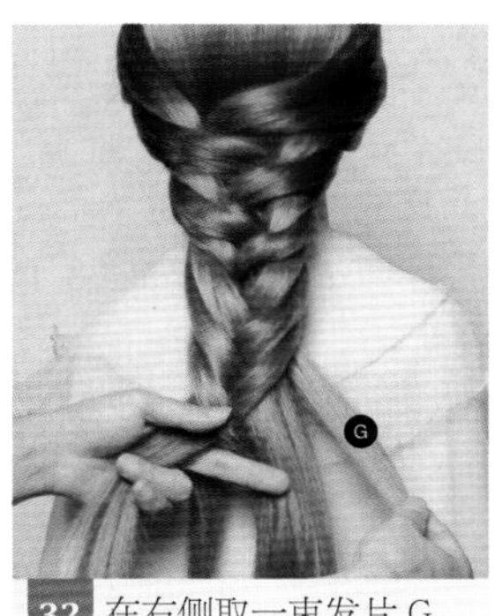

32 在右侧取一束发片G。

33 将发片G压在发片F之上。

34 在左侧取一束发片H。

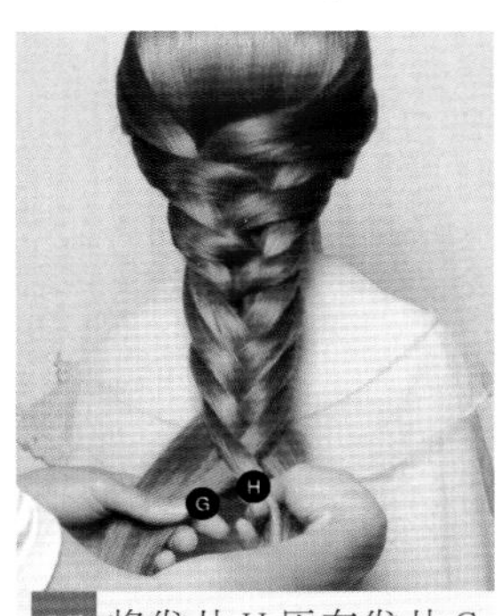

35 将发片H压在发片G之上。

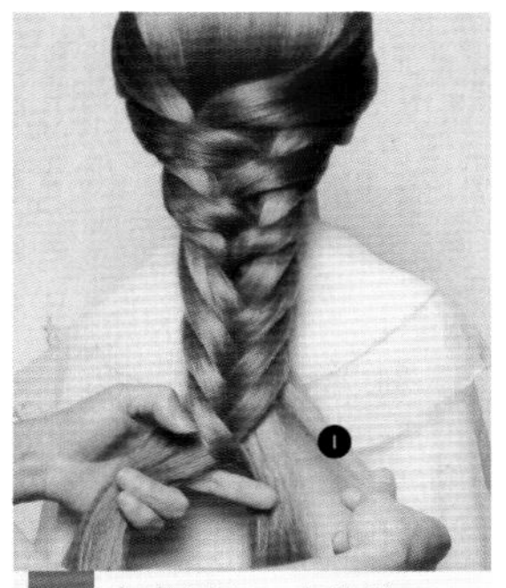

36 在右侧取一束发片I。

37 将发片I压在发片H之上。

38 在左侧取一束发片J。

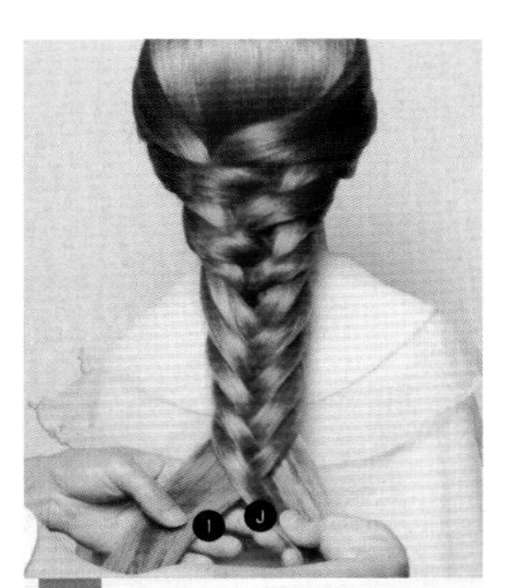

39 将发片J压在发片I之上。

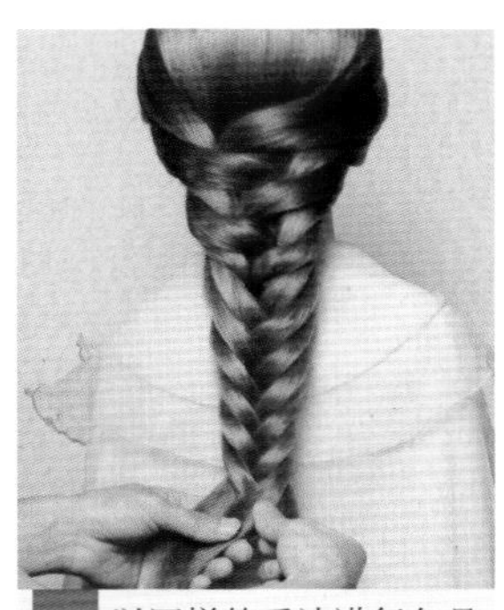

40 以同样的手法进行鱼骨编发，编至发尾。

41 将发辫的边缘进行调整。

42 将发尾用皮筋扎起，佩戴饰品，进行点缀。

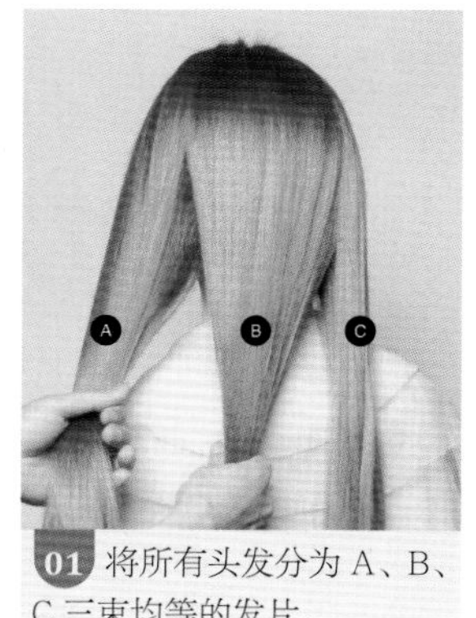

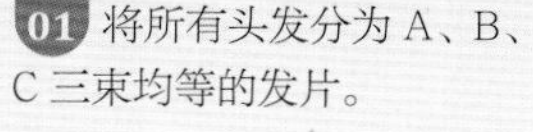

01 将所有头发分为A、B、C三束均等的发片。

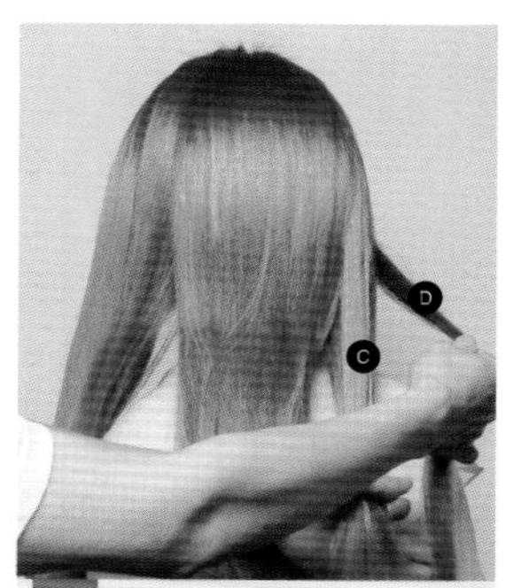

02 从发片C中取一束发片D。

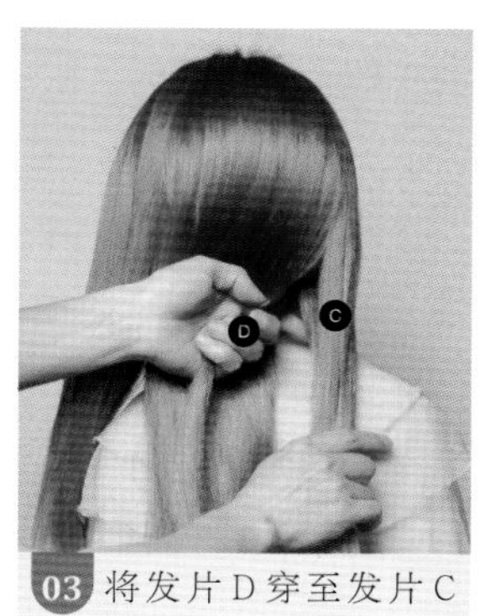

03 将发片D穿至发片C下方。

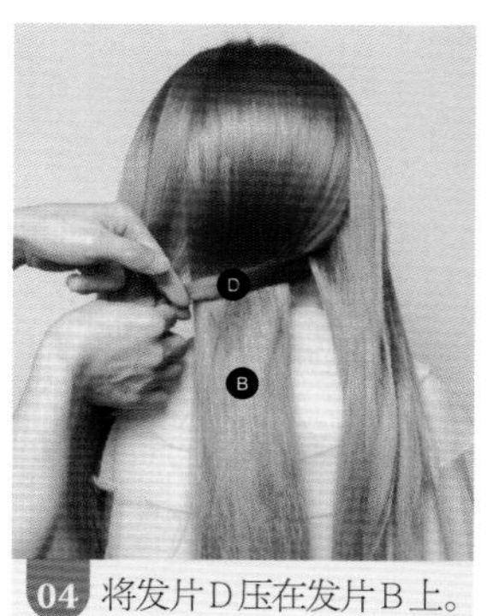

04 将发片D压在发片B上。

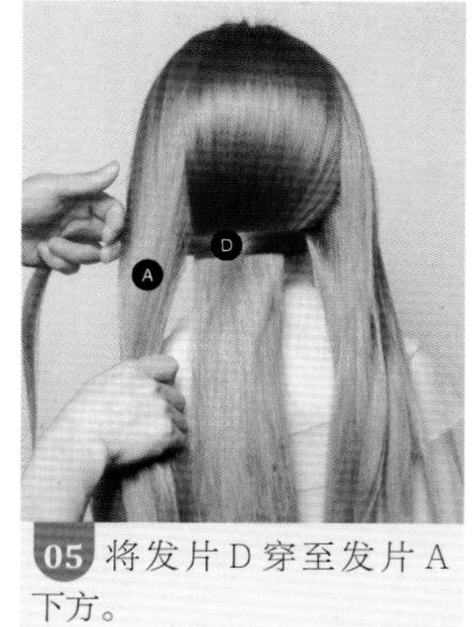

05 将发片D穿至发片A下方。

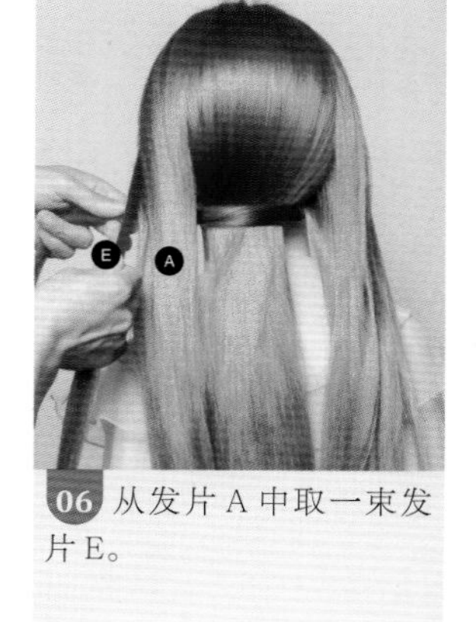

06 从发片A中取一束发片E。

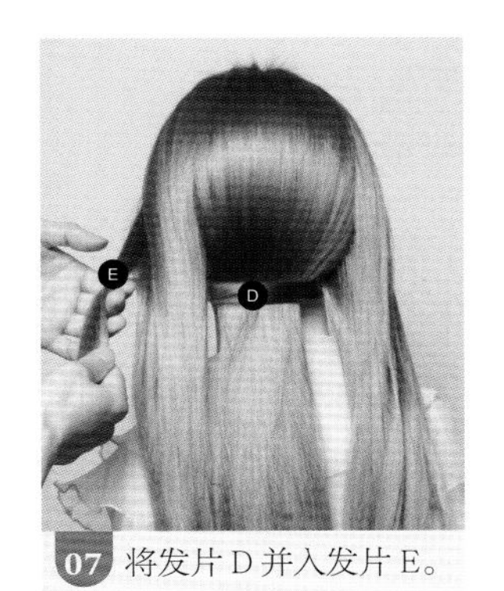

07 将发片D并入发片E。

08 将发片E压在发片A上。

09 将发片E穿至发片B下方。

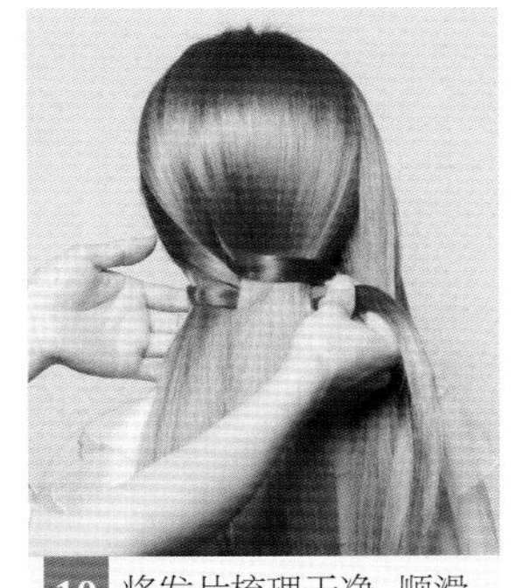

10 将发片梳理干净、顺滑。

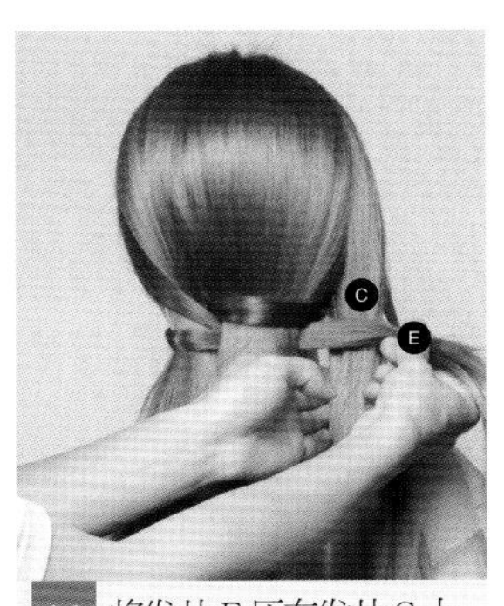

11 将发片E压在发片C上。

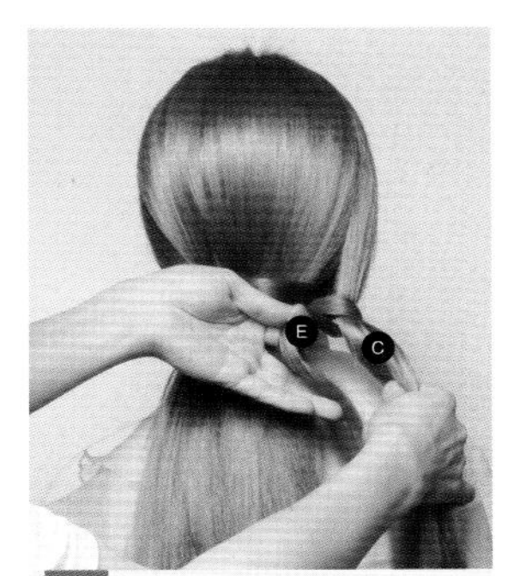

12 将发片E绕至发片C下方。

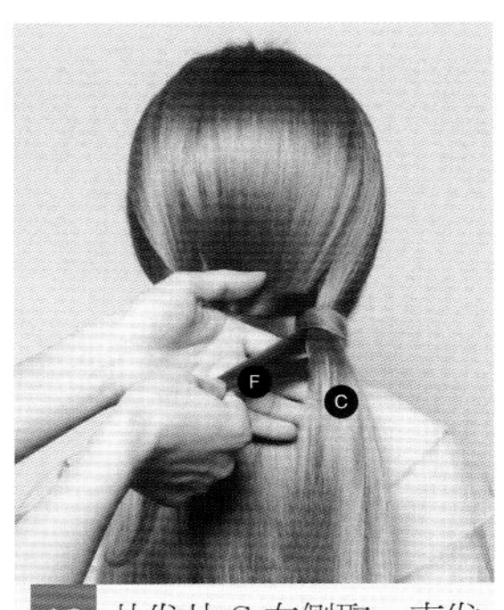

13 从发片C左侧取一束发片F，将发片E并入发片F。

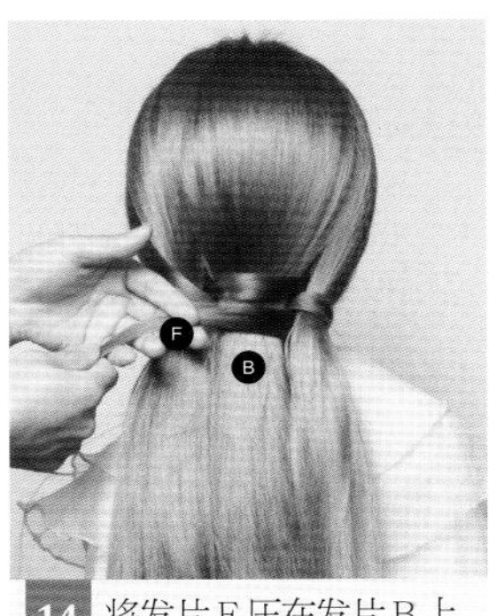

14 将发片F压在发片B上。

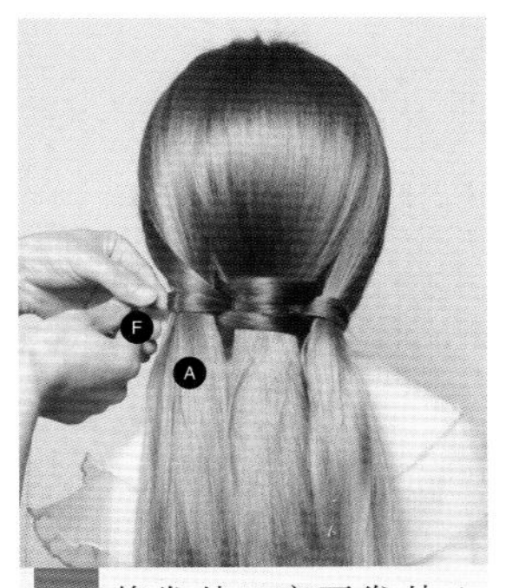

15 将发片F穿至发片A下方。

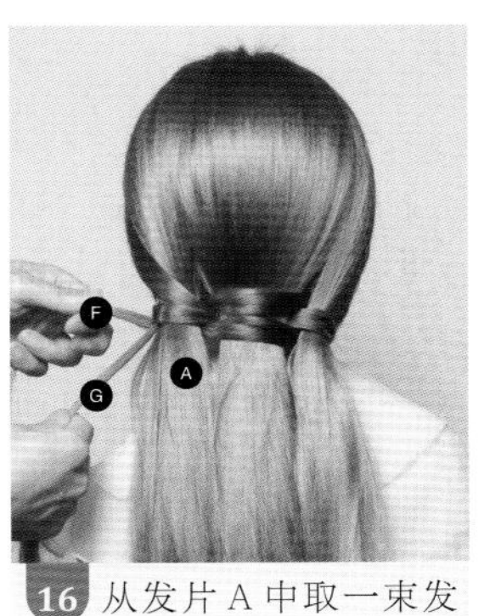

16 从发片A中取一束发片G。

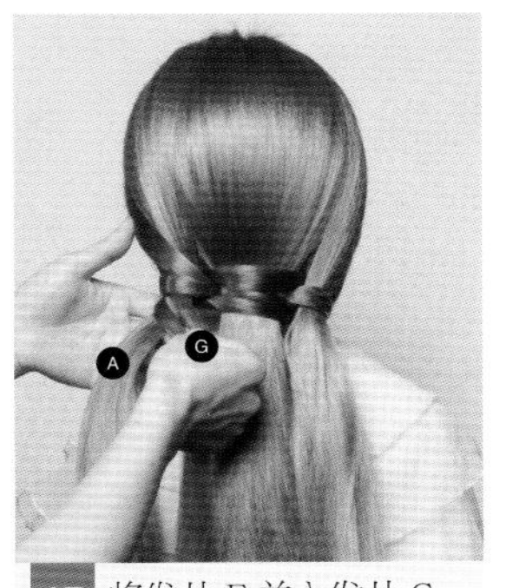

17 将发片F并入发片G。将发片G压在发片A上。

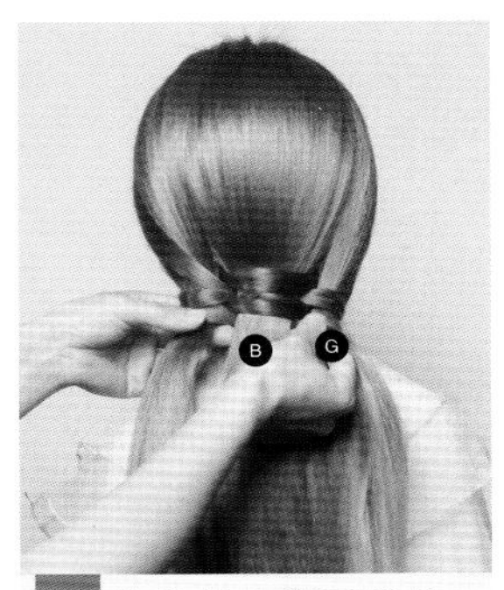

18 将发片G穿至发片B下方。

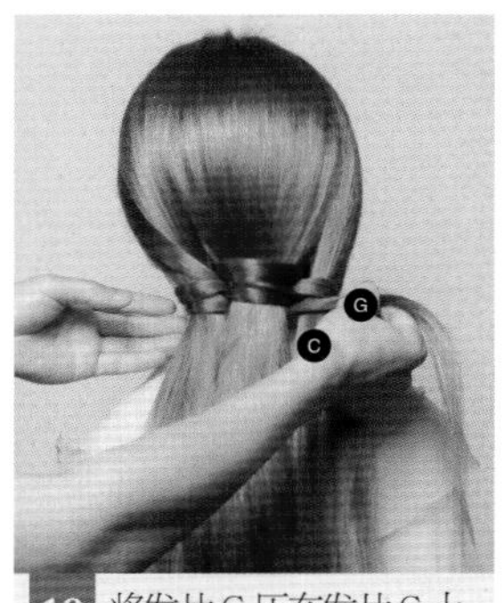

19 将发片G压在发片C上。

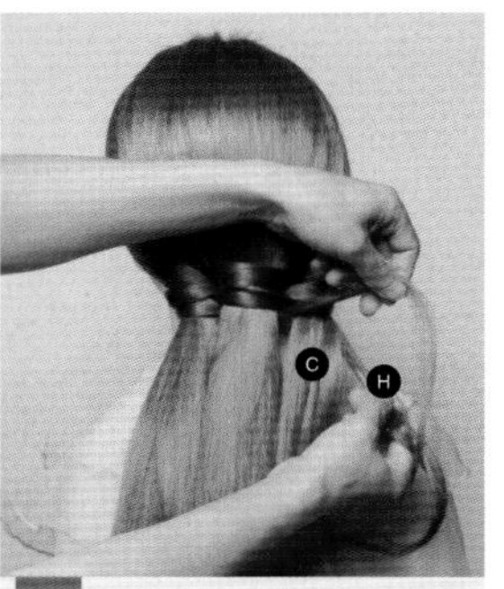

20 从发片C中取一束发片H。

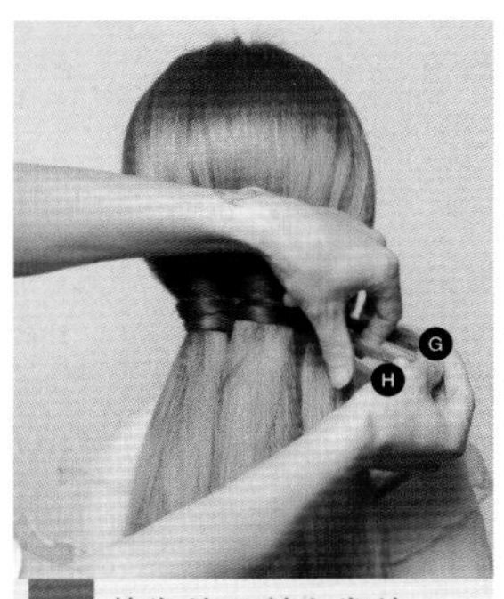

21 将发片G并入发片H。

22 将发片H穿至发片C下方。

23 将发片H压在发片B上。

24 将发片H穿至发片A下方。

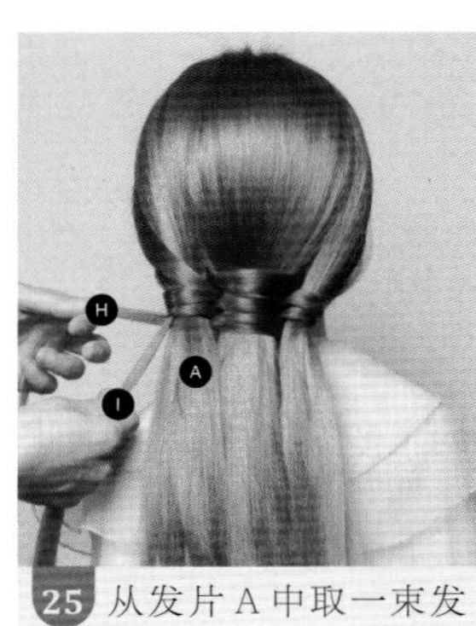

25 从发片A中取一束发片I。

26 将发片H并入发片I。将发片I压在发片A上。

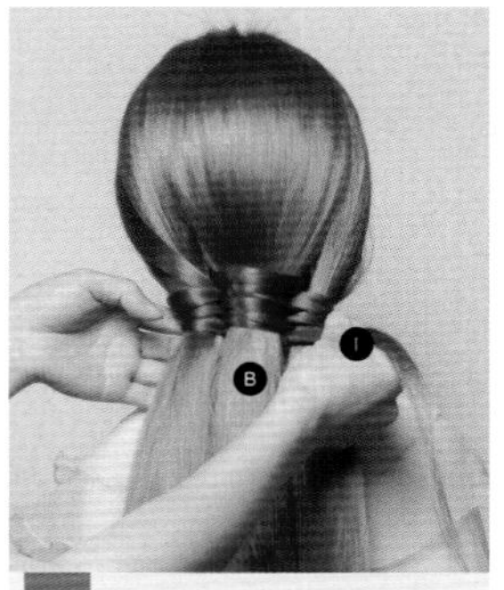

27 将发片I穿至发片B下方，压在发片C上。

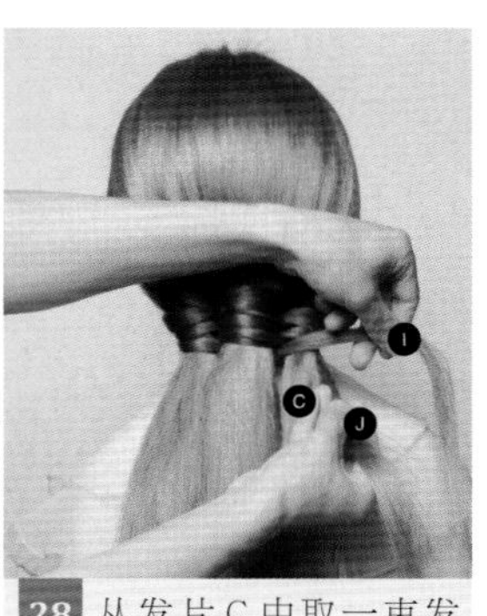

28 从发片C中取一束发片J。

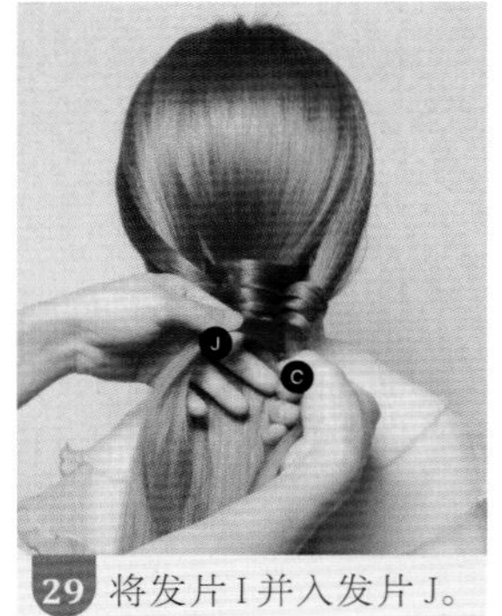

29 将发片I并入发片J。将发片J穿至发片C下方。

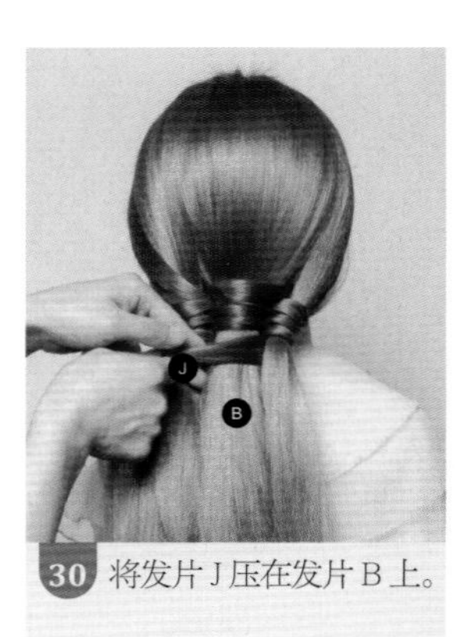

30 将发片J压在发片B上。

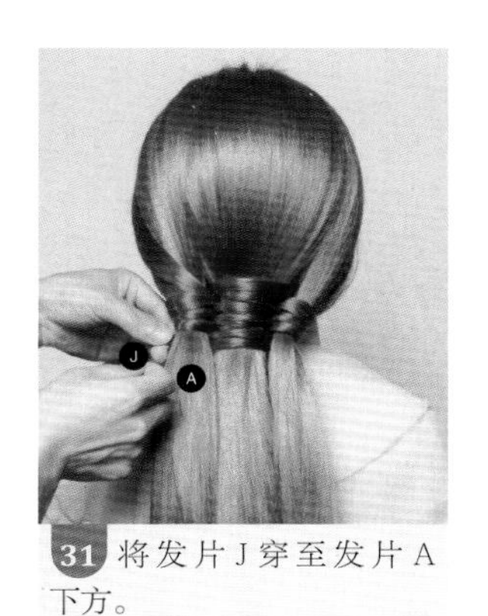

31 将发片 J 穿至发片 A 下方。

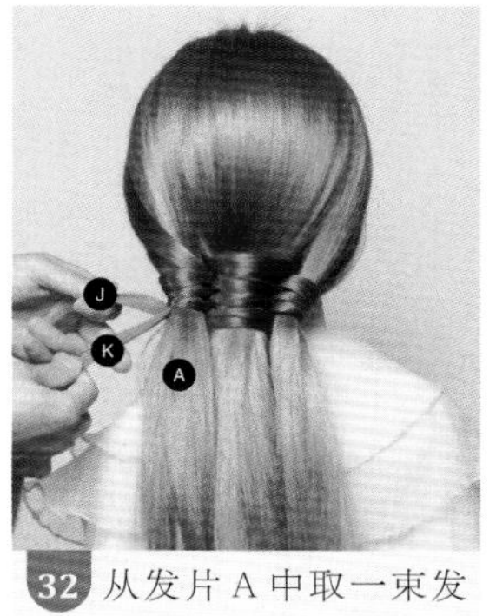

32 从发片 A 中取一束发片 K。

33 将发片 J 并入发片 K。将发片 K 压在发片 A 上。

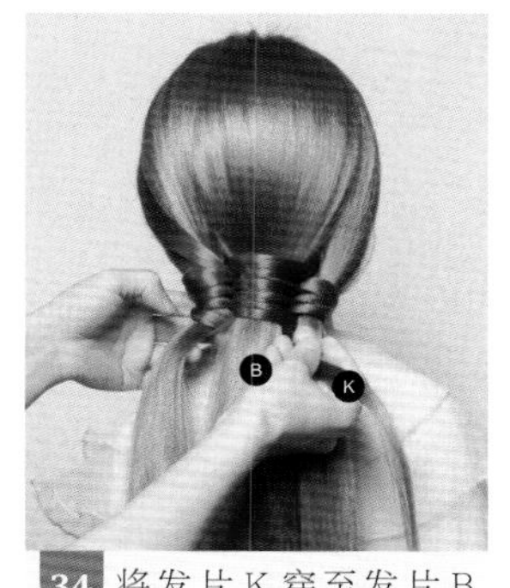

34 将发片 K 穿至发片 B 下方。

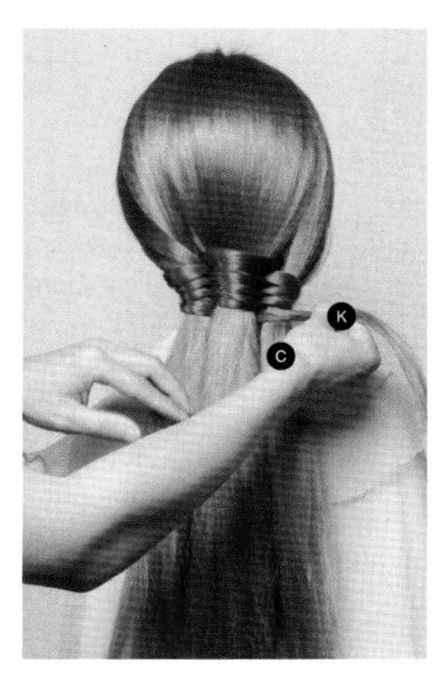

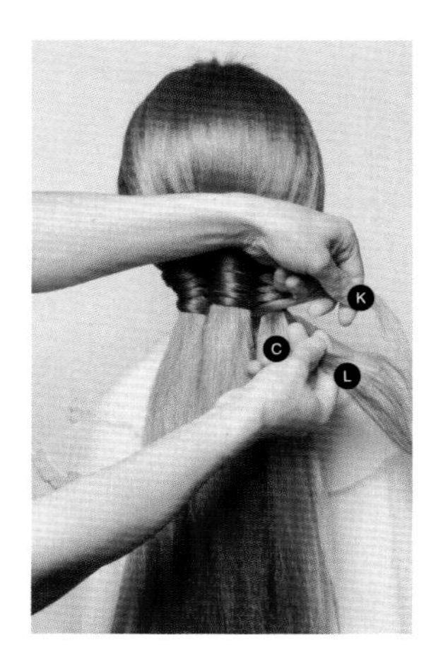

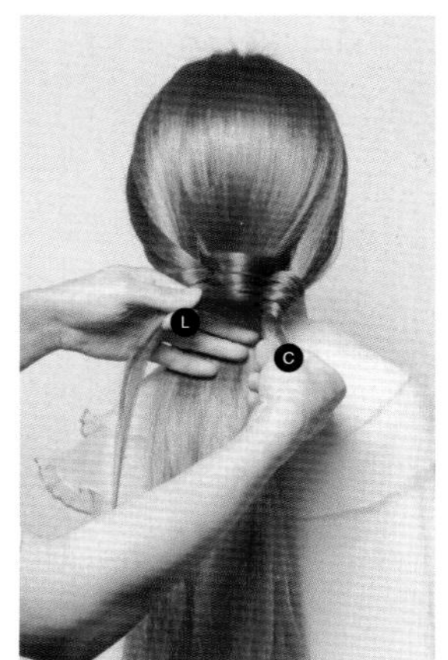

35 将发片K压在发片C上。

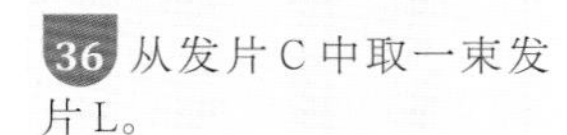

36 从发片 C 中取一束发片 L。

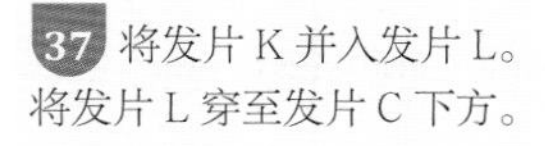

37 将发片 K 并入发片 L。将发片 L 穿至发片 C 下方。

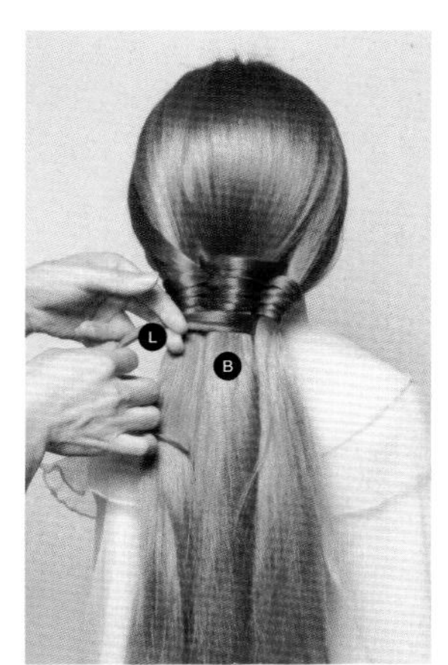

38 将发片L压在发片B上。

39 将发片 L 穿至发片 A 下方。

40 从发片 A 中取一束发片 M。

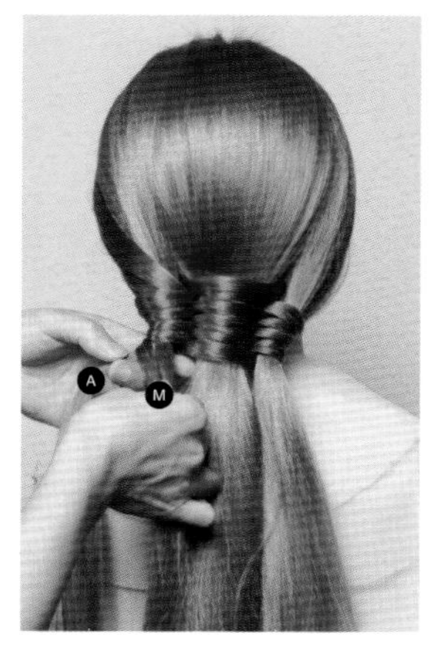

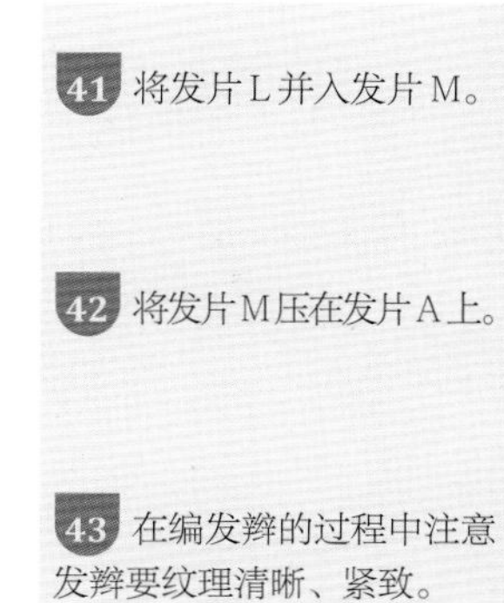

41 将发片L并入发片M。

42 将发片M压在发片A上。

43 在编发辫的过程中注意发辫要纹理清晰、紧致。

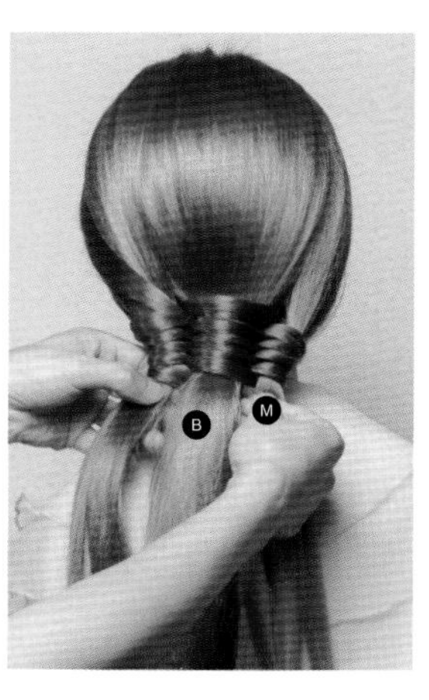

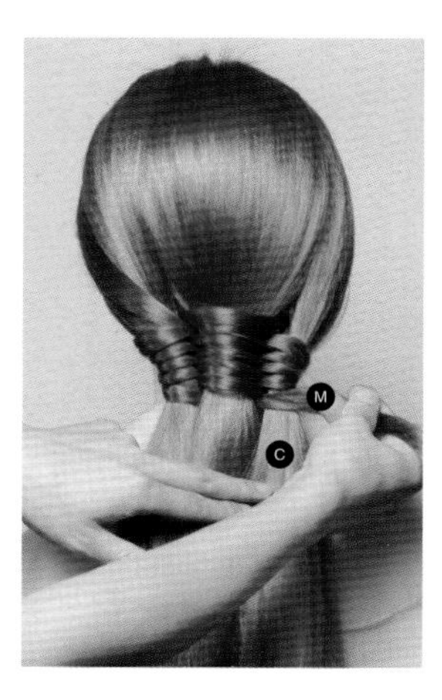

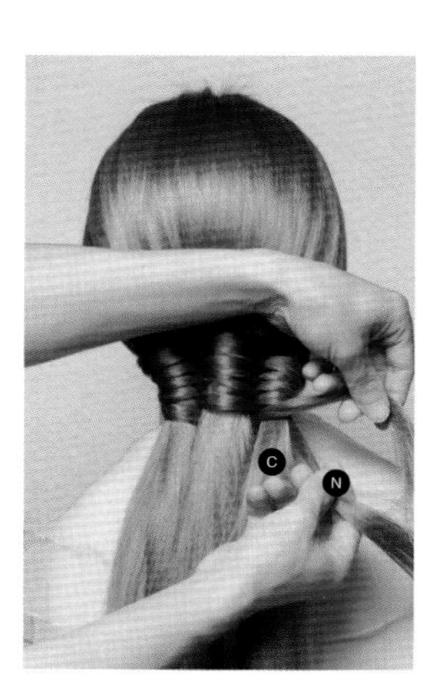

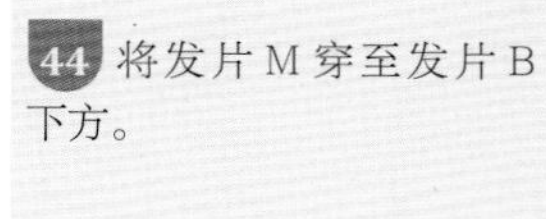

44 将发片M穿至发片B下方。

45 将发片M压在发片C上。

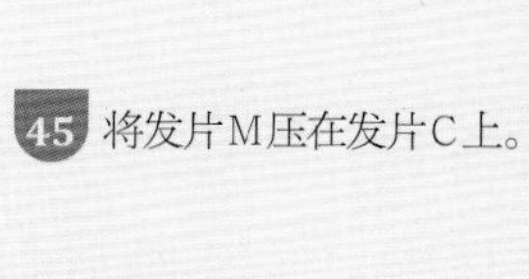

46 从发片C中取一束发片N。

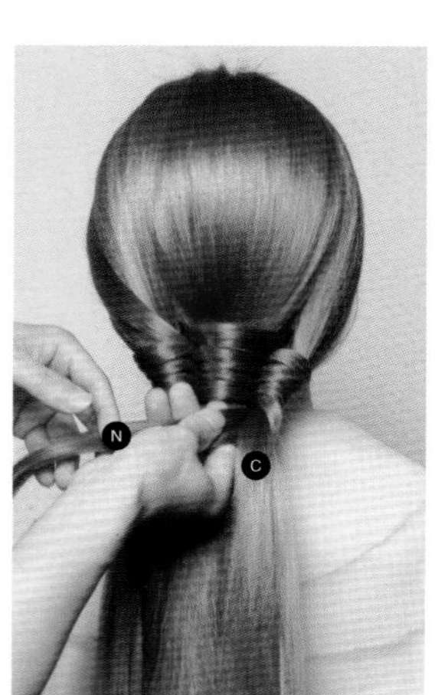

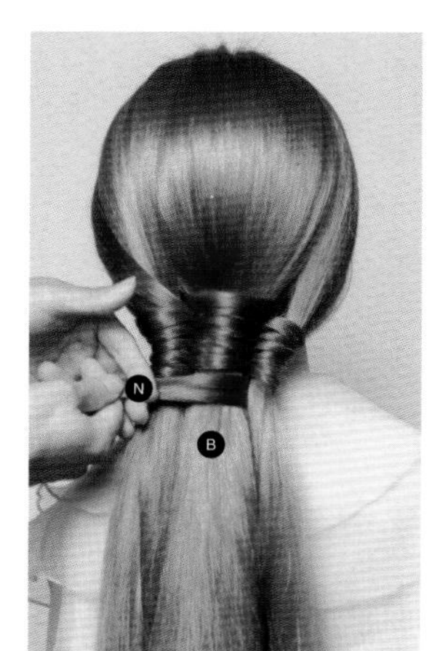

47 将发片M并入发片N。

48 将发片N穿至发片C下方。

49 将发片N压在发片B上。

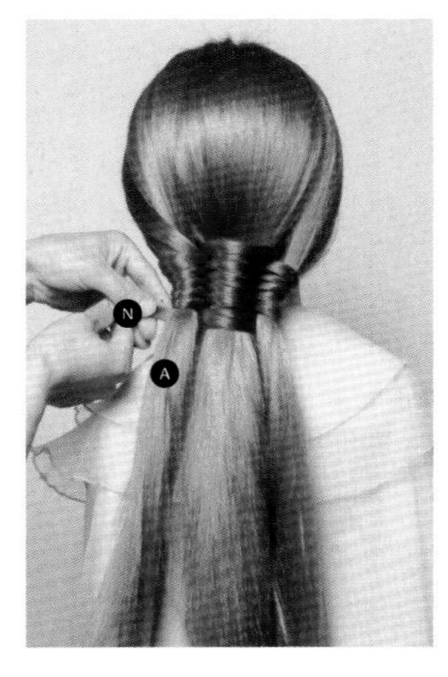

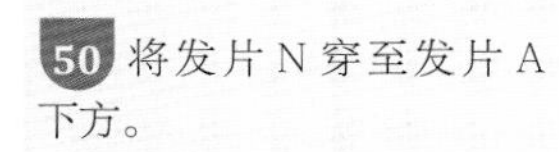

50 将发片 N 穿至发片 A 下方。

51 从左侧取三束发片。

52 进行三股编发收尾。

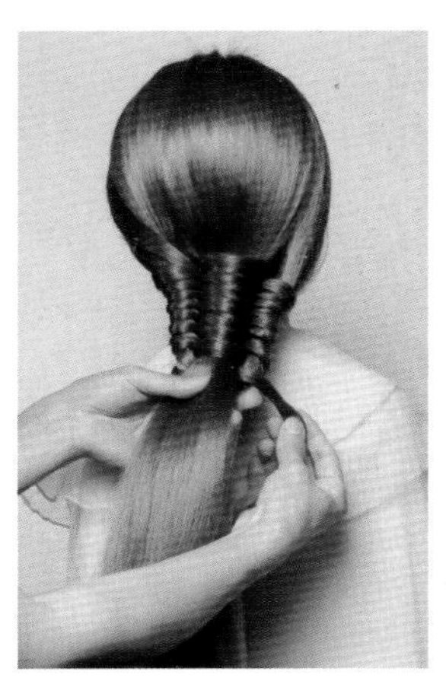

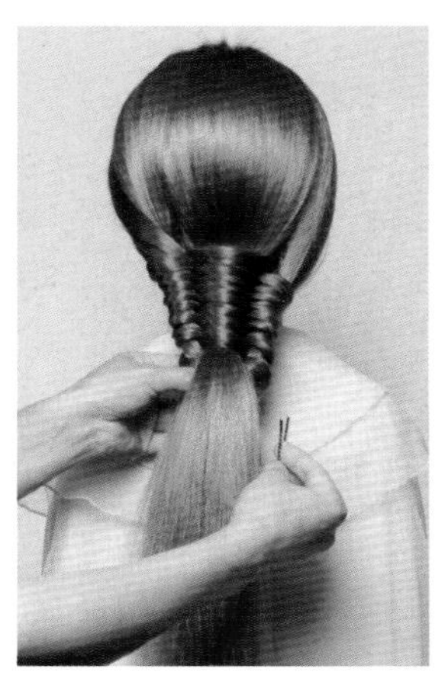

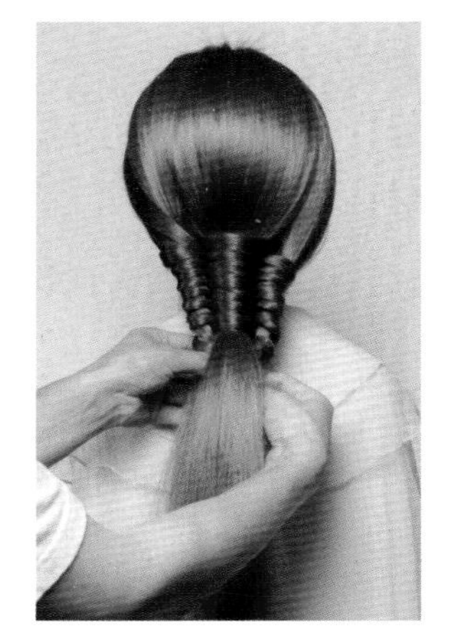

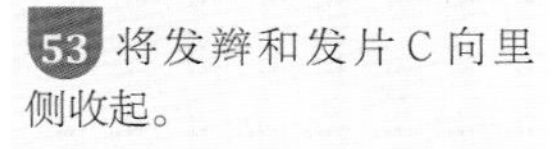

53 将发辫和发片 C 向里侧收起。

54 用一字卡将其固定住。

55 调整一字卡的位置，使其不外露。

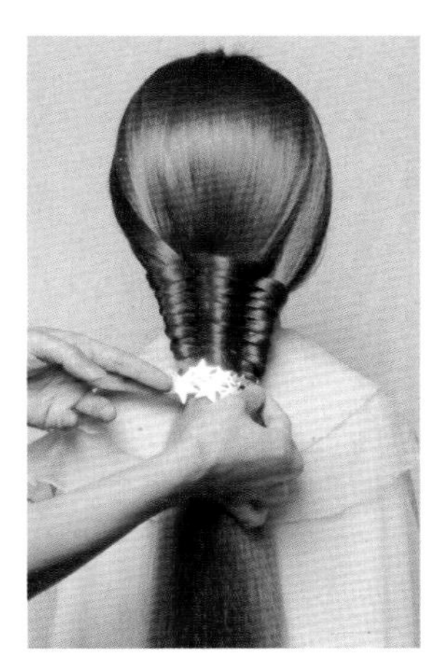

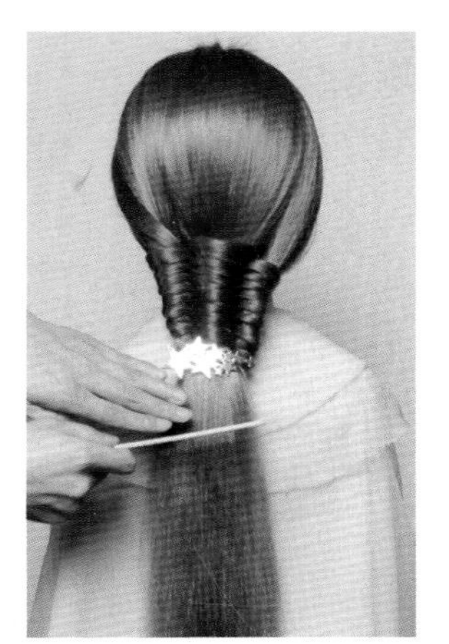

56 用尖尾梳将发尾梳理干净、顺滑。

57 佩戴饰品，进行点缀。

58 将发尾头发梳理顺滑。

01 在顶区取两束发片 A、B。

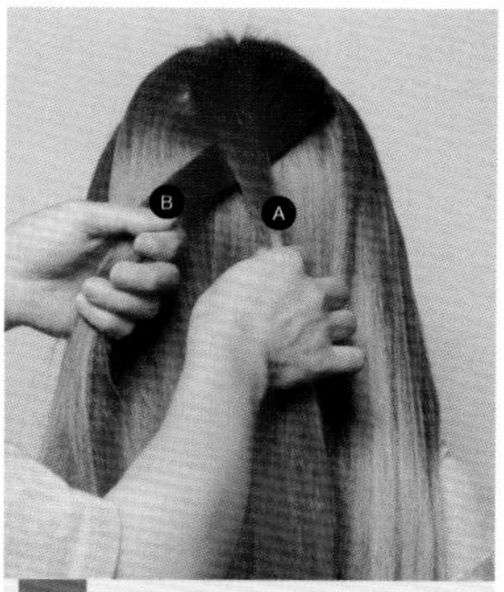

02 将发片 A 压在发片 B 之上。

03 在右侧取一束发片 C。

04 将发片 C 压在发片 A 之上。

30 竹简编发

扫描二维码
观看教学视频

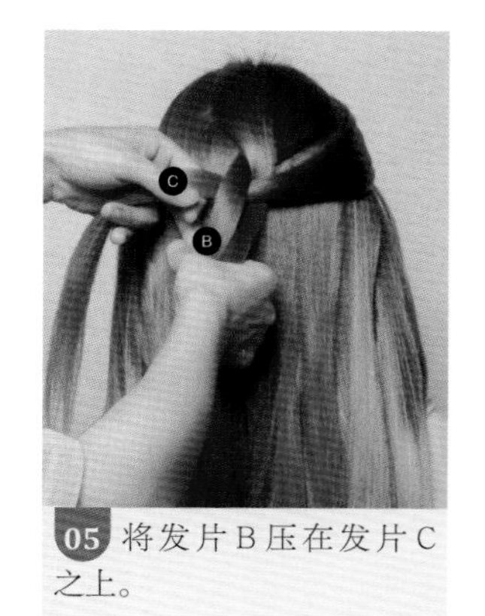

05 将发片 B 压在发片 C 之上。

06 在左侧取一束发片 D。

07 将发片D穿过发片C下方。

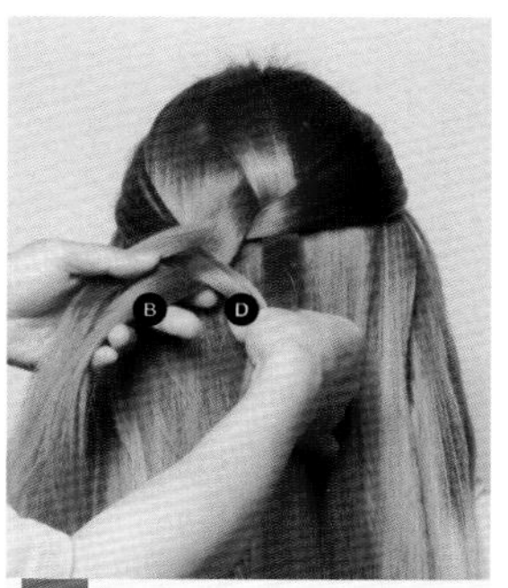

08 将发片D压在发片B之上。

09 将发片D穿过发片A下方，并将发片C、B合并成发片1。

10 将发片D用大拇指挑起，在右侧取一束发片E。

11 将发片E穿过发片D下方，将发片D放下。

12 将发片E压在发片A之上。

13 将发片E穿过发片1下方，并将发片A、D合并成发片2。

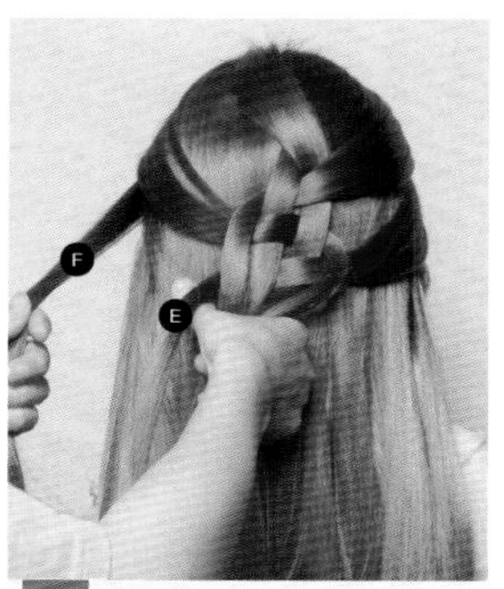

14 将发片E用大拇指挑起，在左侧取一束发片F。

15 将发片F穿过发片E下方。

16 将发片F压在发片1之上。

17 将发片F穿过发片2下方，并将发片E并入发片1。

18 在右侧取一束发片G。

19 将发片G穿过发片F下方。

20 将发片G压在发片2之上。

21 将发片G穿过发片1下方，并将发片F并入发片2。

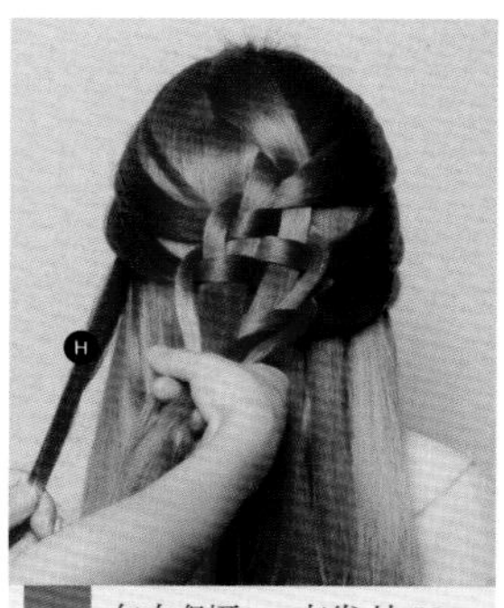

22 在左侧取一束发片H。

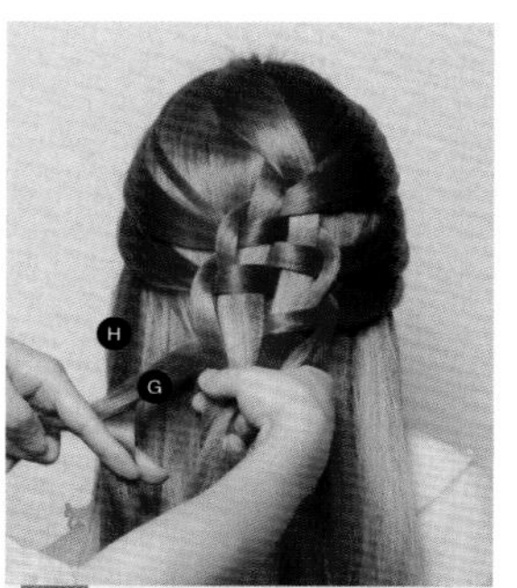

23 将发片H穿过发片G下方。

24 发辫的位置要在脑后中间位置。

25 将发片H压在发片1之上。

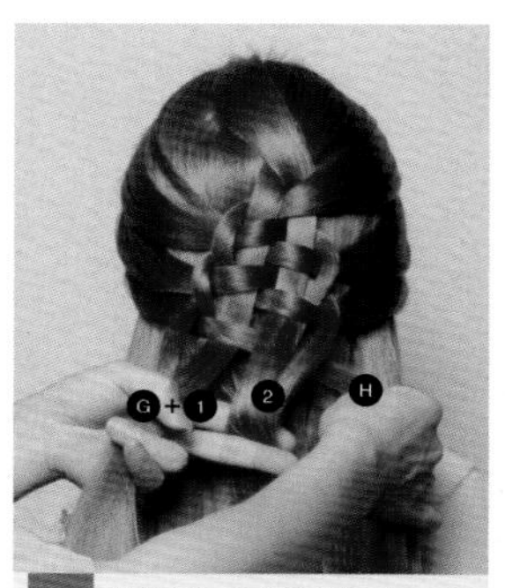

26 将发片H穿过发片2下方，并将发片G并入发片1。

27 将发片H向右提拉。

28 将发片H用大拇指挑起，在右侧取一束发片I。

29 将发片I穿过发片H下方。

30 将发片I压在发片2之上，穿过发片1下方，并将发片H并入发片2。

31 在左侧取一束发片J。

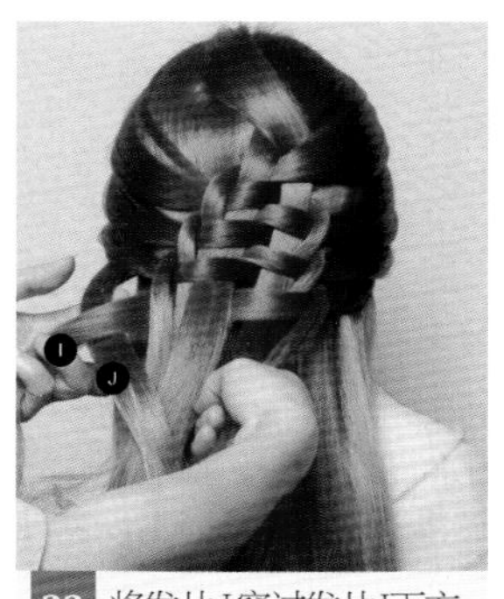

32 将发片J穿过发片I下方。

33 将发片J压在发片1之上。

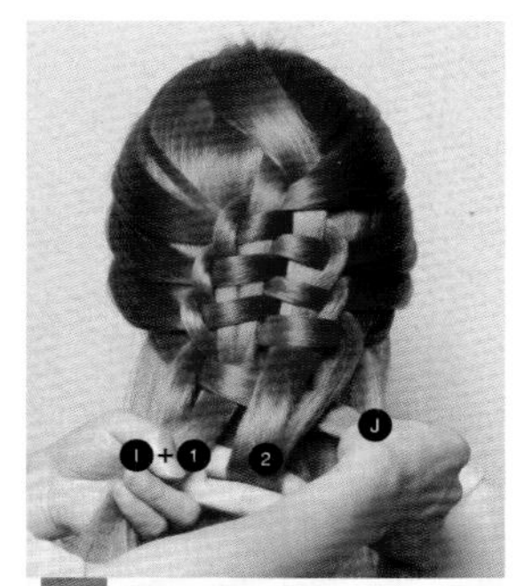

34 将发片J穿过发片2下方，并将发片I并入发片1。

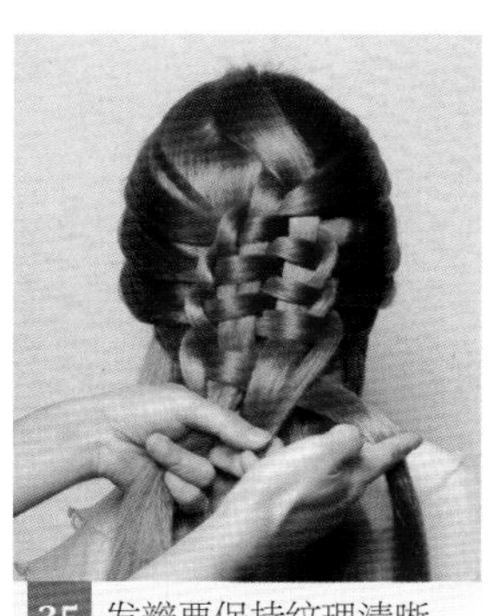

35 发辫要保持纹理清晰。

36 将发片J用大拇指挑起，在右侧取一束发片K。

37 将发片K穿过发片J下方，并将发片J放下。

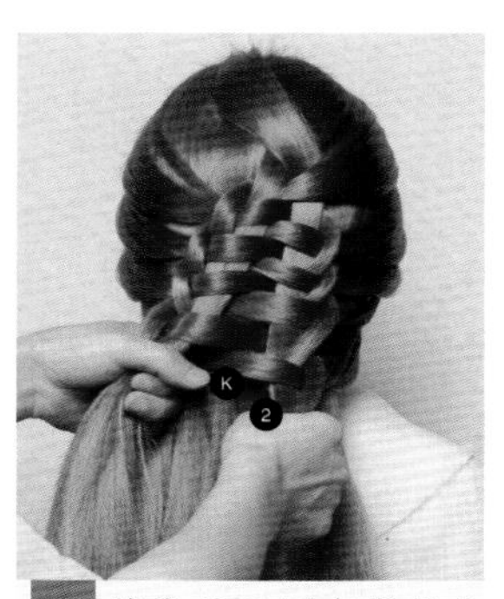

38 将发片K压在发片2之上。

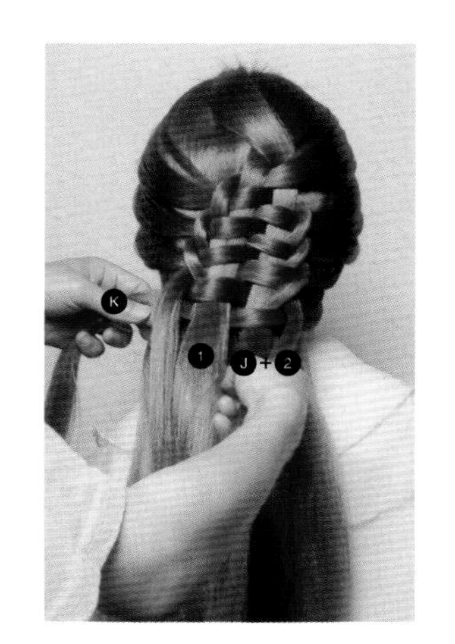

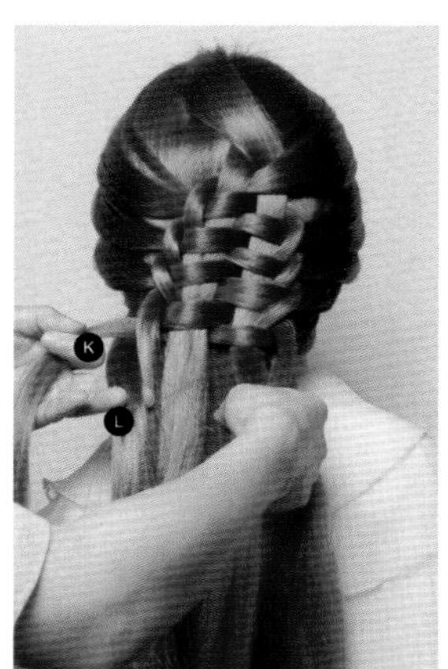

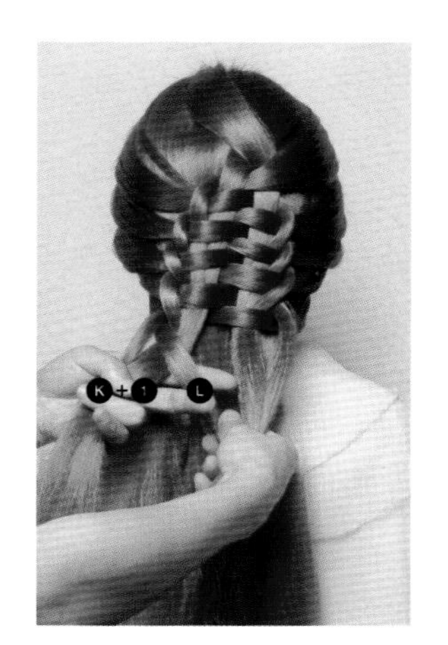

39 将发片K穿过发片1下方，并将发片J并入发片2。

40 在左侧取一束发片L，将其穿过发片K下方。

41 将发片L压在发片1之上，并将发片K并入发片1。

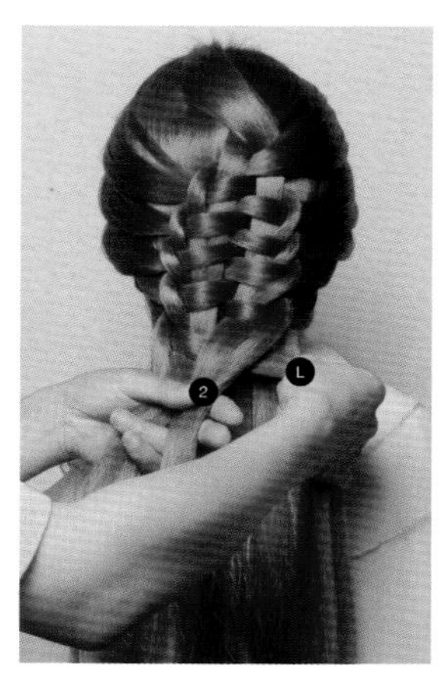

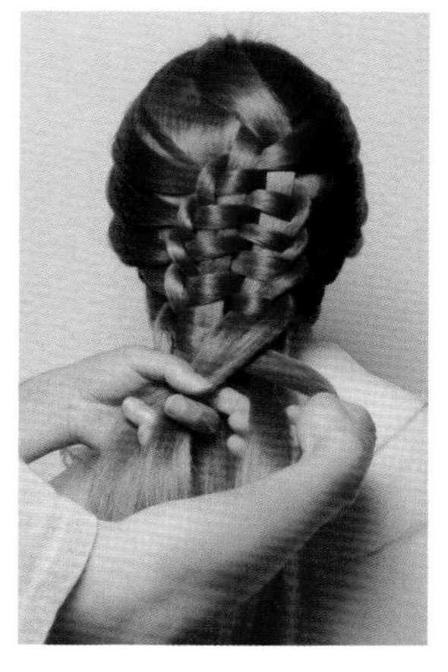

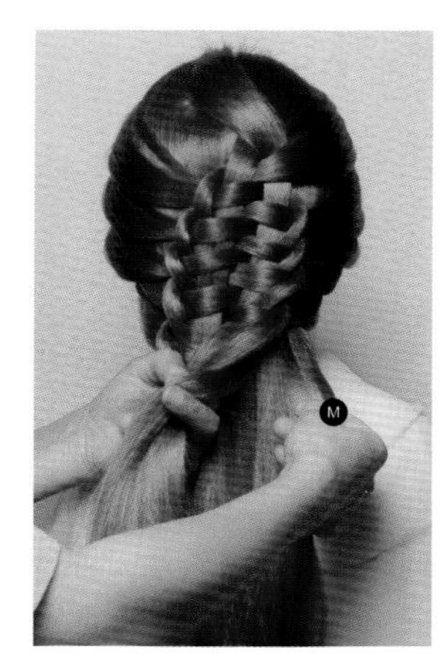

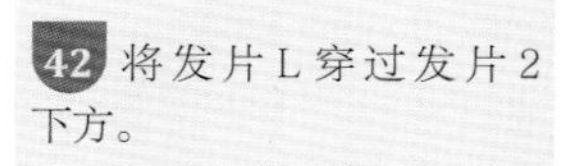

42 将发片 L 穿过发片 2 下方。

43 将发辫编得紧致一些，手不能松。

44 在右侧取一束发片 M。

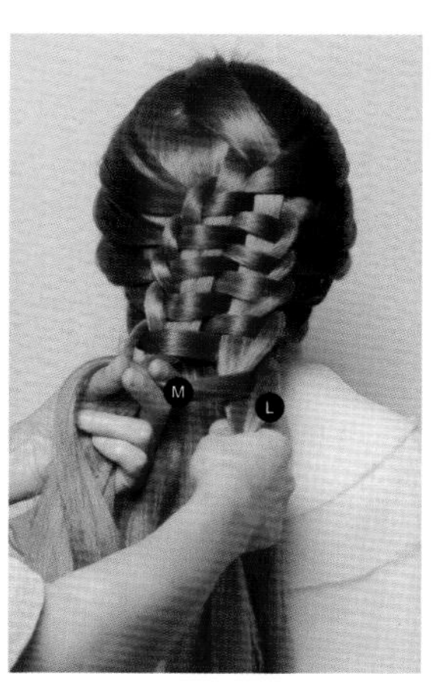

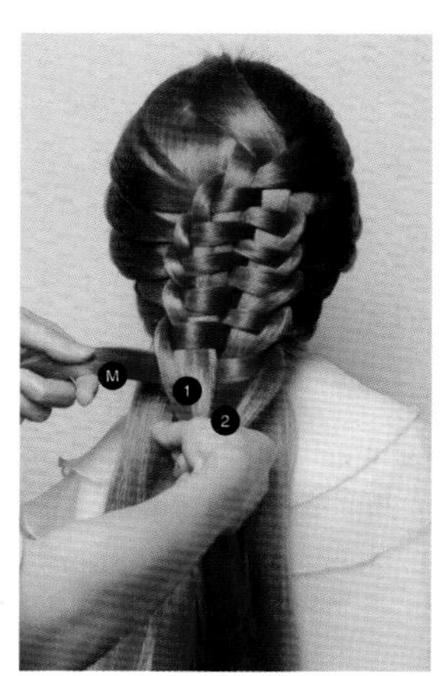

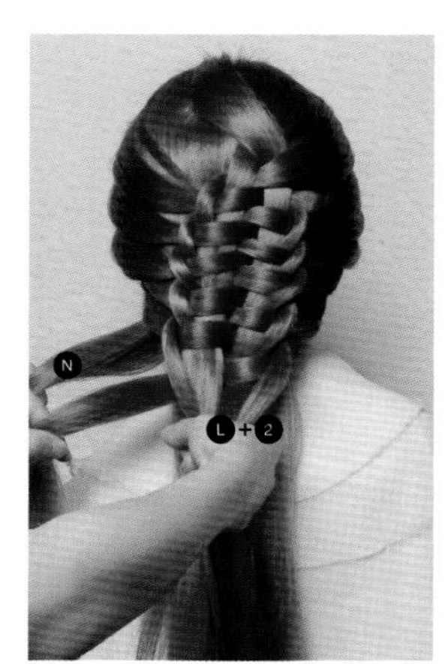

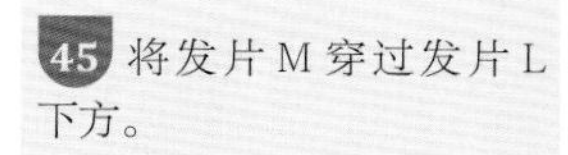

45 将发片 M 穿过发片 L 下方。

46 将发片 M 压在发片 2 之上，穿过发片 1 下方。

47 将发片 L 并入发片 2。在左侧取一束发片 N。

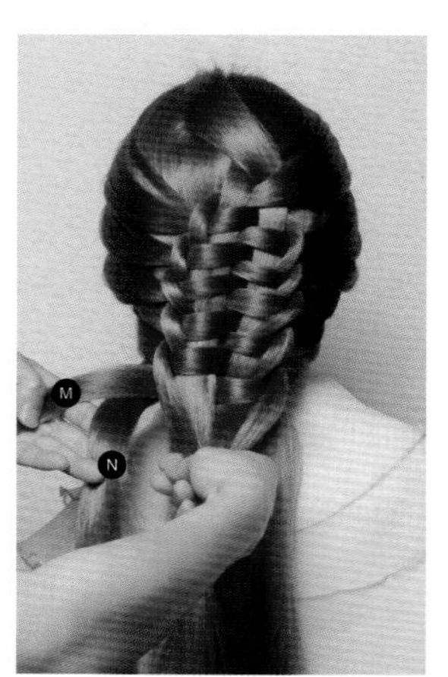

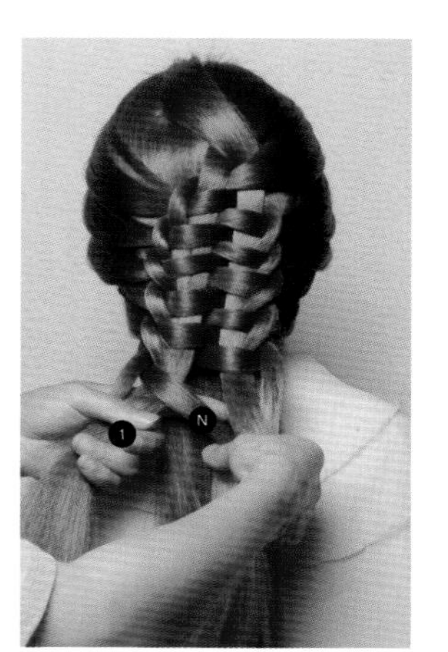

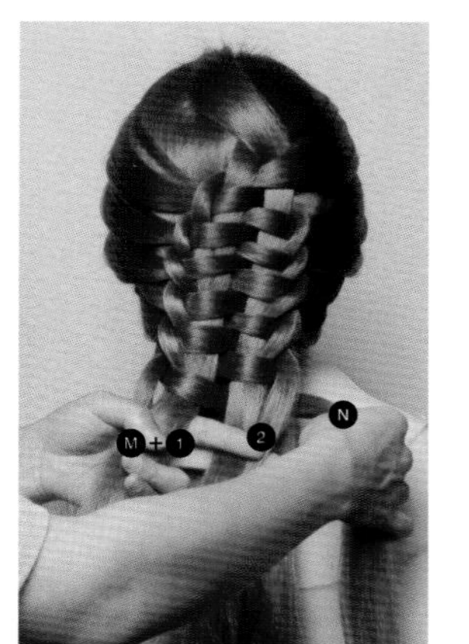

48 将发片 N 穿过发片 M 下方。

49 将发片 N 压在发片 1 之上。

50 将发片 N 穿过发片 2 下方，并将发片 M 并入发片 1。

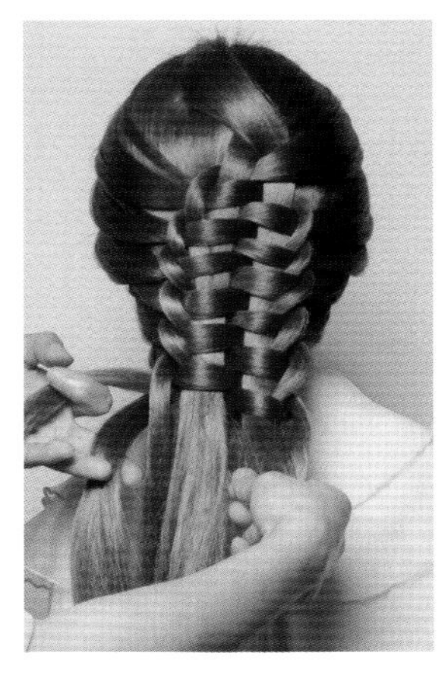
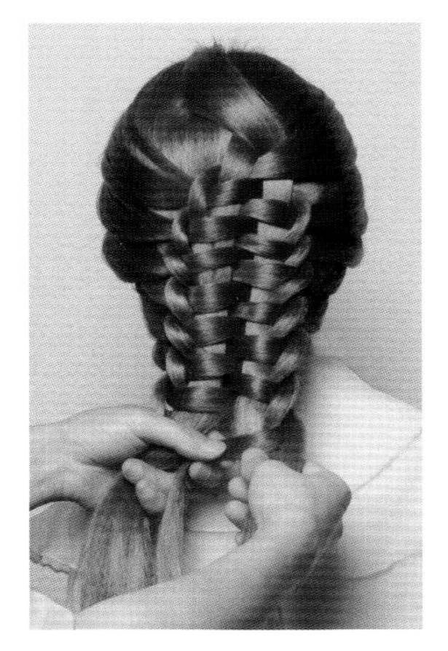
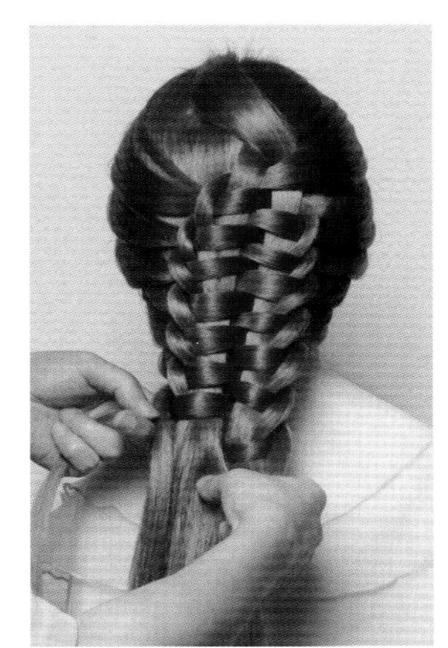

51 在左侧取一束发片。

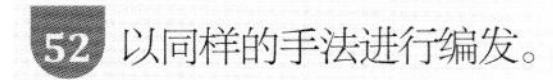

52 以同样的手法进行编发。

53 发辫要紧致，纹理要清晰，左右发辫要对称。

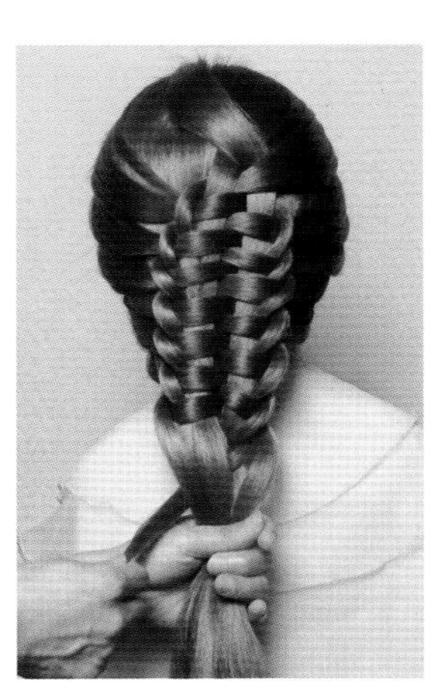
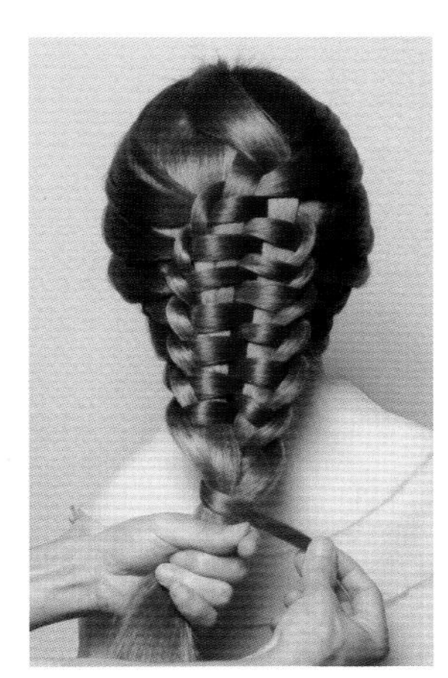
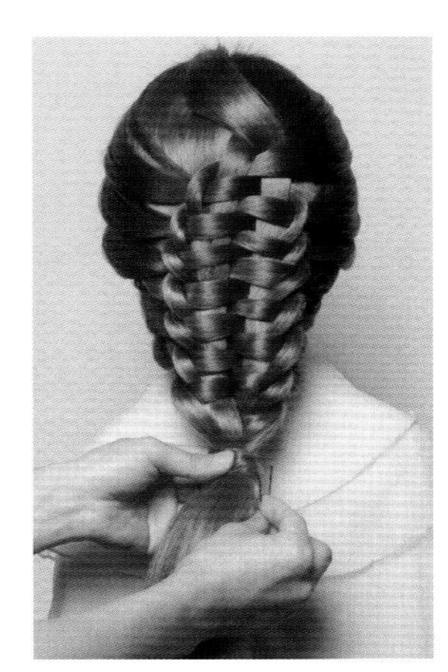

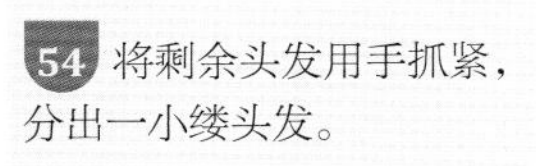

54 将剩余头发用手抓紧，分出一小缕头发。

55 用分出的头发缠绕发尾。

56 用一字卡将缠绕发尾的头发固定住。

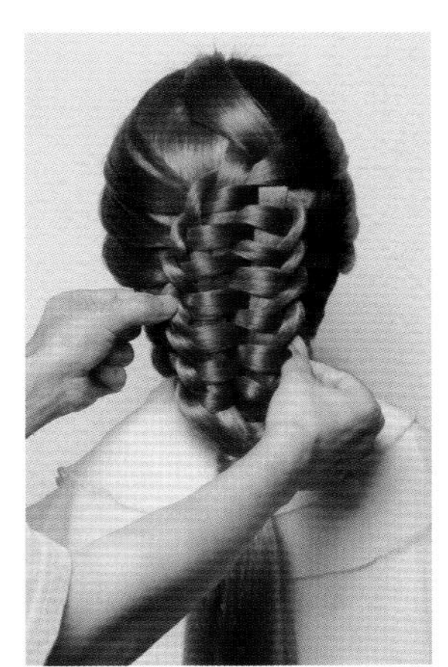

57 调整一字卡，不要外露。

58 调整发辫的轮廓。

59 佩戴饰品，进行点缀。

31

螺旋编发

扫描二维码
观看教学视频

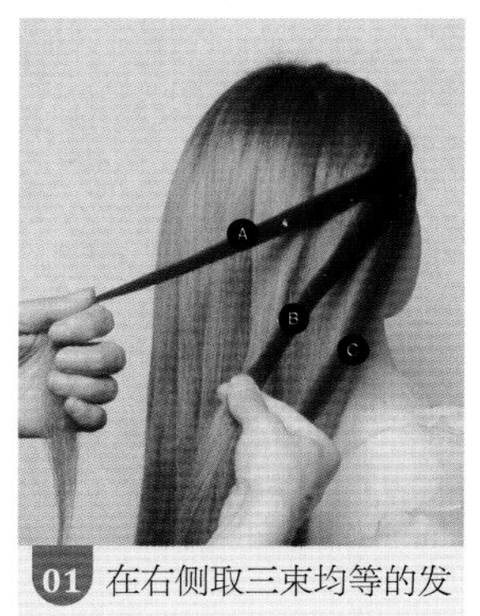

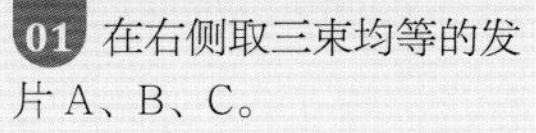

01 在右侧取三束均等的发片A、B、C。

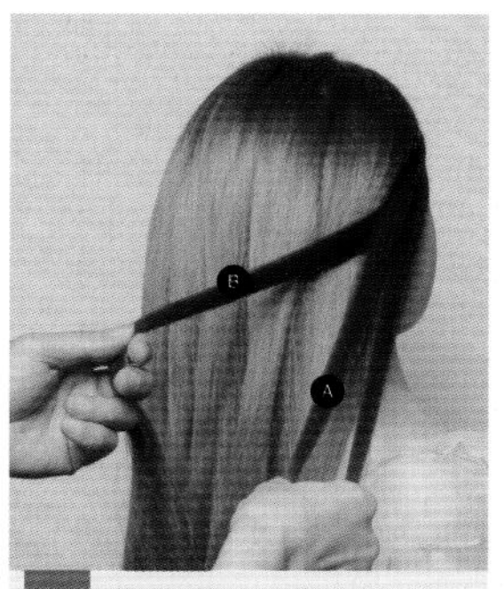

02 将发片A压在发片B之上。

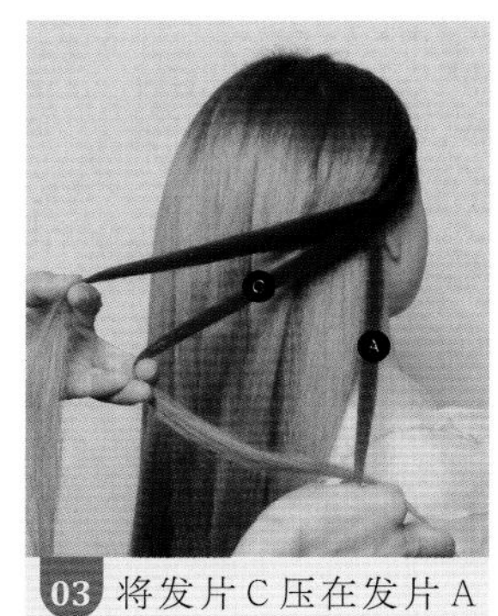

03 将发片C压在发片A之上。

04 将发片B压在发片C之上。

05 将发片A压在发片B之上。

06 将发片C压在发片A之上。

07 将发片B压在发片C之上。

08 将发片A压在发片B之上。

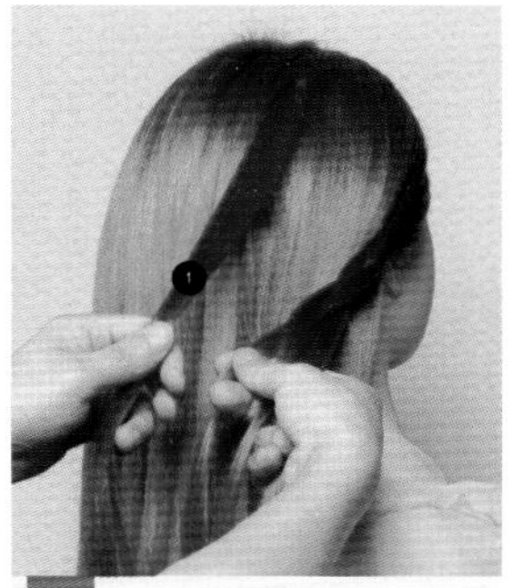

09 从发辫左侧取一束发片1。

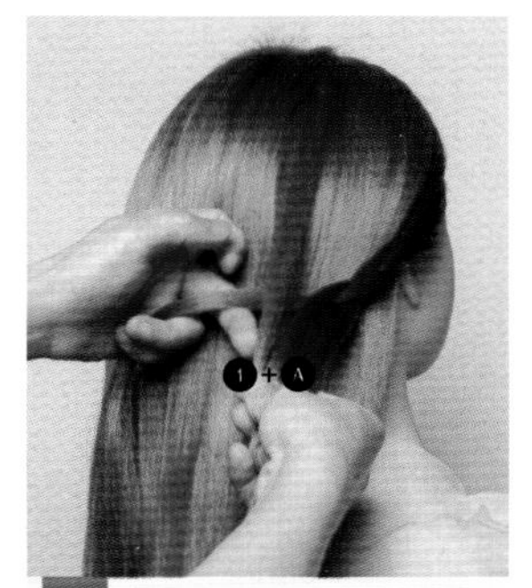

10 将发片1并入发片A。

11 将发片C梳理顺滑。

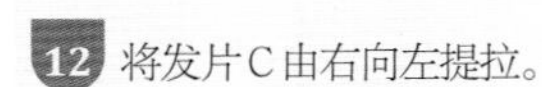

12 将发片C由右向左提拉。

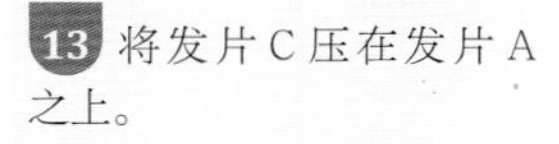

13 将发片C压在发片A之上。

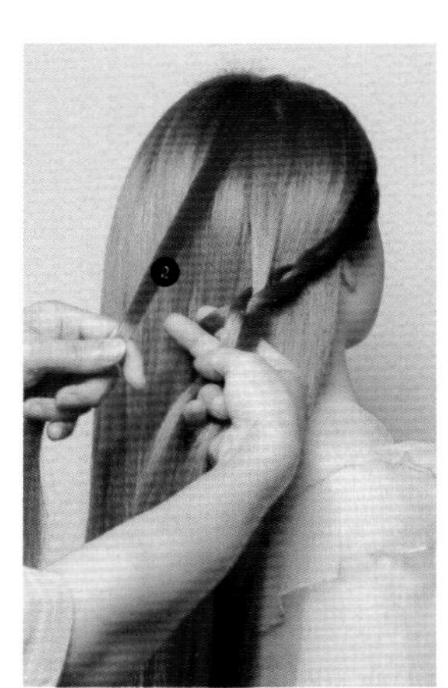

14 将发片B压在发片C之上。

15 从发辫左侧取一束发片2。

16 将发片2并入发片B。

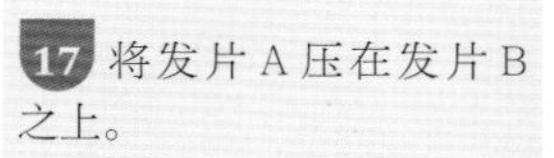

17 将发片 A 压在发片 B 之上。

18 将发片 C 压在发片 A 之上。

19 从发辫左侧取一束发片 3。

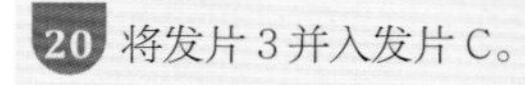

20 将发片 3 并入发片 C。

21 将发片 B 压在发片 C 之上。

22 以同样的手法继续进行三股单边续发编发。

23 发辫要编得紧致一些。

24 继续在发辫左侧取发片进行续发编发。

25 发辫的走向为由右向左、由上向下。

26 在发辫左侧取一束发片。

27 将发片续入发辫。

28 将右侧发片向左侧交叉。

29 将左侧发片向右侧交叉。

30 在发辫左侧取一束发片。

31 将发片续入发辫。

32 以同样的手法继续编发。

33 在发辫左侧取剩余发片。

34 将发片续入发辫。

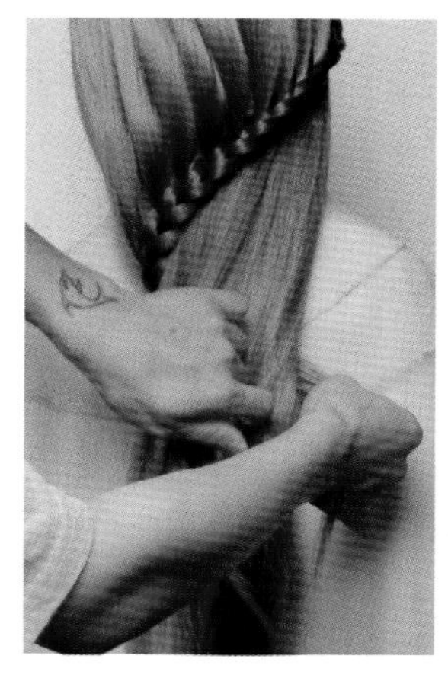

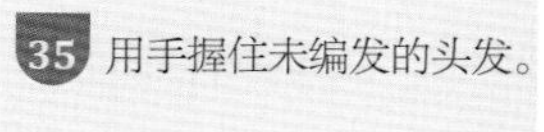

35 用手握住未编发的头发。

36 将编好的发辫穿过未编发的头发下方。

37 将发辫向右侧提拉后。

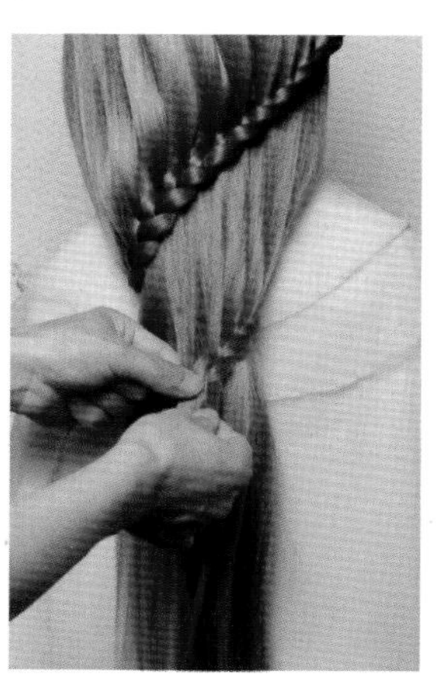

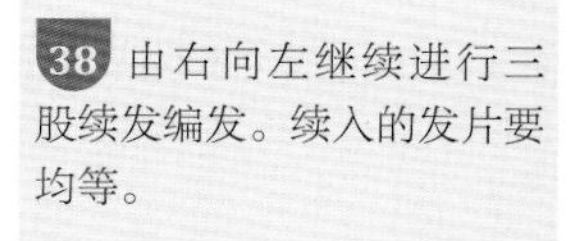

38 由右向左继续进行三股续发编发。续入的发片要均等。

39 继续取新发片续入发辫。

40 继续进行三股单边续发编发。

41 以同样的手法继续进行三股续发编发。

42 在左侧取剩余发片，继续进行续发编发。

43 注意发辫要松紧适度。

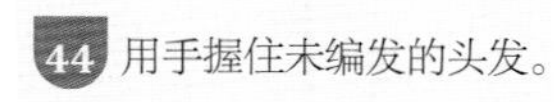

44 用手握住未编发的头发。

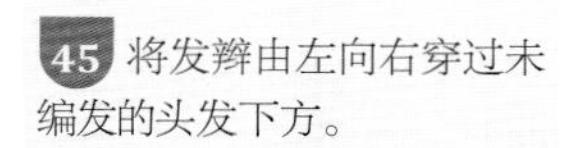

45 将发辫由左向右穿过未编发的头发下方。

46 继续进行三股单边续发编发。

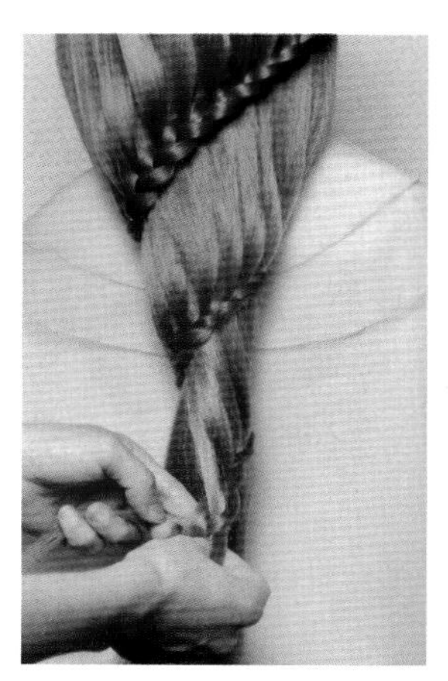

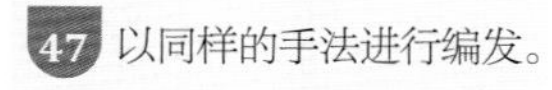

47 以同样的手法进行编发。

48 依次取发辫左侧上方的发片续入编发。

49 续入的发片发量要均等。

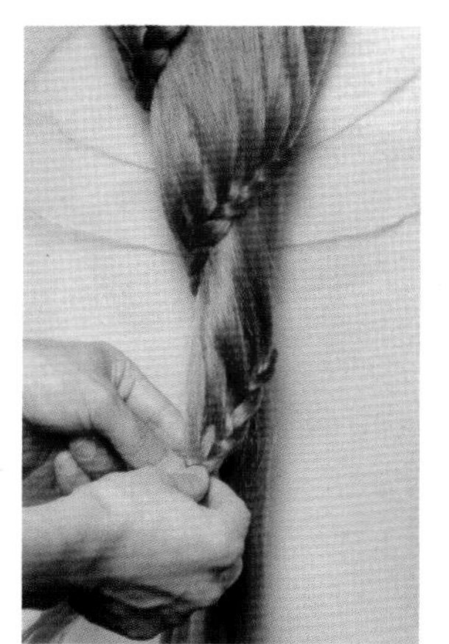

50 继续进行三股单边续发编发，编至发尾。

51 用皮筋将发尾扎起。

52 佩戴饰品，进行点缀。

32

8字编发

扫描二维码
观看教学视频

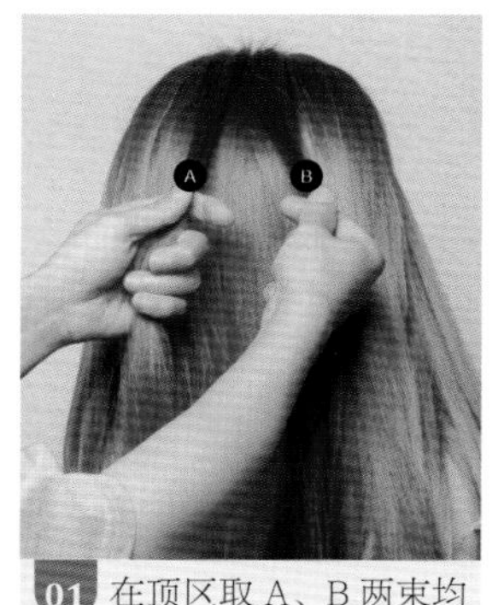

01 在顶区取 A、B 两束均等的发片。

02 将发片 A 压在发片 B 之上。

03 在右侧取一束发片 C。

04 将发片 C 压在发片 A 之上。

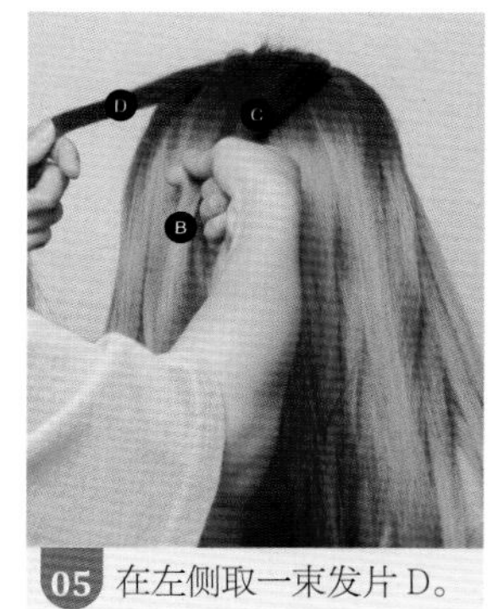

05 在左侧取一束发片 D。

06 将发片 D 穿过发片 B 下方，并压在发片 C 之上。

07 在右侧取一束发片 E。

08 将发片 E 穿过发片 A 下方，压在发片 D 之上。

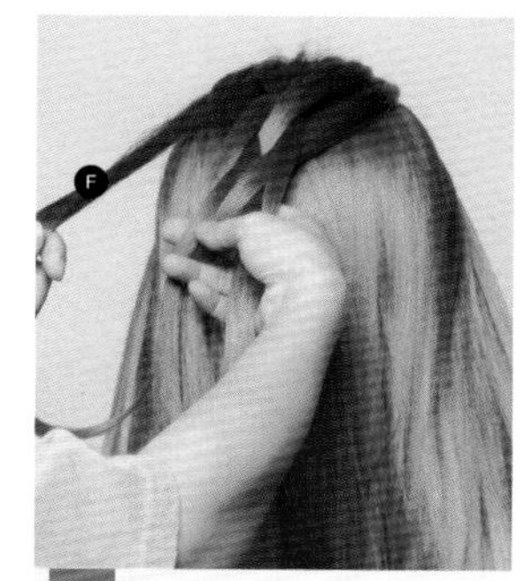

09 在左侧取一束发片 F。

10 将发片 F 压在发片 B 之上，穿过发片 C 下方。

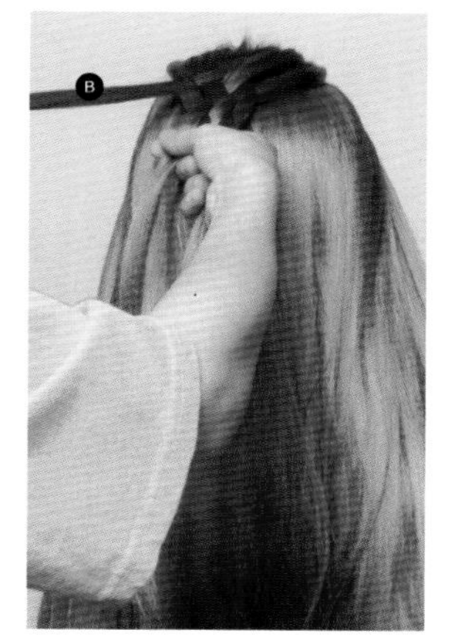

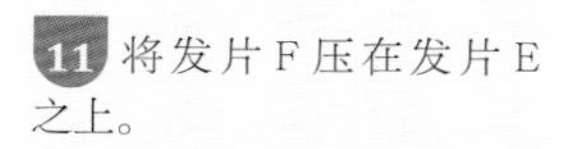

11 将发片 F 压在发片 E 之上。

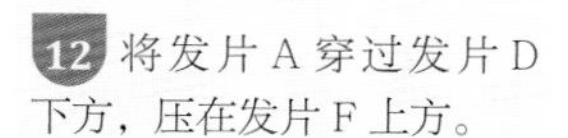

12 将发片 A 穿过发片 D 下方，压在发片 F 上方。

13 将发片 B 提起。

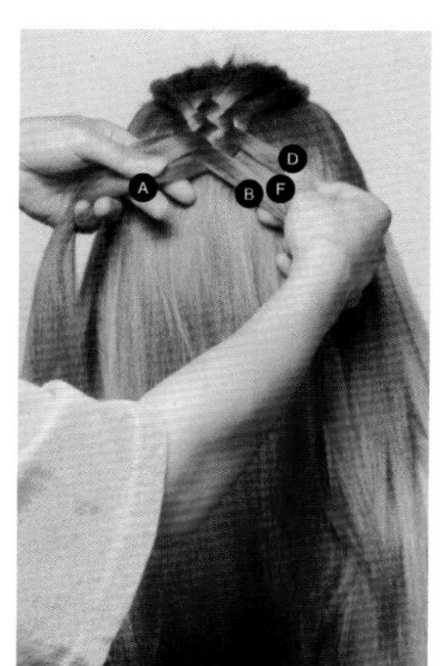

14 将发片 B 压在发片 C 之上，穿至发片 E 下方，压在发片 A 之上。

15 将右侧的三束发片先用鸭嘴夹固定，将左侧的三束发片分好。

16 将发片 C 压在发片 E 之上。

17 将发片 A 压在发片 C 之上。

18 将发片 E 压在发片 A 之上。

19 从左侧取一束发片 1。

20 将发片 1 并入发片 E。

21 将发片 C 压在发片 E 之上。

22 将发片 A 压在发片 C 之上。

23 在左侧取一束发片 2。

24 将发片 2 并入发片 A。

25 将发片 E 压在发片 A 之上。

26 将发片 C 压在发片 E 之上。

27 从左侧取一束发片 3。

28 将发片 3 并入发片 C。

29 将发片 A 压在发片 C 之上。

30 将发片 E 压在发片 A 之上。

31 从左侧取一束发片 4。

32 将发片 4 并入发片 E。

33 将发片 C 压在发片 E 之上。

34 将发片 A 压在发片 C 之上。

35 在左侧取一束发片 5。

36 将发片 5 并入发片 A。

37 将发片 E 压在发片 A 之上。

38 将发片 C 压在发片 E 之上。

39 在左侧取一束发片 6。

40 将发片 6 并入发片 C。

41 将发片 A 压在发片 C 之上。

42 将发片 E 压在发片 A 之上。

43 从左侧取一束发片 7。

44 将发片 7 并入发片 E。

45 将发片 C 压在发片 E 之上。

46 将编好的发辫用鸭嘴夹固定，并取出右侧三束发片。

47 采用与左侧相同的手法，对右侧头发进行编发。

48 左右发辫要对称。

49 将发辫由上向下、由右向左进行编发。

50 继续从左侧取一束发片。

51 将新取的发片续入发辫。

52 以同样的手法继续编发。

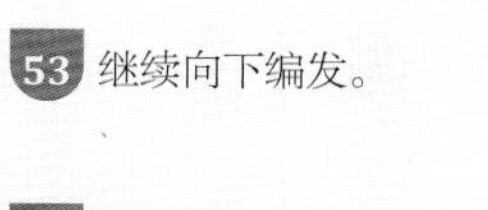

53 继续向下编发。

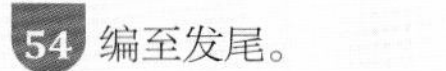

54 编至发尾。

55 将左侧发辫用鸭嘴夹暂时固定。取下右侧发片上的鸭嘴夹，进行三股单边续发编发。

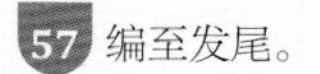

56 左右发辫在续发过程中要均等对称。

57 编至发尾。

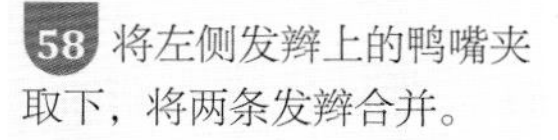

58 将左侧发辫上的鸭嘴夹取下，将两条发辫合并。

59 用皮筋将发尾扎起。

60 在发尾处佩戴饰品，进行点缀。

61 在 8 字形发结中部佩戴饰品，进行点缀。

33 心形编发

扫描二维码
观看教学视频

01 将所有头发梳理顺滑、干净。

02 分出左右发区和后发区。

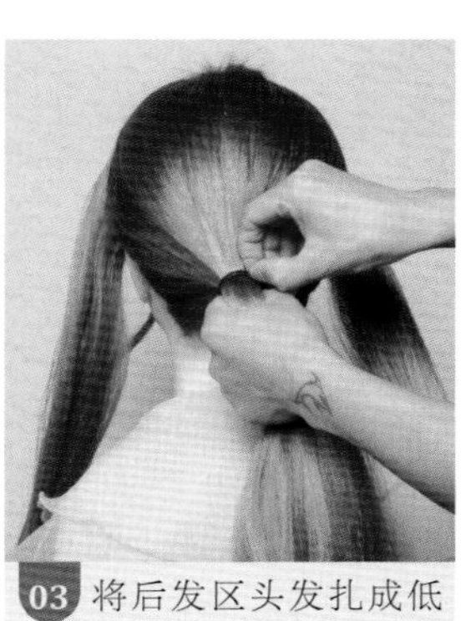

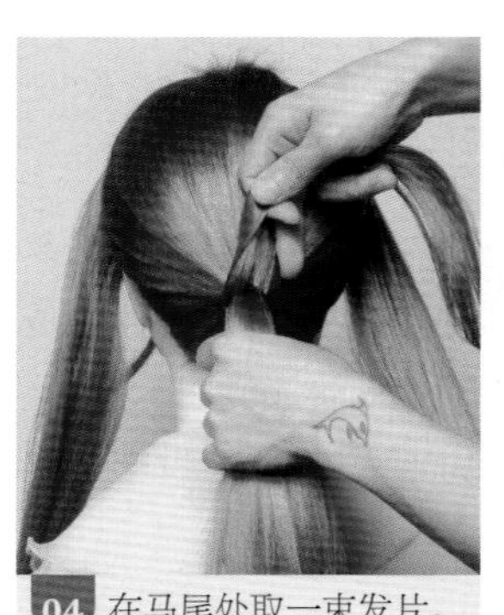

03 将后发区头发扎成低马尾。

04 在马尾处取一束发片。

05 用发片缠绕扎马尾用的皮筋，以遮挡皮筋。

06 在马尾下方取一束发片。

07 取穿发器，将发片穿过穿发器。

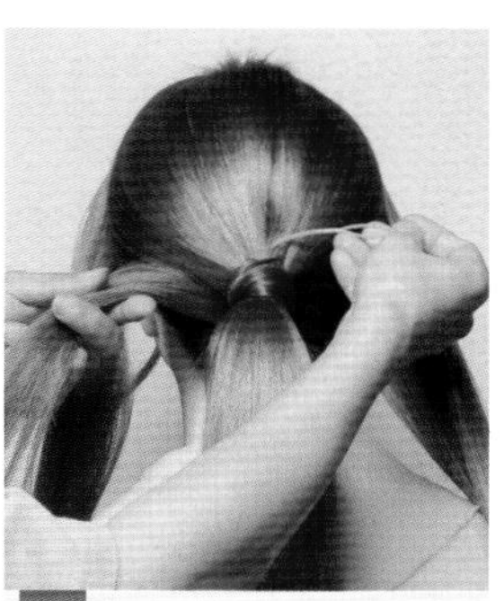

08 将穿发器穿过发结内侧中间部位。

09 将发片拉出，取出穿发器。

10 将发片一分为二。

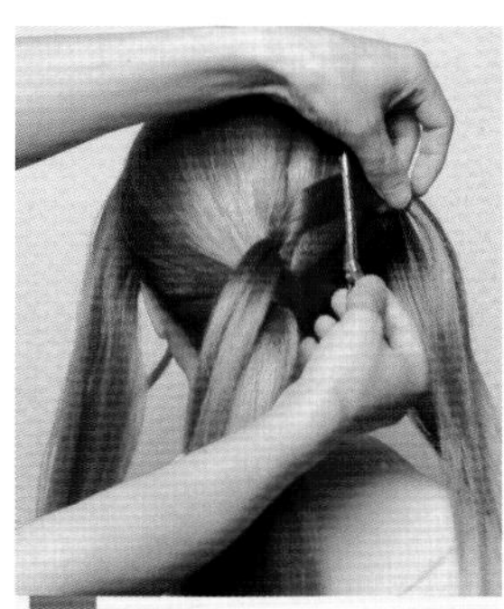

11 将右侧发片用鸭嘴夹暂时固定。

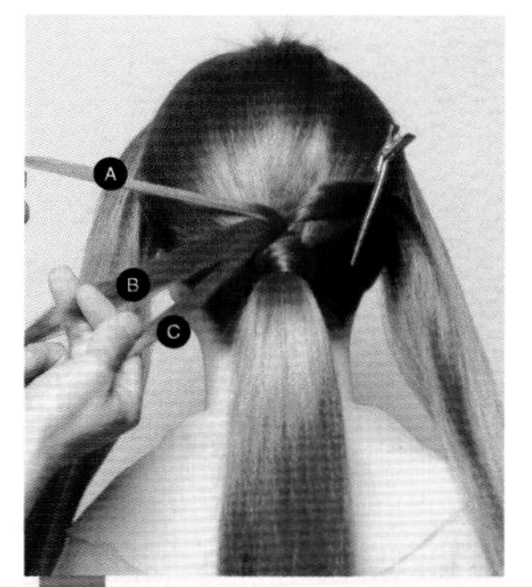

12 将左侧发片分为 A、B、C 三束均等的发片。

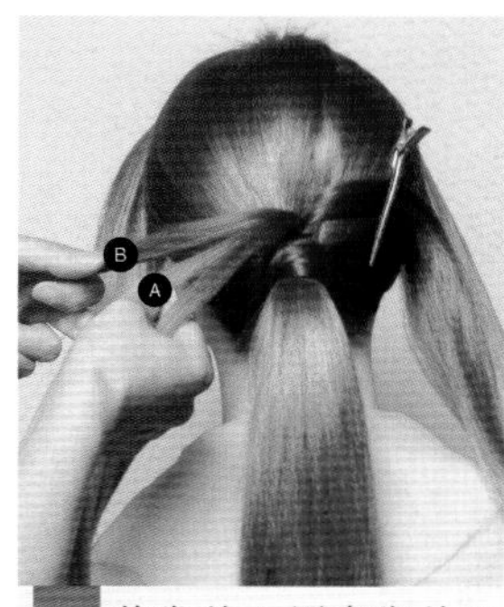

13 将发片 A 压在发片 B 之上。

14 将发片 C 压在发片 A 之上。

15 将发片 B 压在发片 C 之上。

16 从左侧取一束发片 1。

17 将发片 1 压在发片 C 之上，并将发片 1 并入发片 B。

18 将发片 A 压在发片 B 之上。

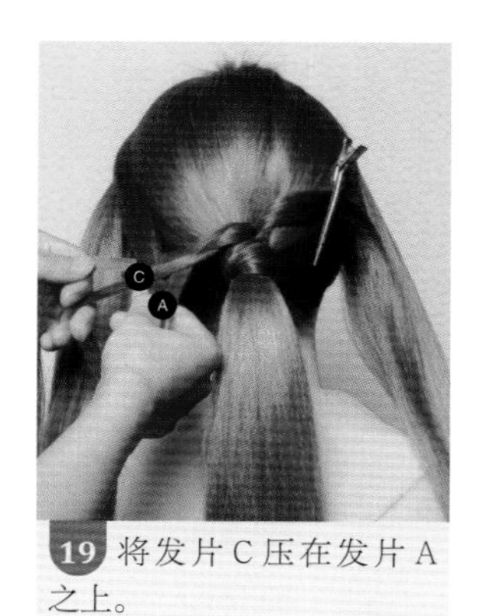

19 将发片 C 压在发片 A 之上。

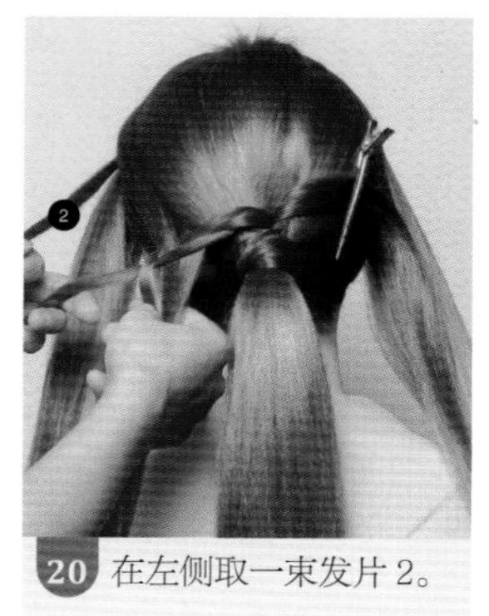

20 在左侧取一束发片 2。

21 将发片 2 并入发片 C。

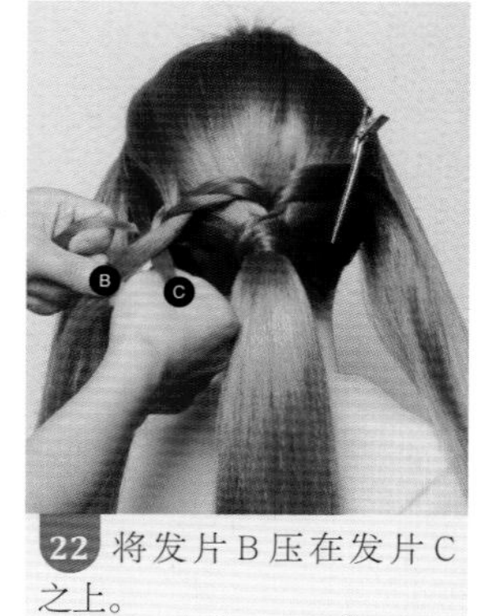

22 将发片 B 压在发片 C 之上。

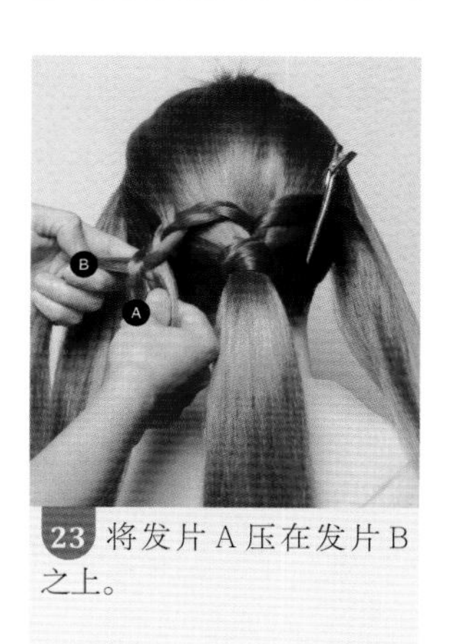

23 将发片 A 压在发片 B 之上。

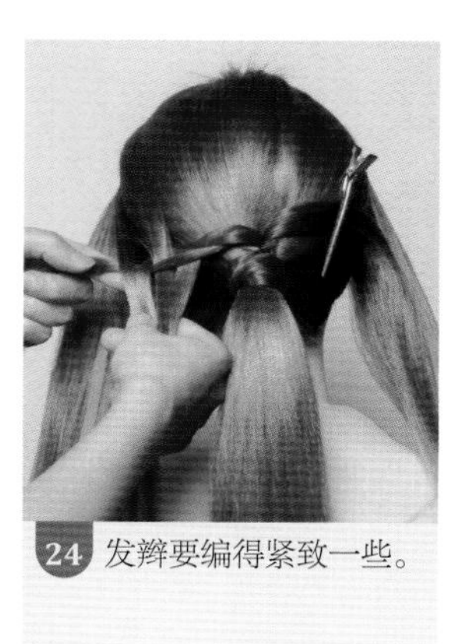

24 发辫要编得紧致一些。

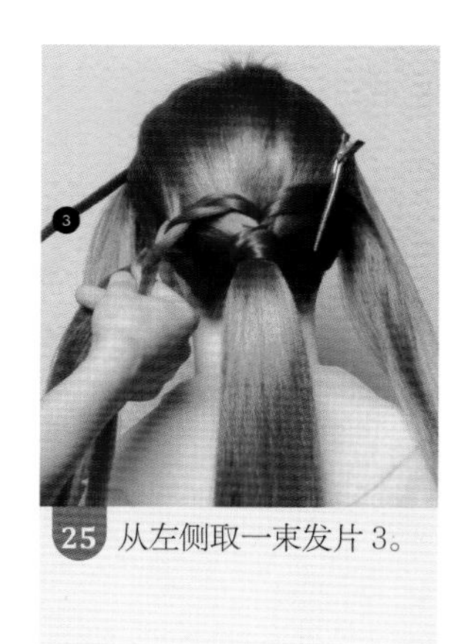

25 从左侧取一束发片 3。

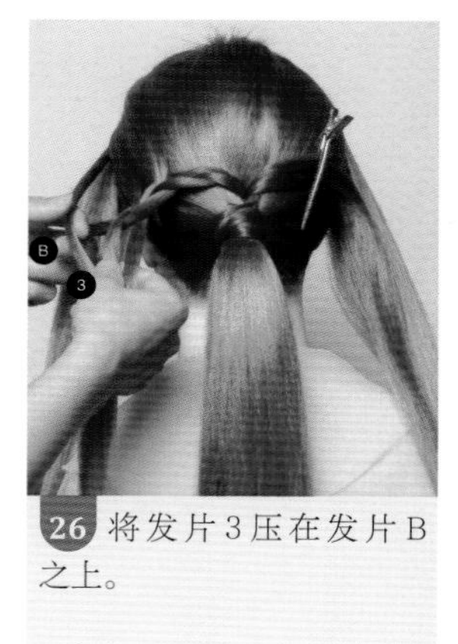

26 将发片 3 压在发片 B 之上。

27 将发片 3 并入发片 A。

28 将发片 C 压在发片 A 之上。

29 将发片 B 压在发片 C 之上。

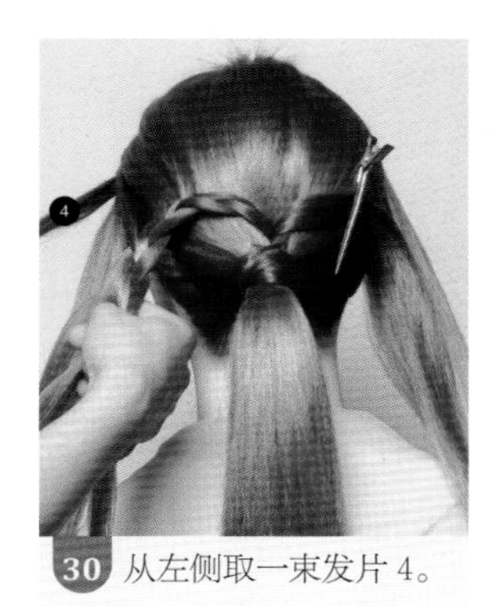

30 从左侧取一束发片 4。

31 将发片 4 压在发片 C 之上。

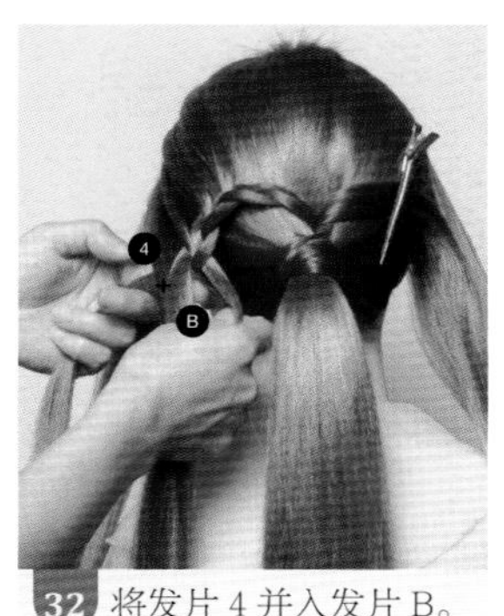

32 将发片 4 并入发片 B。

33 将发片 A 压在发片 B 之上。

34 将发片 C 压在发片 A 之上。

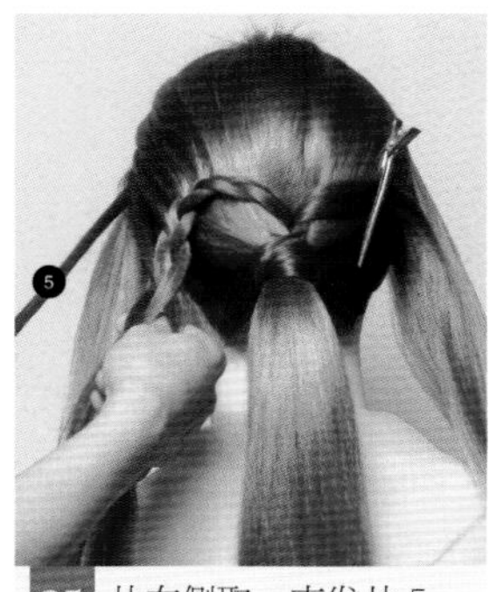

35 从左侧取一束发片 5。

36 将发片 5 压在发片 A 之上。

37 将发片 5 并入发片 C。

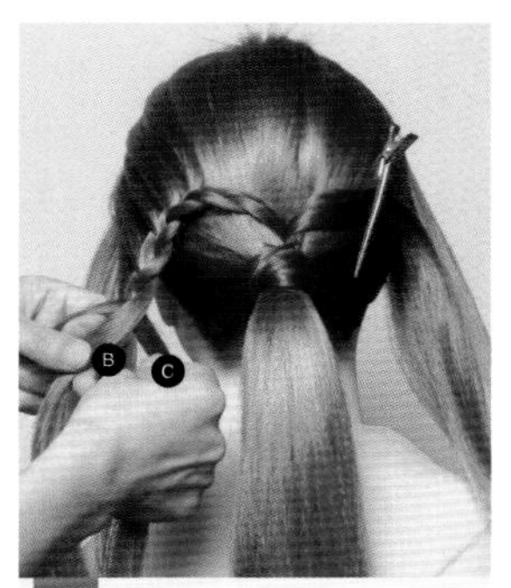

38 将发片 B 压在发片 C 之上。

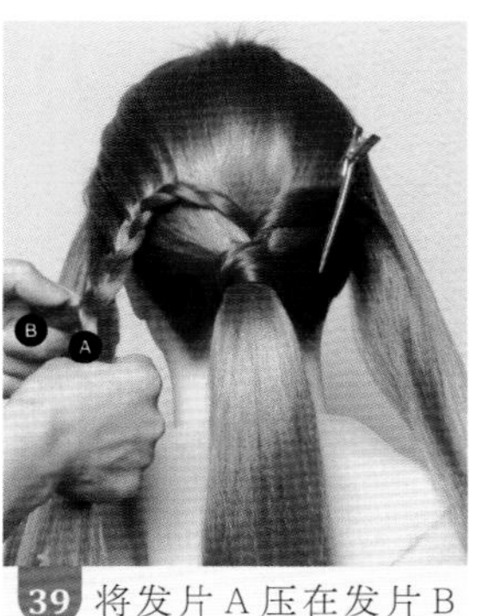

39 将发片 A 压在发片 B 之上。

40 从左侧取一束发片 6。

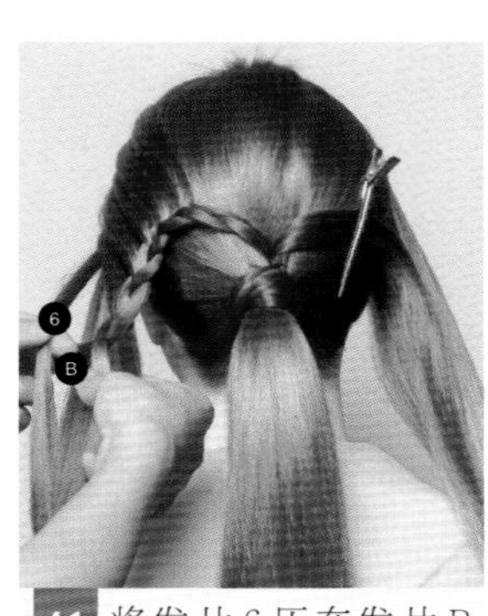

41 将发片 6 压在发片 B 之上。

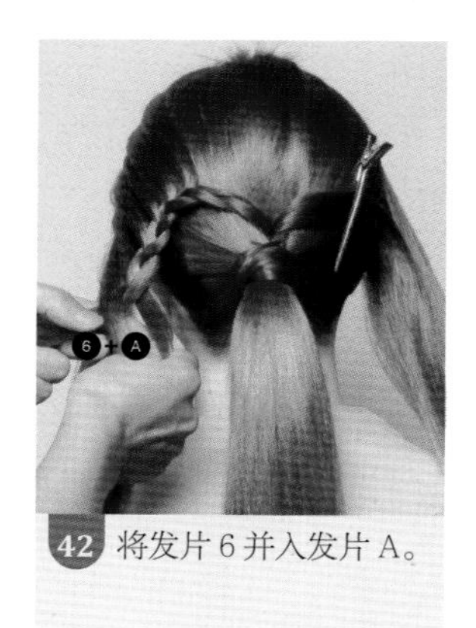

42 将发片 6 并入发片 A。

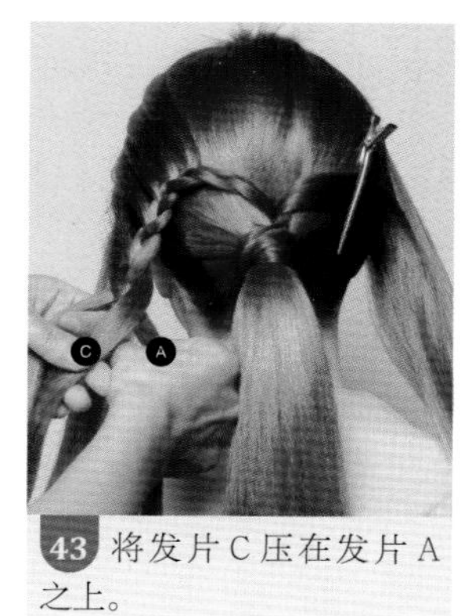

43 将发片 C 压在发片 A 之上。

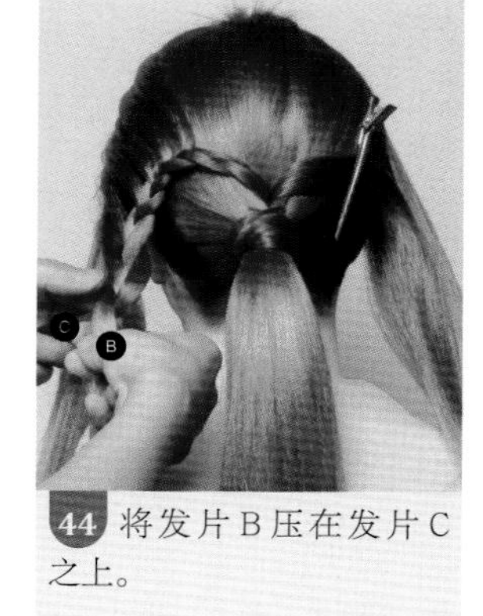

44 将发片 B 压在发片 C 之上。

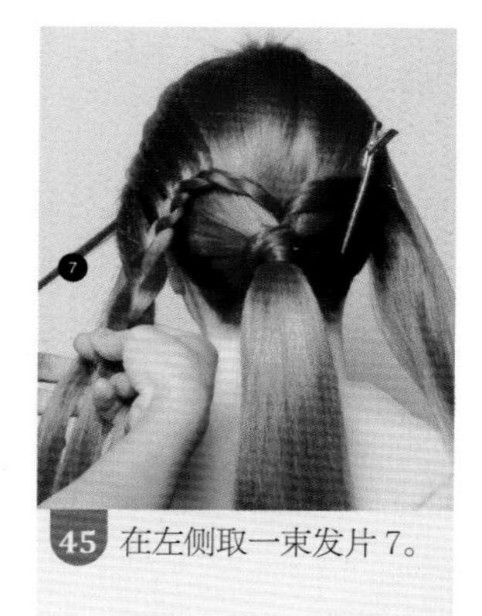

45 在左侧取一束发片 7。

46 将发片 7 压在发片 C 之上。

47 将发片 7 并入发片 B。

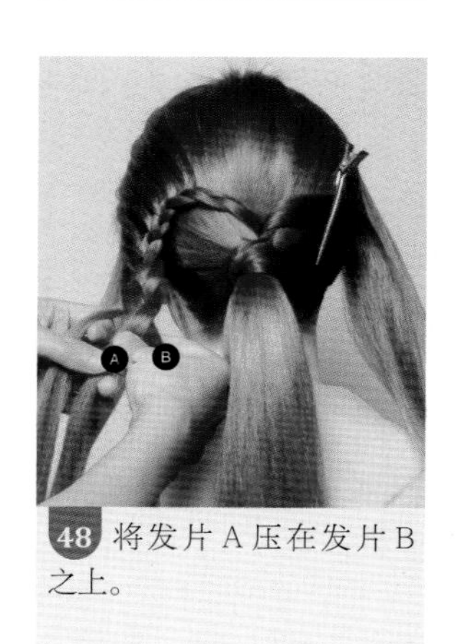

48 将发片 A 压在发片 B 之上。

49 将发片 C 压在发片 A 之上。

50 从左侧取一束发片 8。

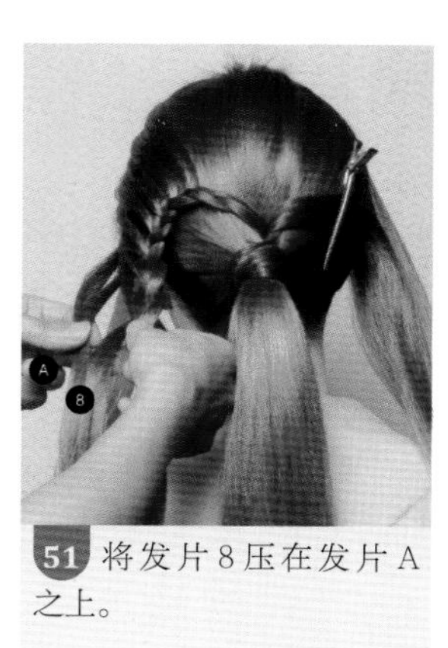

51 将发片 8 压在发片 A 之上。

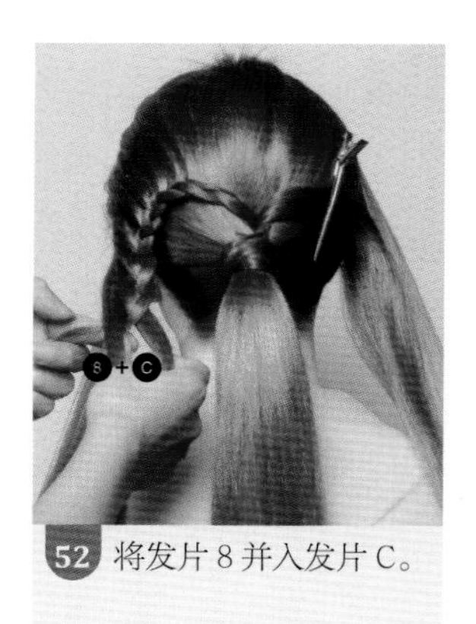

52 将发片 8 并入发片 C。

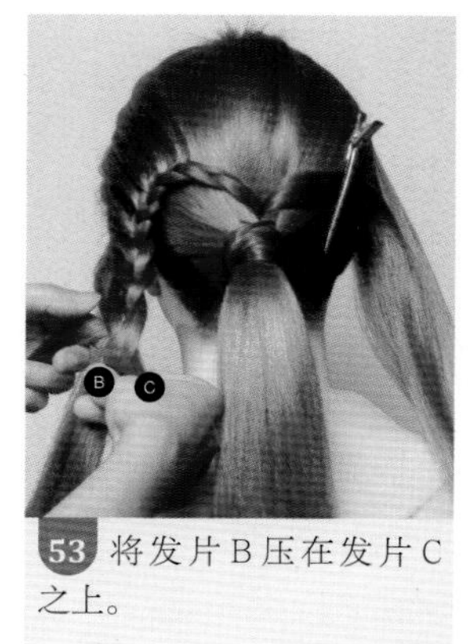

53 将发片 B 压在发片 C 之上。

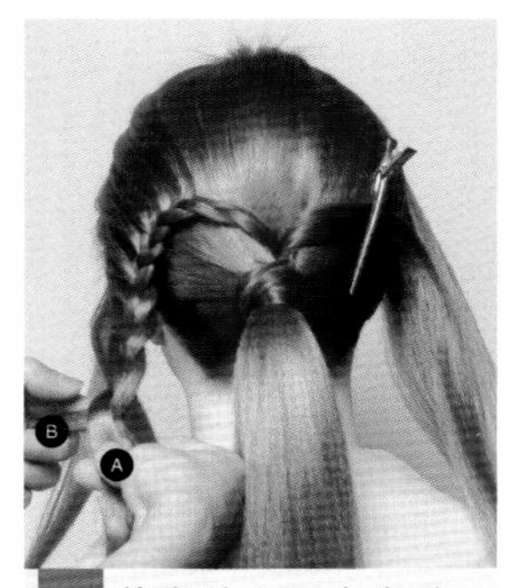

54 将发片 A 压在发片 B 之上。

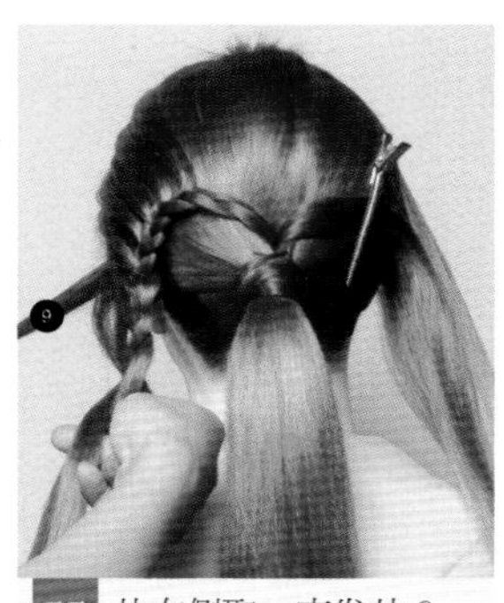

55 从左侧取一束发片 9。

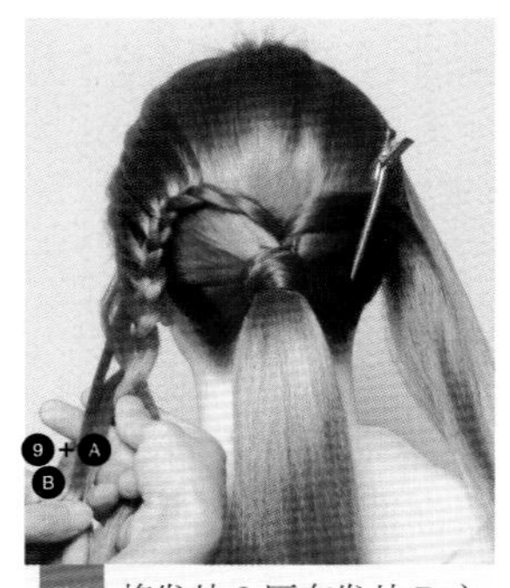

56 将发片 9 压在发片 B 之上，并将发片 9 并入发片 A。

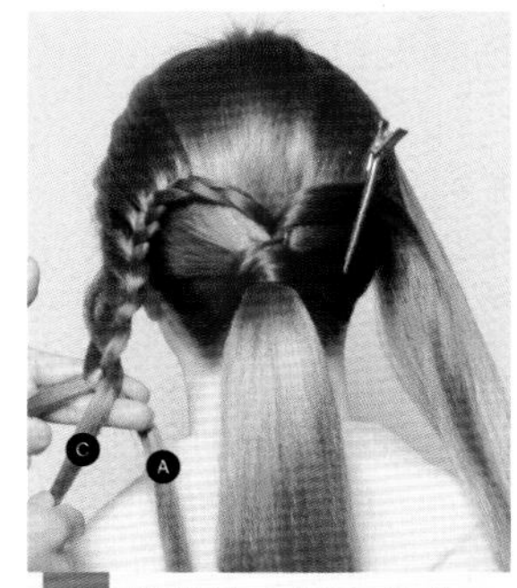

57 将发片 C 压在发片 A 之上。

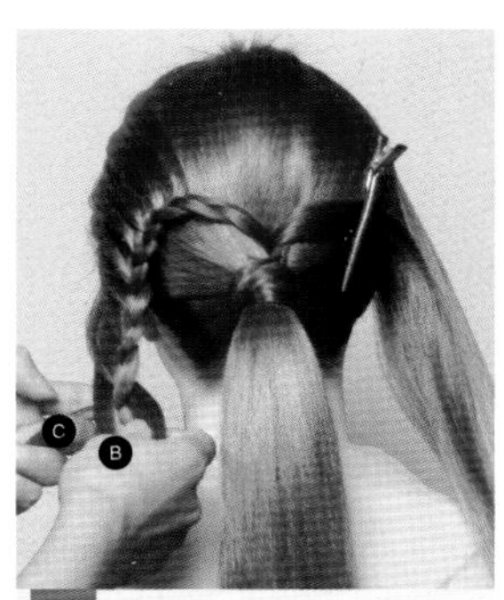

58 将发片 B 压在发片 C 之上。

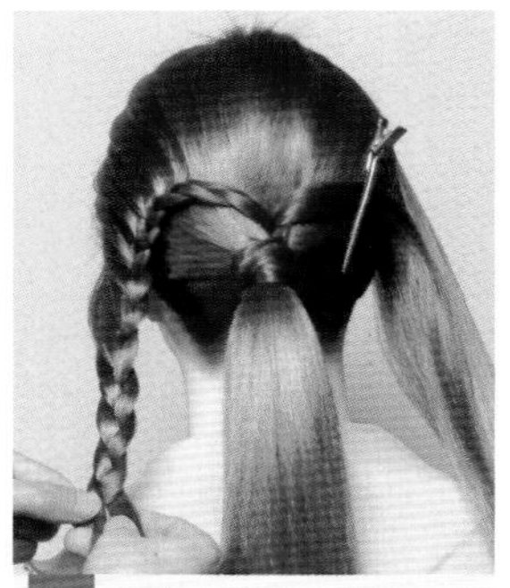

59 将左发区头发全部续入编发后进行三股编发。

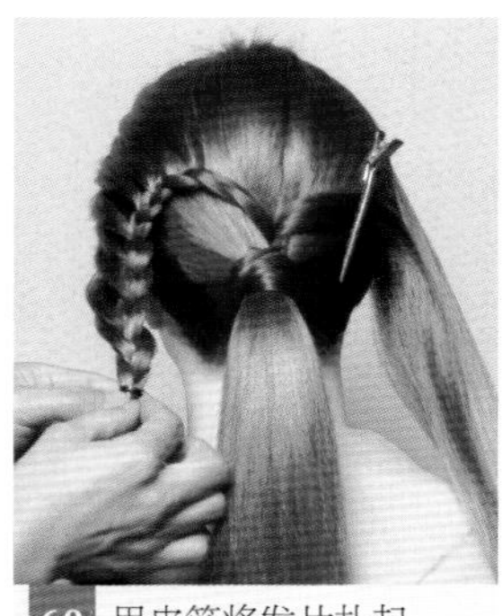

60 用皮筋将发片扎起。

61 放下右侧发片，进行三股单边续发编发。

62 采用与左侧相同的手法，编至与左侧对称后用皮筋将发片扎起。

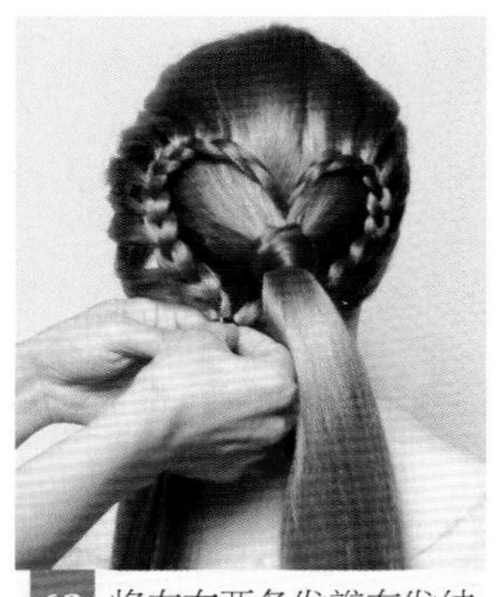

63 将左右两条发辫在发结处固定到一起。

64 将发辫固定在马尾发结下方。

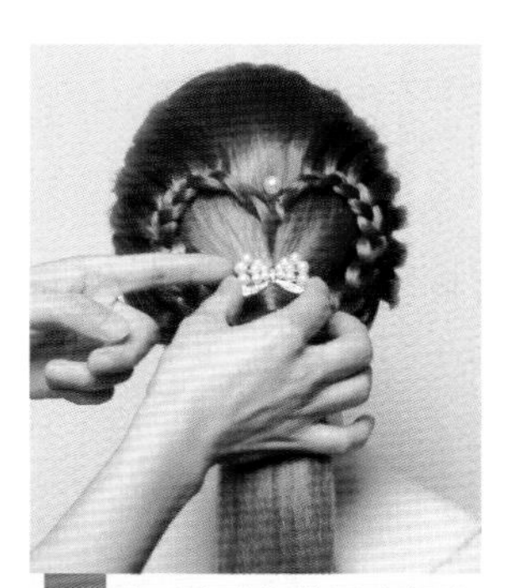

65 在爱心中部位置点缀珍珠发卡，在马尾发结处佩戴饰品进行点缀。

三股双侧加发倒拧编发

扫描二维码
观看教学视频

01 从顶区取一束发片。

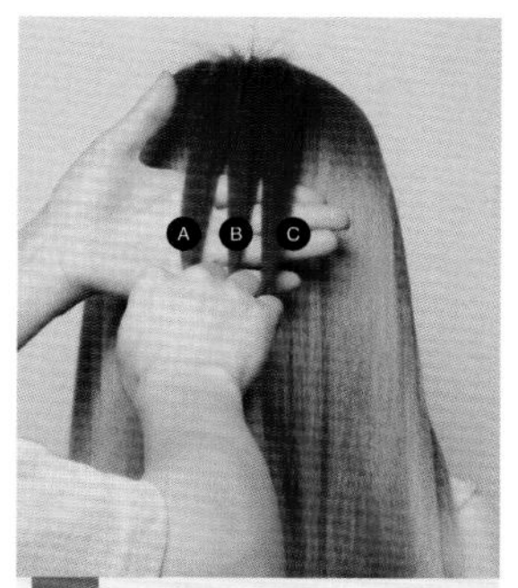

02 将发片分为 A、B、C 三束均等的发片。

03 将发片 A 压在发片 B 之上。

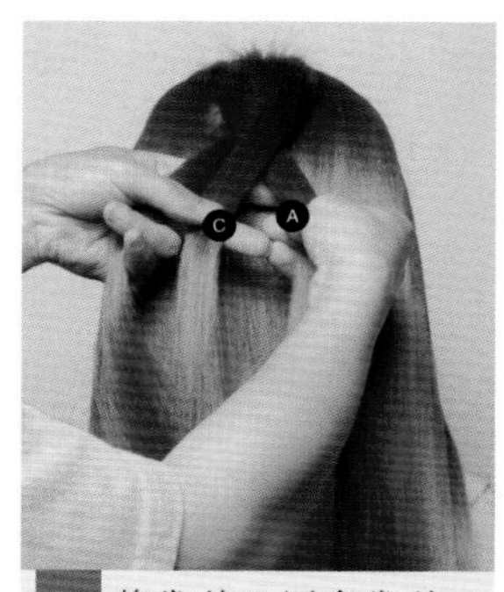

04 将发片 C 压在发片 A 之上。

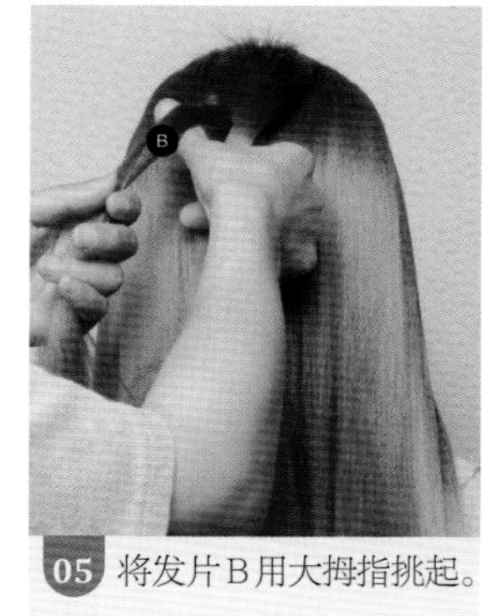

05 将发片 B 用大拇指挑起。

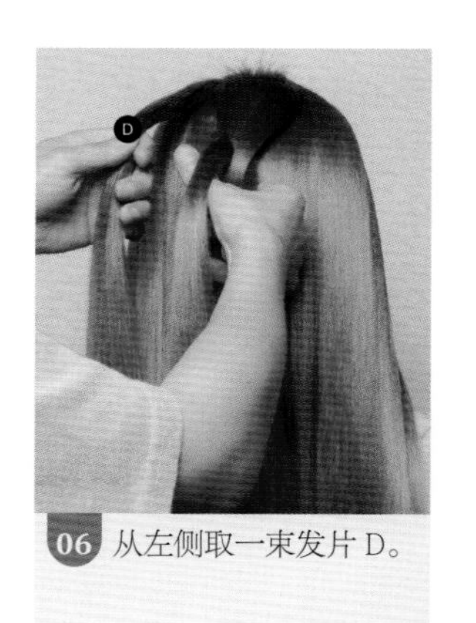

06 从左侧取一束发片 D。

07 将发片 D 穿过发片 B 下方，压在发片 C 之上。

08 将发片A用大拇指挑起。

09 在右侧取一束发片 E。

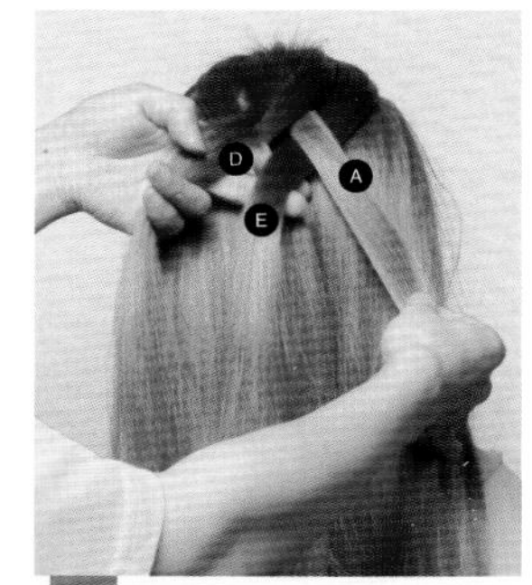

10 将发片 E 穿过发片 A 下方，压在发片 D 之上，将发片 A 放下。

11 将发片 C 与发片 B 上下交叉。

12 将发片 C 穿过发片 B 下方。

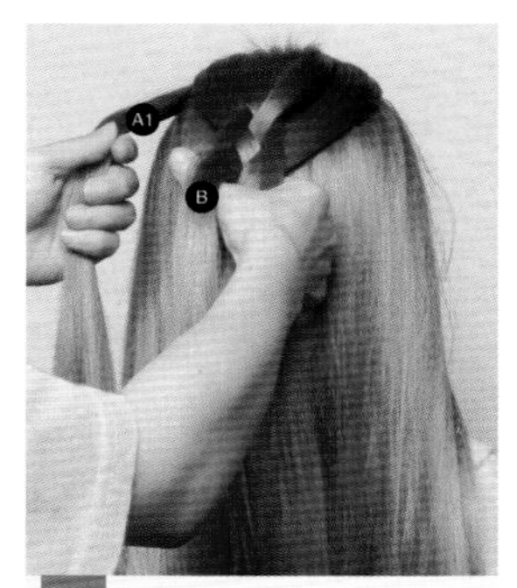

13 将发片 B 用大拇指挑起，在左侧取一束发片 A1。

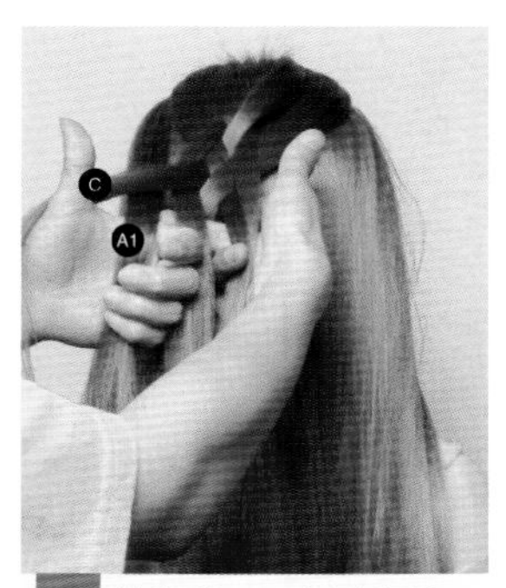

14 将发片 A1 穿过发片 C 下方。

15 将发片 A1 并入发片 B。

16 将发片 A 与发片 D 上下交叉，将发片 D 穿过发片 A 下方。

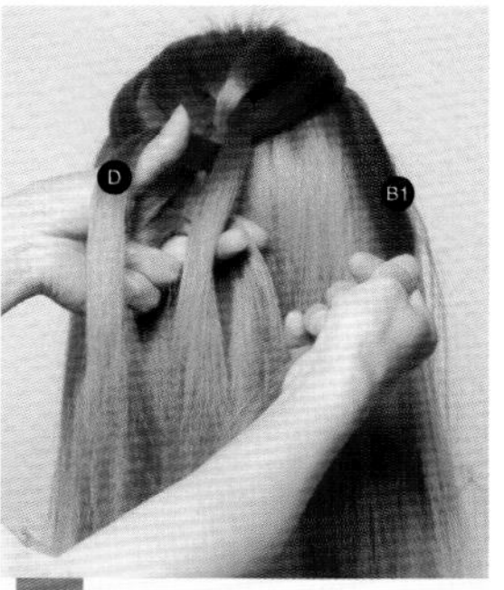

17 将发片 D 用大拇指挑起，在右侧取一束发片 B1。

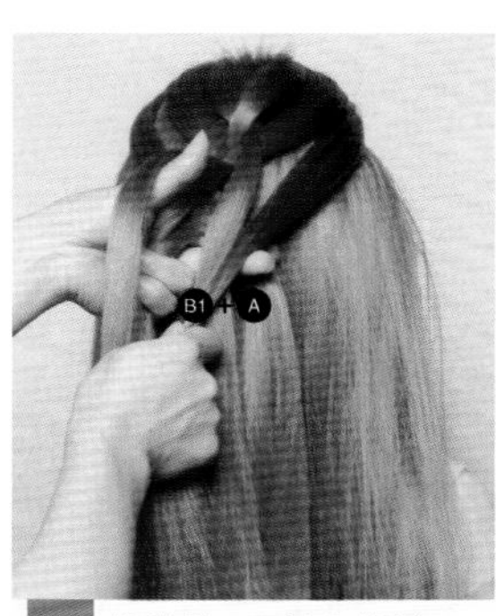

18 将发片 B1 并入发片 A。

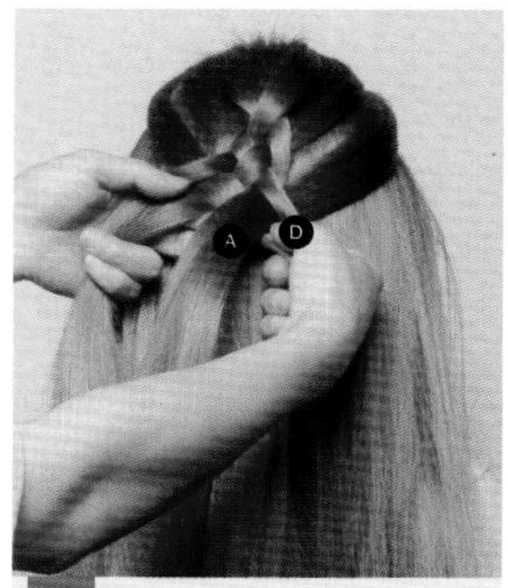

19 将发片 A 穿过发片 D 下方，将发片 D 放下。

20 将发片 E 与发片 B 上下交叉。

21 将发片 B 穿过发片 E 下方，压在发片 A 之上。

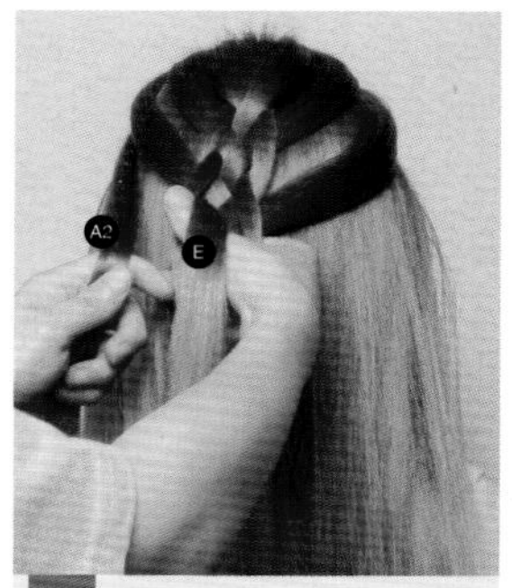

22 将发片 E 用大拇指挑起，从左侧取一束发片 A2。

23 将发片 A2 并入发片 B，将发片 E 放下。

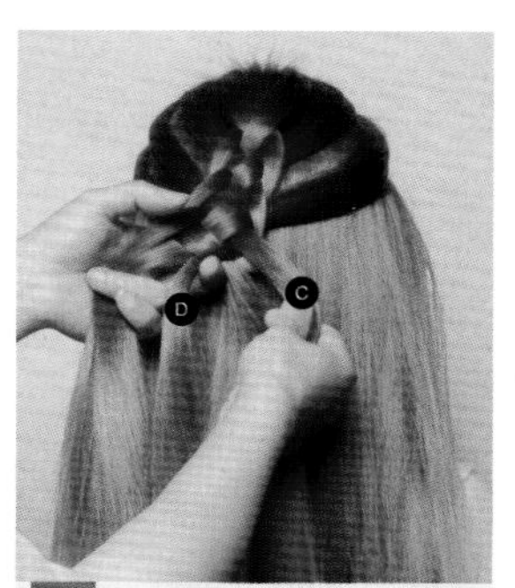

24 将发片 C 与发片 D 上下交叉。

25 将发片 C 用大拇指挑起，在右侧取一束发片 B2。

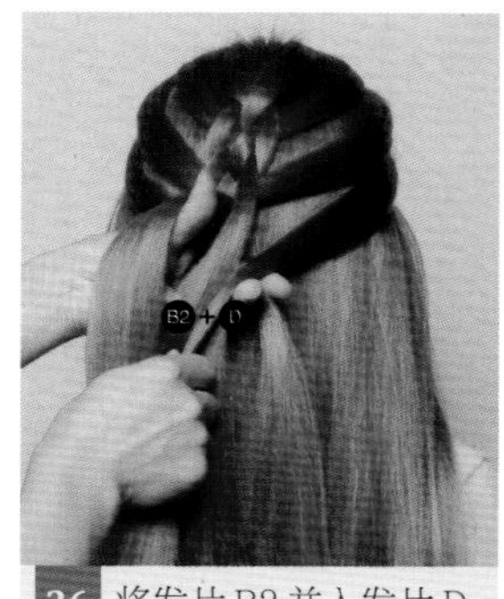

26 将发片 B2 并入发片 D。

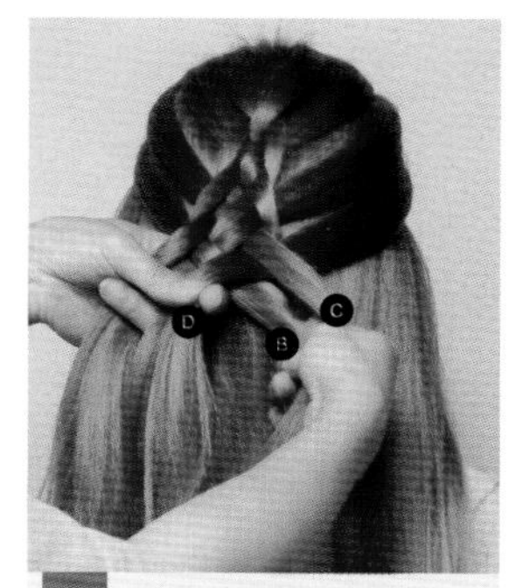

27 将发片 D 穿过发片 C 下方，压在发片 B 之上，将发片 C 放下。

28 将发片 A 与发片 E 上下交叉。

29 将发片 E 穿过发片 A 下方，压在发片 D 之上。

30 将发片 A 用大拇指挑起，在左侧取一束发片 A3。

31 将发片 A3 穿过发片 A 下方，并将发片 A 放下。将发片 A3 并入发片 E。

32 将发片 B 与发片 C 上下交叉。

33 将发片 C 穿过发片 B 下方，压在发片 E 之上。

34 从右侧取一束发片 B3。

35 将发片 B3 穿过发片 B 下方，将发片 B3 并入发片 C。

36 将发片 A 穿过发片 D 下方，压在发片 C 之上。

37 将发片 D 用大拇指挑起，从左侧取一束发片 A4。

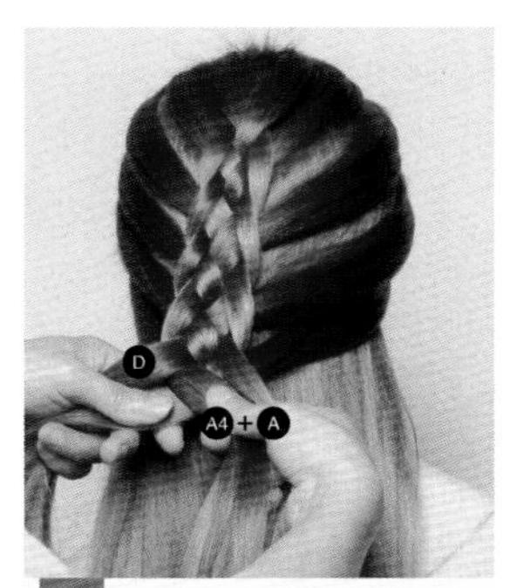

38 将发片 A4 穿过发片 D 下方，并将发片 D 放下。将发片 A4 并入发片 A。

39 将发片 E 与发片 B 上下交叉。

40 将发片 E 用大拇指挑起，在右侧取一束发片 B4。

41 将发片 B4 并入发片 B。

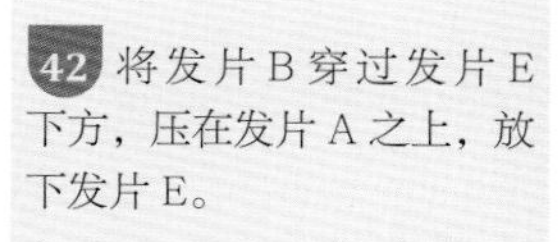

42 将发片B穿过发片E下方，压在发片A之上，放下发片E。

43 将发片D穿过发片C下方，压在发片B之上。

44 将发片C用大拇指挑起，在左侧取一束发片A5。

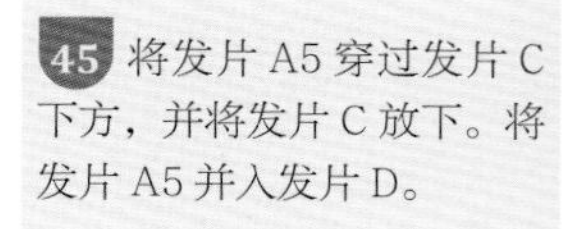

45 将发片A5穿过发片C下方，并将发片C放下。将发片A5并入发片D。

46 将发片E穿过发片A下方，压在发片D之上。

47 将发片E、D、A梳理顺滑。

48 从右侧取一束发片B5。

49 将发片B5穿过发片A下方，将发片B5并入发片E。采用同样的手法将后发区的头发全部续入发辫中。

50 将发片D用大拇指挑起。

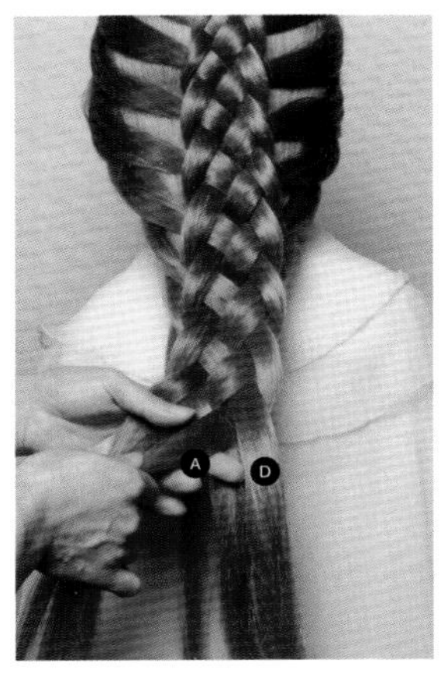

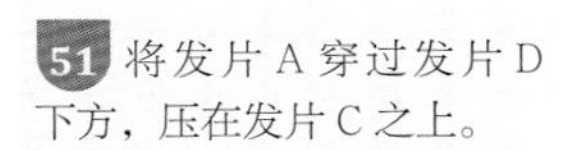

51 将发片 A 穿过发片 D 下方，压在发片 C 之上。

52 将发片 B 穿过发片 E 下方，压在发片 A 之上。

53 依次以同样的手法重复进行编发。

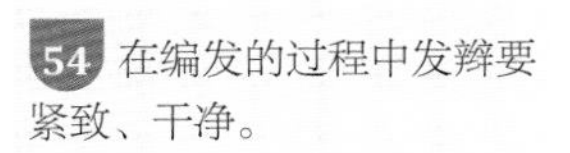

54 在编发的过程中发辫要紧致、干净。

55 编发过程中发辫要自然下垂，不可提拉得过高。

56 要注意发辫左右对称，且位置居中为佳。

57 编至发尾，将发尾用皮筋扎起。

58 调整发辫的轮廓。

59 佩戴饰品，进行点缀。

01 从顶区取一束发片。

02 将其分为 A、B 两束均等的发片。

03 将发片 A 压在发片 B 之上。

04 从右侧取一束发片 A1。

35 鱼骨双侧倒拧编发

扫描二维码
观看教学视频

05 将发片 A1 由右向左向顶区提拉，预留使用。

06 继续从右侧取一束发片 A2。

07 将发片 A1 放下，压在发片 A2 之上。

08 将发片 A2 压在发片 A 之上，并将发片 A2 并入发片 B。

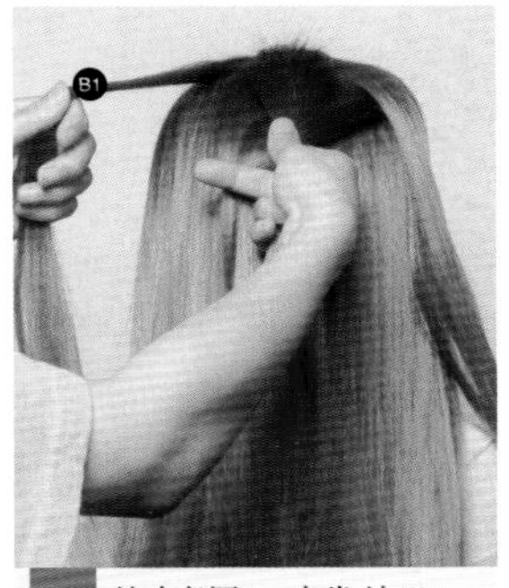

09 从左侧取一束发片 B1。

10 将发片 B1 由左向右向顶区提拉，预留使用。

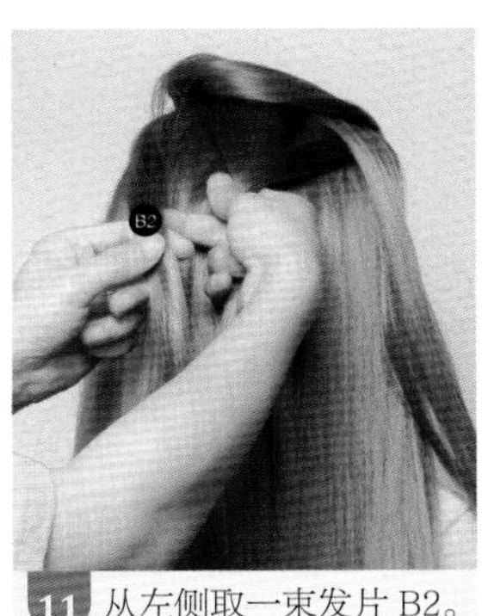

11 从左侧取一束发片 B2。

12 将发片 B2 压在发片 B 之上，并将发片 B2 并入发片 A。

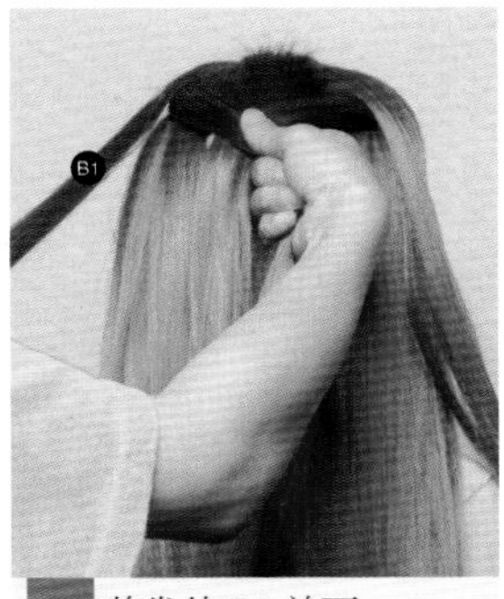

13 将发片 B1 放下。

14 将发片 A1 从右向左向上提拉，预留使用。

15 从右侧取一束发片 A3。

16 将发片 A1 放下。

17 将发片 A3 与发片 A1 上下交叉。

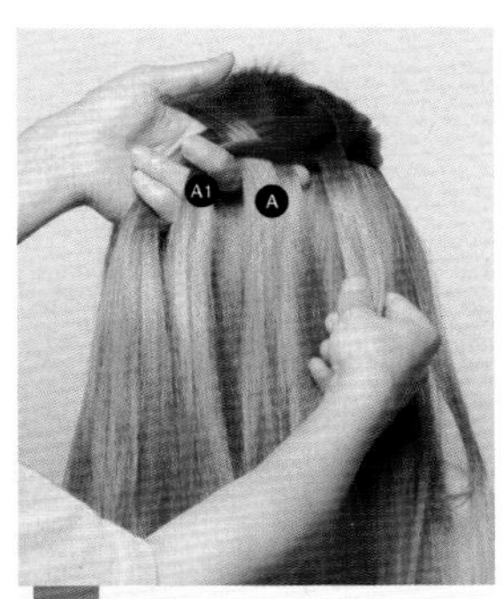

18 将发片 A1 压在发片 A 之上。

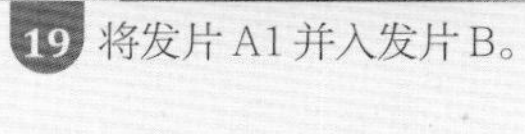

19 将发片 A1 并入发片 B。

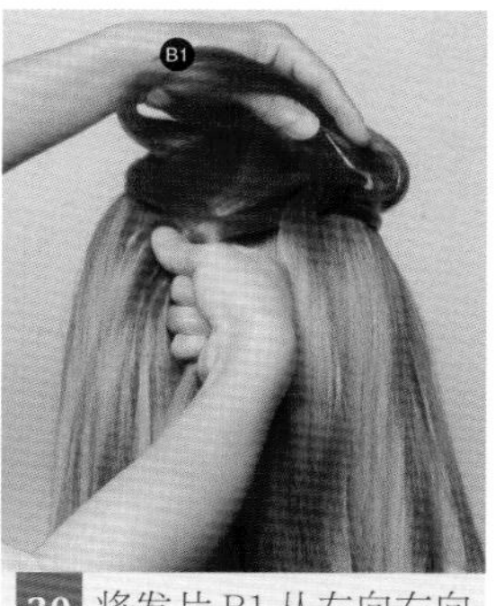

20 将发片 B1 从左向右向上提拉，预留使用。

21 从左侧取一束发片 B3。

22 将发片 B3 与发片 B1 上下交叉。

23 将发片 B1 压在发片 B 之上。

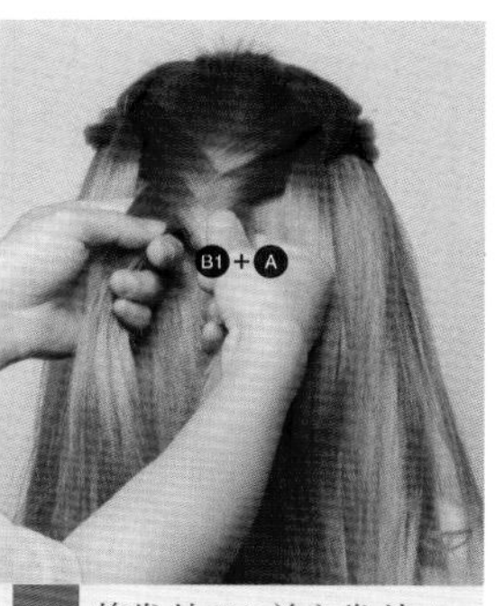

24 将发片 B1 并入发片 A。

25 将发片 A3 用大拇指挑起。

26 从右侧取一束发片 A4。

27 将发片 A3 与发片 A4 上下交叉。

28 将发片 A3 压在发片 A 之上。

29 将发片 A3 并入发片 B。

30 将发片 B3 向上提拉，预留使用。

31 从左侧取一束发片B4。

32 将发片B3放下。

33 将发片B3与发片B4上下交叉。

34 将发片B3并入发片A，并压在发片B上。

35 将发片A4用大拇指挑起。

36 从右侧取一束发片A5。

37 将发片A4与发片A5上下交叉。

38 将发片A4并入发片B。

39 将发片B4用大拇指挑起。

40 从左侧取一束发片B5。

41 将发片B4与发片B5上下交叉。

42 将发片B4压在发片B之上。

43 将发片 B4 并入发片 A。

44 从右侧取一束发片 A6。

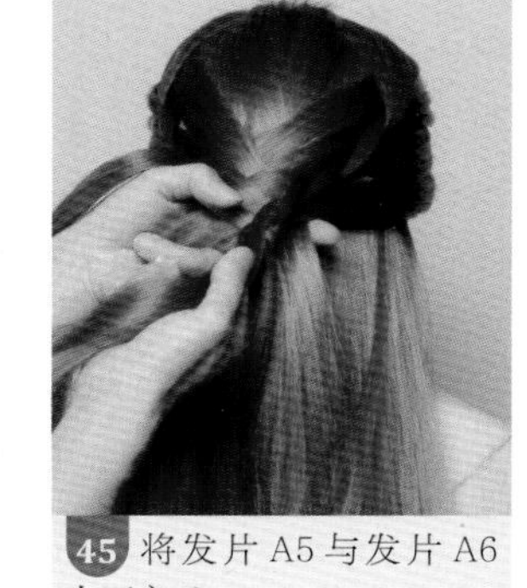

45 将发片 A5 与发片 A6 上下交叉。

46 将发片 A5 压在发片 A 之上。

47 将发片 A5 并入发片 B。

48 将发片 B5 向上提拉，预留使用。

49 从左侧取一束发片 B6。

50 将发片 B5 与发片 B6 上下交叉。

51 将发片 B4 压在发片 B 之上。

52 将发片 B4 并入发片 A。

53 将发片 A6 用大拇指挑起，从右侧取一束发片 A7。

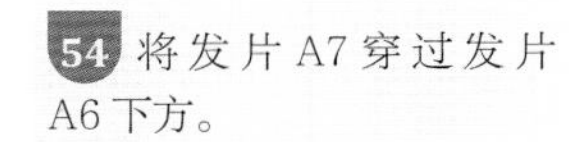

54 将发片A7穿过发片A6下方。

55 将发片A6与发片A7上下交叉，并将发片A6并入发片B。

56 从左侧取一束发片B7。

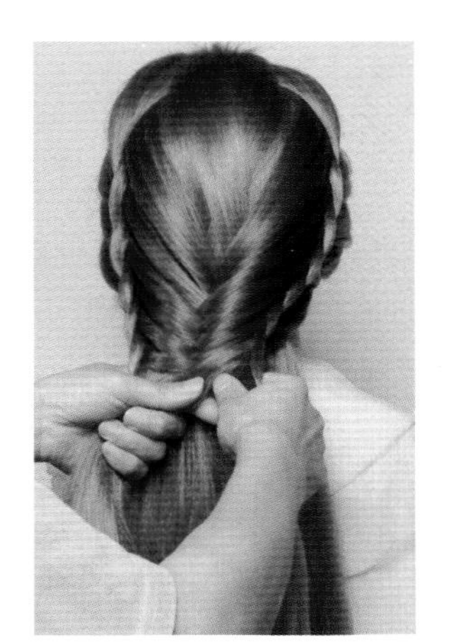

57 将发片B6与发片B7上下交叉。

58 将发片B6压在发片B之上，并将发片B6并入发片A。

59 以同样的手法继续编发至颈部位置。

60 将发尾用皮筋扎起。

61 调整发辫的轮廓与细节。

62 佩戴饰品，进行点缀。

36

灯笼马尾编发

扫描二维码
观看教学视频

01 分出顶区头发梳理干净，用皮筋将顶区头发扎成马尾。

02 将扎起的马尾向上提拉固定，预留备用。

03 以左右耳尖为基准线，分出中部的头发。

04 用皮筋将其扎起。

05 取顶区马尾一束发片。

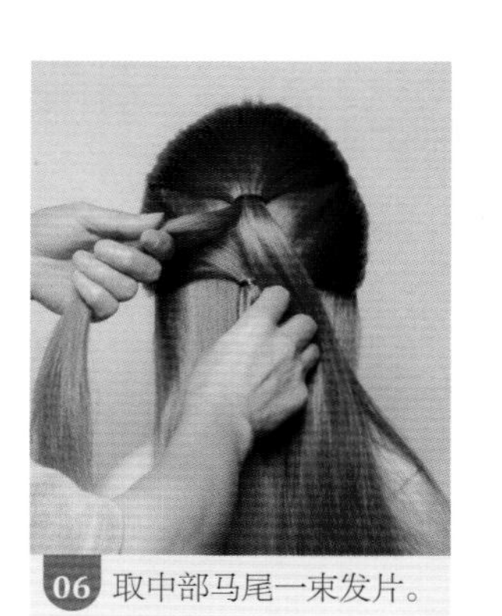

06 取中部马尾一束发片。

07 取的两束发片发量要大致均等。

08 将中部发片与顶区发片上下交叉。

09 取顶区马尾一束发片，由上向下合并。

10 取中部马尾一束发片，由下向上合并。

11 取顶区马尾一束发片，由上向下合并。

12 取中部马尾一束发片，由下向上合并。续入的发片发量要均等。

13 取顶区马尾一束发片，由上向下合并。

14 取中部马尾一束发片，由下向上合并。

15 取顶区马尾一束发片，由上向下合并。

16 取中部马尾一束发片，由下向上合并。发片应光洁、干净。

17 取顶区马尾一束发片，由上向下合并。

18 取中部马尾一束发片，由下向上合并。

19 取顶区马尾一束发片，由上向下合并。

20 取中部马尾一束发片，由下向上合并。

21 取顶区马尾一束发片，由上向下合并。

22 取中部马尾一束发片，由下向上合并。

23 取顶区马尾一束发片，由上向下合并。

24 取中部马尾一束发片，由下向上合并。

25 将交叉续入的发片进行上下交叉并拉扯。

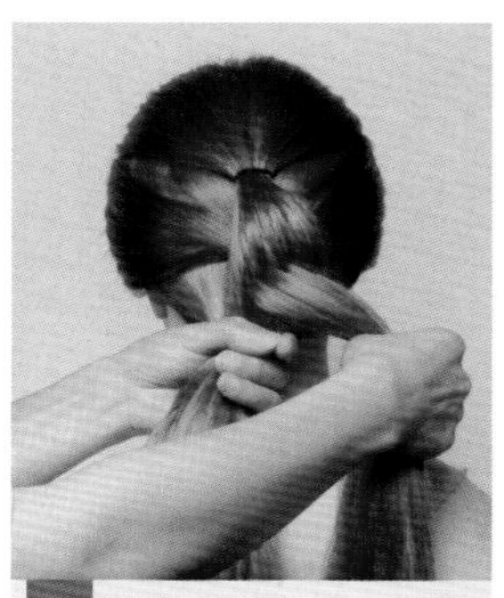

26 将交叉续入的下方发片与剩余头发合并，用皮筋扎起。

27 对编好的第一个灯笼发辫进行纹理和轮廓的调整。

28 取下层头发中的一束发片。

29 取上层头发中的一束发片，并将两束发片上下交叉。

30 取下层头发一束发片，由下向上合并。

31 取上层头发一束发片，由上向下合并。

32 取下层头发一束发片，由下向上合并。

33 取上层头发一束发片，由上向下合并。

34 取下层头发一束发片，由下向上合并。

35 取上层头发一束发片，由上向下合并。

36 取下层头发一束发片，由下向上合并。

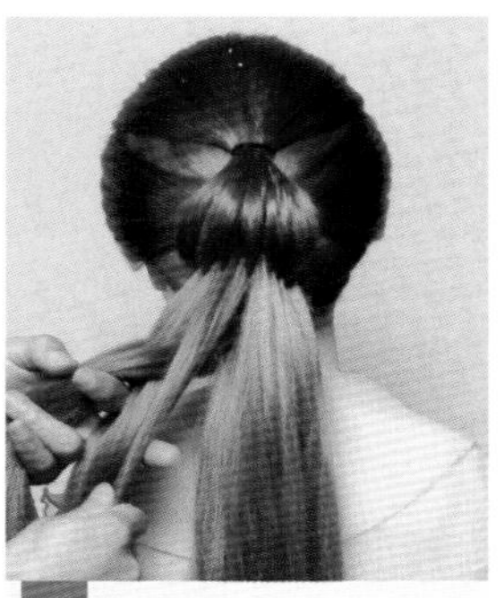
37 取上层头发一束发片，由上向下合并。

38 以同样的手法将剩余头发进行上下交叉。

39 将交叉续入的发片进行上下交叉拉扯。

40 将交叉续入的下层发片用皮筋扎起。

41 将下层头发与上层头发合并，用皮筋扎起。调整灯笼发辫的纹理和轮廓。

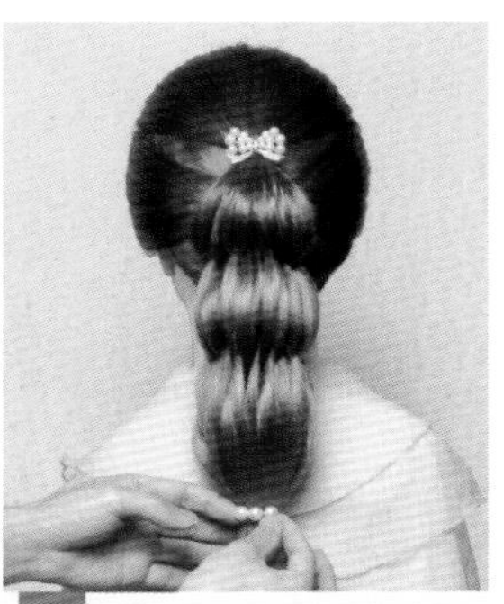
42 取饰品，将其佩戴在发结处。

37 千织辫披发

扫描二维码
观看教学视频

01 在顶区取一束发片，将其分为 A、B 两束均等的发片。

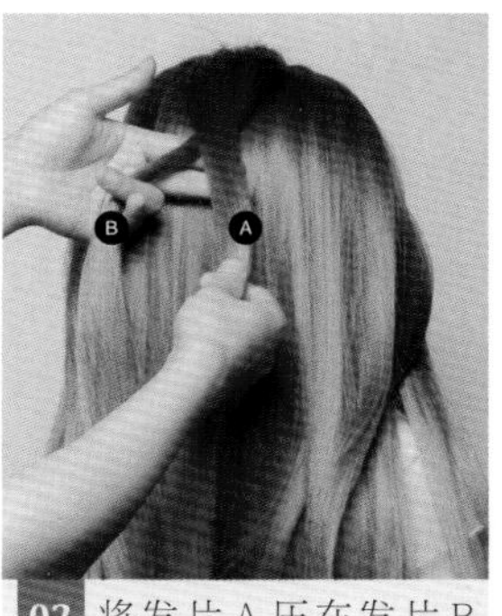

02 将发片 A 压在发片 B 之上。

03 在右侧取一束发片 C，将发片 C 压在发片 A 之上。

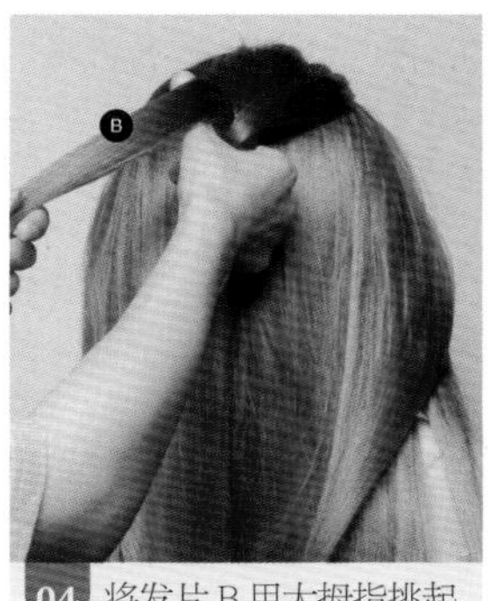

04 将发片 B 用大拇指挑起。

05 在左侧取一束发片 D。

06 将发片 D 穿过发片 B 下方，压在发片 C 之上，将发片 B 放下。

07 将发片A用大拇指挑起。

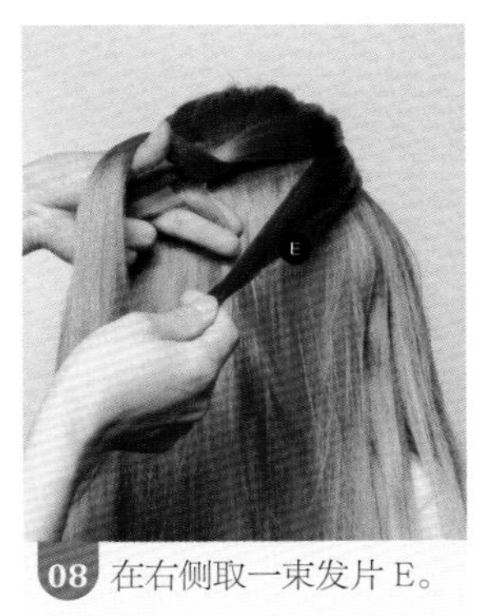

08 在右侧取一束发片 E。

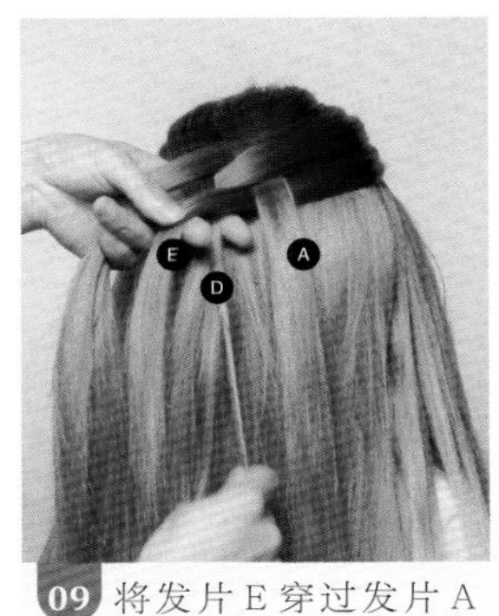

09 将发片 E 穿过发片 A 下方，压在发片 D 之上，将发片 A 放下。

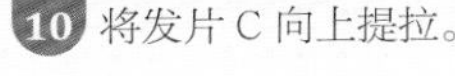
10 将发片 C 向上提拉。

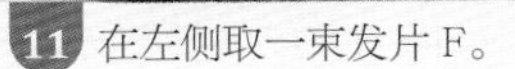
11 在左侧取一束发片 F。

12 将发片 F 压在发片 B 之上，穿过发片 C 下方，压在发片 E 之上。

13 将左侧的下层发片依次取出，将取出的下层发片向上提拉。

14 将右侧的发片用鸭嘴夹暂时固定。

15 在左侧取一束发片。

16 将新取的发片横穿在上下发片之间。

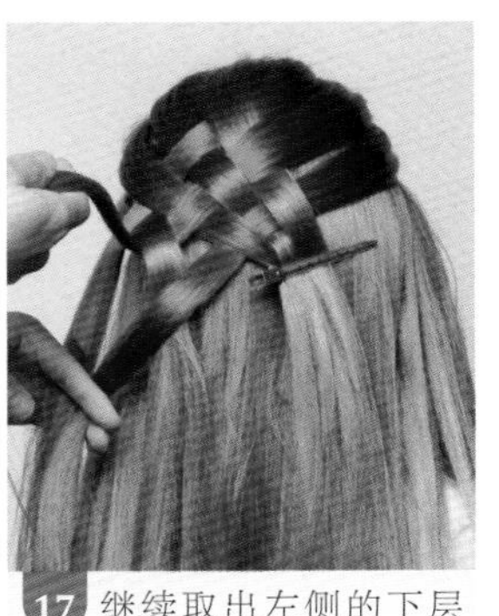

17 继续取出左侧的下层发片。

18 在左侧取一束新发片。

19 将新发片穿于上下发片之间。将左侧两束横穿过的发片向右上方提拉。

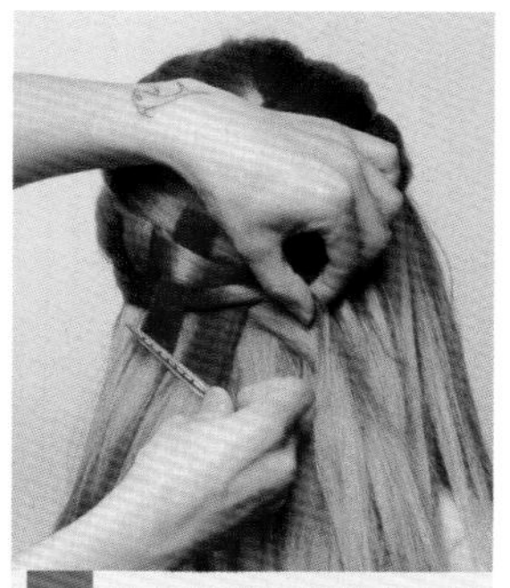

20 将左侧发片用鸭嘴夹暂时固定。

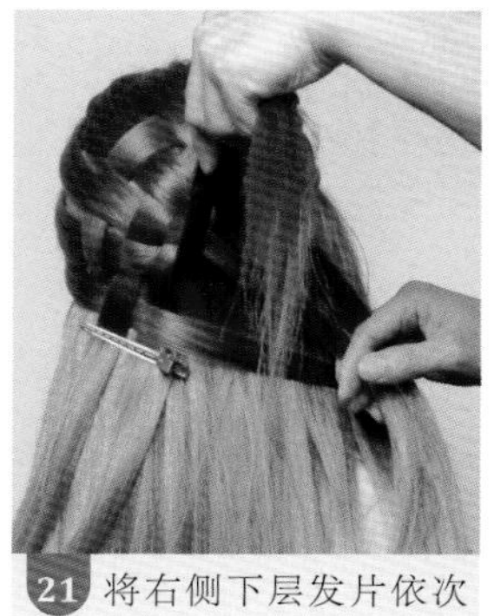

21 将右侧下层发片依次取出。

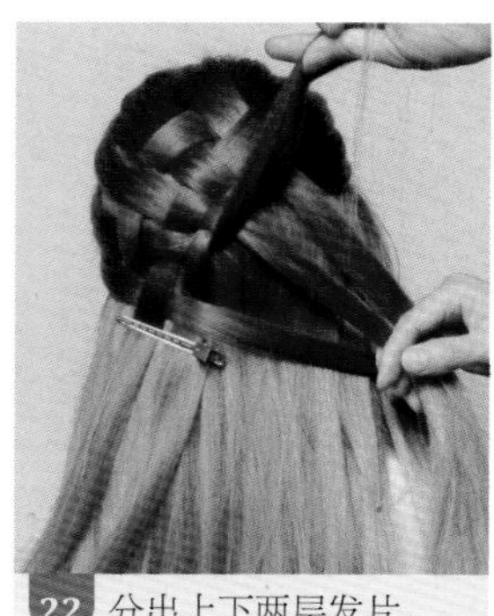

22 分出上下两层发片。

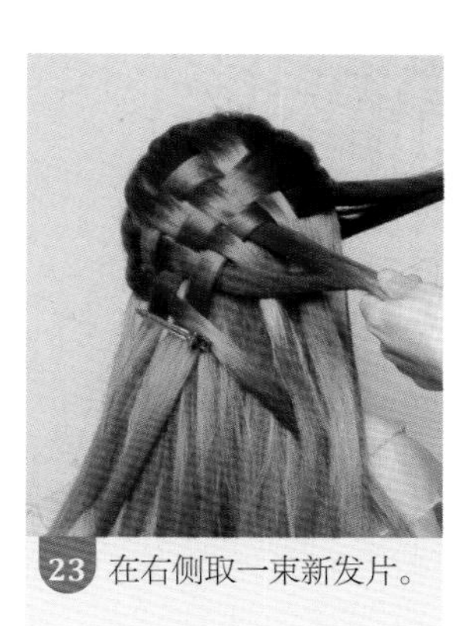

23 在右侧取一束新发片。

24 将新发片横穿在上下发片之间。

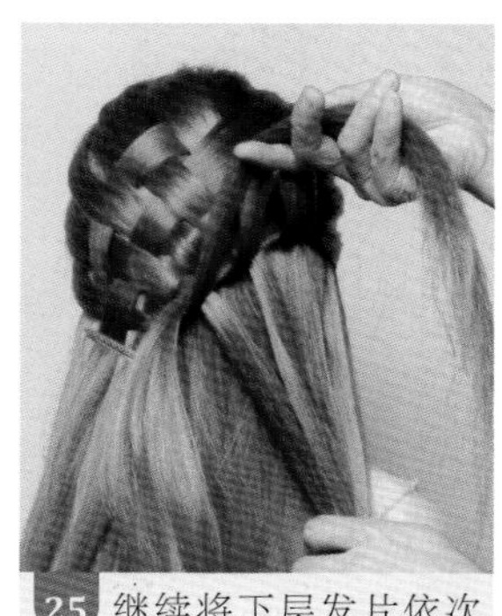

25 继续将下层发片依次取出。

26 在右侧取一束新发片。

27 将新发片横穿在上下发片之间。

28 将发片的纹理调整清晰。

29 取下左侧发片上的鸭嘴夹。将右侧发片用鸭嘴夹暂时固定。在左侧取一束发片。

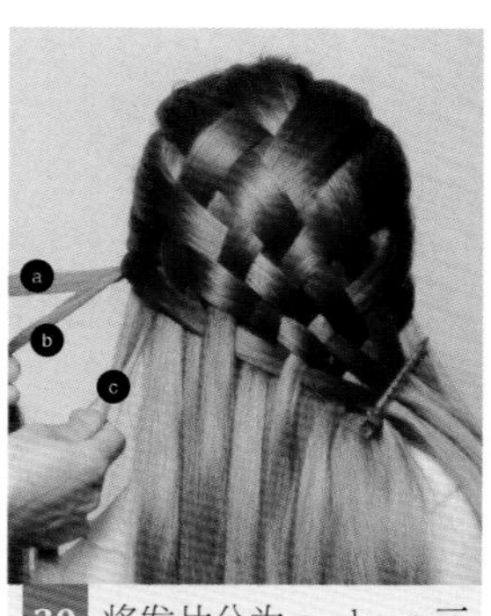

30 将发片分为 a、b、c 三束均等的发片。

31 将发片 a 压在发片 b 之上。

32 将发片 c 压在发片 a 之上。

33 将发片 b 压在发片 c 之上。

34 将发片 a 压在发片 b 之上。

35 将千织辫留出的第一束发尾取出。

36 将第一束发尾并入发片 a。

37 将发片 c 压在发片 a 之上。

38 将发片 b 压在发片 c 之上。

39 将千织辫留出的第二束发尾取出，续入发辫。

40 将左侧千织辫的发尾依次全部续入发辫，发尾进行三股编发。

41 将右侧发片上的鸭嘴夹取下，采用与左侧相同的手法进行编发。

42 将两条发辫合并，并用皮筋扎起。在皮筋处佩戴饰品，进行点缀。

38 瀑布辫扎发

扫描二维码
观看教学视频

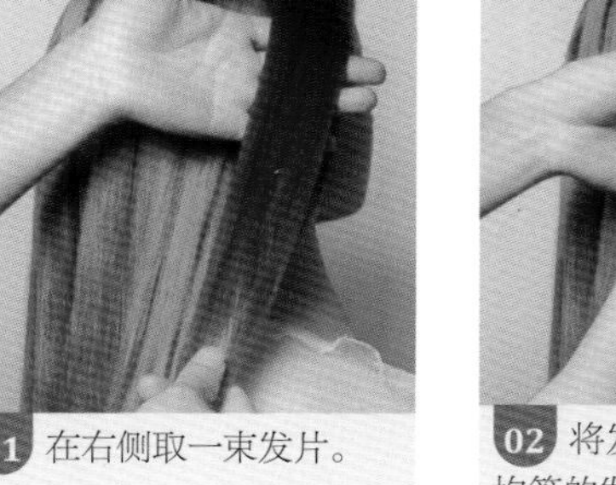

01 在右侧取一束发片。

02 将发片分为 A、B 两束均等的发片。

03 将发片 A 压在发片 B 之上。

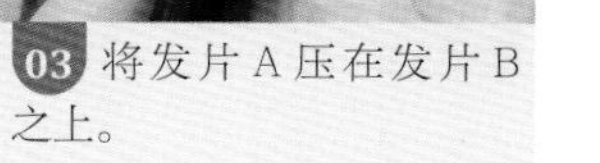

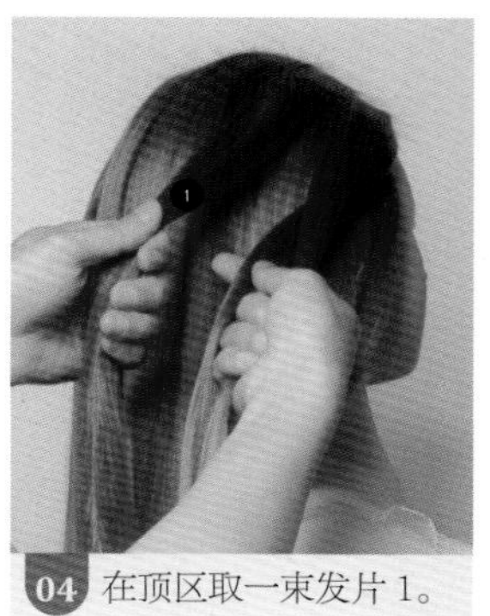

04 在顶区取一束发片 1。

05 将发片 1 穿在发片 A、B 之间。

06 将发片 A、B 进行由左向右交叉拧转。

07 在顶区取一束发片 2。

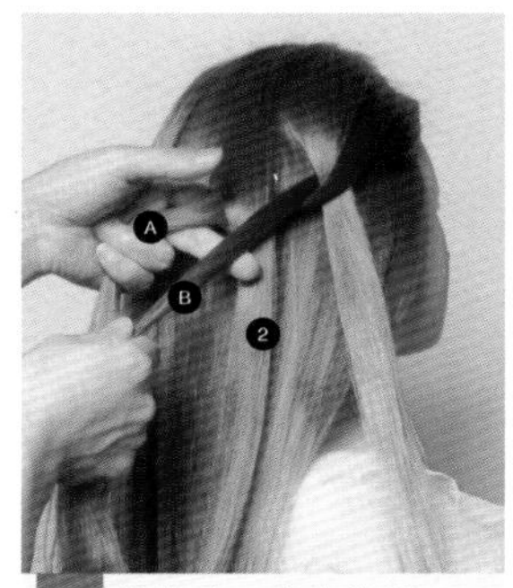

08 将发片 2 穿在发片 A、B 之间。

09 将发片 A、B 进行由左向右交叉拧转。

10 在顶区取一束发片 3。

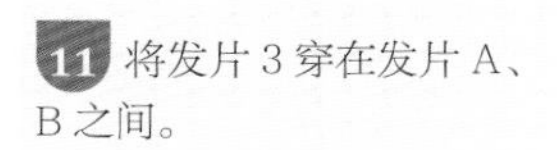
11 将发片 3 穿在发片 A、B 之间。

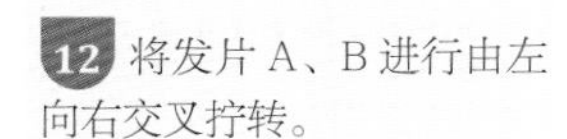
12 将发片 A、B 进行由左向右交叉拧转。

13 在顶区取一束发片 4。

14 将发片 4 穿在发片 A、B 之间。

15 将发片 A、B 进行由左向右交叉拧转。

16 将顶区头发依次分出数束发片并全部编入。

17 将发片 A、B 拧转半圈后，用鸭嘴夹暂时固定。

18 在右侧取耳上方一束发片。

19 将发片分为 C、D 两束均等的发片。

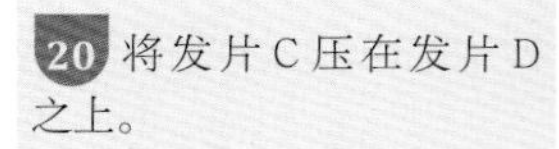

20 将发片 C 压在发片 D 之上。

21 取第一层留出的第一束发片 1。

22 将发片 1 穿在发片 C、D 之间。

23 将发片 C、D 进行由左向右交叉拧转。

24 取第一层留出的第二束发片 2。

25 将发片 2 穿在发片 C、D 之间。以同样的手法由右向左进行编发。

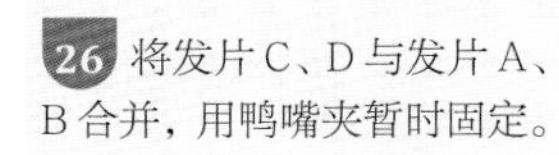

26 将发片 C、D 与发片 A、B 合并，用鸭嘴夹暂时固定。

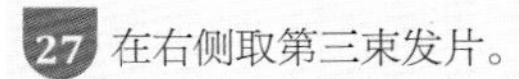

27 在右侧取第三束发片。

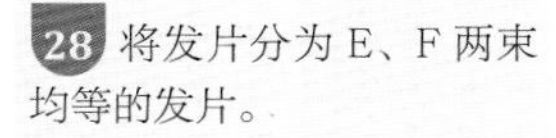

28 将发片分为 E、F 两束均等的发片。

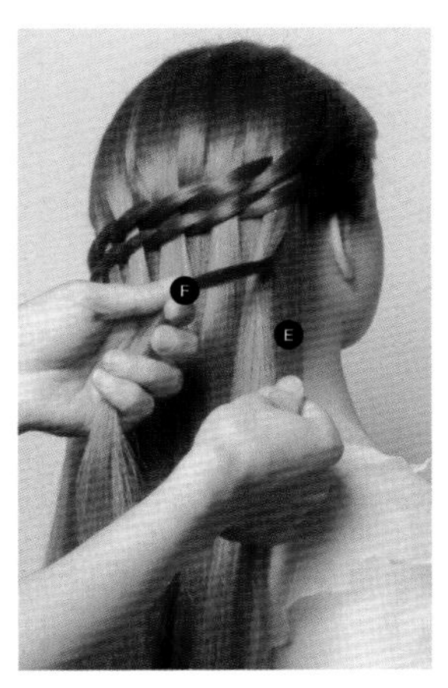

29 将发片 E 压在发片 F 之上。

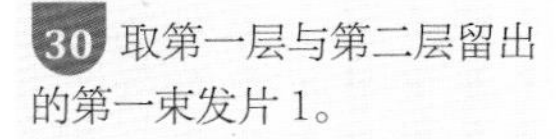

30 取第一层与第二层留出的第一束发片 1。

31 将发片 1 穿在发片 E、F 之间。

32 将发片 E、F 进行由左向右交叉拧转。

33 取第一层与第二层留出的第二束发片 2。

34 将发片 2 穿在发片 E、F 之间。

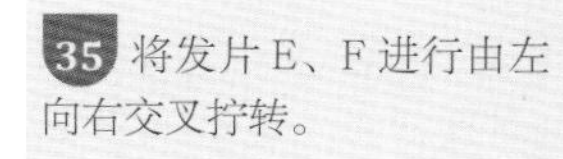

35 将发片E、F进行由左向右交叉拧转。

36 以同样的手法由右向左进行编发。

37 将发尾与其他发片合并，用鸭嘴夹暂时固定。

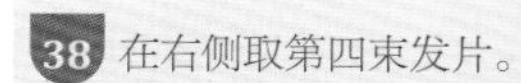

38 在右侧取第四束发片。

39 将发片分为G、H两束均等的发片。

40 将发片G压在发片H之上。

41 取第一层、第二层及第三层留出的第一束发片1。

42 以同样的手法由右向左进行编发。

43 将发尾与其他发片合并，用鸭嘴夹暂时固定。

44 将剩余头发扎成马尾。

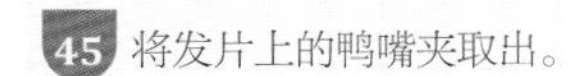

45 将发片上的鸭嘴夹取出。

46 将所有发片合并，并分成 a、b、c 三束均等的发片。

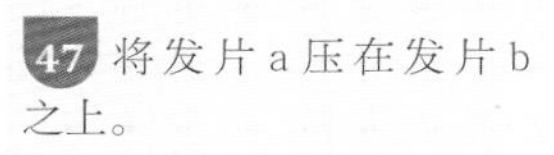

47 将发片 a 压在发片 b 之上。

48 将发片 c 压在发片 a 之上。

49 将发片 b 压在发片 c 之上。

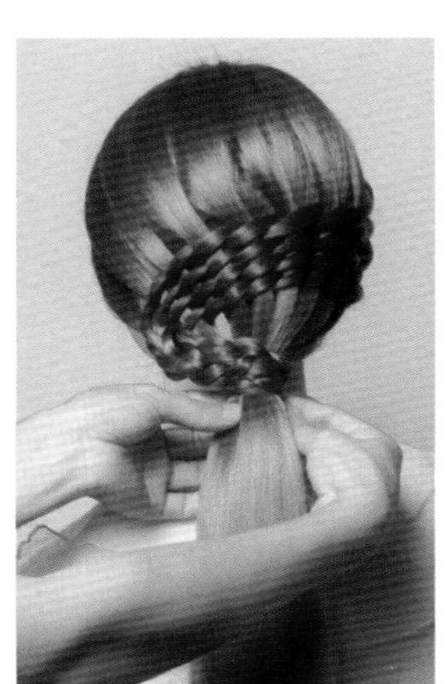

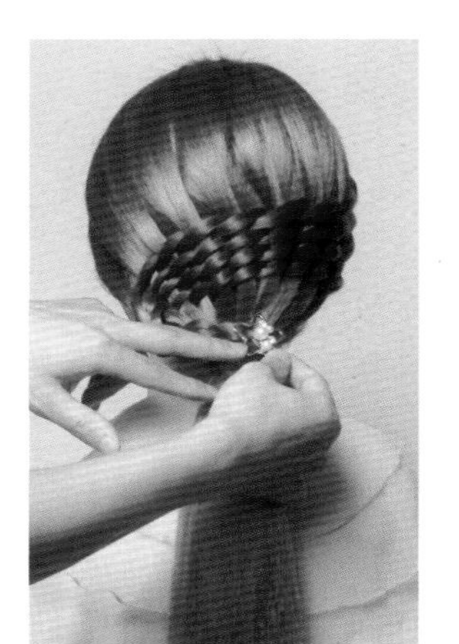

50 重复相同的手法进行三股编发，编至发尾。

51 将发辫由左向右提拉，缠绕马尾发结，取发卡将其固定。

52 佩戴饰品，进行点缀。

39

三股单侧续发盘发

扫描二维码
观看教学视频

01 在右侧取一束发片。

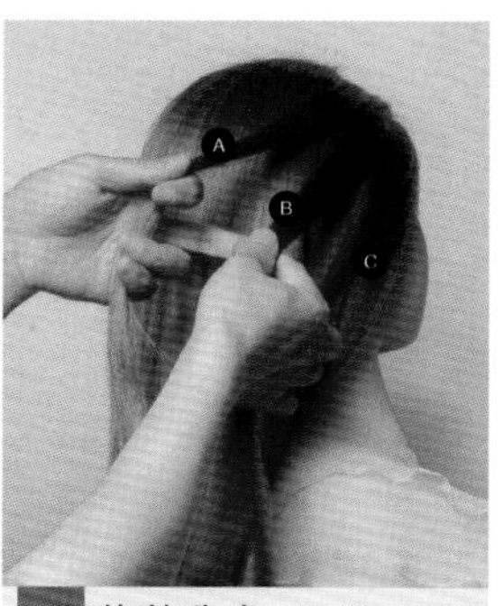

02 将其分为 A、B、C 三束均等的发片。

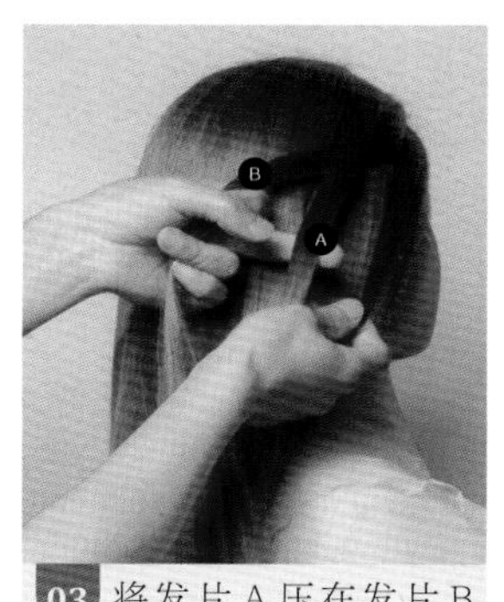

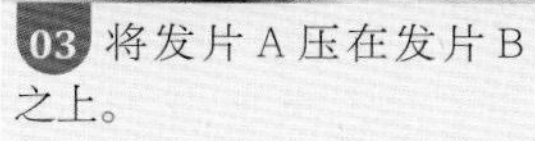

03 将发片 A 压在发片 B 之上。

04 将发片 C 压在发片 A 之上。

05 将发片 B 压在发片 C 之上。

06 在顶区取一束发片。

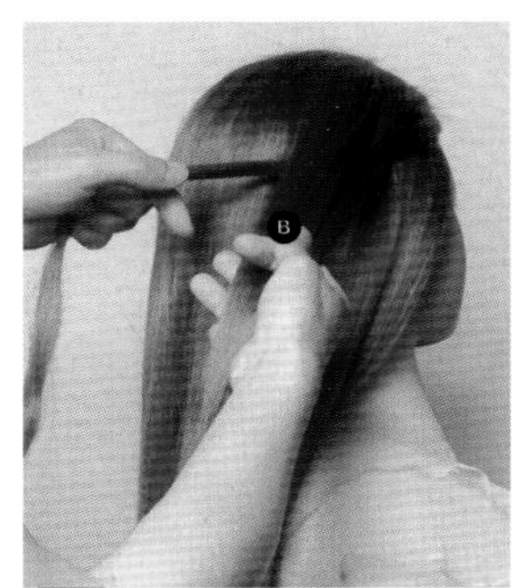

07 将顶区的发片并入发片B。

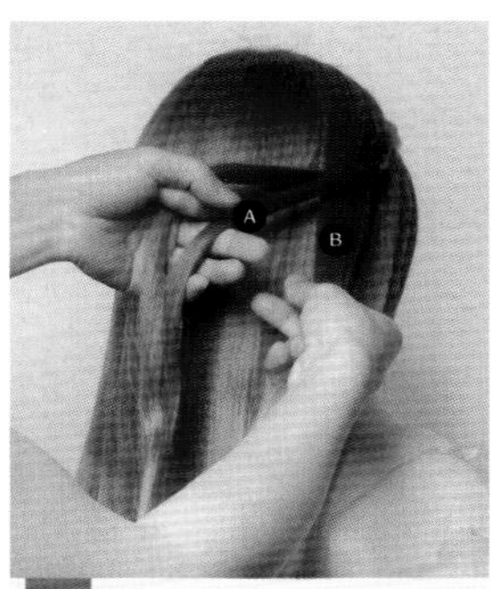

08 将发片A压在发片B之上。

09 将发片C压在发片A之上。

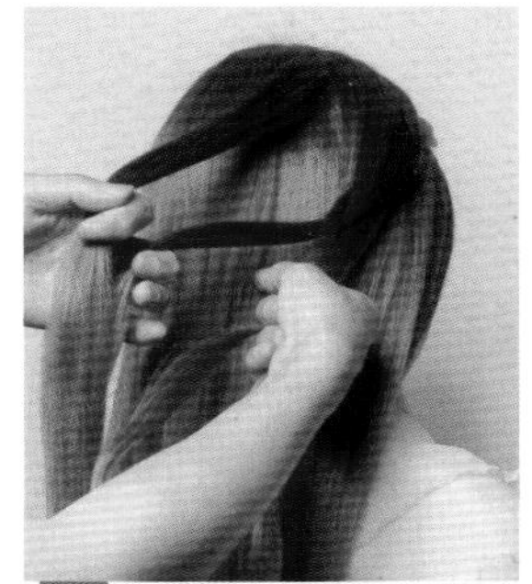

10 在顶区取一束发片。

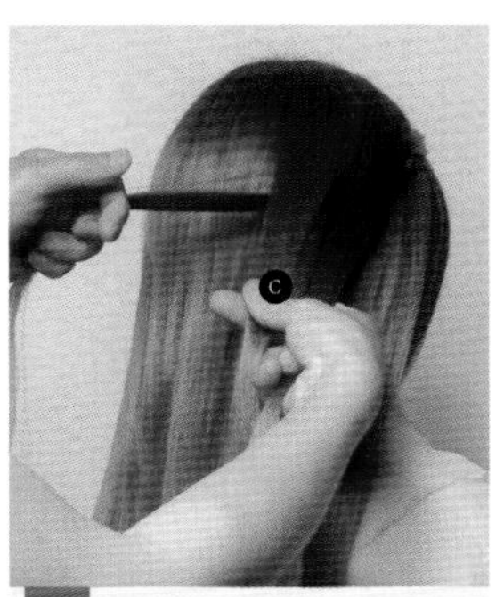

11 将顶区的发片并入发片C。

12 将发片B压在发片C之上。

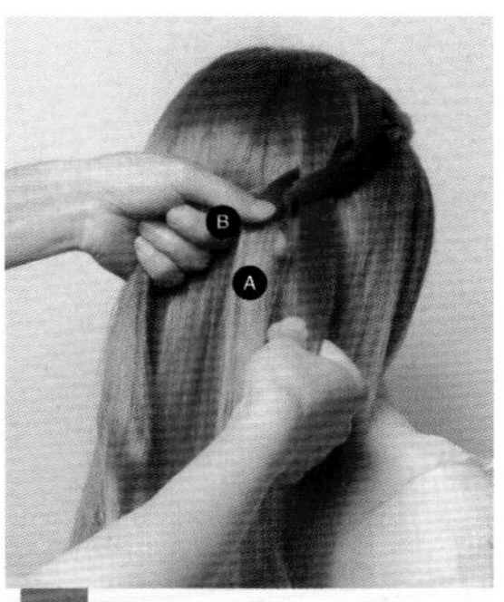

13 将发片A压在发片B之上。

14 在顶区取一束发片。

15 将顶区的发片并入发片A。

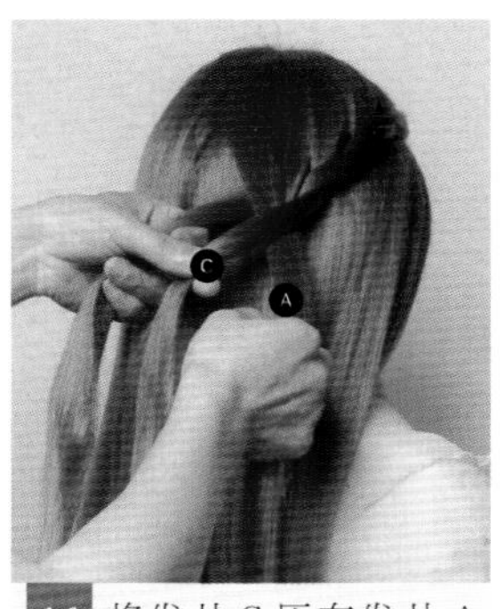

16 将发片C压在发片A之上。

17 将发片B压在发片C之上。

18 在顶区取一束发片。

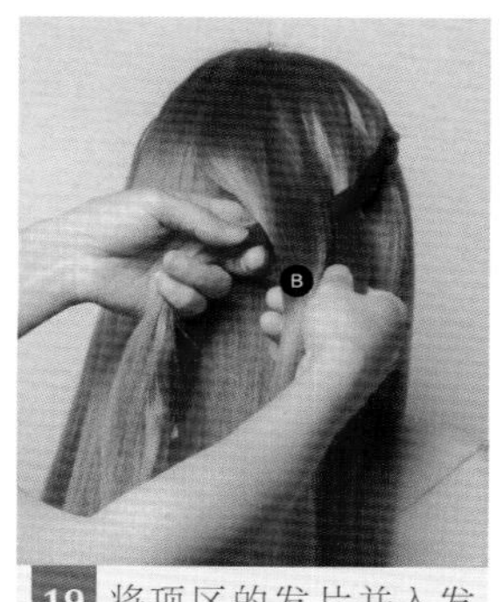

19 将顶区的发片并入发片 B。

20 将发片 A 压在发片 B 之上。

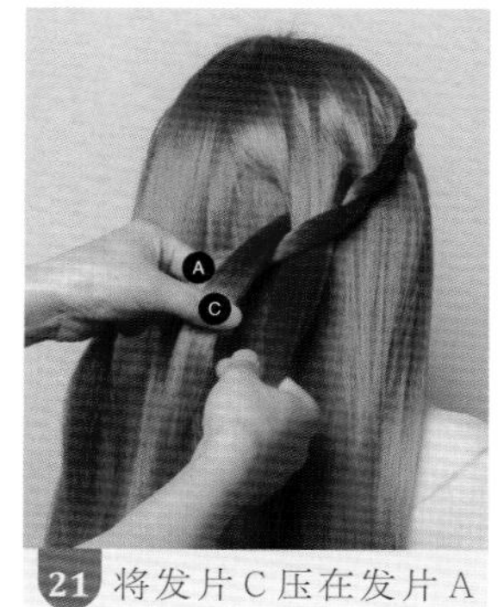

21 将发片 C 压在发片 A 之上。

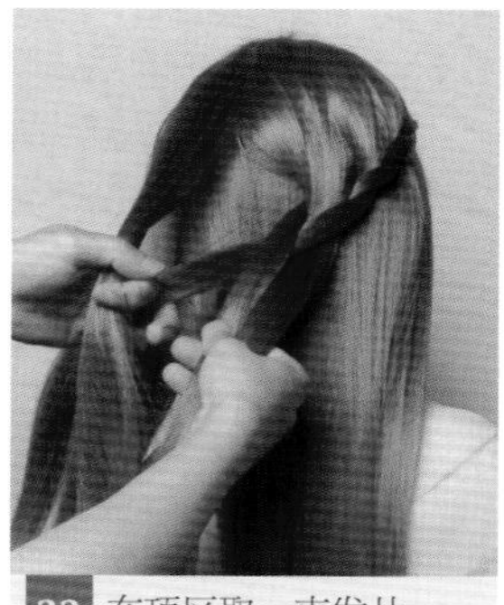

22 在顶区取一束发片。

23 将顶区的发片并入发片 C。

24 将发片 B 压在发片 C 之上。

25 将发片 A 压在发片 B 之上。

26 在顶区取一束发片。

27 将顶区的发片并入发片 A。

28 将发片 C 压在发片 A 之上。

29 将发片 B 压在发片 C 之上。

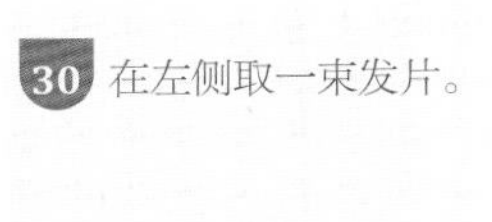

30 在左侧取一束发片。

31 将左侧的发片并入发片 B。

32 将发片 A 压在发片 B 之上。

33 将发片 C 压在发片 A 之上。

34 在左侧取一束发片。

35 将左侧的发片并入发片 C。

36 将发片 B 压在发片 C 之上。

37 将发片 A 压在发片 B 之上。

38 在左侧取一束发片。

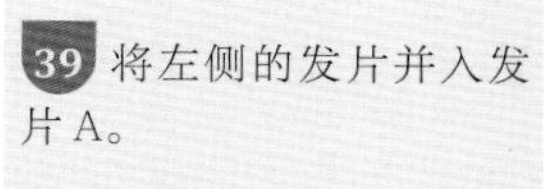

39 将左侧的发片并入发片 A。

40 将发尾进行三股编发收尾。

41 用皮筋将发尾扎起。

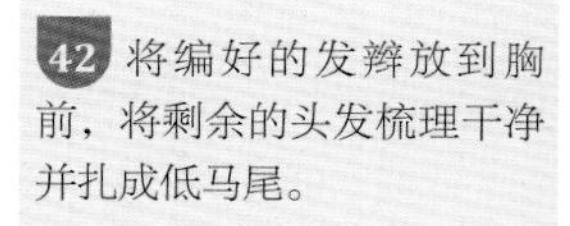

42 将编好的发辫放到胸前，将剩余的头发梳理干净并扎成低马尾。

43 将其分为 a、b、c 三束均等的发片。

44 将发片 a 压在发片 b 之上。

45 将发片 c 压在发片 a 之上。

46 将发片 b 压在发片 c 之上。

47 将发片 a 压在发片 b 之上。

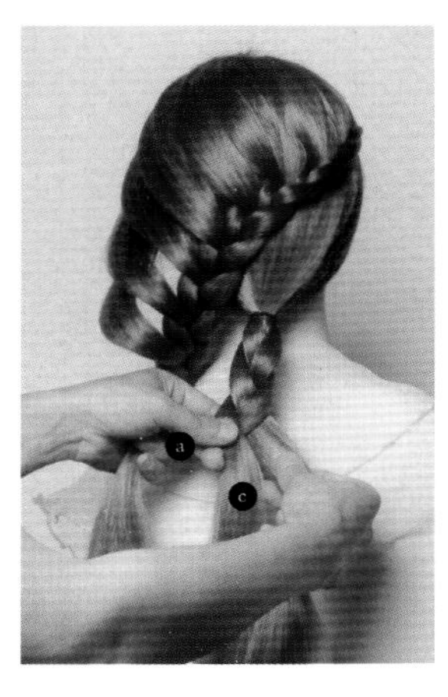

48 将发片 c 压在发片 a 之上。

49 将发片 b 压在发片 c 之上。

50 以同样的手法进行三股编发，编至发尾并将发尾用皮筋扎起。

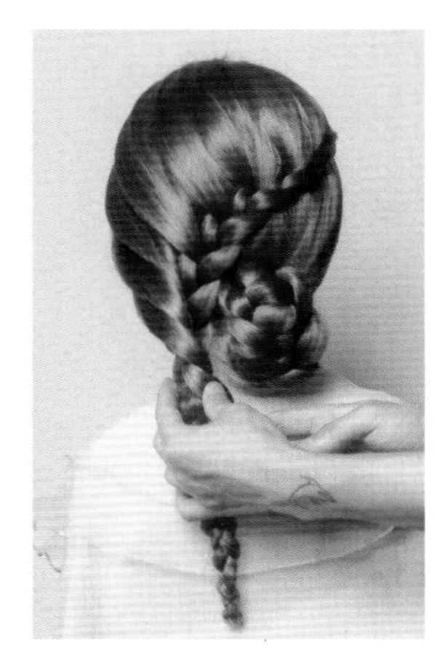

51 将发辫以转圈的方式收起。

52 将其盘成圆形发髻，用发卡固定。

53 将顶区的三股单边续发发辫置于背后。

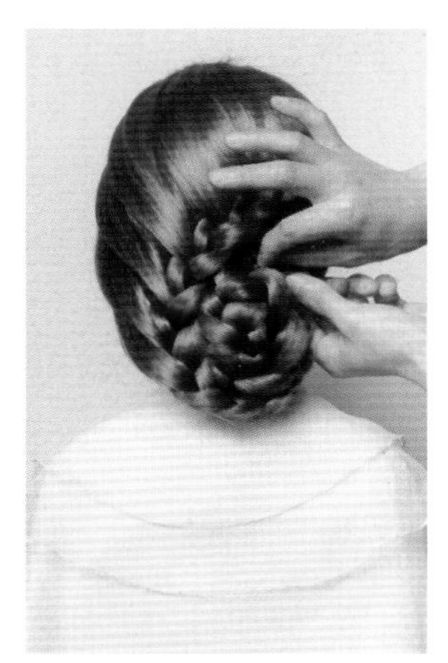

54 将发辫沿着圆形发髻的轮廓走向摆放。

55 用发卡将其固定。

56 佩戴饰品，进行点缀。

01 将所有头发梳理干净，用皮筋将头发扎成低马尾。

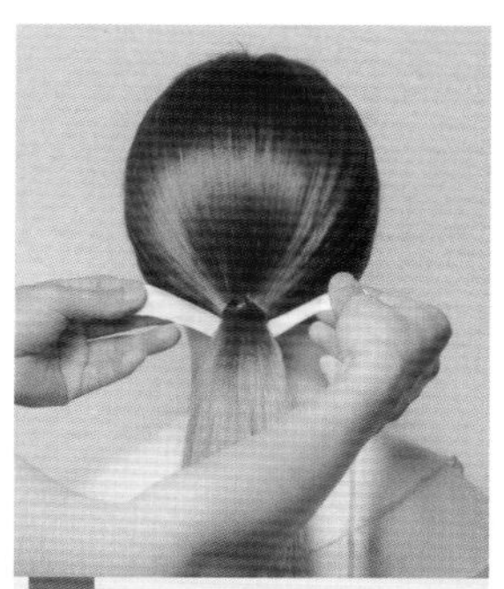

02 取一根丝带，放在马尾皮筋处。

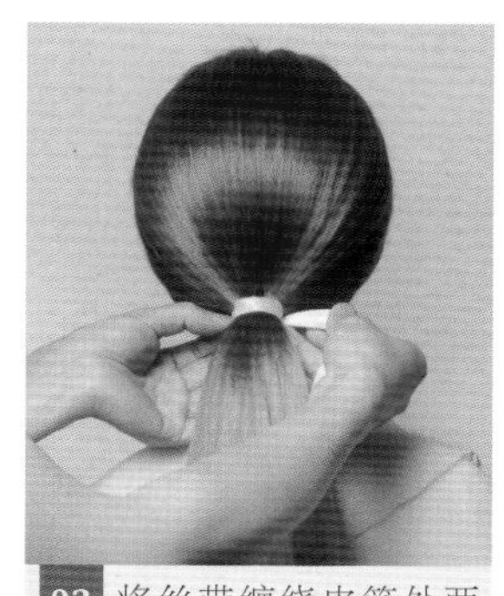

03 将丝带缠绕皮筋处两圈，系好丝带。

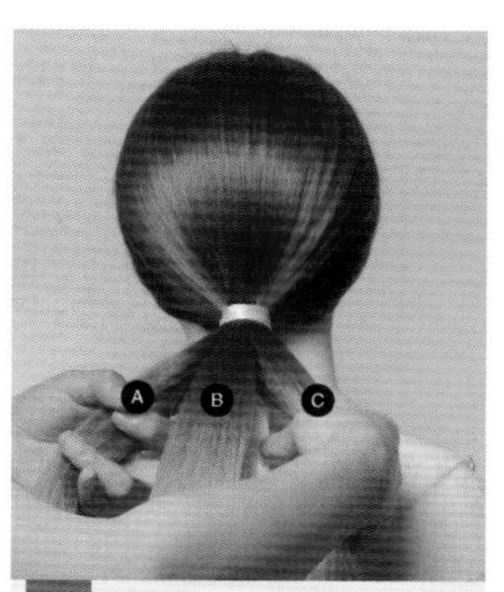

04 将发尾分为 A、B、C 三束均等的发片。

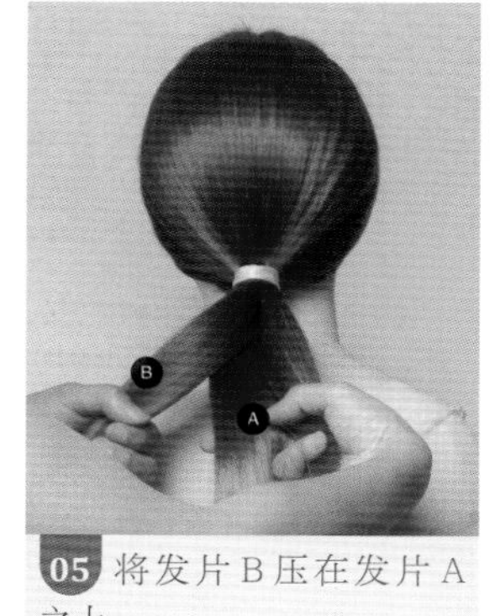

05 将发片 B 压在发片 A 之上。

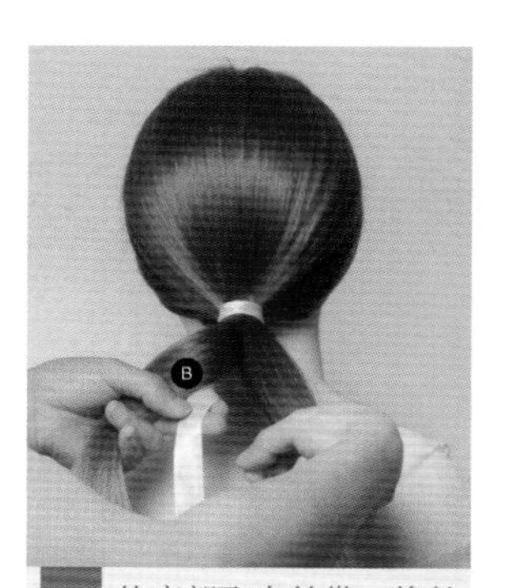

06 从底部取出丝带，将丝带暂时与发片 B 合并。

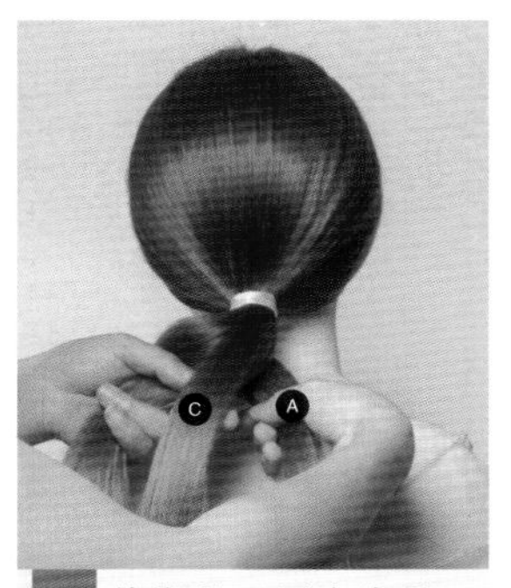

07 将发片C压在发片A之上。

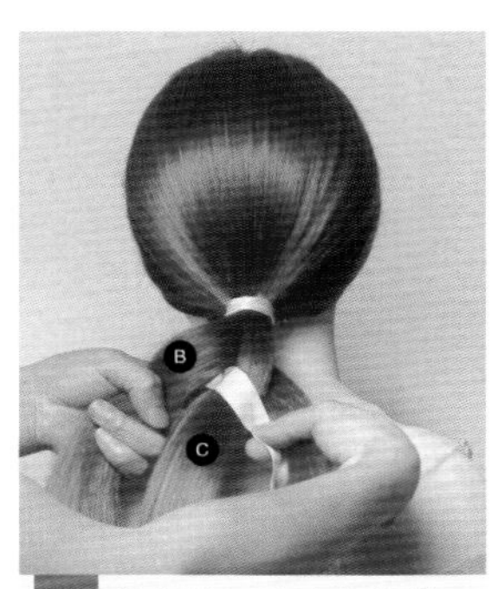

08 从发片B处取出丝带，将丝带压在发片C之上。

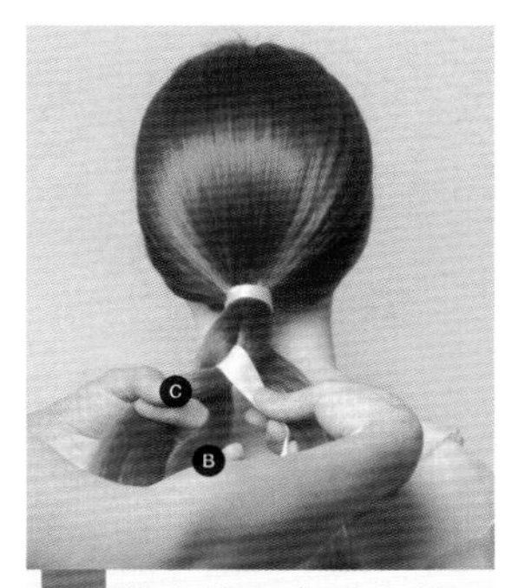

09 将发片B穿过发片C下方。

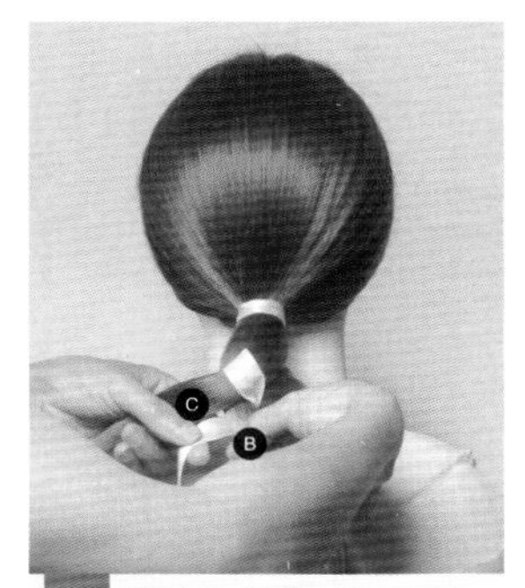

10 将丝带穿过发片B下方，将丝带暂时与发片C合并。

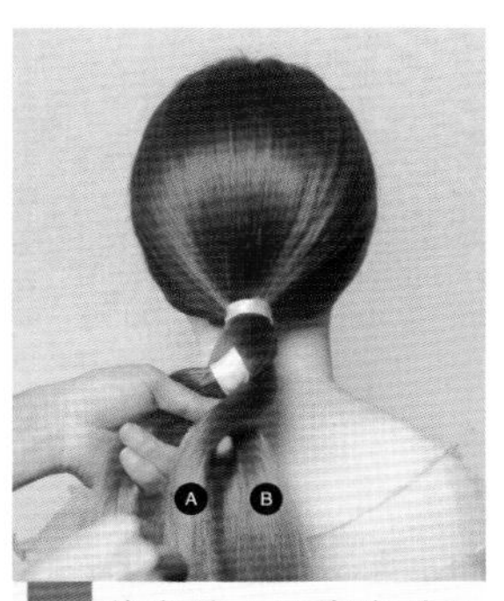

11 将发片A压在发片B之上。

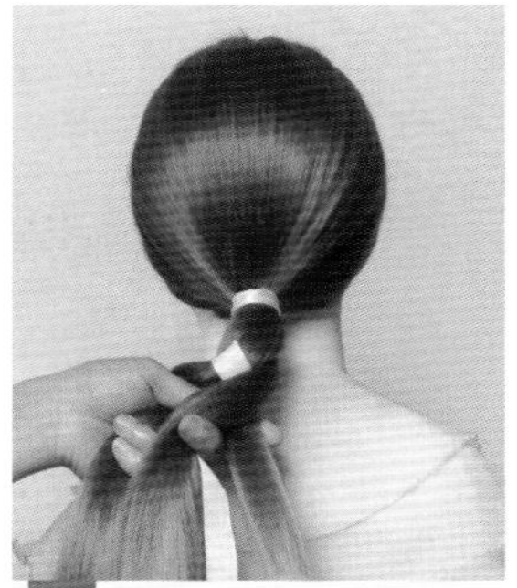

12 将三束发片整理干净、顺滑。

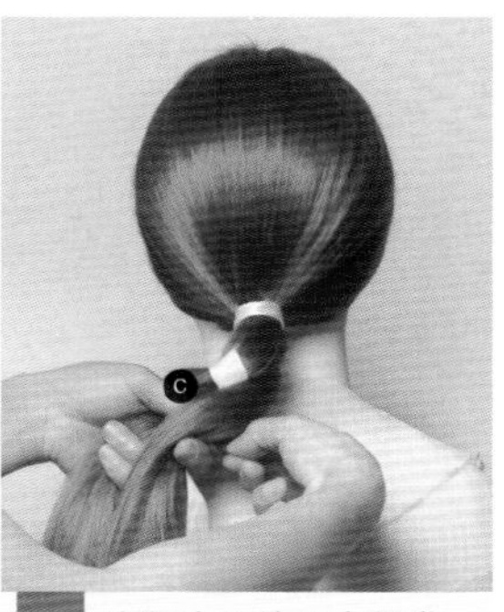

13 从发片C处取出丝带。

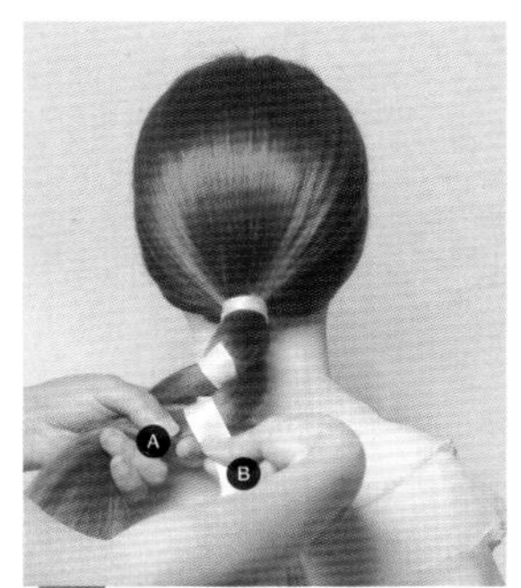

14 将丝带压在发片A之上，将丝带暂时与发片B合并。

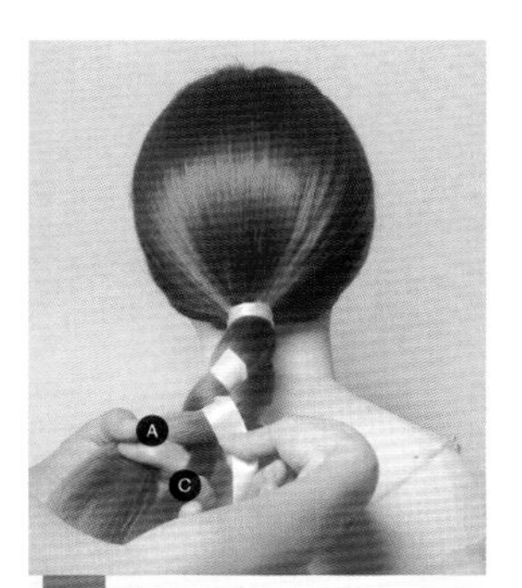

15 将发片C穿过发片A下方。

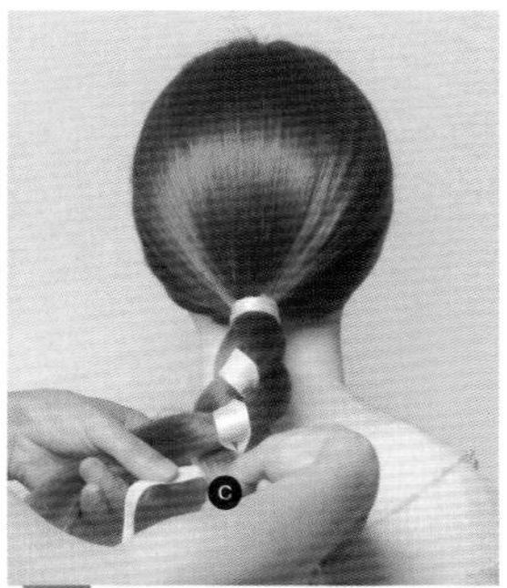

16 从发片B处取出丝带，将丝带穿过发片C下方，暂时与发片A合并。

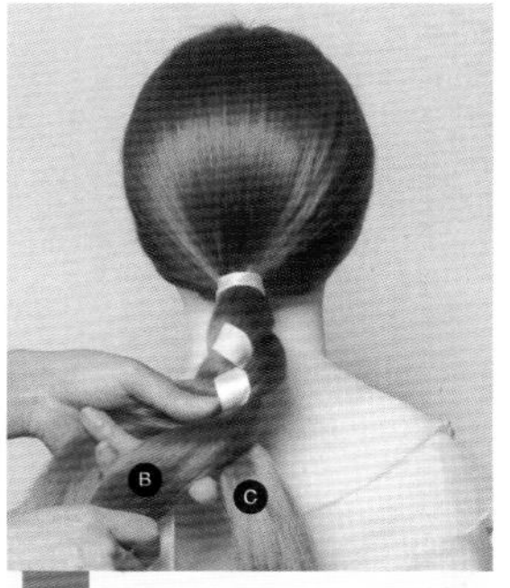

17 将发片B压在发片C之上。

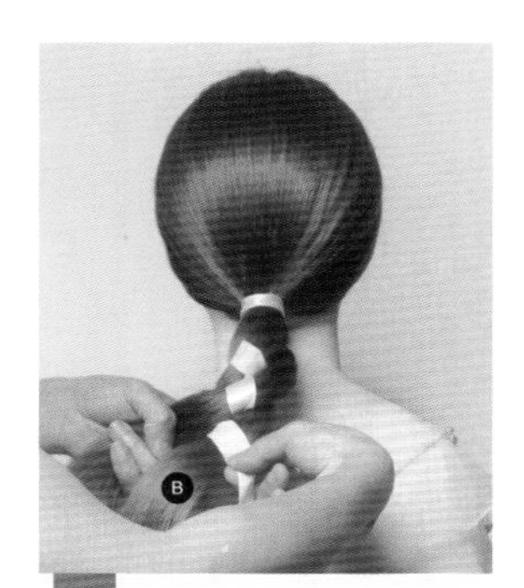

18 从发片A处取出丝带，将丝带压在发片B之上，将丝带暂时与发片C合并。

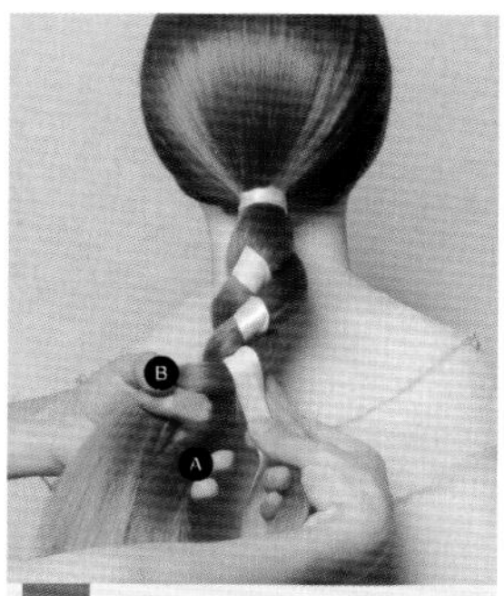

19 将发片 A 穿过发片 B 下方。

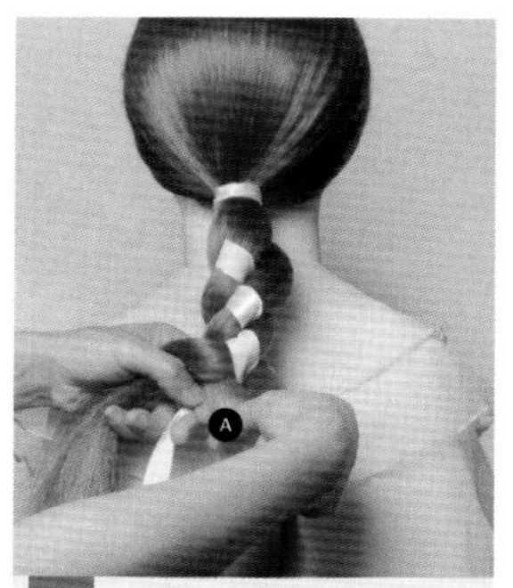

20 从发片 C 处取出丝带，将丝带穿过发片 A 下方，暂时与发片 B 合并。

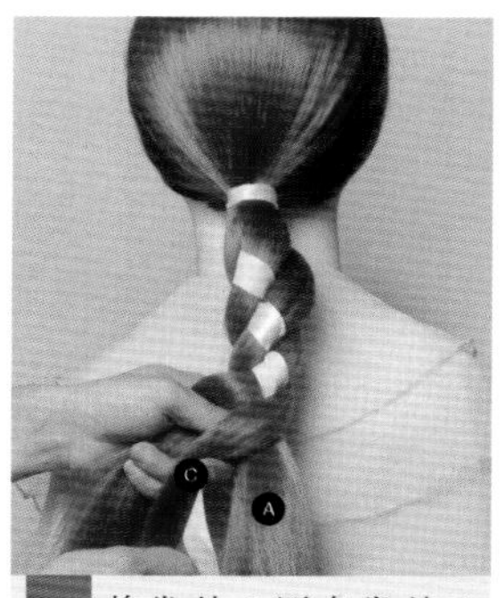

21 将发片 C 压在发片 A 之上。

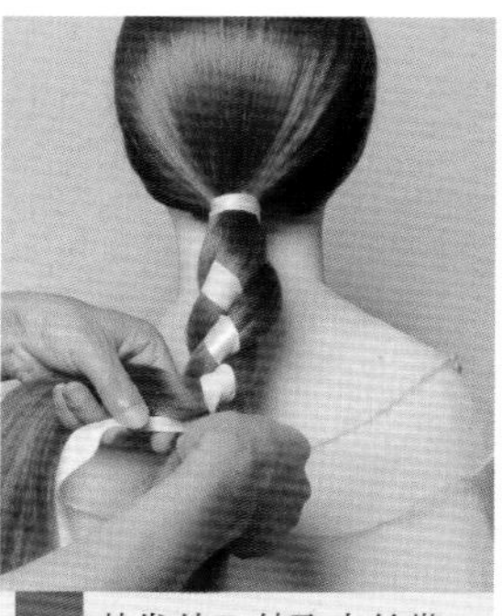

22 从发片 B 处取出丝带。

23 将丝带压在发片 C 之上，暂时与发片 A 合并。

24 将发片 B 穿过发片 C 下方。

25 从发片 A 处取出丝带。

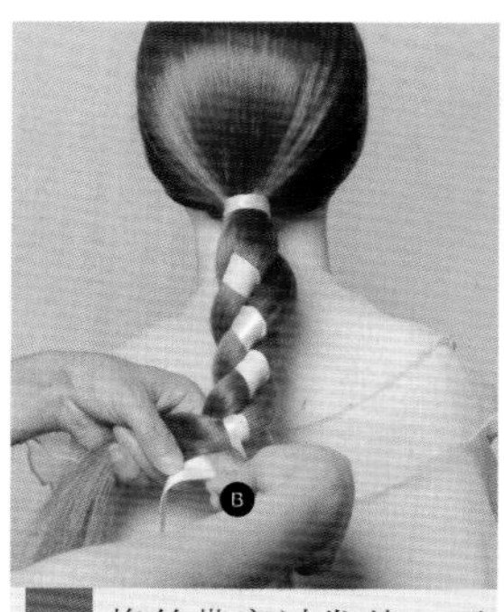

26 将丝带穿过发片 B 下方，暂时与发片 C 合并。

27 将发片 A 压在发片 B 之上。

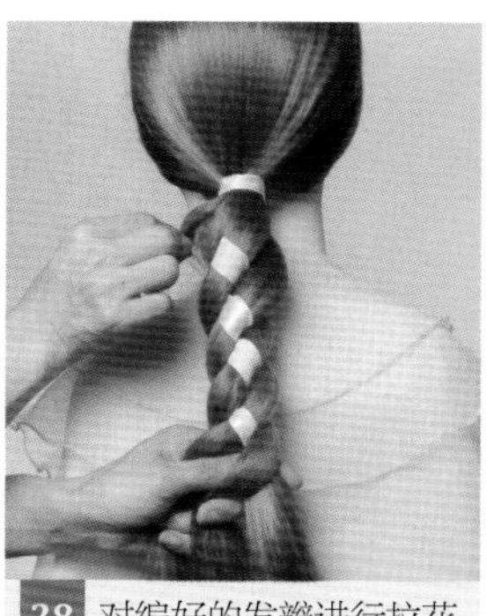

28 对编好的发辫进行拉花。

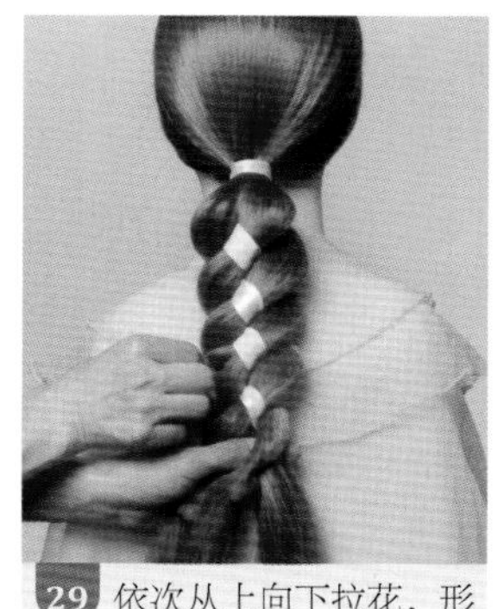

29 依次从上向下拉花，形成左右对称的轮廓。

30 从发片 C 处取出丝带，将丝带压在发片 A 之上，暂时与发片 B 合并。

31 将发片 C 穿过发片 A 下方。

32 从发片 B 处取出丝带，将丝带穿过发片 C 下方，暂时与发片 A 合并。

33 将发片 B 压在发片 C 之上。

34 从发片 A 处取出丝带，将丝带压在发片 B 之上，暂时与 C 合并。

35 将发片 A 穿过发片 B 下方。

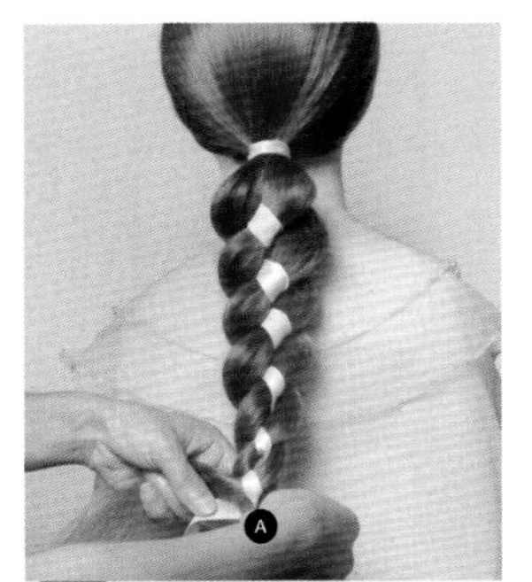

36 从发片 C 处取出丝带，将丝带穿过发片 A 下方，暂时与发片 B 合并。

37 将发片 C 压在发片 A 之上。

38 继续对编好的发辫进行拉花，以调整轮廓。

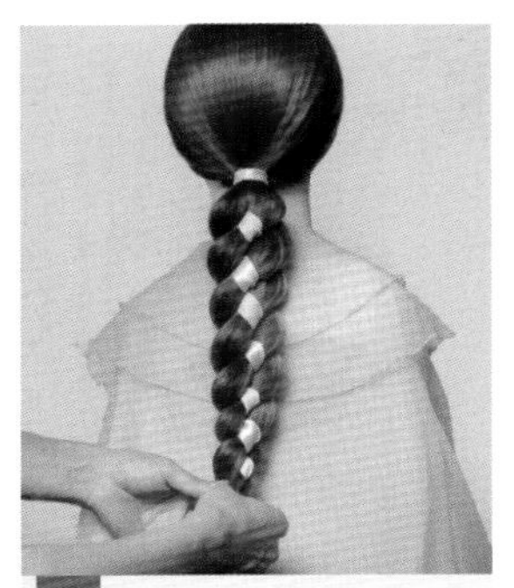

39 采用同样的手法编至发尾。

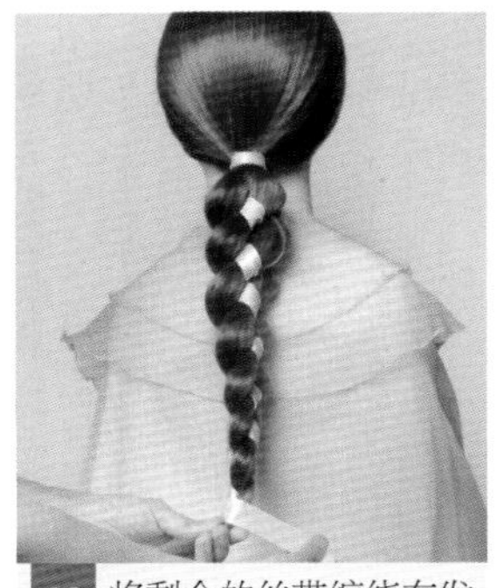

40 将剩余的丝带缠绕在发尾处。

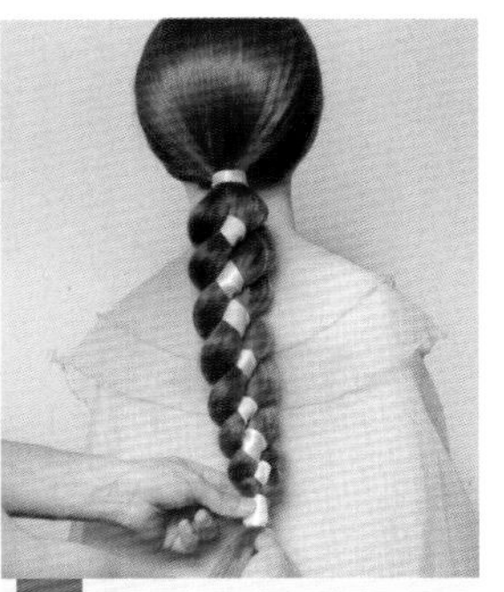

41 取发卡，将丝带与发尾竖向固定好。

42 佩戴绢花饰品，进行点缀。

41 丝带铜钱编发

扫描二维码
观看教学视频

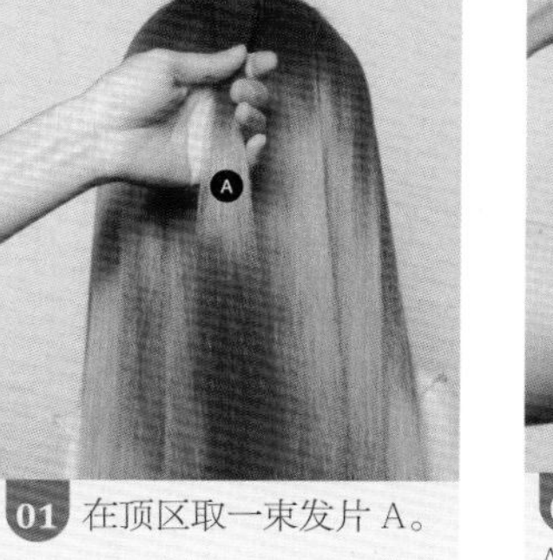

01 在顶区取一束发片 A。

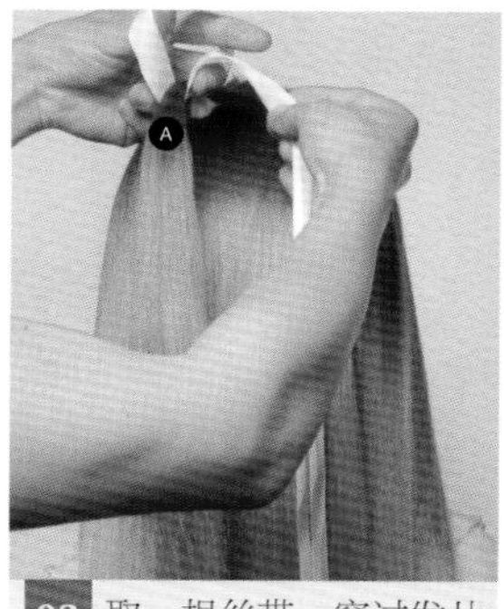

02 取一根丝带，穿过发片 A 下方。

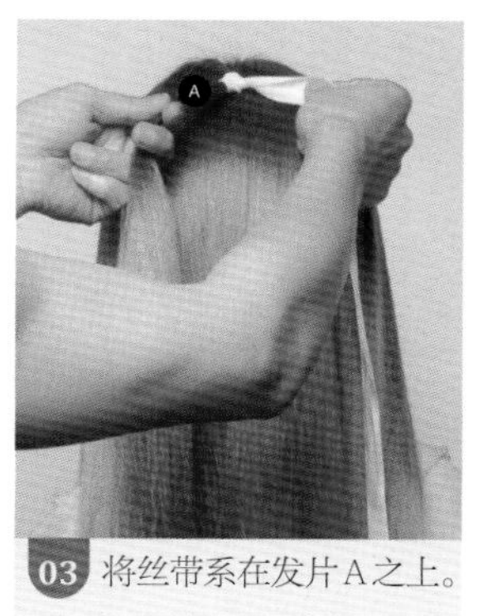

03 将丝带系在发片 A 之上。

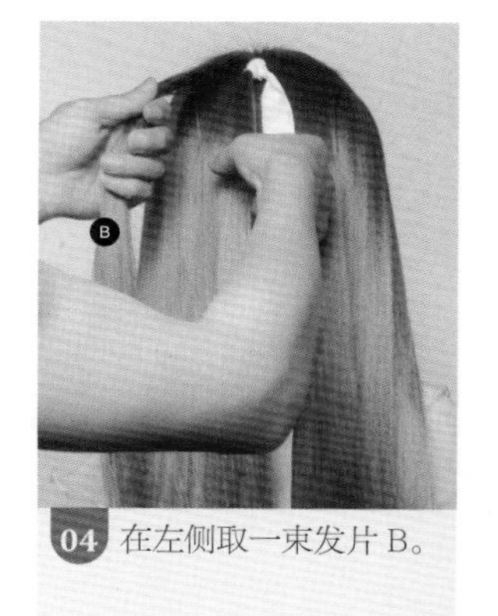

04 在左侧取一束发片 B。

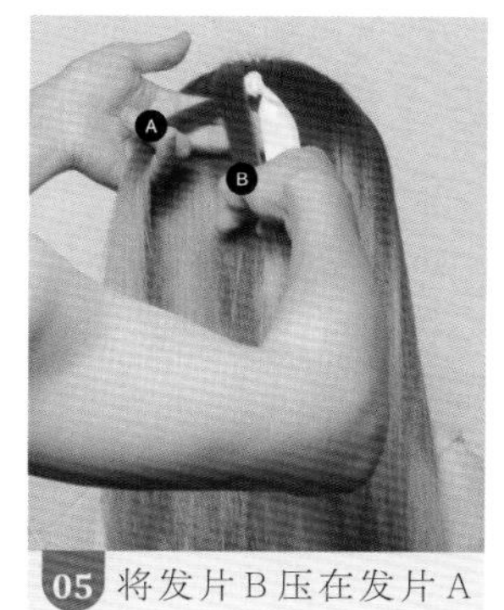

05 将发片 B 压在发片 A 之上。

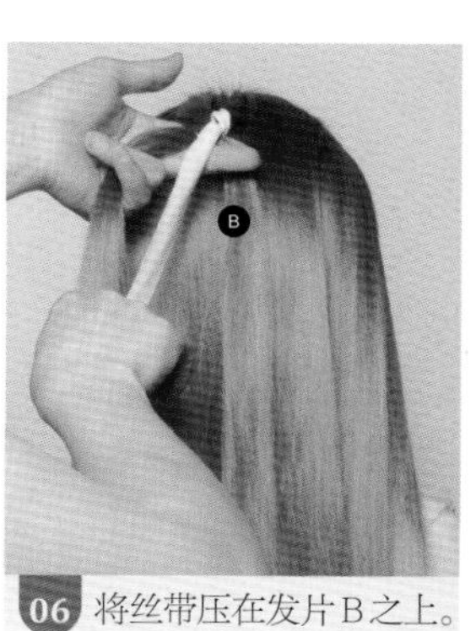

06 将丝带压在发片 B 之上。

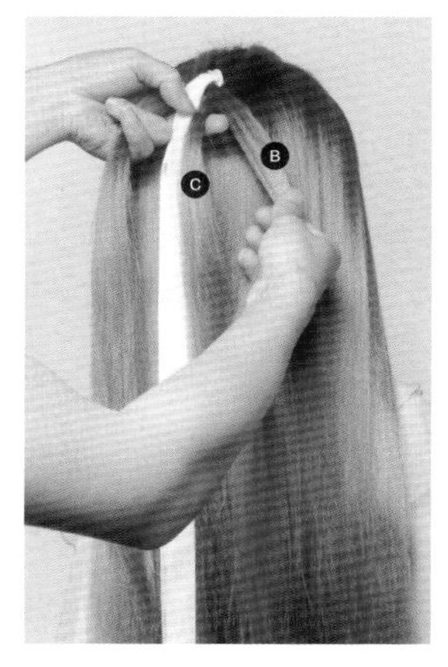

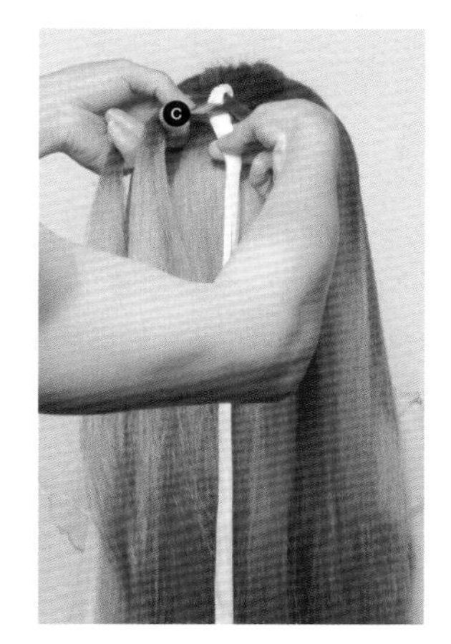

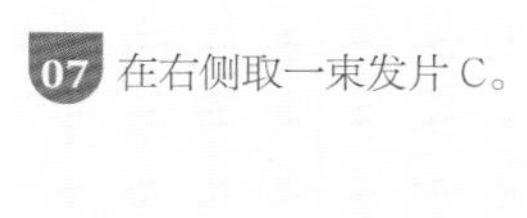

07 在右侧取一束发片 C。

08 将发片 C 穿过发片 B 下方。

09 将发片 C 压在丝带之上。

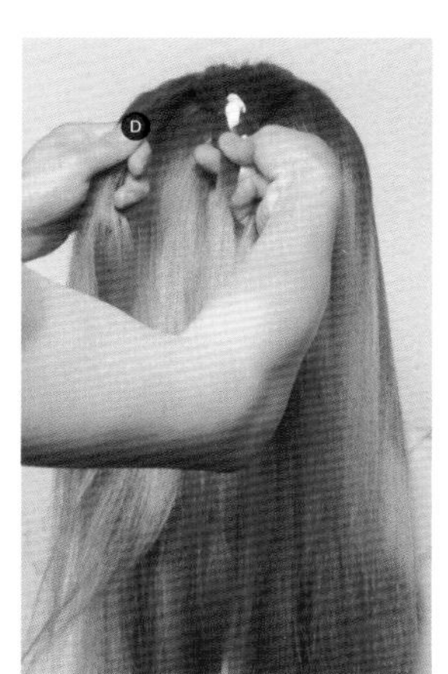

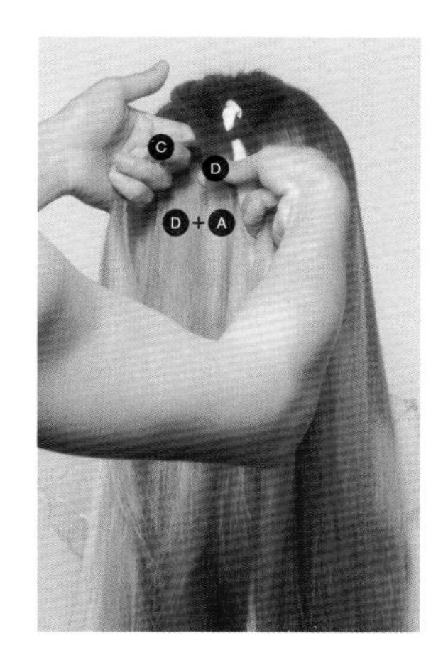

10 将发片 C 穿过发片 A 下方。

11 在左侧取一束发片 D。

12 将发片 D 压在发片 C 之上，并将发片 D 并入发片 A。

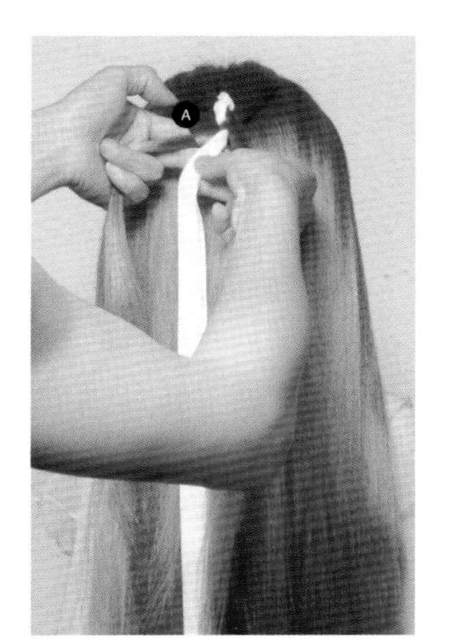

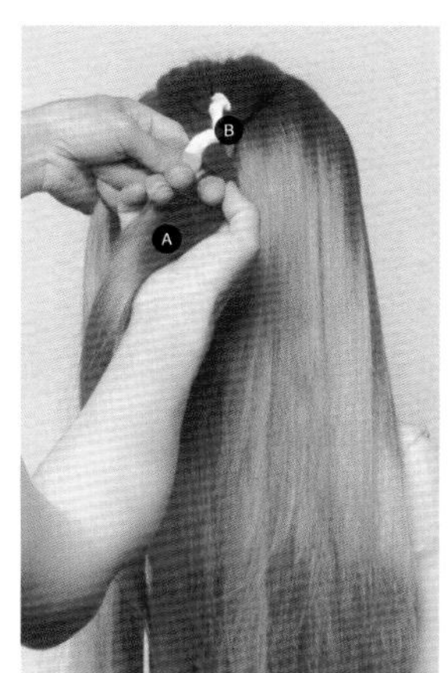

13 将发片 A 穿过丝带下方。

14 将发片 B 穿过发片 A 下方。

15 在右侧取一束发片 E。

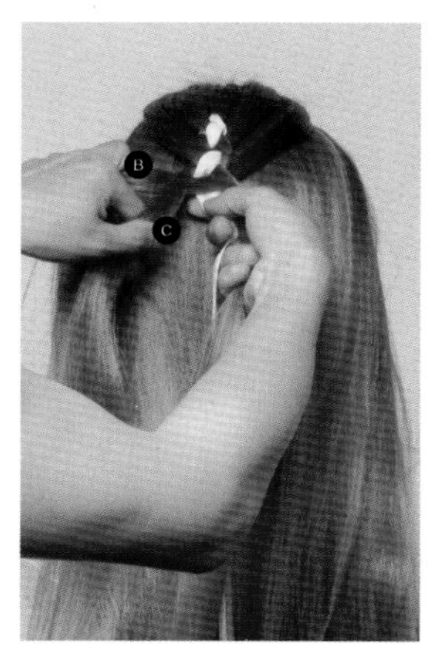

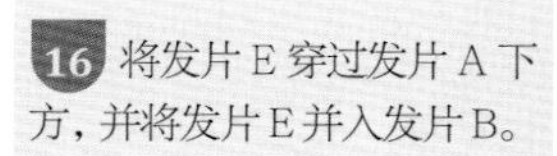

16 将发片E穿过发片A下方，并将发片E并入发片B。

17 将发片C压在发片B之上。

18 在左侧取一束发片F。

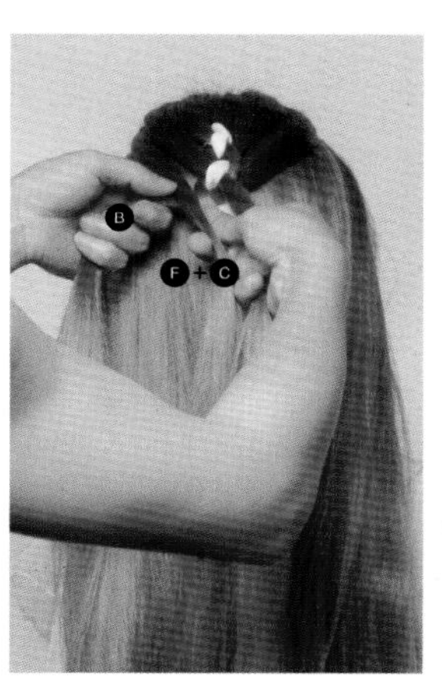

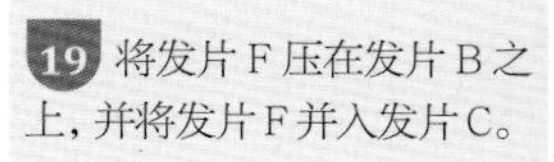

19 将发片F压在发片B之上，并将发片F并入发片C。

20 将丝带压在发片C之上。

21 将发片A穿过发片C下方。

22 将发片C用大拇指挑起，在右侧取一束发片G。

23 将发片G向左拉。

24 将发片G穿过发片C下方，并将发片G并入发片A。将发片C放下，并将发片A压在丝带之上。

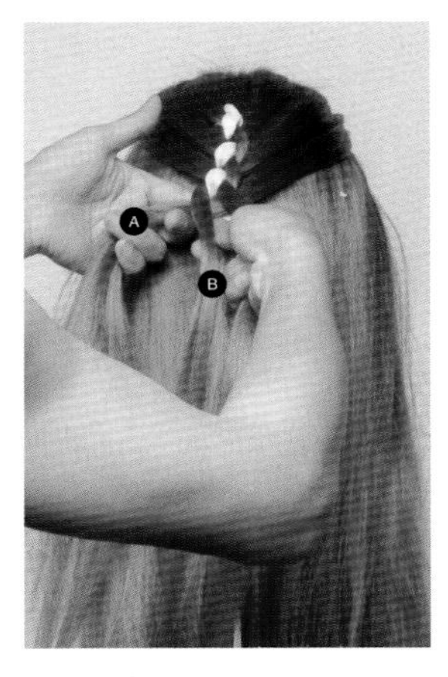

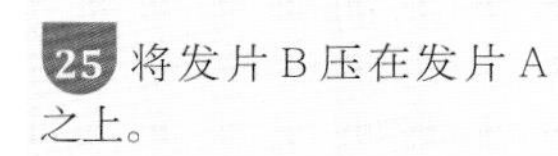

25 将发片 B 压在发片 A 之上。

26 在左侧取一束发片 H。

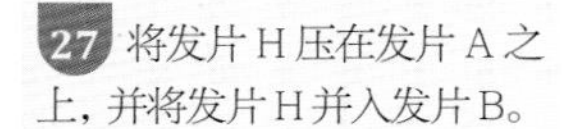

27 将发片 H 压在发片 A 之上，并将发片 H 并入发片 B。

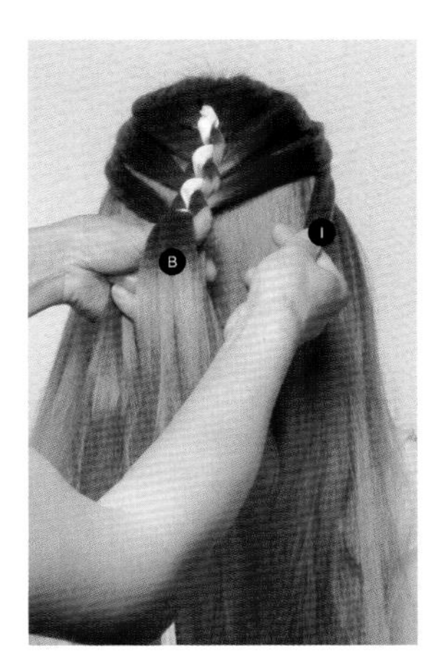

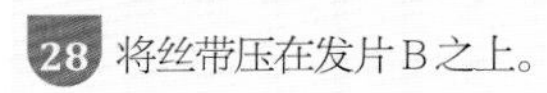

28 将丝带压在发片 B 之上。

29 将发片 C 穿过发片 B 下方。

30 将发片 B 用大拇指挑起，在右侧取一束发片 I。

31 将发片 I 穿过发片 B 下方，并将发片 I 并入发片 C，再将发片 B 放下。

32 将发片 C 压在丝带之上。

33 将发片 A 压在发片 C 之上。

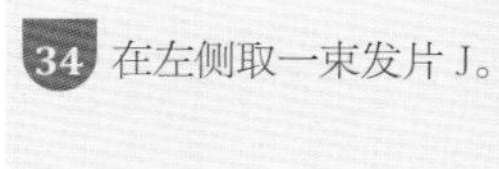

34 在左侧取一束发片 J。

35 将发片 J 压在发片 C 之上，并将发片 J 并入发片 A。

36 将丝带压在发片 A 之上。

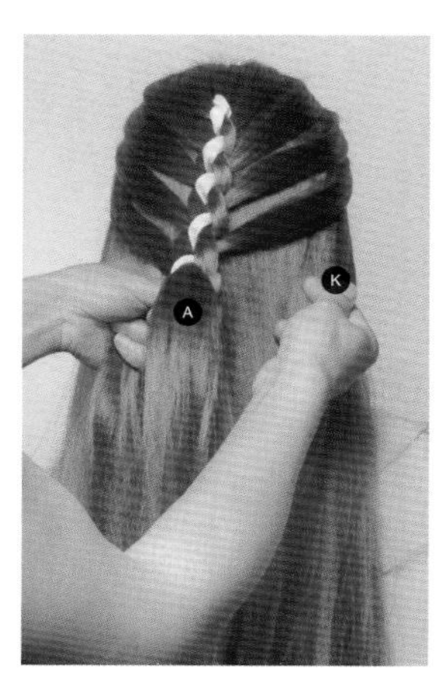

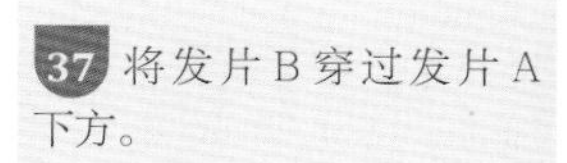

37 将发片 B 穿过发片 A 下方。

38 将发片 A 用大拇指挑起，在右侧取一束发片 K。

39 将发片 K 穿过发片 A 下方，并将发片 K 并入发片 B，再将发片 A 放下。

40 将发片B压在丝带之上。

41 以同样的手法，继续在右侧取发片续入编发。

42 在左侧取发片进行续入编发。

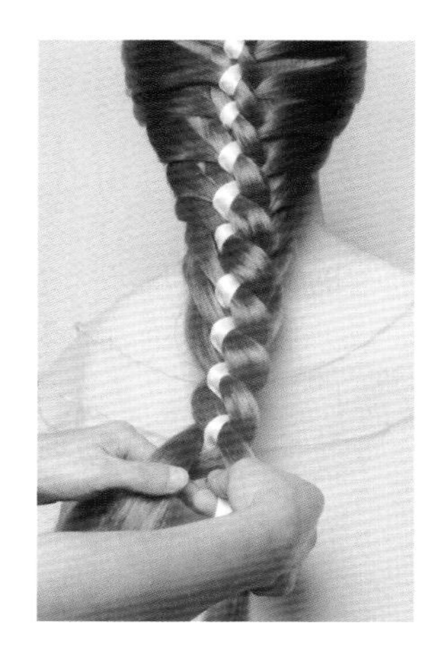

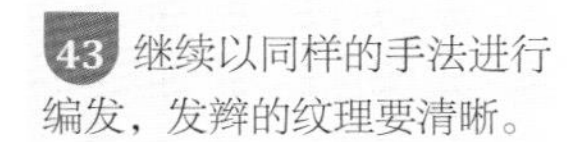

43 继续以同样的手法进行编发，发辫的纹理要清晰。

44 在编发的过程中发辫要编得略微紧一些。

45 编发时注意发辫左右轮廓要对称。

46 依次编至发尾。

47 握紧发辫尾端，将发辫左右边缘的轮廓进行调整。

48 将发尾用丝带扎起。

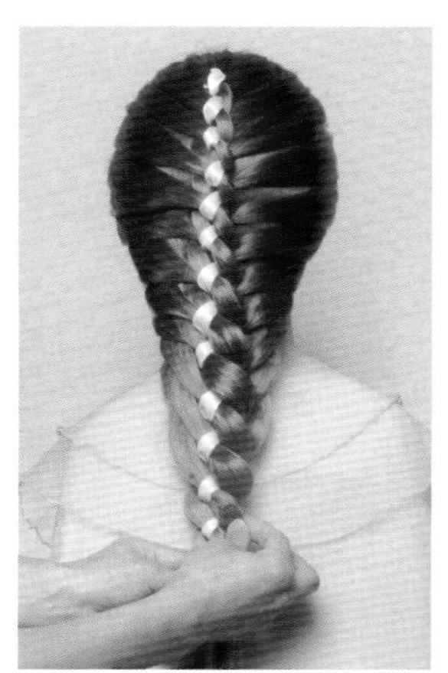

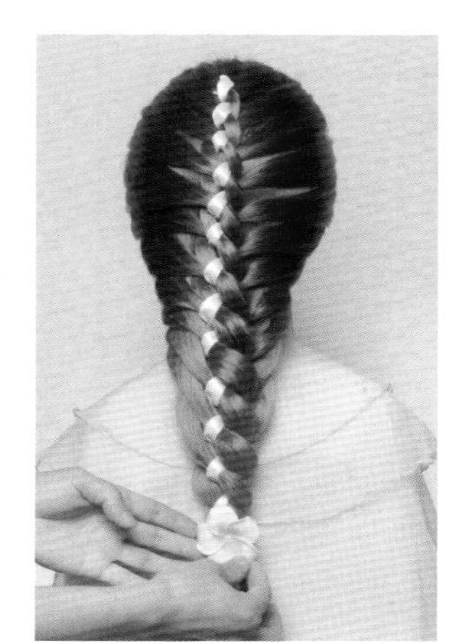

49 将多余的丝带用于缠绕发结。

50 取发卡将丝带固定。

51 佩戴绢花饰品，进行点缀。

42

丝带创意编发

扫描二维码
观看教学视频

01 在顶区取一束发片，并用丝带扎起。

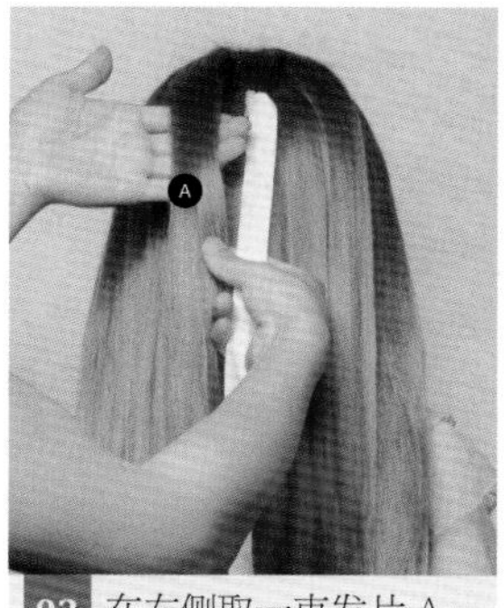

02 在左侧取一束发片 A。

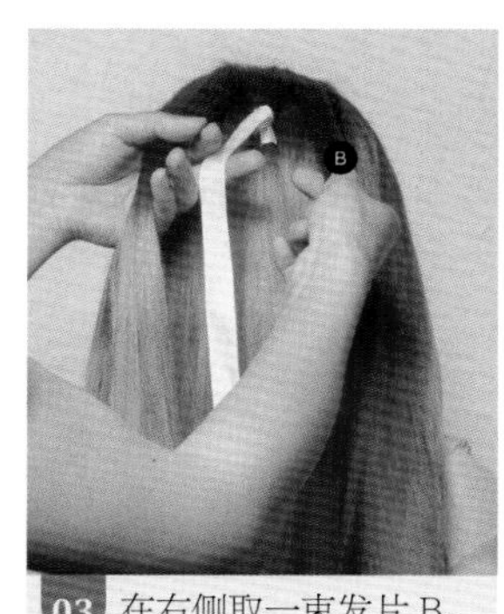

03 在右侧取一束发片 B。

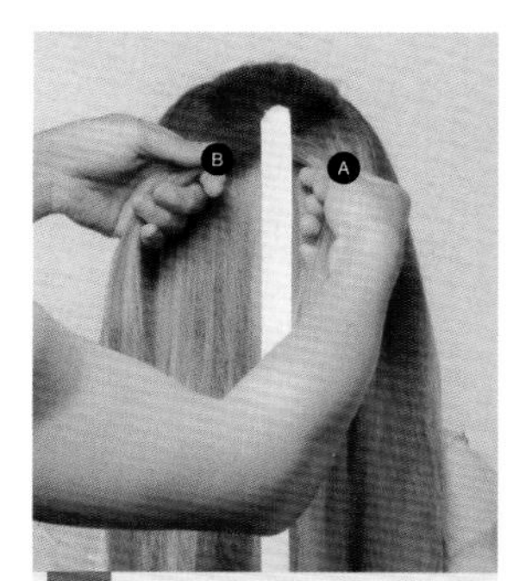

04 将发片 B 压在发片 A 之上，将丝带拉至上方。

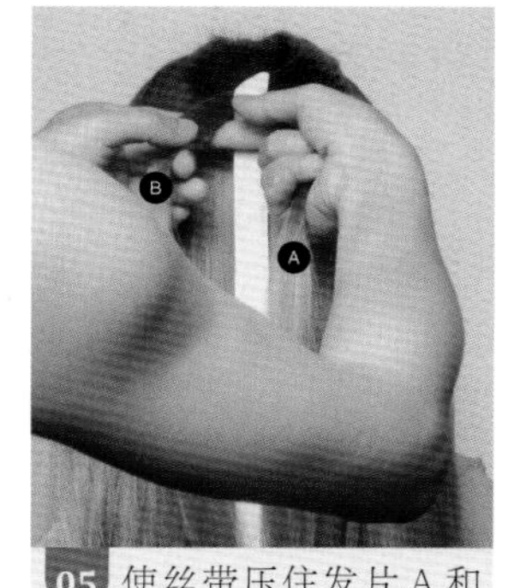

05 使丝带压住发片 A 和发片 B。

06 在右侧取一束发片 C。

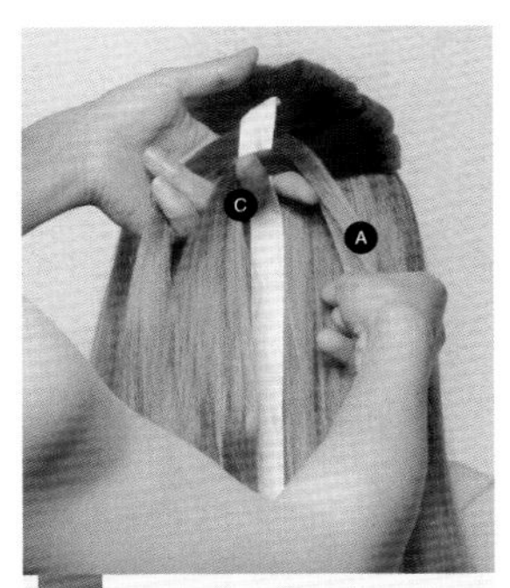

07 将发片C穿过发片A下方。

08 将发片B用大拇指挑起。

09 在左侧取一束发片D。

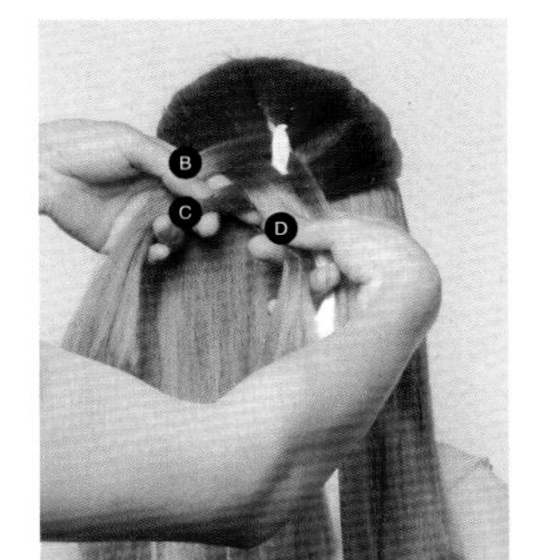

10 将发片D穿过发片B下方，压在发片C之上，将发片B放下。

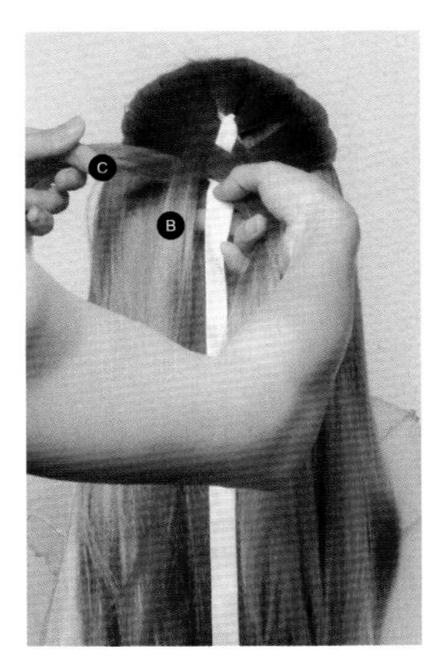

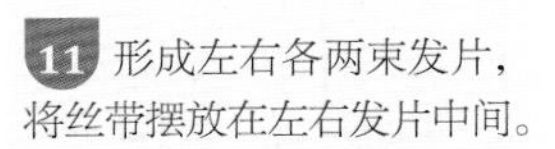

11 形成左右各两束发片，将丝带摆放在左右发片中间。

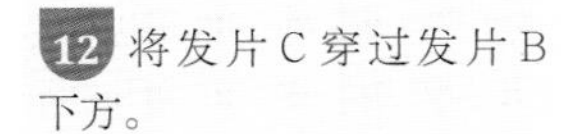

12 将发片C穿过发片B下方。

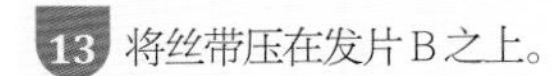

13 将丝带压在发片B之上。

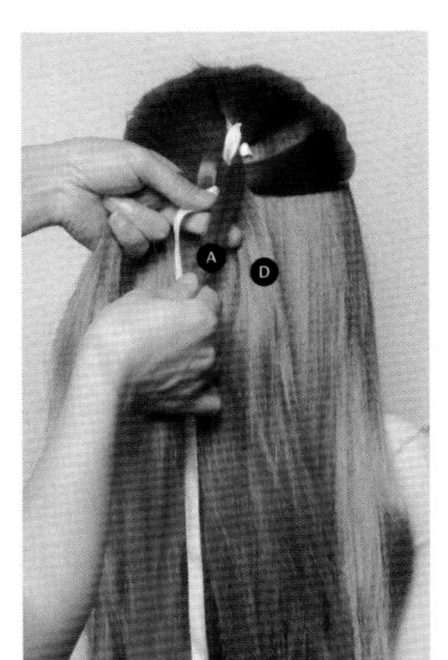

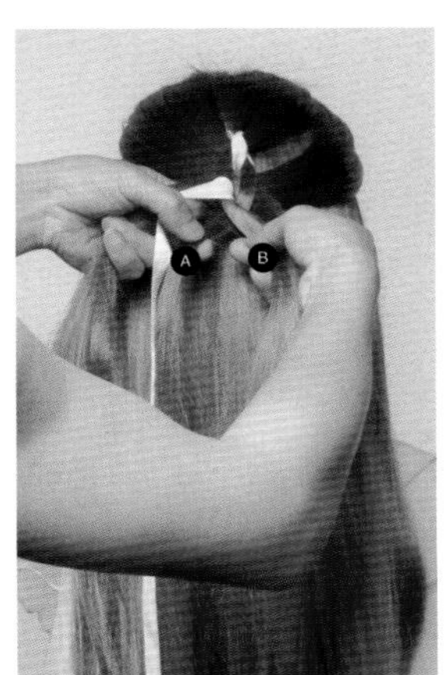

14 将发片A压在发片D之上。

15 将发片A穿过发片B下方。

16 将丝带摆放在中间。

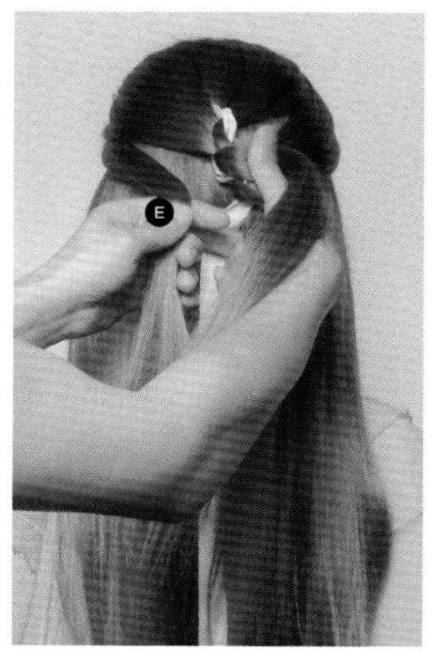

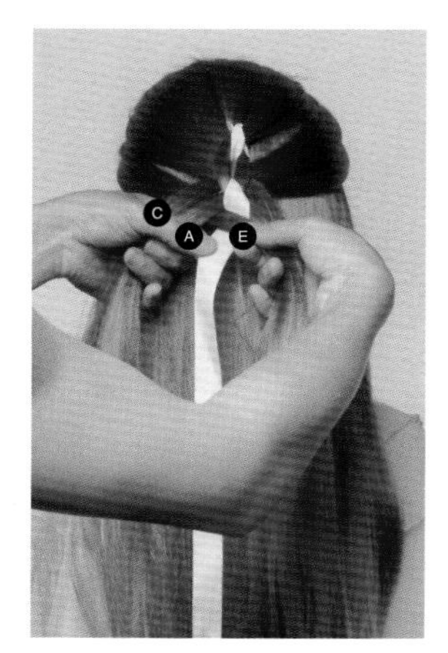

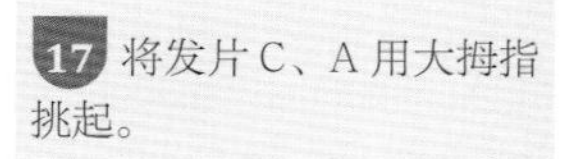

17 将发片 C、A 用大拇指挑起。

18 在左侧取一束发片 E。

19 将发片 E 穿过发片 C、A 下方，压在丝带上，将发片 C、A 放下。

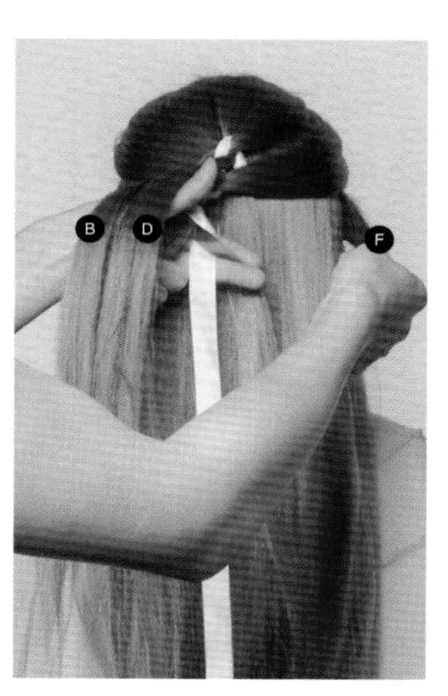

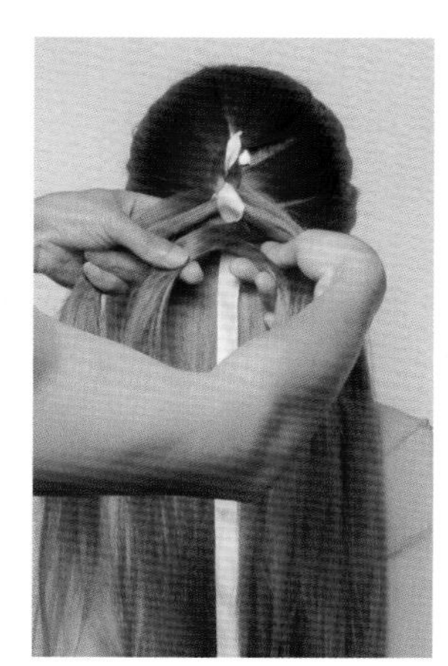

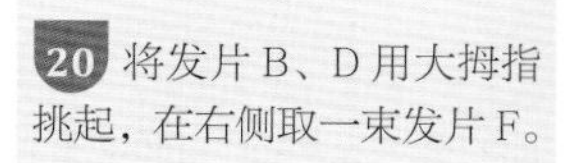

20 将发片 B、D 用大拇指挑起，在右侧取一束发片 F。

21 将发片 F 穿过发片 B、D 下方，压在发片 E 之上。

22 将发片 B、D 放下，形成左右各三束发片。

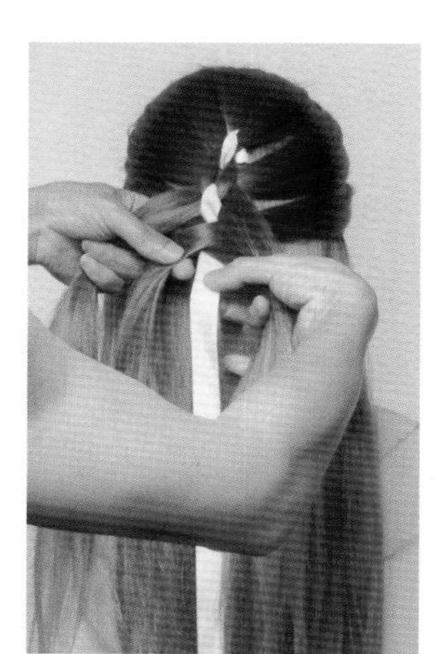

23 将丝带摆放在左右发片中间。

24 取出发片 A。

25 将发片 A 压在发片 F 之上，穿过丝带下方。

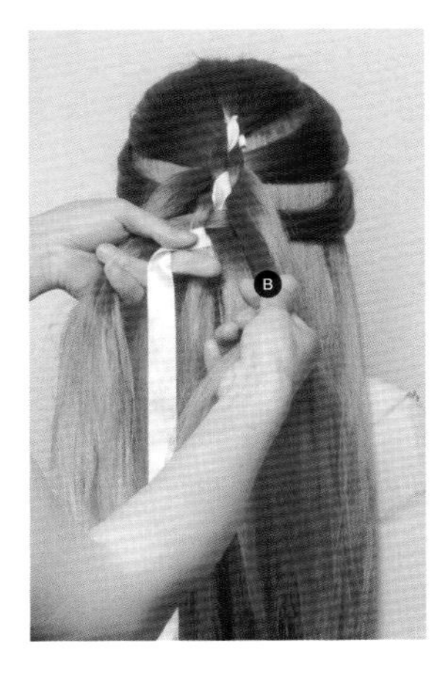

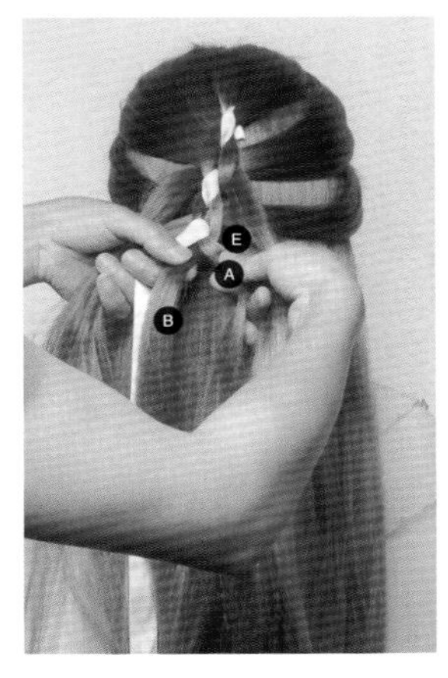

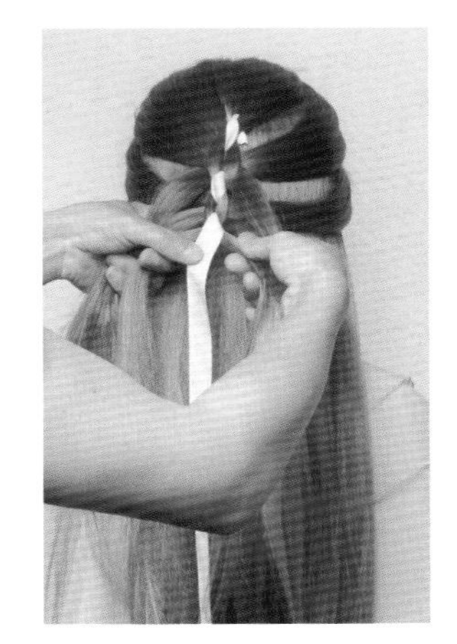

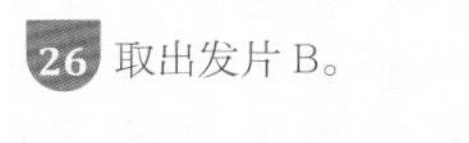

26 取出发片 B。

27 将发片 B 压在发片 E 之上，穿过丝带与发片 A 下方。

28 将丝带摆放在左右发片中间。

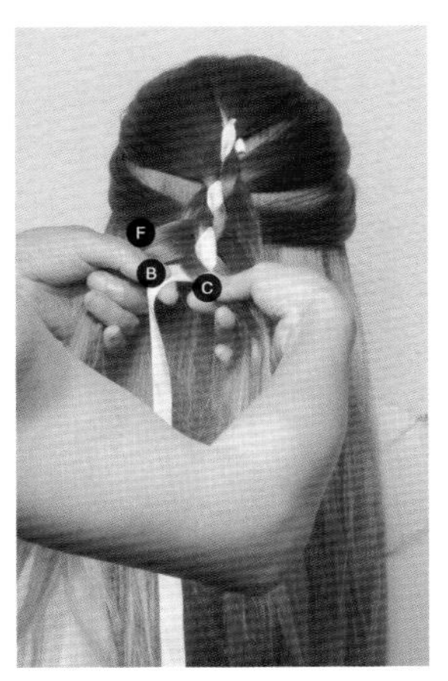

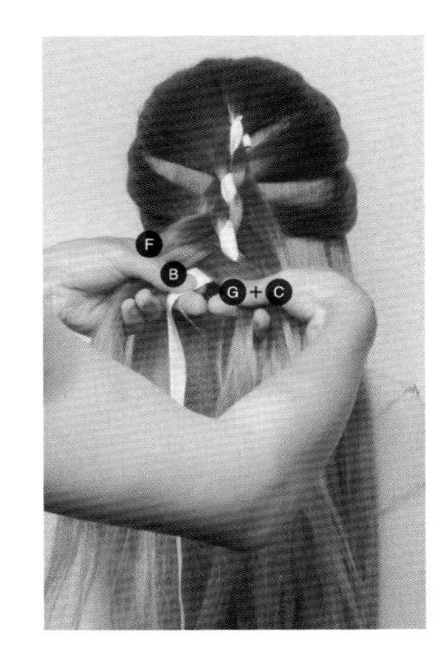

29 将发片 C 穿过发片 F、B 下方，压在丝带之上。

30 将发片 F、B 用大拇指挑起，在左侧取一束发片 G。

31 将发片 G 穿过发片 F、B 下方，压在丝带之上，并入发片 C，再将发片 F、B 放下。

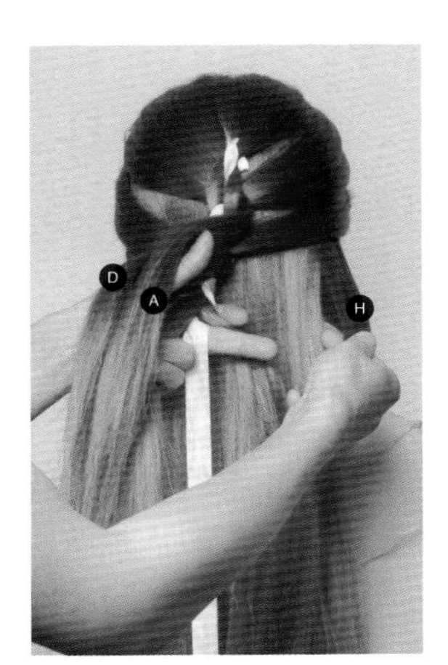

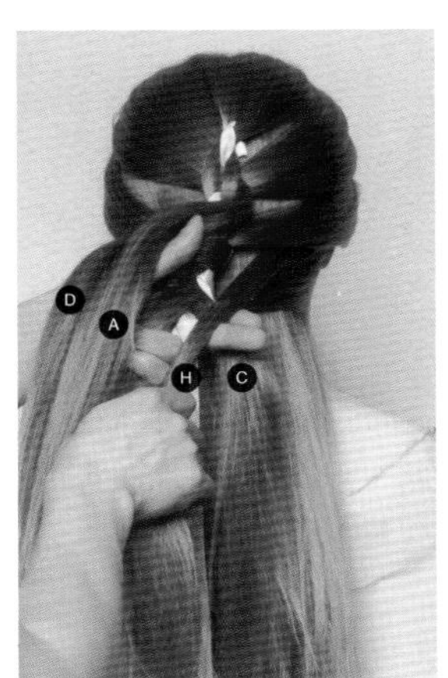

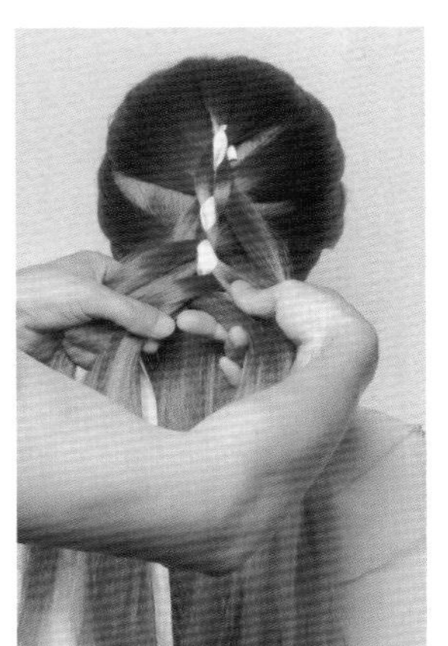

32 将发片 D、A 用大拇指挑起，在右侧取一束发片 H。

33 将发片 H 穿过发片 D、A 下方，压在发片 C 之上。

34 将左右发片进行提拉，使发辫紧致一些。

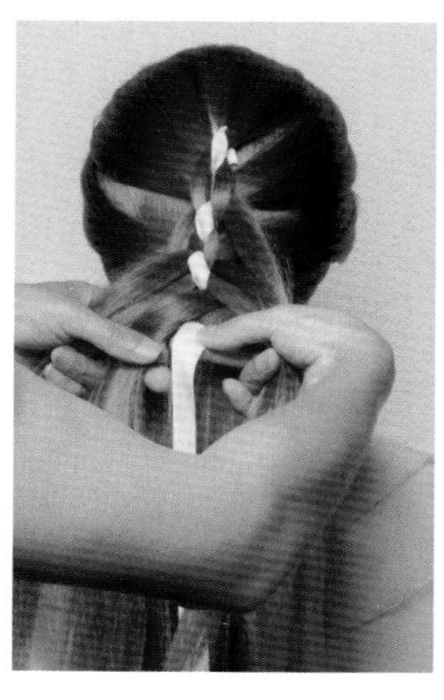

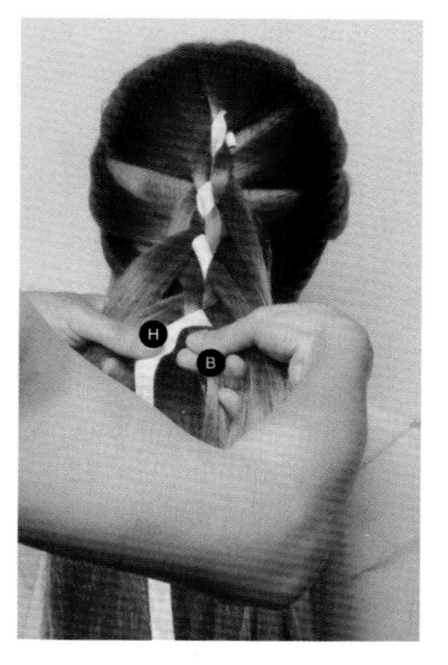

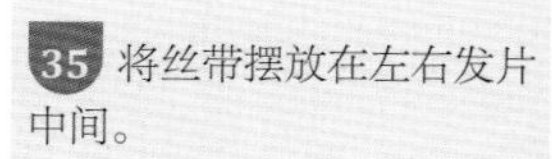

35 将丝带摆放在左右发片中间。

36 将发片 B 压在发片 H 之上，穿过丝带下方。

37 取出发片 A。

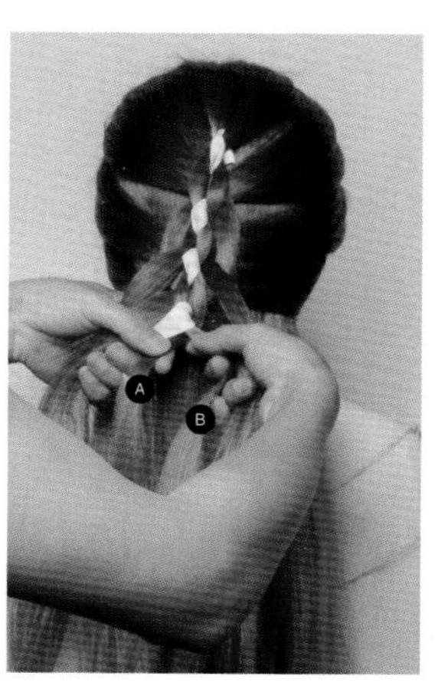

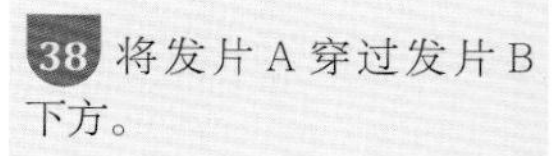

38 将发片 A 穿过发片 B 下方。

39 将丝带摆放在左右发片中间。

40 将发片 F 穿过发片 H、A 下方。

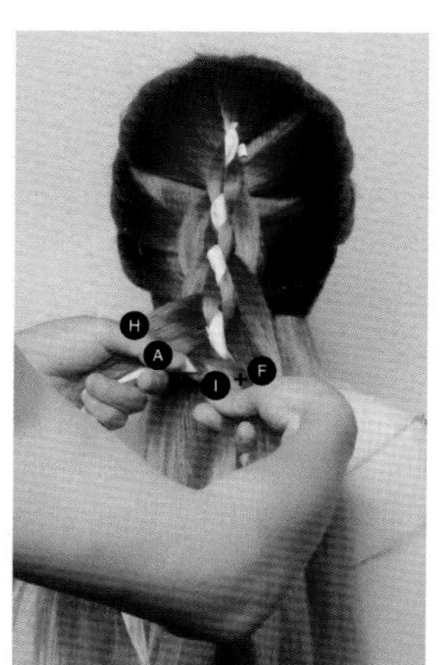

41 在左侧取一束发片 I。

42 将发片 I 穿过发片 H、A 下方，压在丝带之上，并将发片 I 并入发片 F。

43 将发片 D 提起，并将发片 B 穿过发片 D 下方，压在发片 F 之上。

44 在右侧取一束发片 J。

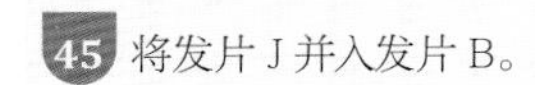
45 将发片 J 并入发片 B。

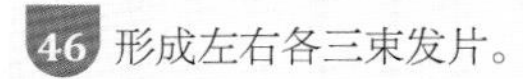
46 形成左右各三束发片。

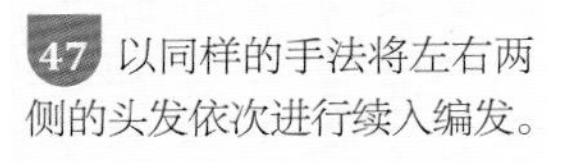
47 以同样的手法将左右两侧的头发依次进行续入编发。

48 将丝带摆放在左右发片中间。

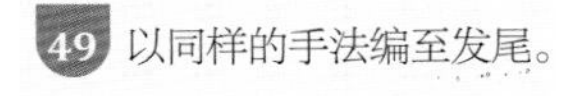
49 以同样的手法编至发尾。

50 将发尾用皮筋扎起。

51 将两侧发辫进行拉扯，调整发辫的轮廓和纹理。

52 佩戴饰品，进行点缀。

43

两股绕绳马尾编发

扫描二维码
观看教学视频

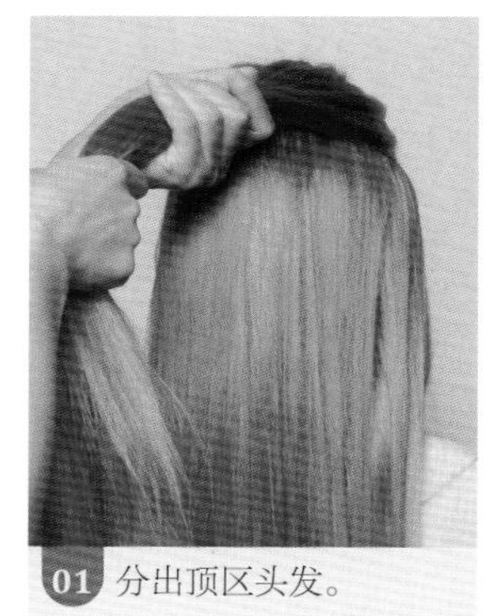

01 分出顶区头发。

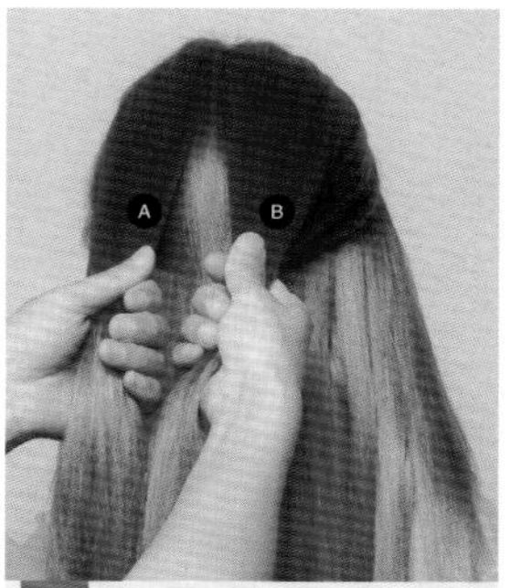

02 将顶区头发分成A、B两束均等的发片。

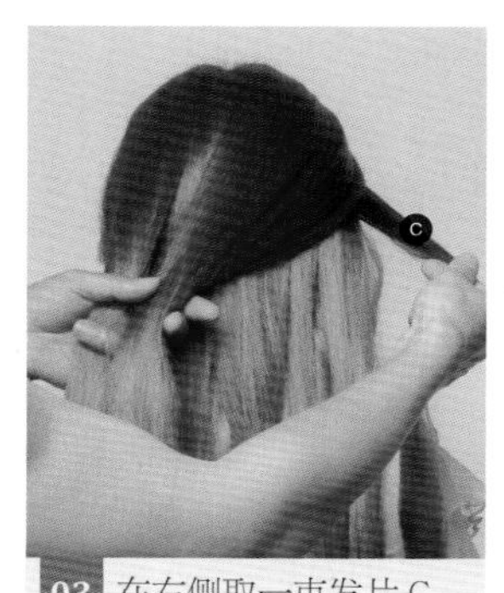

03 在右侧取一束发片C。

04 将发片C梳理干净、顺滑。

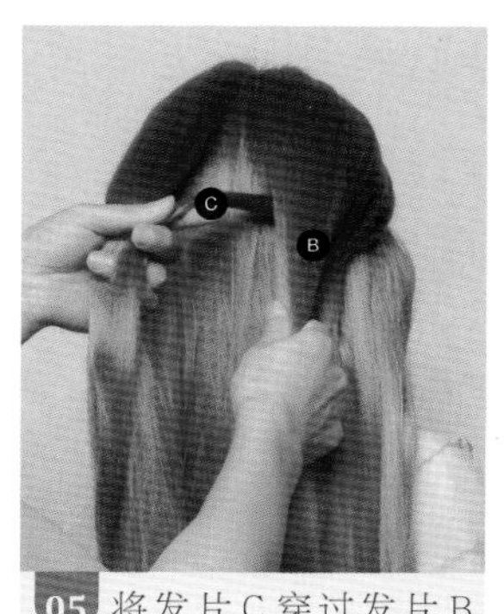

05 将发片C穿过发片B下方。

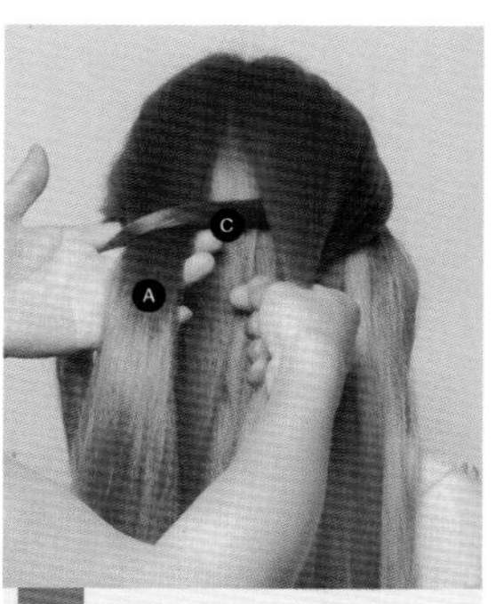

06 将发片C压在发片A之上。

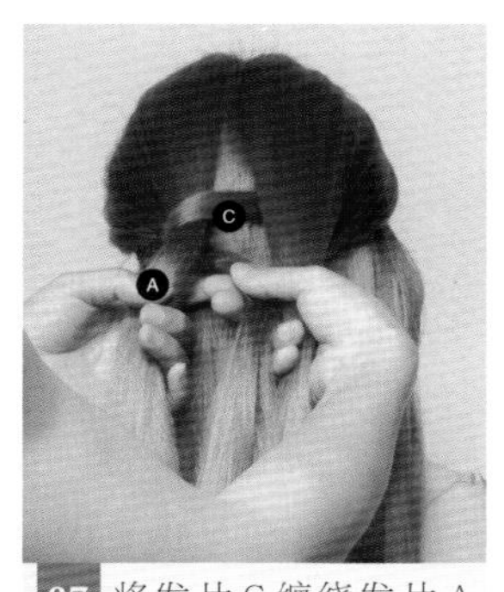

07 将发片C缠绕发片A半圈。

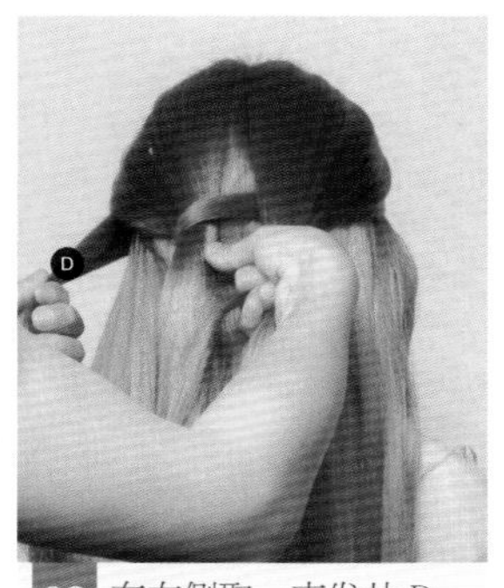

08 在左侧取一束发片D。

09 将发片D穿过发片A下方，并将发片D并入发片C。

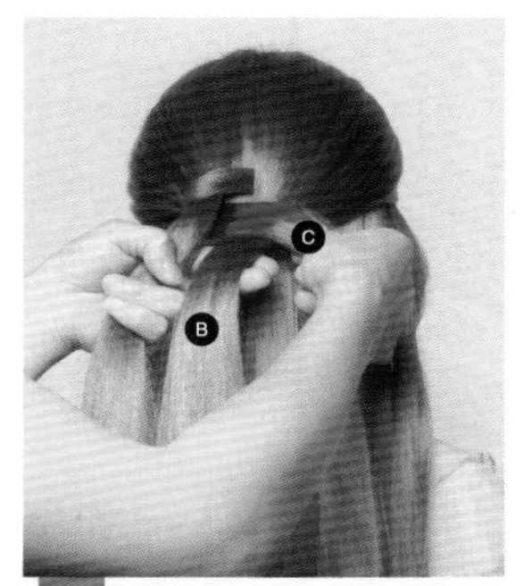

10 将发片C压在发片B之上。

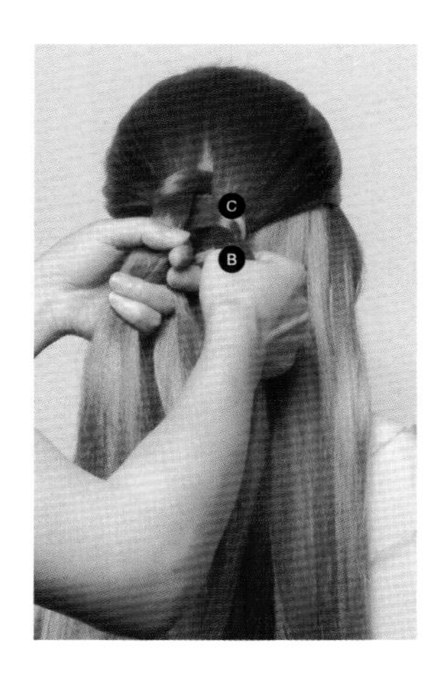

11 将发片C缠绕发片B半圈。

12 在右侧取一束发片E。

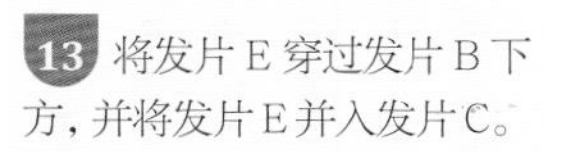

13 将发片E穿过发片B下方，并将发片E并入发片C。

14 将发片C压在发片A之上，缠绕发片A半圈。

15 在左侧取一束发片F。

16 将发片F穿过发片A下方，并将发片F并入发片C。

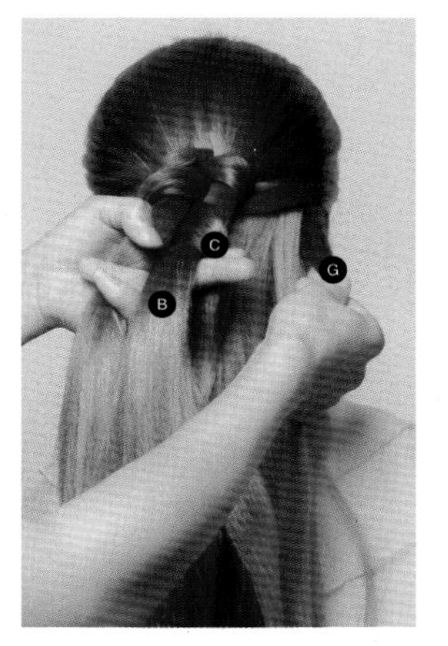

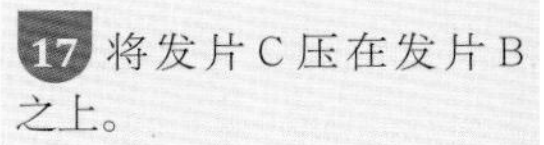

17 将发片 C 压在发片 B 之上。

18 将发片 C 缠绕发片 B 半圈，在右侧取一束发片 G。

19 将发片 G 穿过发片 B 下方，并将发片 G 并入发片 C。

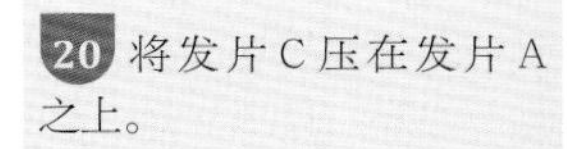

20 将发片 C 压在发片 A 之上。

21 将发片 C 缠绕发片 A 半圈。

22 在左侧取一束发片 H。

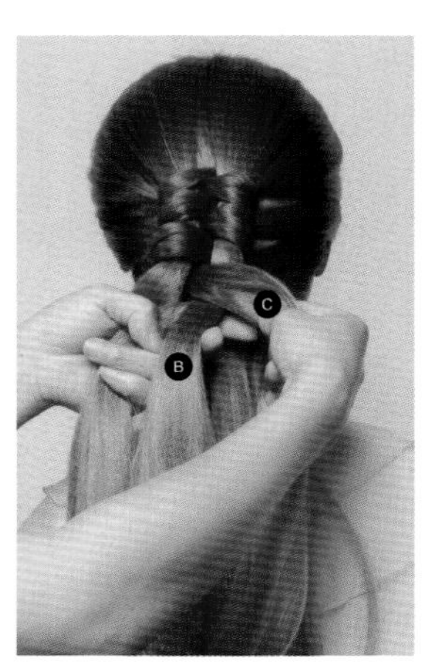

23 将发片 H 穿过发片 A 下方，并将发片 H 并入发片 C。

24 将发片 C 压在发片 B 之上。

25 将发片 C 缠绕发片 B 半圈。

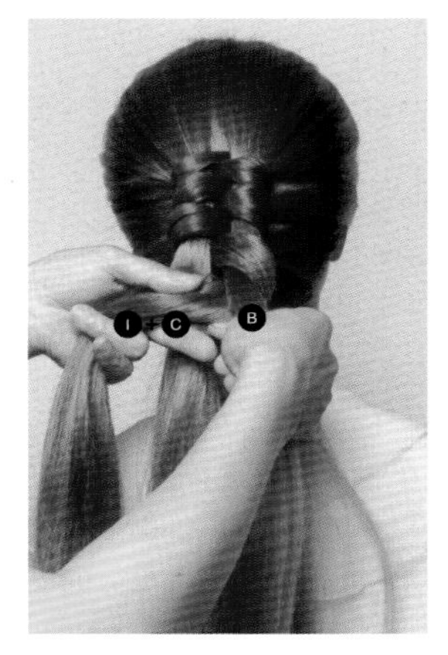

26 在右侧取一束发片 I。

27 将发片 I 穿过发片 B 下方，并将发片 I 并入发片 C。

28 将发片 C 压在发片 A 之上。

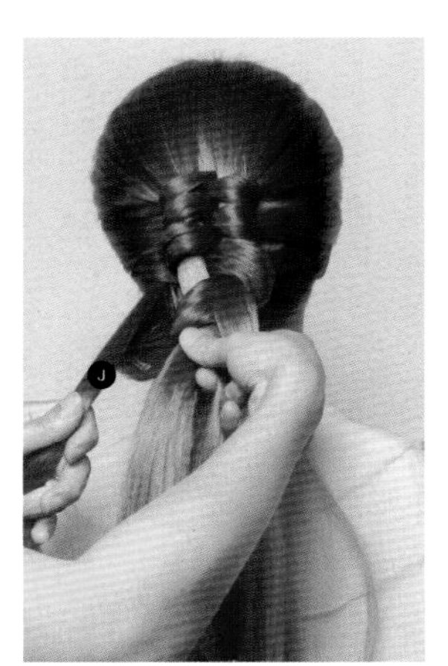

29 将发片 C 缠绕发片 A 半圈。

30 在左侧取一束发片 J。

31 将发片 J 穿过发片 A 下方，并将发片 J 并入发片 C。

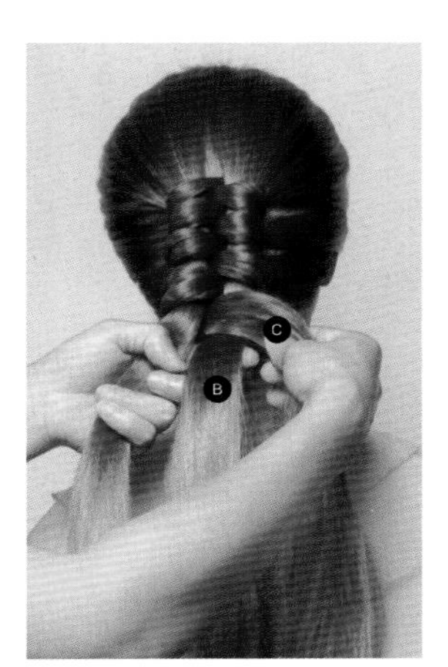

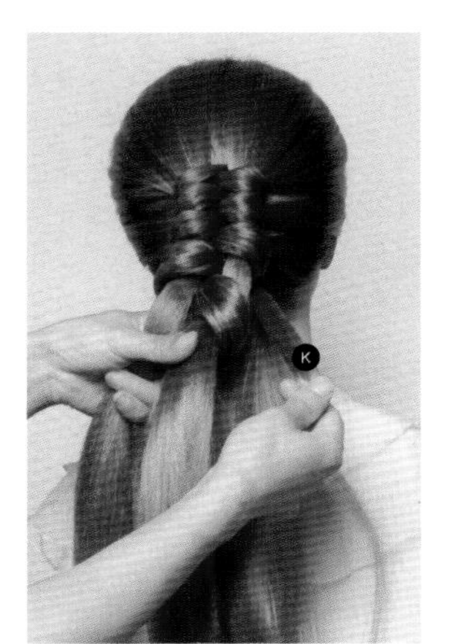

32 将发片 C 压在发片 B 之上。

33 将发片 C 缠绕发片 B 半圈。

34 在右侧取一束发片 K。

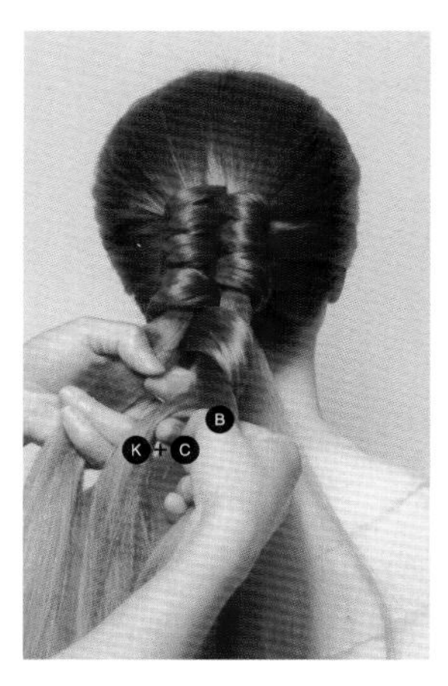

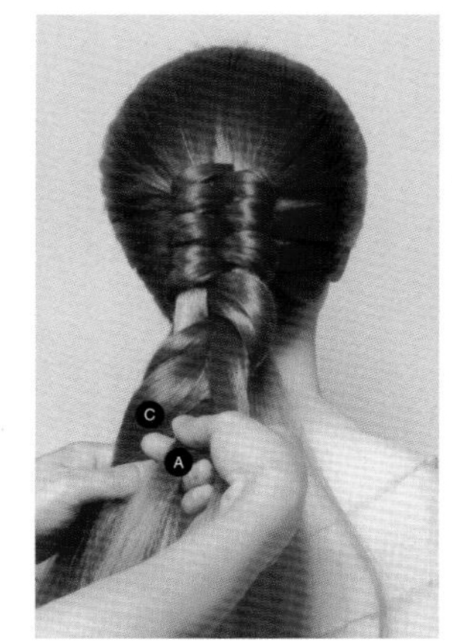

35 将发片K穿过发片B下方，并将发片K并入发片C。

36 将发片C压在发片A之上。

37 将发片C缠绕发片A半圈。

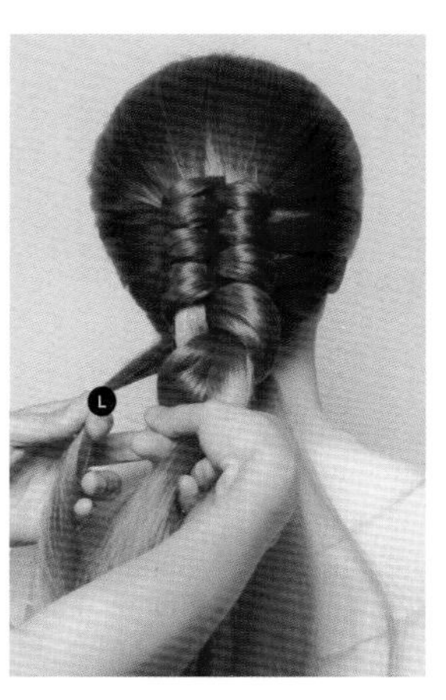

38 在左侧取一束发片L。

39 将发片L穿过发片A下方，并将发片L并入发片C。

40 将发片C压在发片B之上。

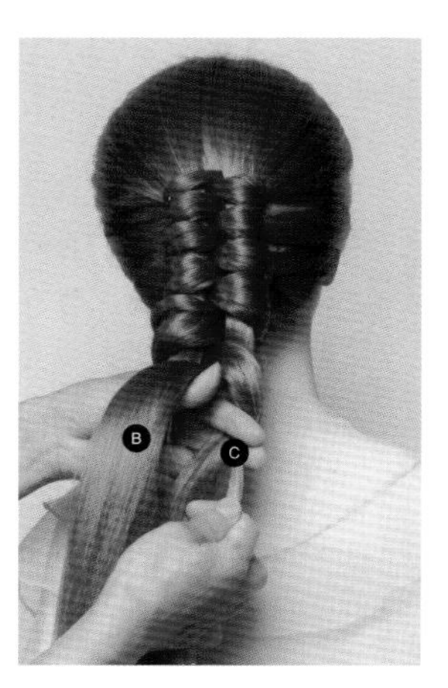

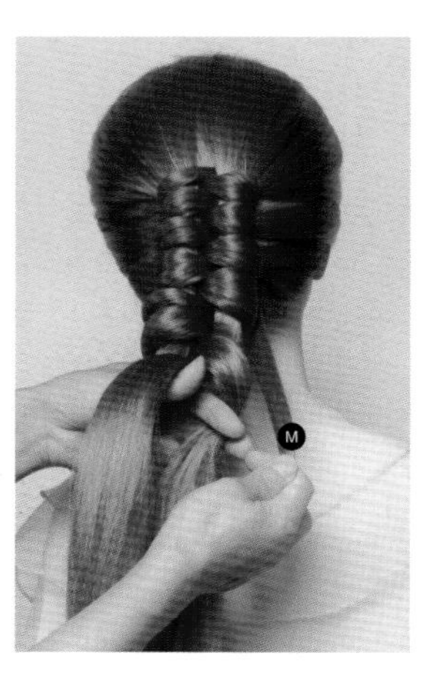

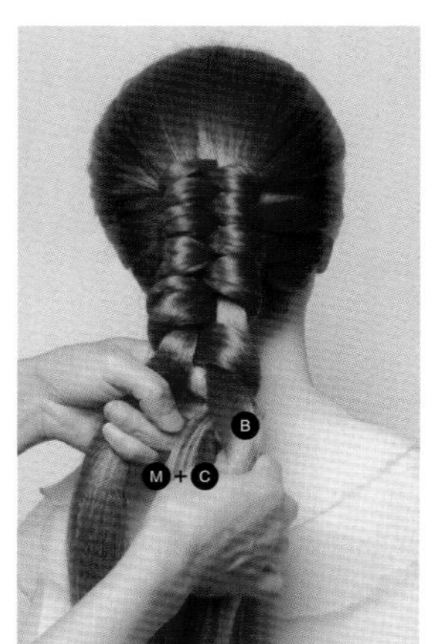

41 将发片C缠绕发片B半圈。

42 在右侧取一束发片M。

43 将发片M穿过发片B下方，并将发片M并入发片C。

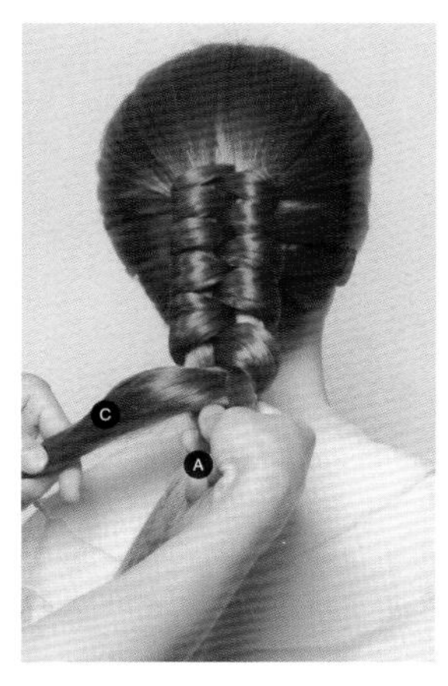

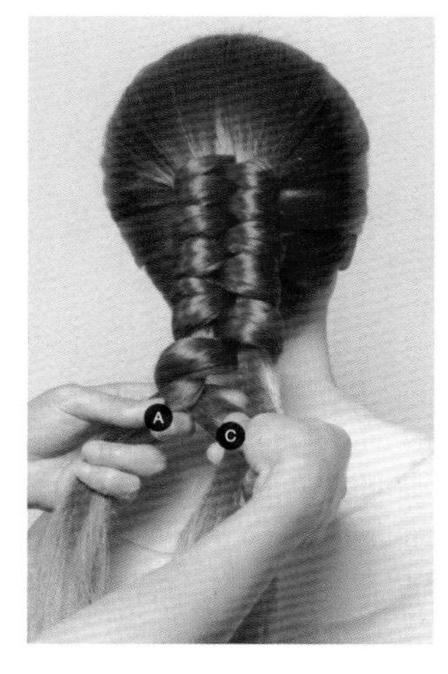

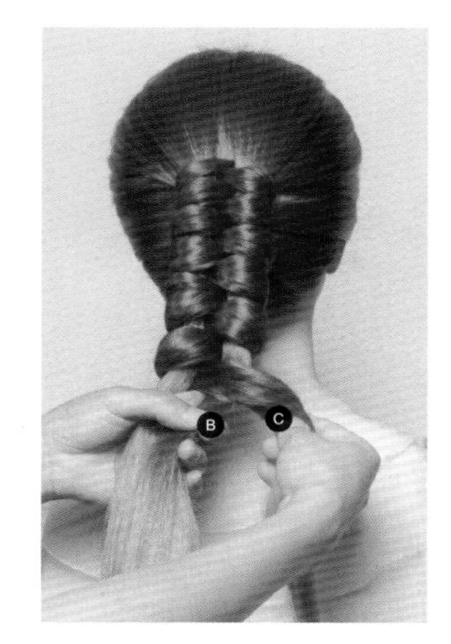

44 将发片 C 压在发片 A 之上。

45 将发片 C 缠绕发片 A 半圈。

46 将发片 C 压在发片 B 之上。

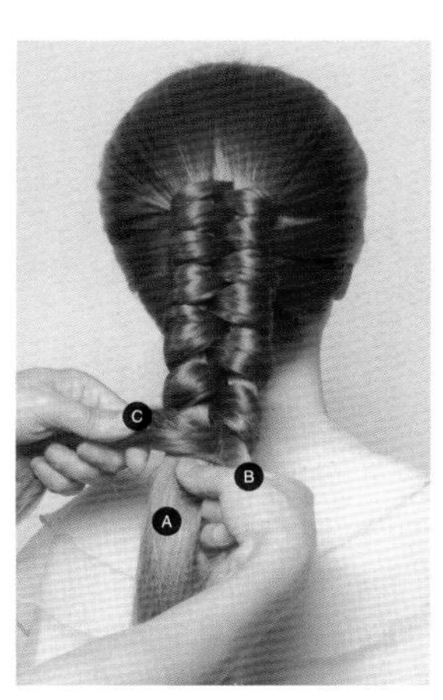

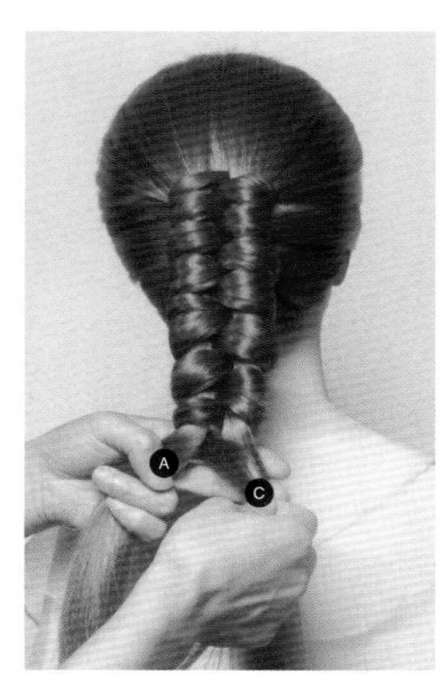

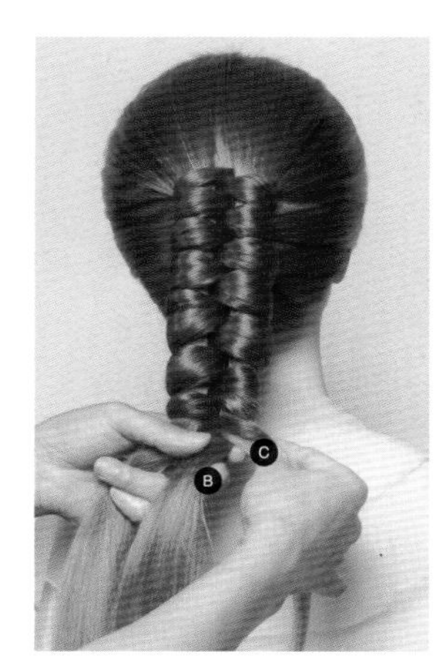

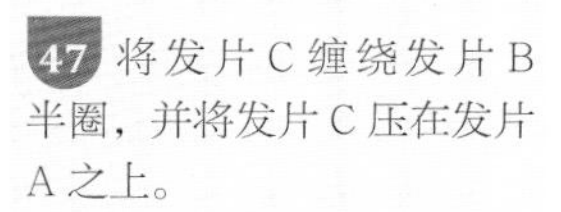

47 将发片 C 缠绕发片 B 半圈，并将发片 C 压在发片 A 之上。

48 将发片 C 缠绕发片 A 半圈。

49 将发片 C 压在发片 B 之上。

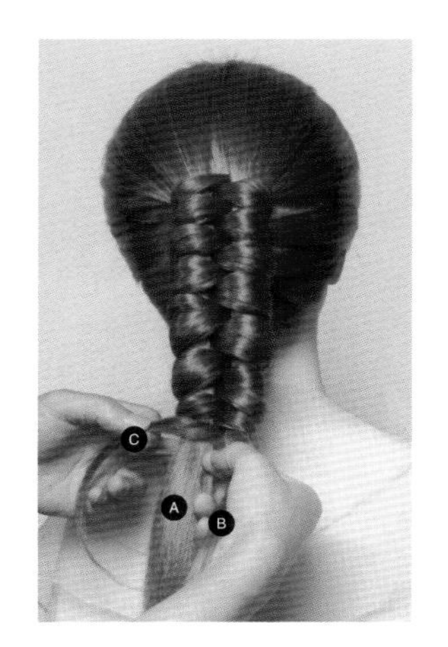

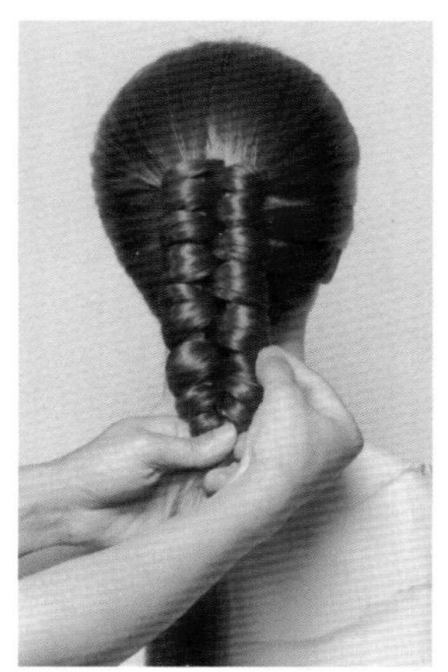

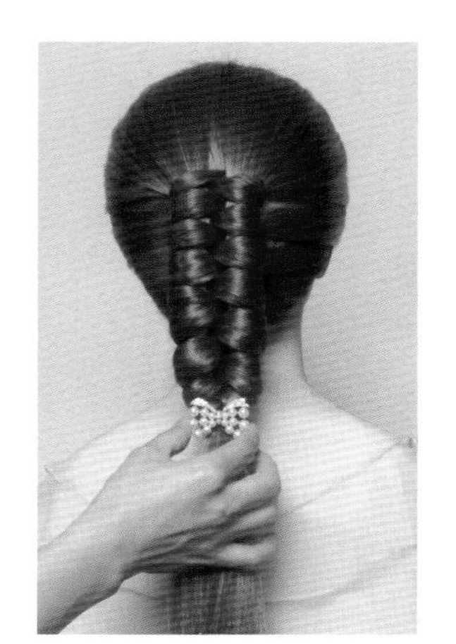

50 将发片 C 缠绕发片 B 半圈，并将发片 C 压在发片 A 之上。

51 抓紧发尾，调整发辫的轮廓与细节。

52 用皮筋将发尾扎起，佩戴饰品，进行点缀。

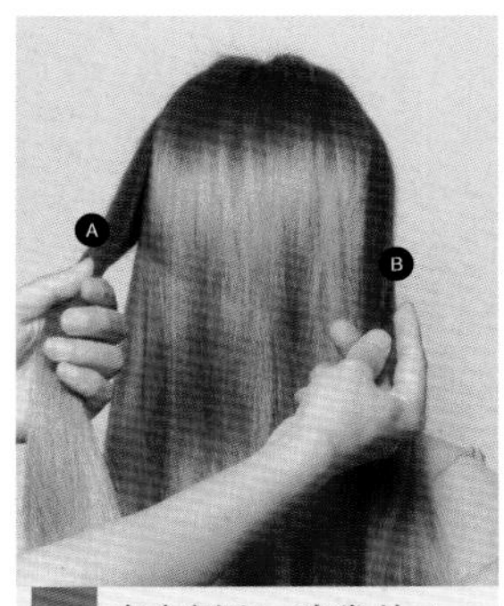

01 在左侧取一束发片 A，在右侧取一束发片 B。

02 将发片 B 压在发片 A 之上。

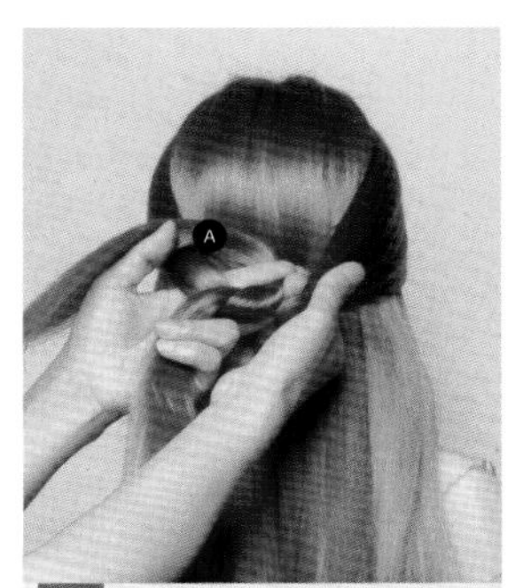

03 将发片 A 向内缠绕一圈，打出第一个发结。

04 将发片 A 并入发片 B，从左侧取一束发片 C。

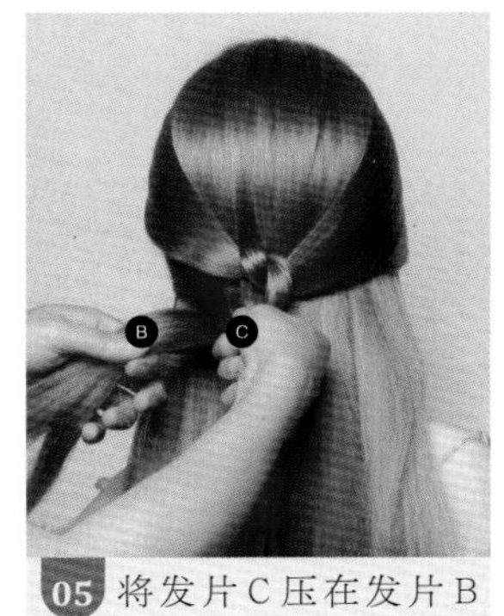

05 将发片 C 压在发片 B 之上。

06 将发片B向内缠绕一圈。

07 打出第二个发结。

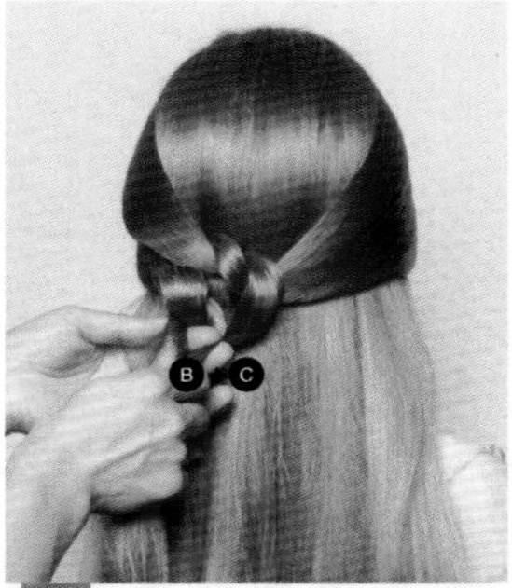

08 将发片 B 并入发片 C。

09 将发片 C 向右侧提拉。

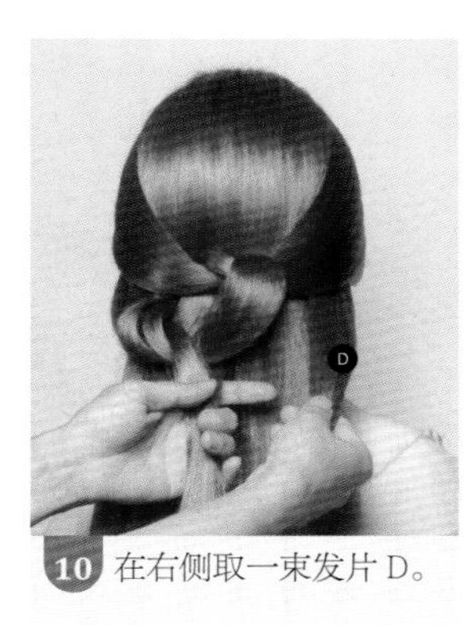

10 在右侧取一束发片 D。

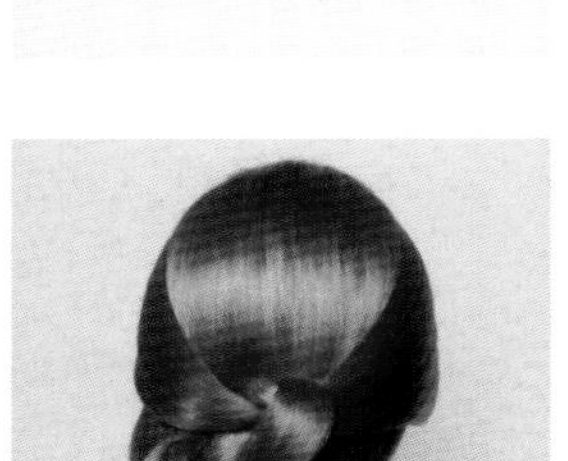
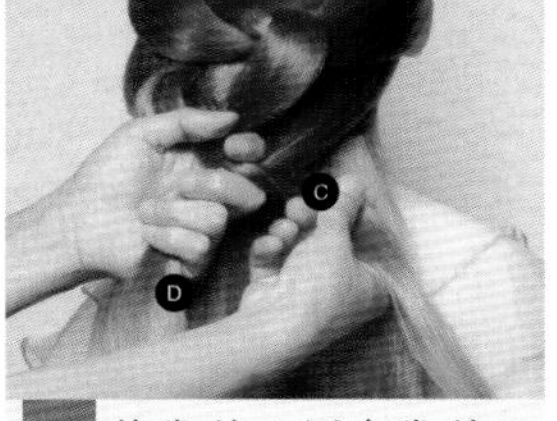

11 将发片 C 压在发片 D 之上。

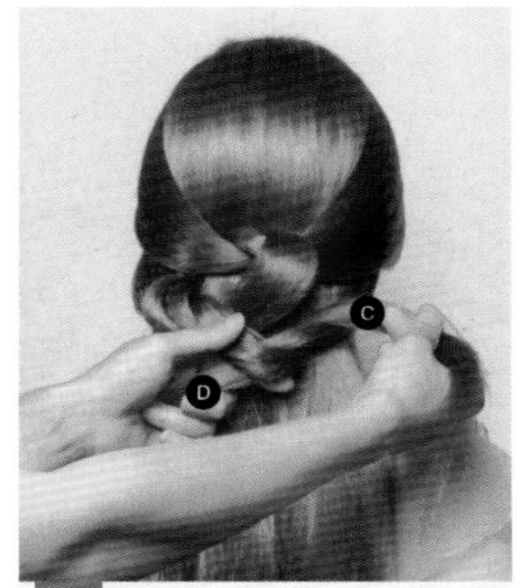

12 将发片 C 由下向上、由内向外缠绕发片 D 一圈。

13 打出第三个发结，将发片 C 并入发片 D。

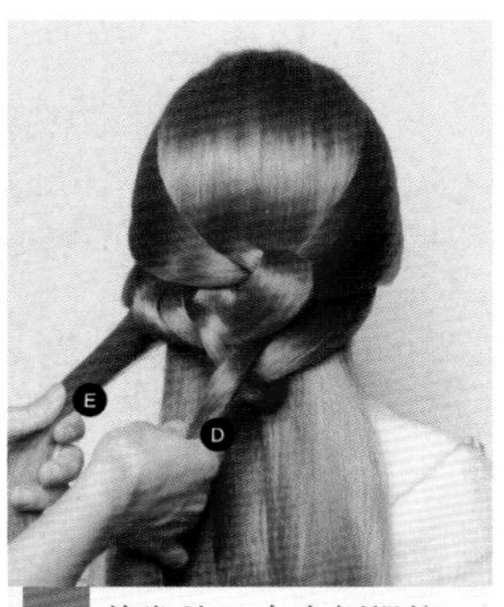

14 将发片 D 向左侧提拉，在左侧取一束发片 E。

15 将发片 E 压在发片 D 之上。

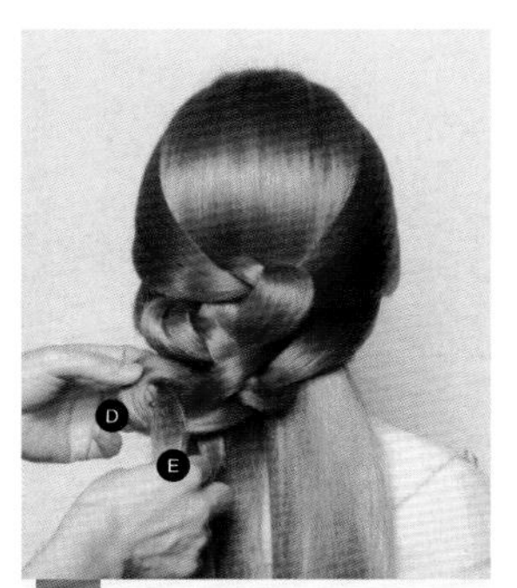

16 将发片 D 由下向上、由外向内缠绕发片 E 一圈。

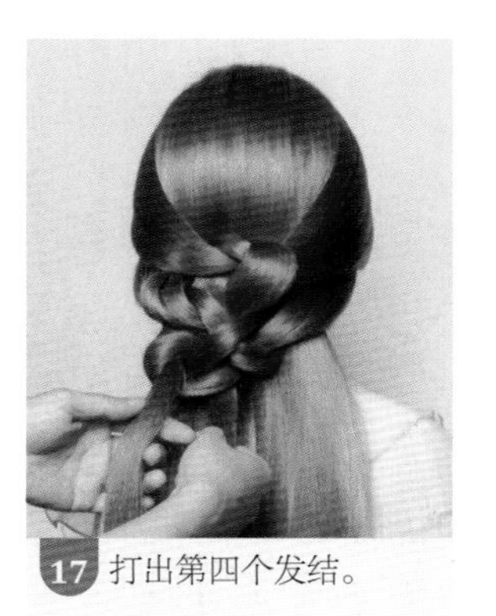

17 打出第四个发结。

18 将发片 D 并入发片 E。

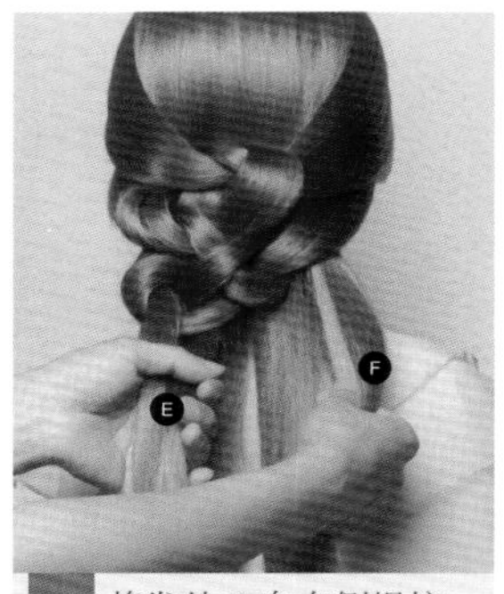

19 将发片E向右侧提拉，在右侧取一束发片F。

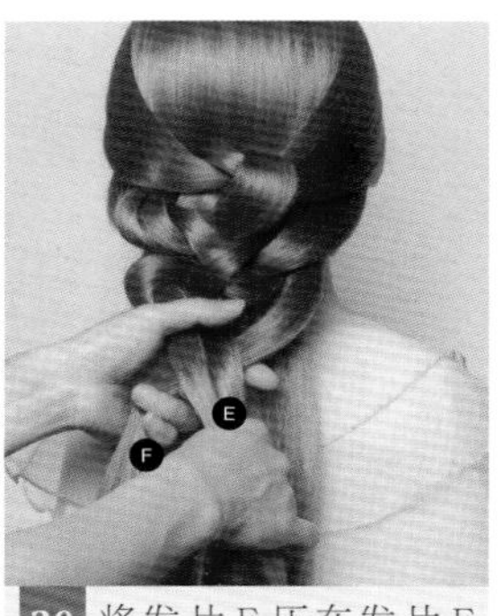

20 将发片E压在发片F之上。

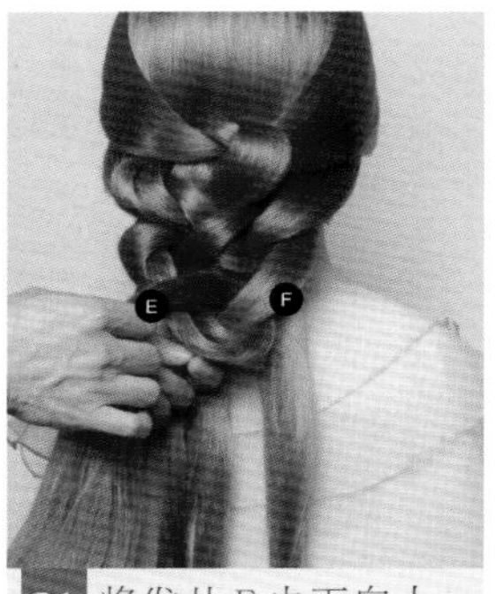

21 将发片E由下向上、由内向外缠绕发片F一圈。

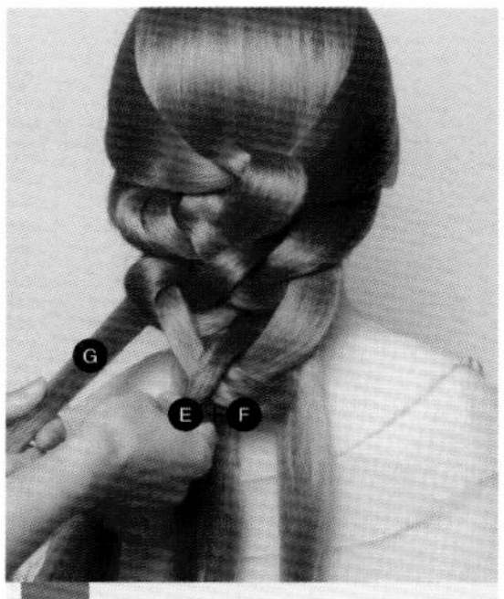

22 打出第五个发结，将发片E并入发片F，在左侧取一束发片G。

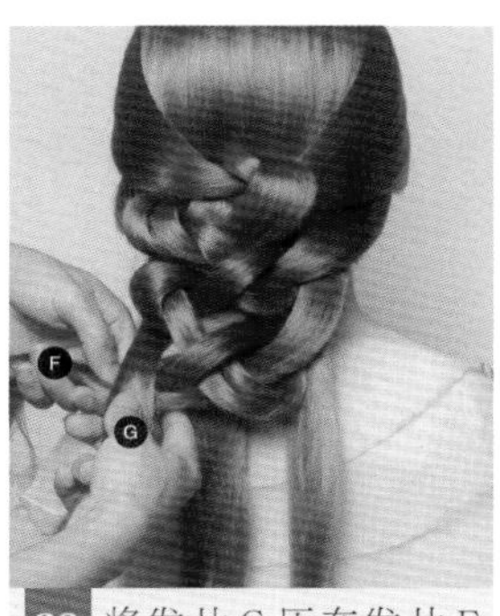

23 将发片G压在发片F之上。

24 将发片F由下向上、由外向内缠绕发片G一圈。

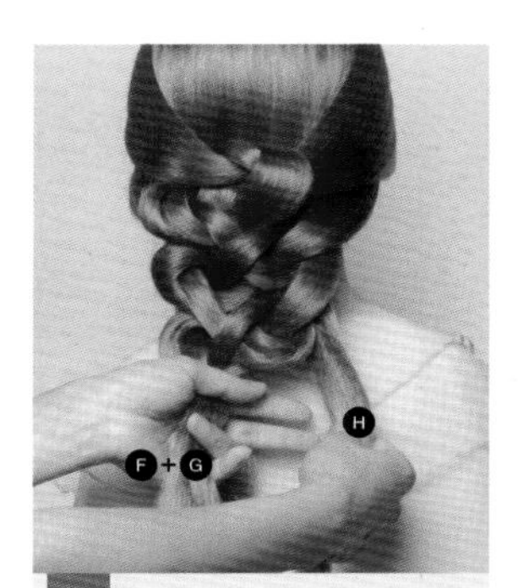

25 打出第六个发结，将发片F并入发片G，在右侧取一束发片H。

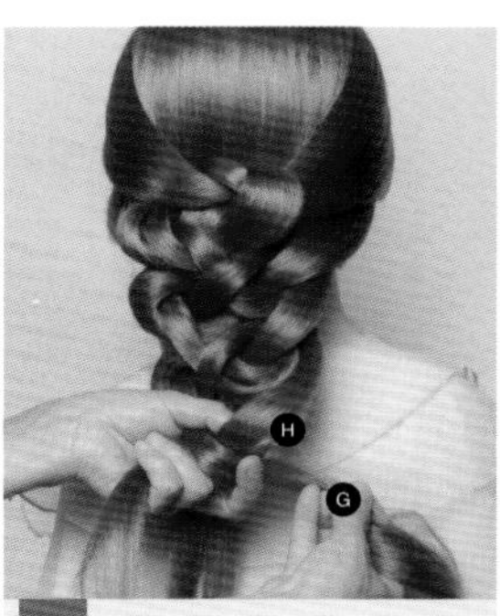

26 将发片G压在发片H之上。

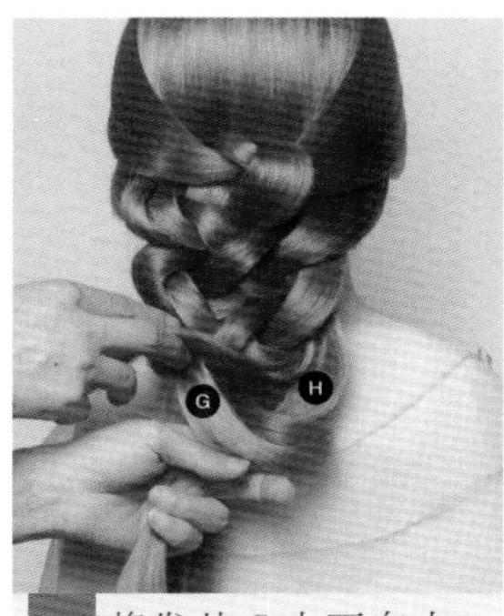

27 将发片G由下向上、由内向外缠绕发片H一圈。

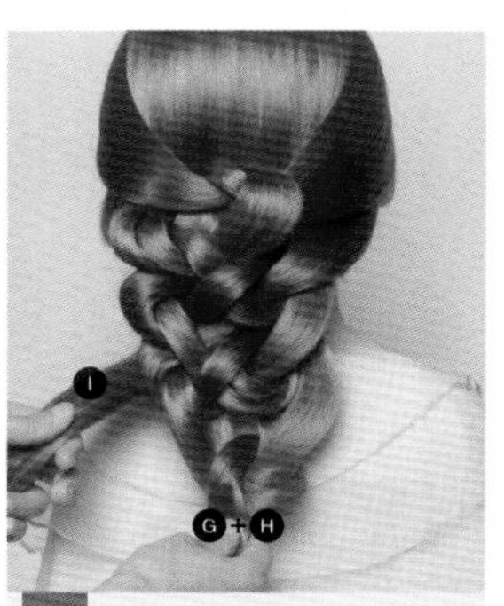

28 打出第七个发结，将发片G并入发片H，在左侧取一束发片I。

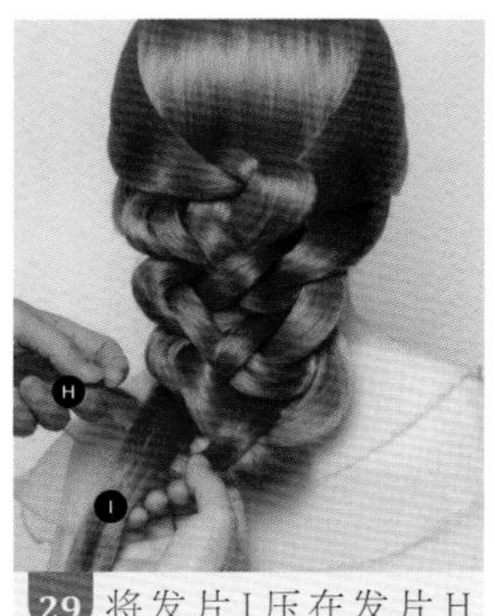

29 将发片I压在发片H之上。

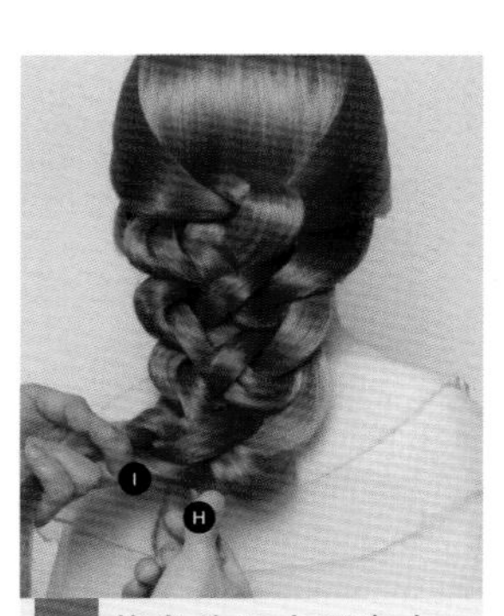

30 将发片H由下向上、由外向内缠绕发片I。

31 打出最后一个发结。

32 将剩余头发分成a、b、c三束发片。

33 将发片a压在发片b之上。

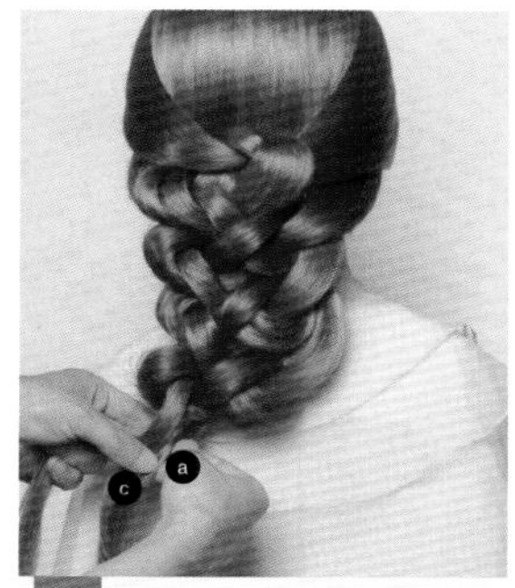

34 将发片c压在发片a之上。

35 将发片b压在发片c之上。

36 以同样的手法进行三股编发。

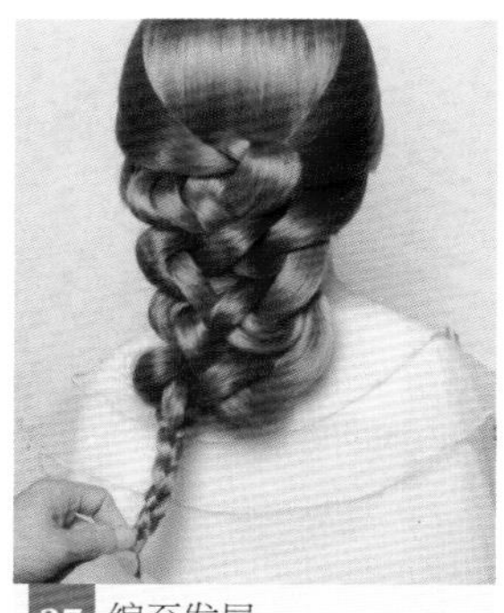

37 编至发尾。

38 将发辫以手指为轴心卷起。

39 将卷起的发辫藏在发结内侧。

40 用发卡将其固定。

41 调整轮廓和细节。

42 佩戴珍珠发卡，点缀造型。

45

两股倒穿双侧续发编发

扫描二维码
观看教学视频

01 在顶区取一束发片 A。

02 在左侧取一束发片 B。

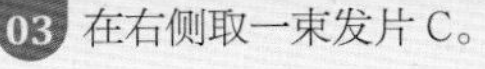

03 在右侧取一束发片 C。

04 将发片 C 压在发片 B 之上，并将发片 A 压在发片 B 与发片 C 之上。

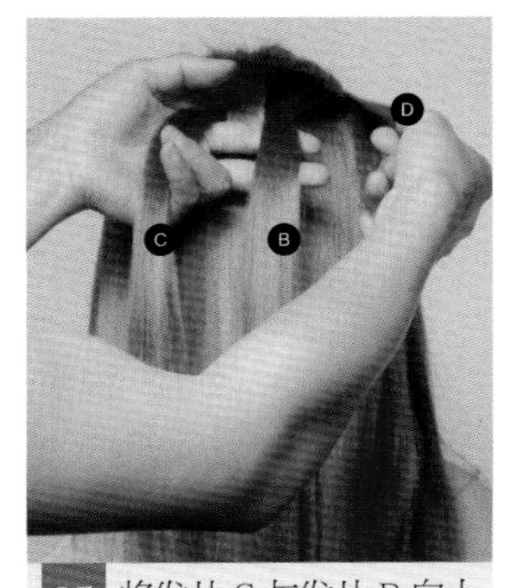

05 将发片 C 与发片 B 向上提起，在右侧取一束发片 D。

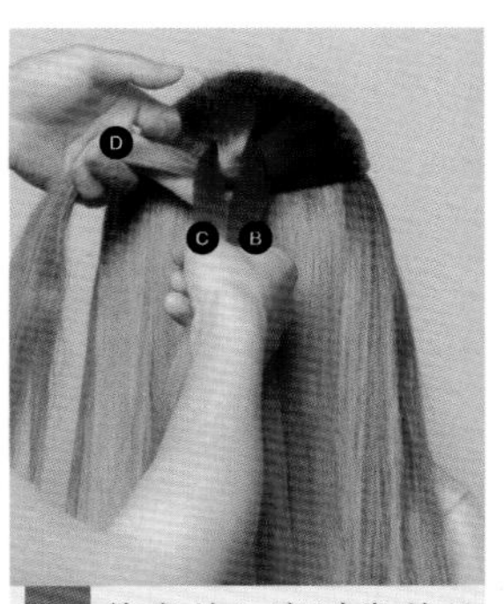

06 将发片 D 穿过发片 C 与发片 B 下方。

07 在左侧取一束发片 E。

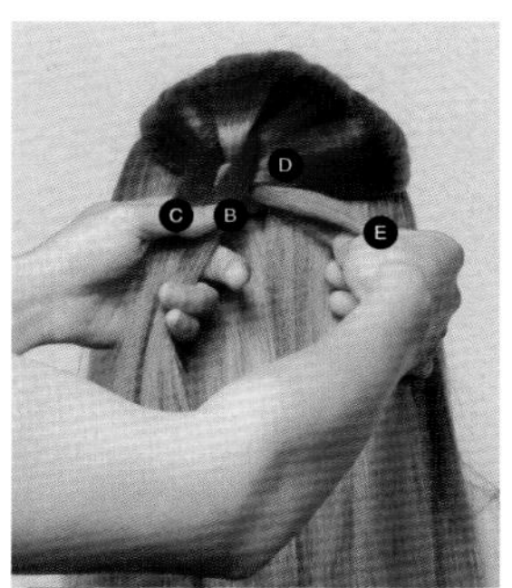

08 将发片 E 穿过发片 C 与发片 B 下方，并与发片 D 交叉。

09 取出发片 A。

10 将发片 A 分成发片 A1 与发片 A2。

11 将发片 A1、A2 由下向上提拉合并，并包裹发片 C、发片 B。

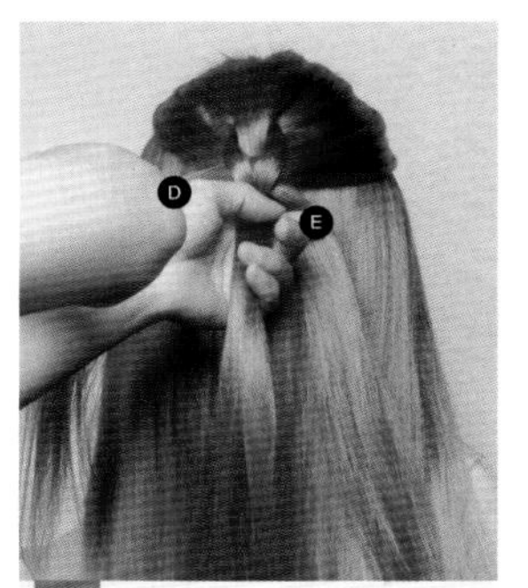

12 将发片 D 和发片 E 左右提拉，调整轮廓。

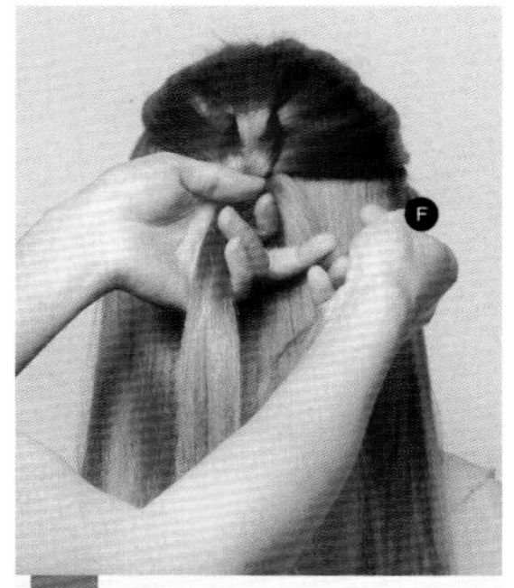

13 在右侧取一束发片 F。

14 将发片 F 穿过发片 A1、发片 A2 下方。

15 在左侧取一束发片 G。

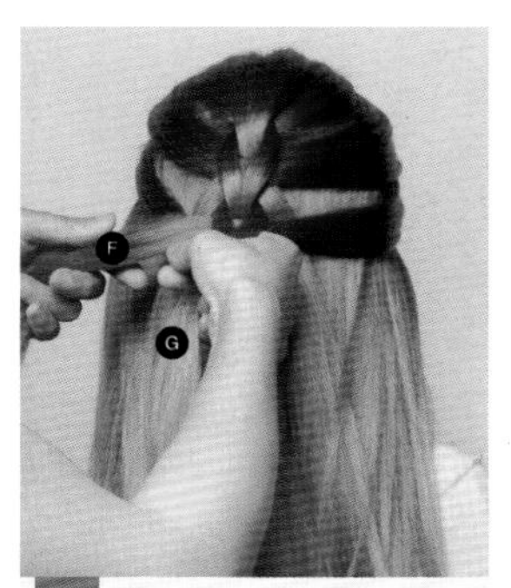

16 将发片 G 穿过发片 F 下方。

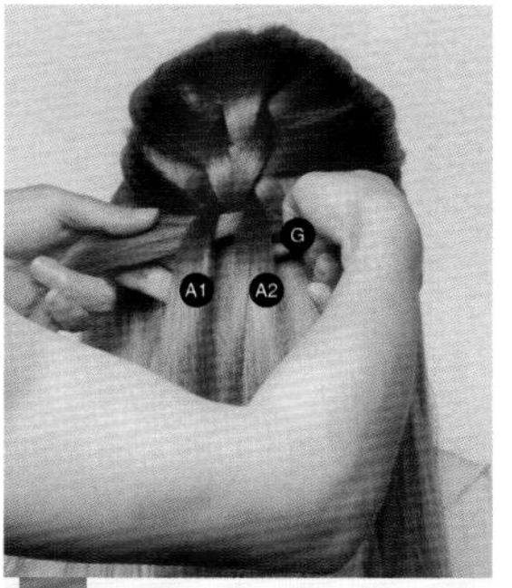

17 将发片 G 穿过发片 A1、发片 A2 下方。

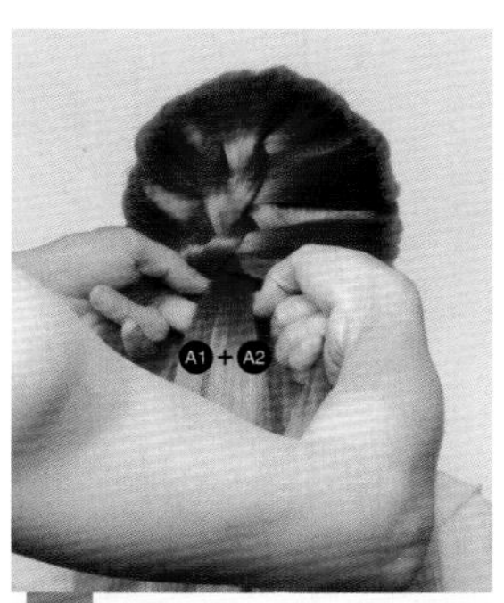

18 合并发片 A1 与发片 A2。

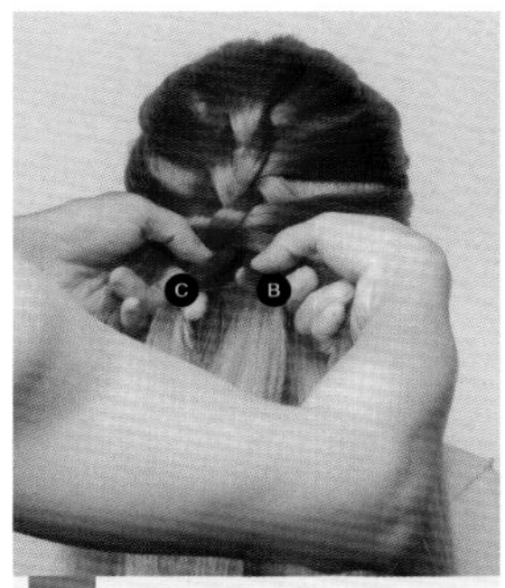

19 取出发片 C 与发片 B。

20 将发片 C、发片 B 由下向上提拉，并包裹发片 A1 和发片 A2。

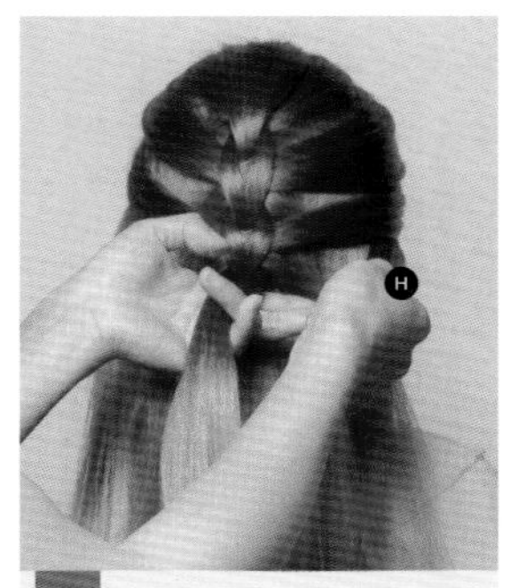

21 在右侧取一束发片 H。

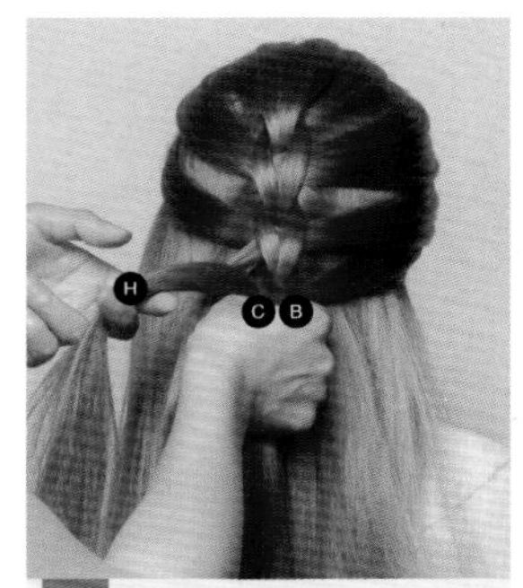

22 将发片 H 穿过发片 C、发片 B 下方。

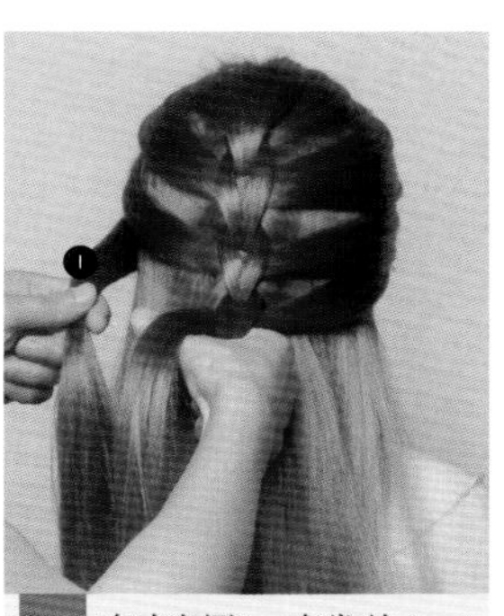

23 在左侧取一束发片 I。

24 将发片 I 穿过发片 H 下方。

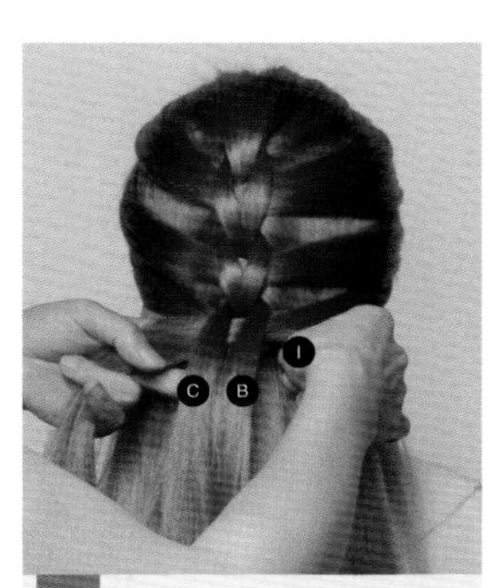

25 将发片 I 穿过发片 C、发片 B 下方。

26 取出发片 A1、发片 A2。

27 分出发片 A1、发片 A2。

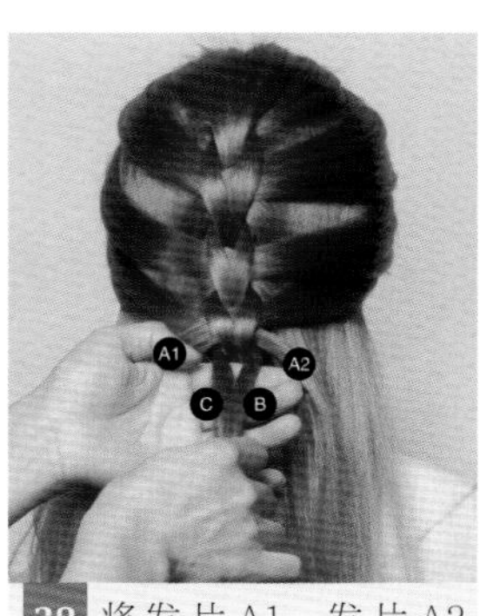

28 将发片 A1、发片 A2 由下向上提拉，并包裹发片 C、发片 B。

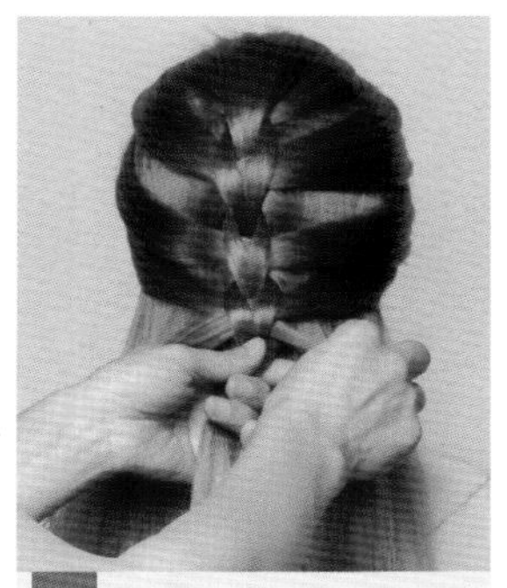

29 将编好的发辫进行左右提拉，调整轮廓。

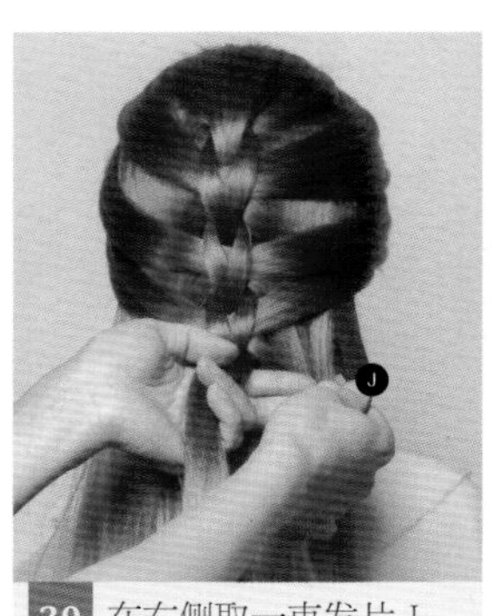

30 在右侧取一束发片 J。

31 将发片 J 穿过发片 A1、发片 A2 下方。

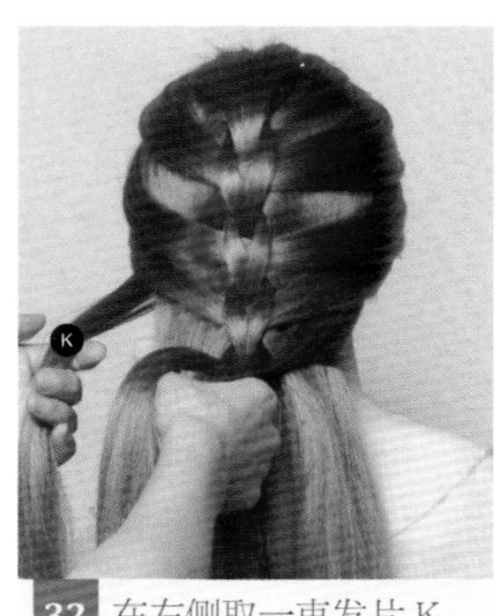

32 在左侧取一束发片 K。

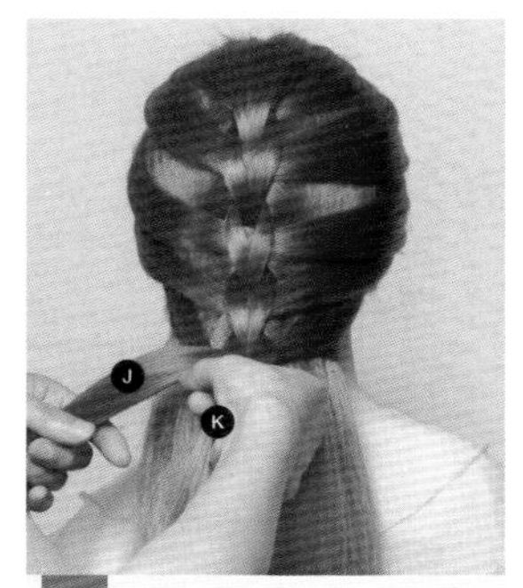

33 将发片 K 穿过发片 J 下方。

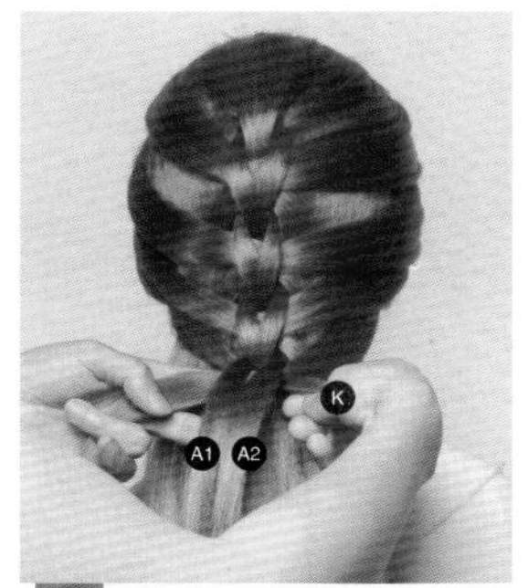

34 将发片 K 穿过发片 A1、发片 A2 下方。

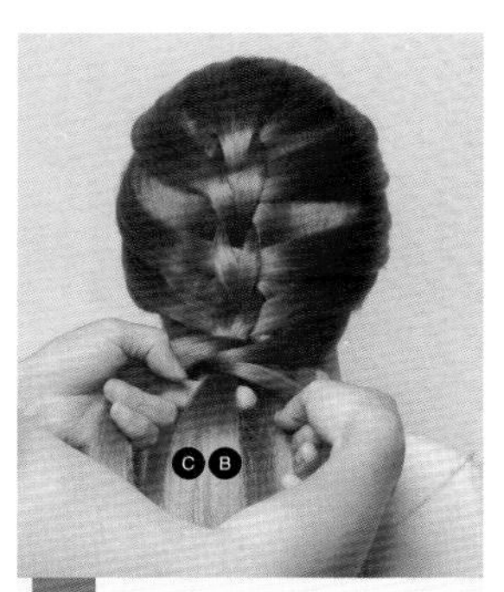

35 将编好的发辫进行左右提拉，调整轮廓，取出发片 C、发片 B。

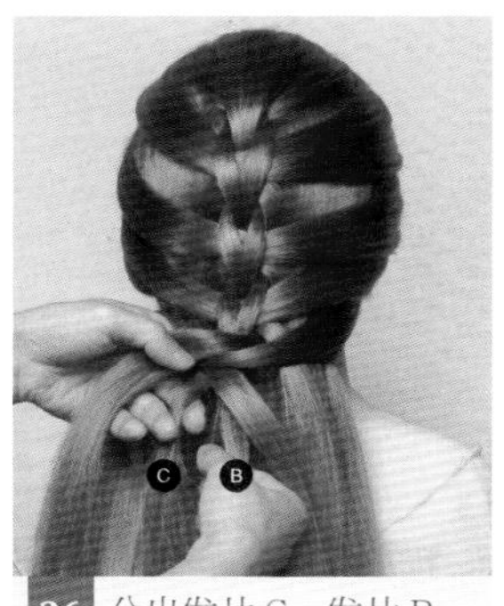

36 分出发片 C、发片 B。

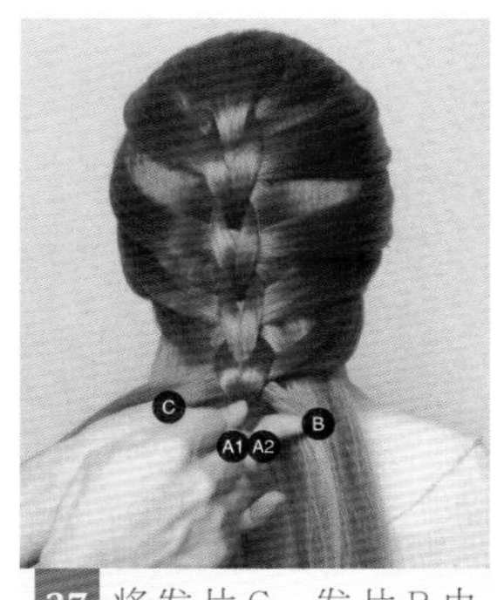

37 将发片 C、发片 B 由下向上提拉，并包裹发片 A1、发片 A2。

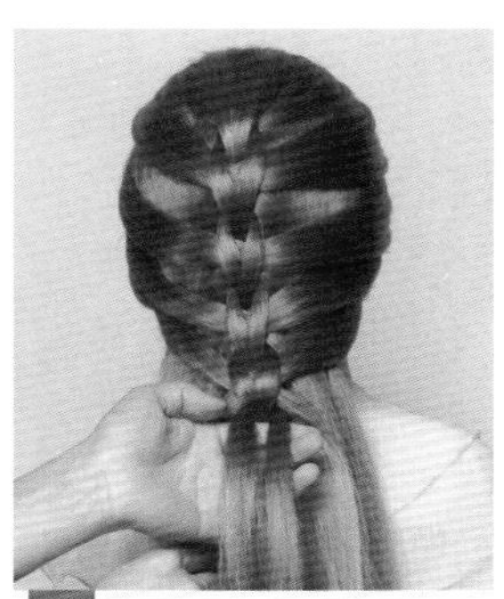

38 发辫要居中，纹理要清晰。

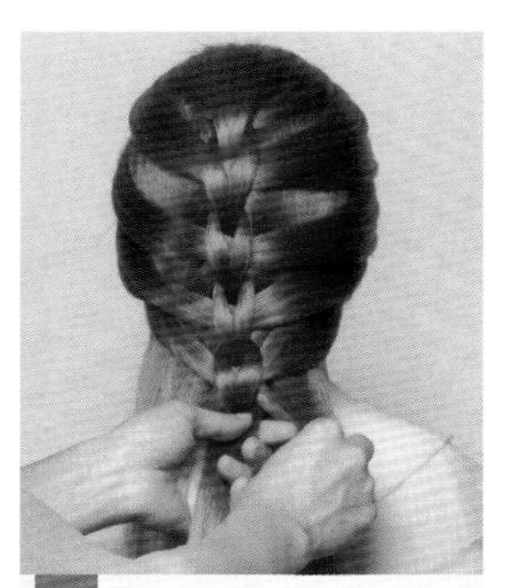

39 将编好的发片进行左右提拉，调整轮廓。

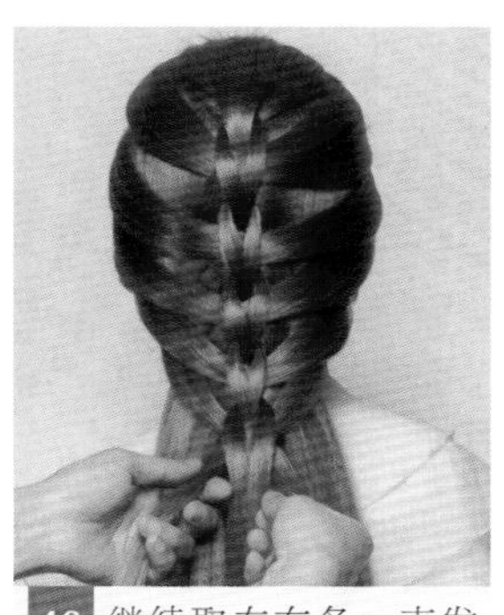

40 继续取左右各一束发片，以同样的手法进行编发。

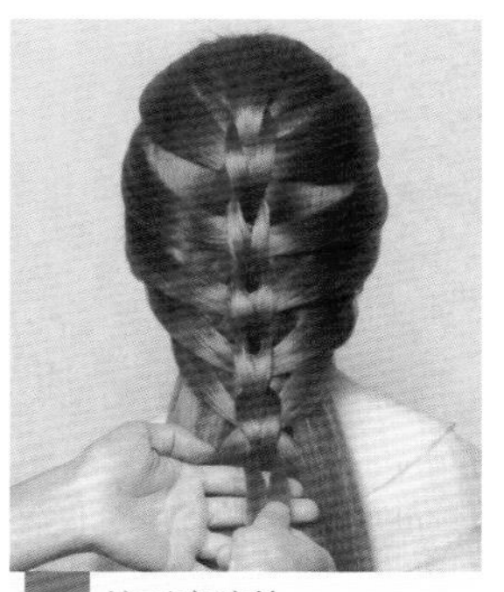

41 编至肩膀处。

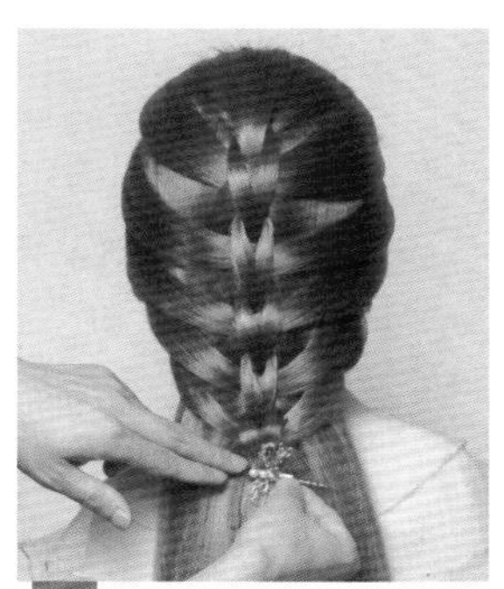

42 用皮筋将发尾扎起，佩戴饰品，进行点缀。

环扣鱼骨编发

扫描二维码
观看教学视频

01 在右侧上方取一束发片A。

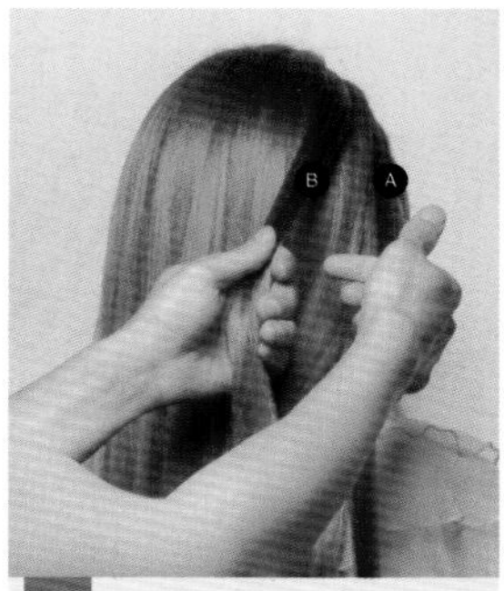

02 在顶区偏右侧取一束发片B。

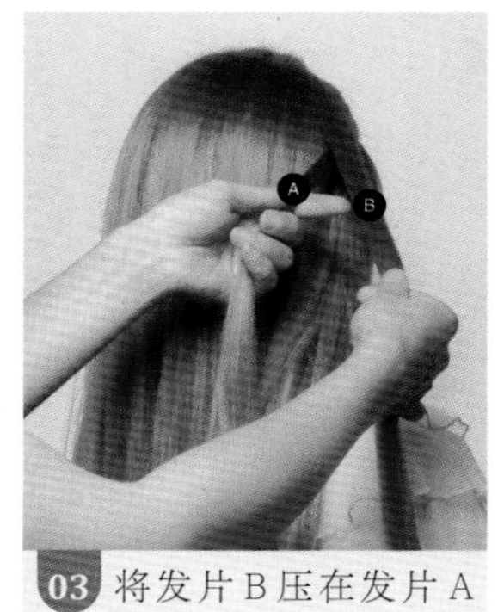

03 将发片B压在发片A之上。

04 将发片B对折，将发尾压在发片A之上。

05 将发片B的发尾穿过发片A下方，压在发片B上端之上。

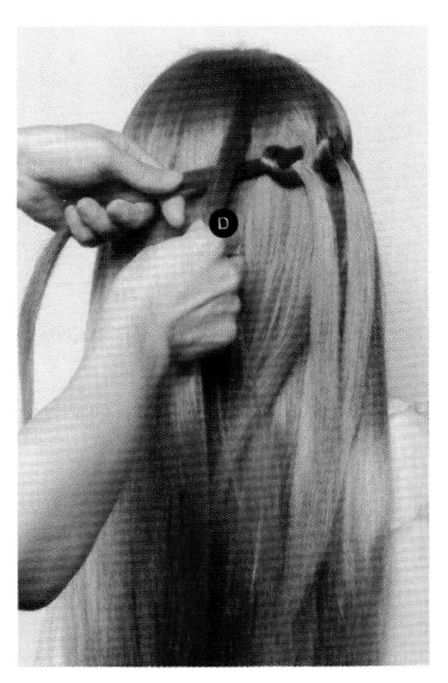

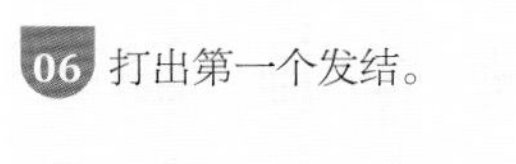

06 打出第一个发结。

07 在顶区取发片 C，以同样的手法进行编发。

08 打出第二个发结。

09 在顶区取发片 D，以同样的手法进行编发。

10 打出第三个发结。

11 在顶区取发片 E，以同样的手法进行编发。

12 打出第四个发结。

13 在顶区取发片 F，以同样的手法进行编发。

14 打出第五个发结。

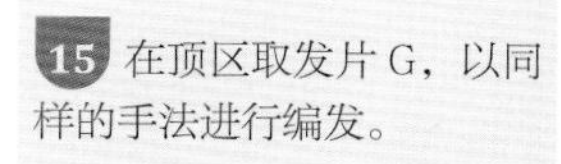

15 在顶区取发片 G，以同样的手法进行编发。

16 打出第六个发结。

17 在顶区取发片 H，以同样的手法进行编发。

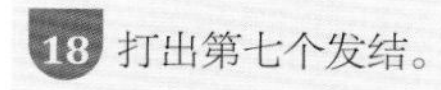

18 打出第七个发结。

19 在顶区取发片 I，以同样的手法进行编发。

20 打出第八个发结。

21 继续以同样的手法进行编发至左侧。

22 在顶区取左侧剩余发片，使之与发片 A 的发尾合并。

23 用皮筋将其扎起。

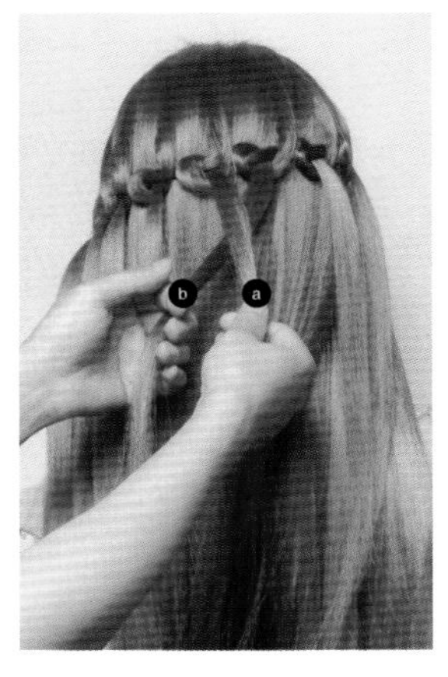

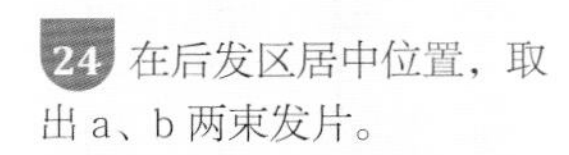

24 在后发区居中位置，取出 a、b 两束发片。

25 将发片 a 压在发片 b 之上。

26 在右侧取一束发片 c。

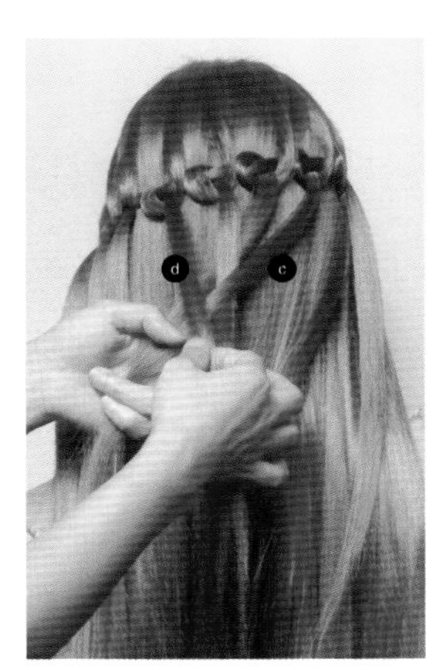

27 将发片 c 压在发片 a 之上。

28 在左侧取一束发片 d。

29 将发片 d 压在发片 c 之上。

30 在右侧取一束发片 e。

31 将发片 e 压在发片 d 之上。

32 在左侧取一束发片 f。

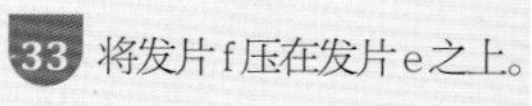

33 将发片 f 压在发片 e 之上。

34 在右侧取一束发片 g。

35 将发片g压在发片f之上。

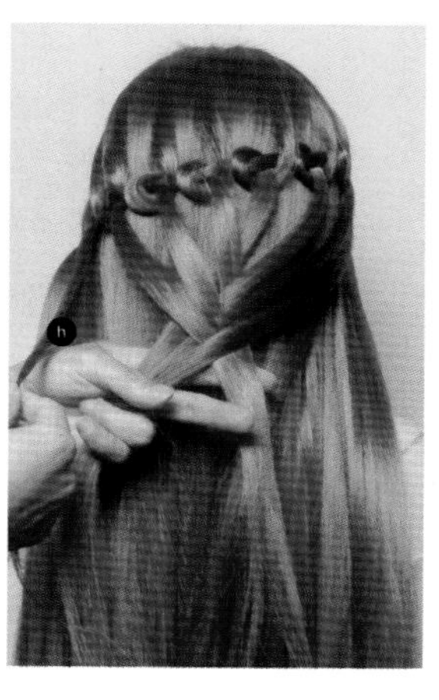

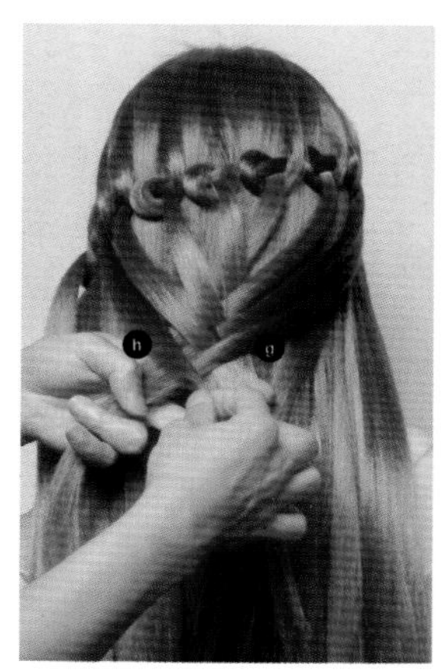

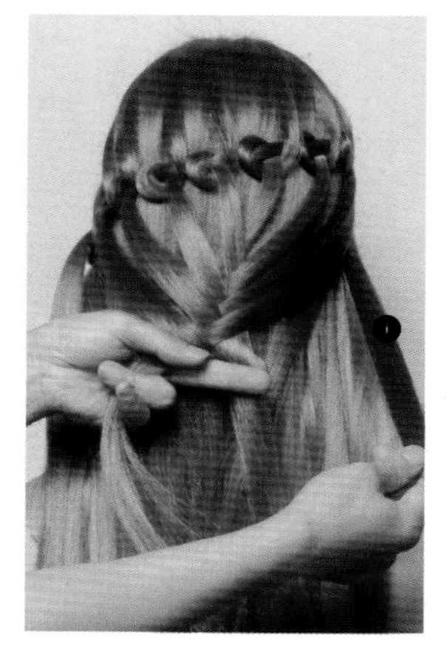

36 在左侧取一束发片 h。

37 将发片h压在发片g之上。

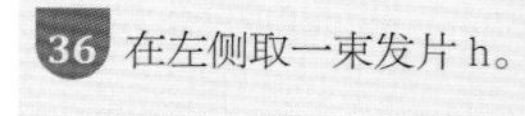

38 在右侧取一束发片 i。

39 将发片i压在发片h之上。

40 在左侧取一束发片 j。

41 将发片 j 压在发片 i 之上。

42 在右侧取一束发片 k。

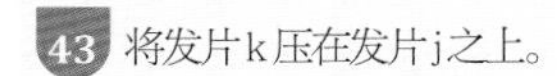

43 将发片k压在发片j之上。

44 在左侧取一束发片 l。

45 将发片l压在发片k之上。

46 在右侧取一束发片 m。

47 将发片m压在发片l之上。

48 在左侧取一束发片 n。

49 将发片 n 压在发片 m 之上。

50 在右侧取一束发片 o。

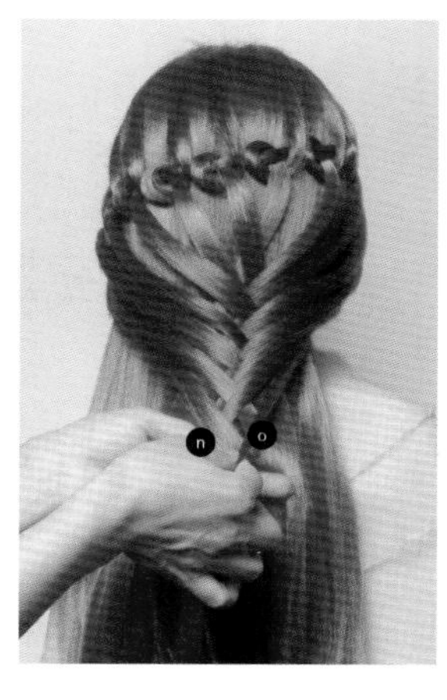

51 将发片o压在发片n之上。

52 在左侧取一束发片 p。

53 将发片p压在发片o之上。

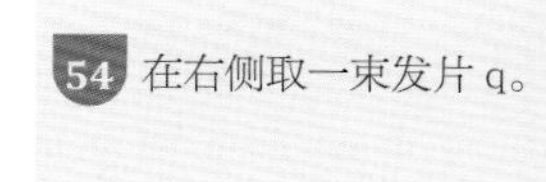

54 在右侧取一束发片 q。

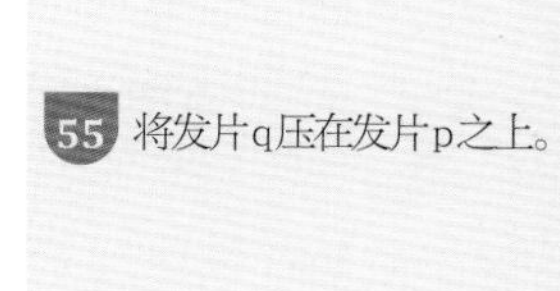

55 将发片q压在发片p之上。

56 在左侧取一束发片 r。

57 将发片r压在发片q之上。

58 在右侧取一束发片 s。

59 将发片s压在发片r之上。

60 在左侧取一束发片 t。

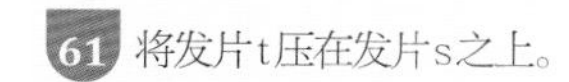

61 将发片t压在发片s之上。

62 在右侧取一束发片 u。

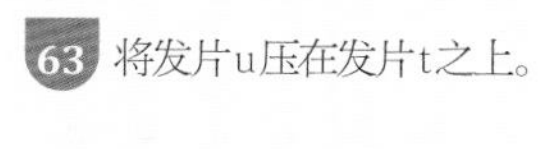

63 将发片u压在发片t之上。

64 在左侧取一束发片 v。

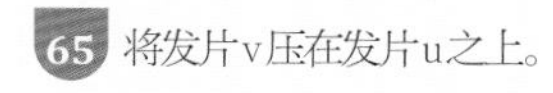

65 将发片v压在发片u之上。

66 以同样的手法进行鱼骨编发，编至发尾。

67 用皮筋将发尾扎起。

68 对发辫边缘进行调整，最后佩戴饰品，进行点缀。

玫瑰花卷编发

扫描二维码
观看教学视频

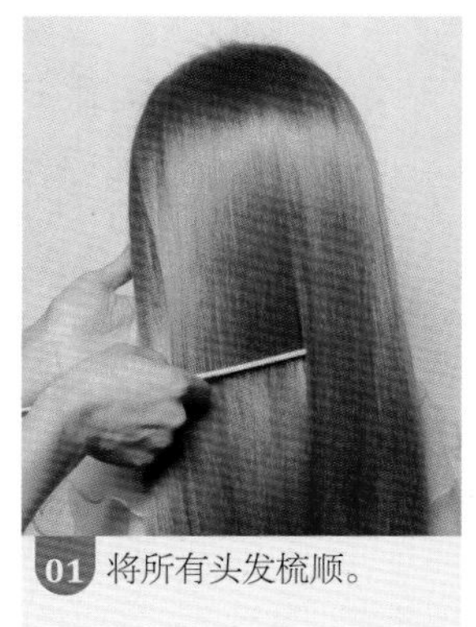

01 将所有头发梳顺。

02 从左侧发区取出一片头发。

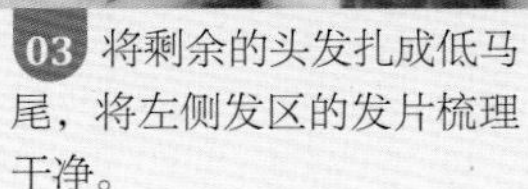

03 将剩余的头发扎成低马尾，将左侧发区的发片梳理干净。

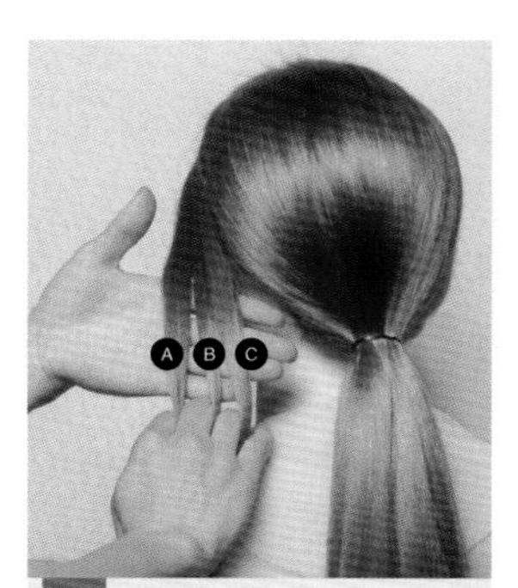

04 将其分成 A、B、C 三束均等的发片。

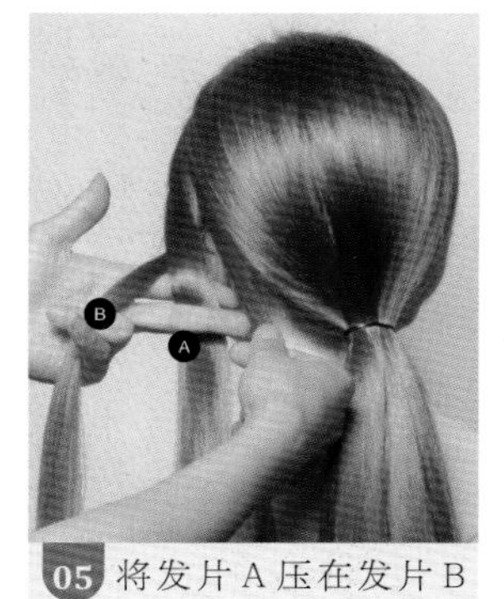

05 将发片 A 压在发片 B 之上。

06 将发片 C 压在发片 A 之上。

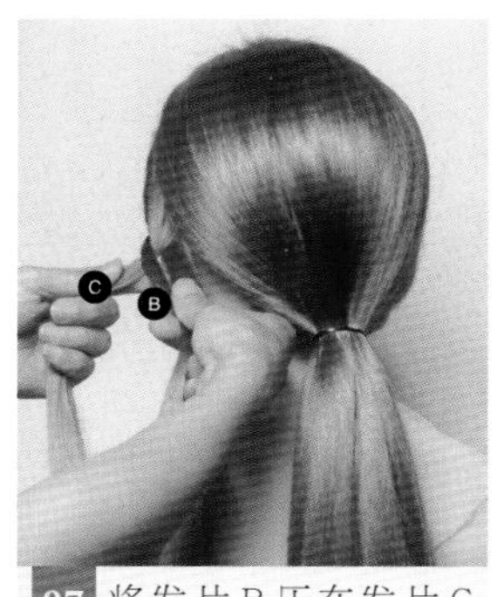

07 将发片 B 压在发片 C 之上。

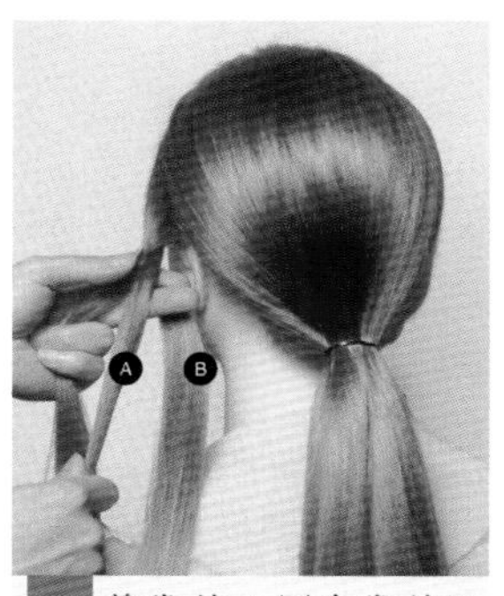

08 将发片 A 压在发片 B 之上。

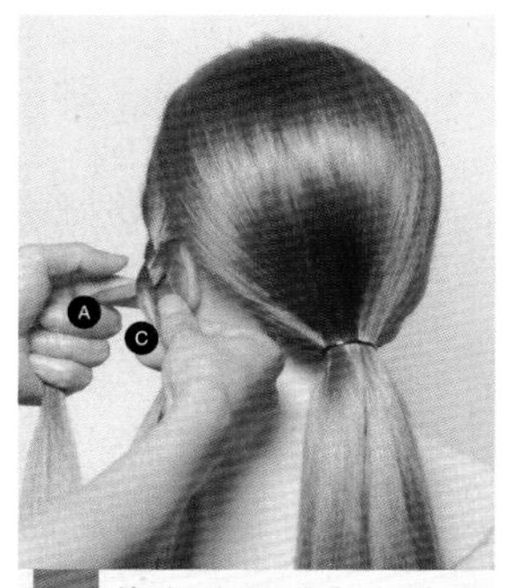

09 将发片 C 压在发片 A 之上。

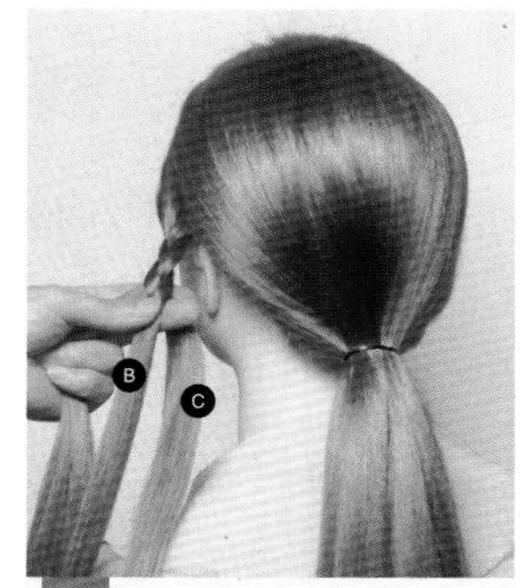

10 将发片 B 压在发片 C 之上。

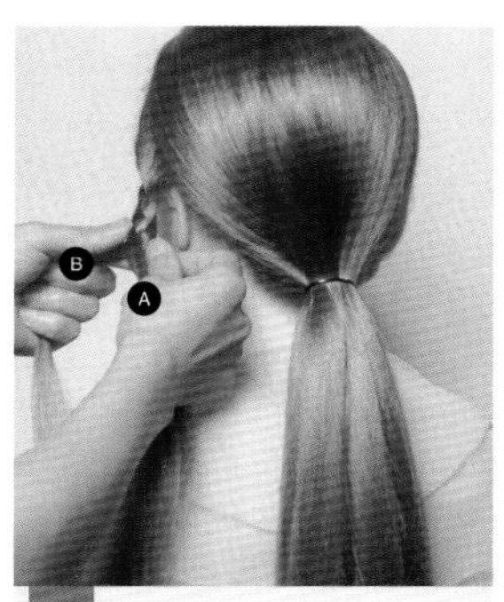

11 将发片 A 压在发片 B 之上。

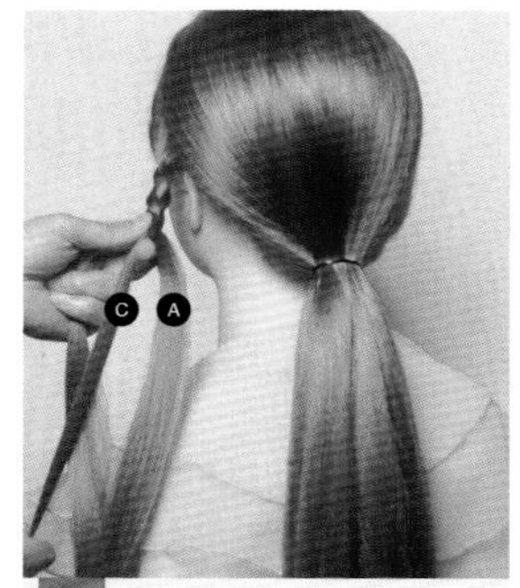

12 将发片 C 压在发片 A 之上。

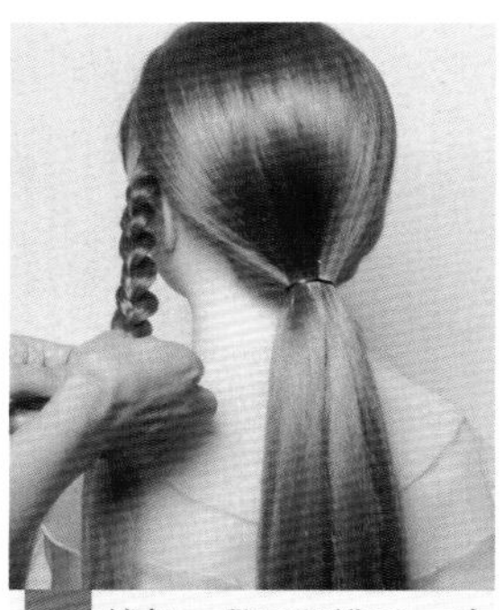

13 编好一段三股辫后，对发辫右侧进行拉花。

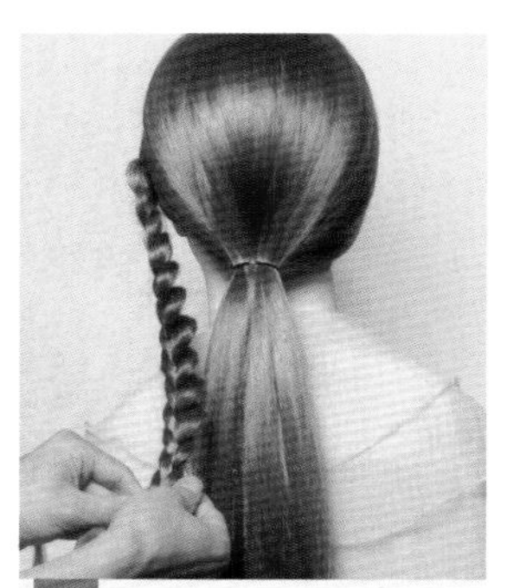

14 继续进行三股编发和单侧拉花至发尾，将发尾用皮筋扎起。

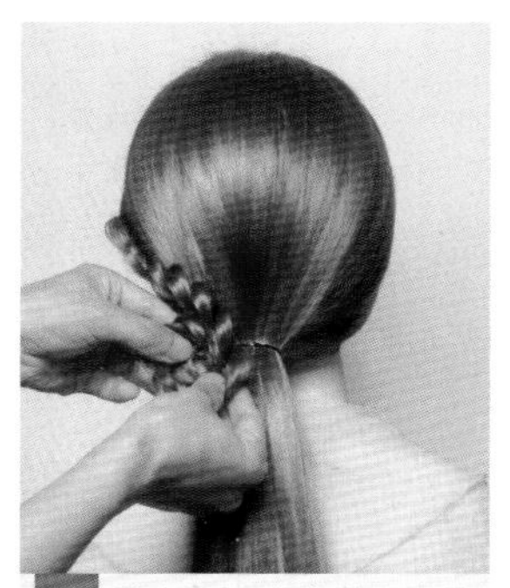

15 将发辫以盘卷的方式收起，形成一个小发髻。

16 将小发髻摆放在马尾发结处并用发卡固定。

17 取马尾左侧一束发片。

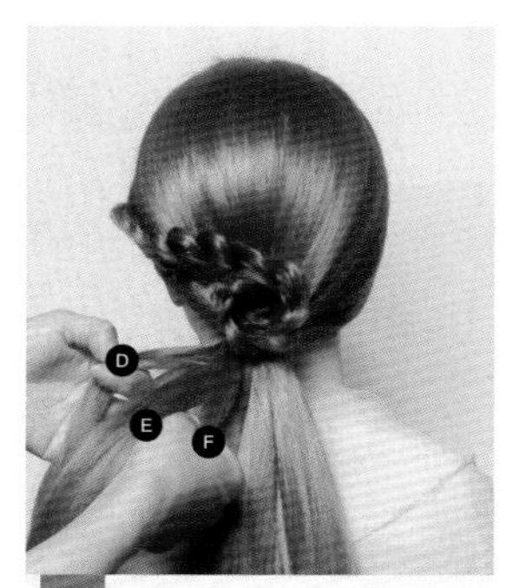

18 将发片分成 D、E、F 三束均等的发片。

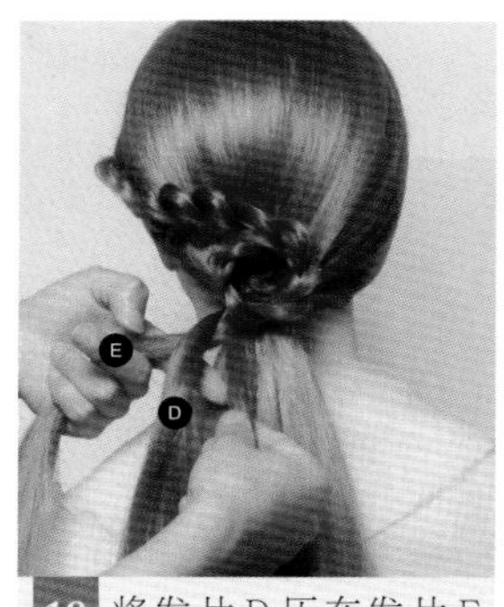

19 将发片D压在发片E之上。

20 将发片F压在发片D之上。

21 将发片E压在发片F之上。

22 将发片D压在发片E之上。

23 将发片F压在发片D之上。

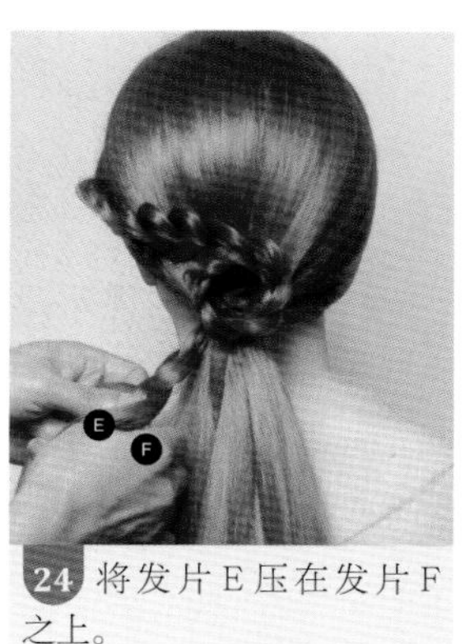

24 将发片E压在发片F之上。

25 编好一段三股辫后，对发辫右侧进行拉花。

26 继续进行三股编发和单侧拉花至发尾。

27 将发尾用皮筋扎起。

28 将发辫由左向右沿着第一个发卷缠绕。

29 缠绕成花瓣状，收起发尾并固定。

30 取马尾右侧一束发片。

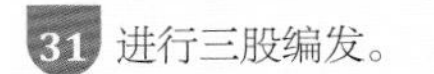
31 进行三股编发。

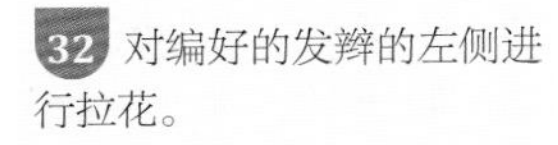
32 对编好的发辫的左侧进行拉花。

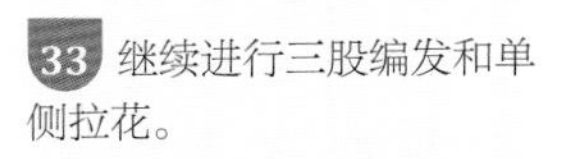
33 继续进行三股编发和单侧拉花。

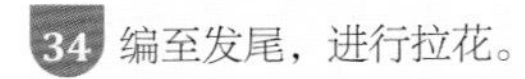
34 编至发尾，进行拉花。

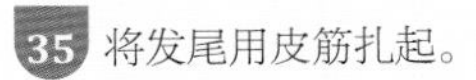
35 将发尾用皮筋扎起。

36 将发辫由右向左沿着第二个发卷缠绕。

37 缠绕成花瓣状，收起发尾并固定。

38 将剩余头发分成 G、H、I 三束均等的发片。

39 将发片G压在发片H之上。

40 将发片I压在发片G之上。

41 将发片H压在发片I之上。

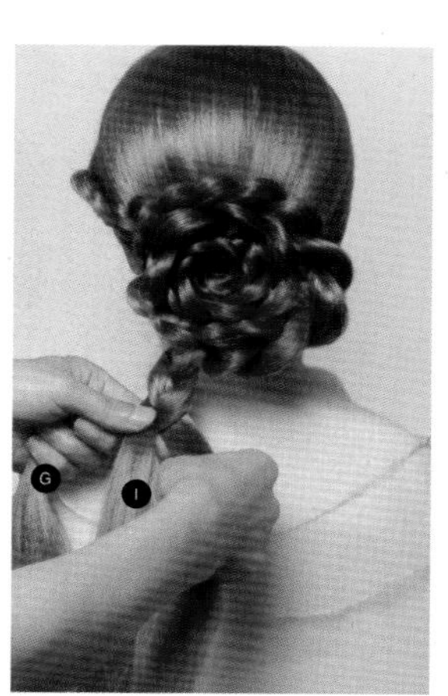

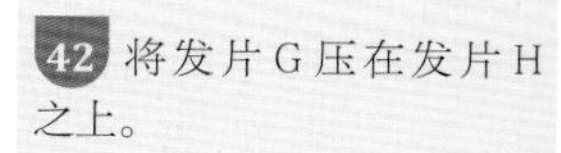

42 将发片G压在发片H之上。

43 将发片I压在发片G之上。

44 将发片H压在发片I之上。

45 将发片G压在发片H之上。

46 对编好的发辫的右侧第一小段进行拉花。

47 继续对右侧第二、第三小段进行拉花。

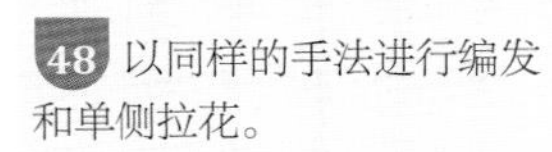

48 以同样的手法进行编发和单侧拉花。

49 将发辫编至发尾，并依次进行单侧拉花。

50 将发尾用皮筋扎起。

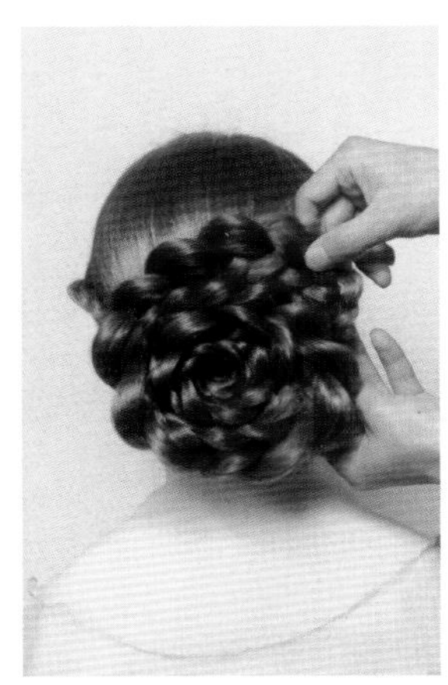

51 将发辫由下向上提拉。

52 将发辫由左向右沿着第三个发卷缠绕。

53 缠绕成花瓣状，收起发尾并固定。

54 用发卡对发卷边缘进行衔接固定。

55 调整发卷的轮廓。

56 佩戴珍珠发卡，进行点缀。

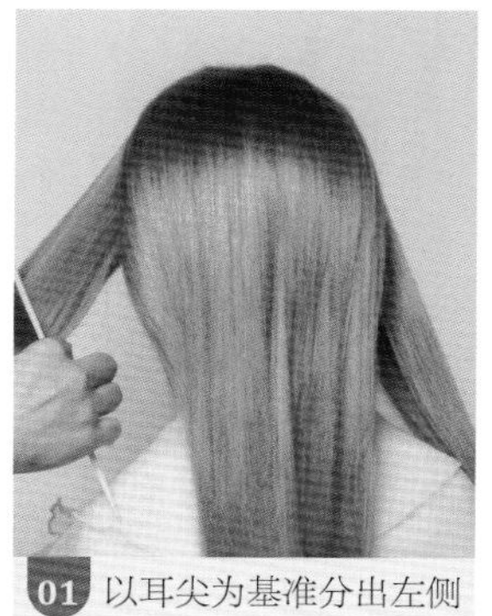

01 以耳尖为基准分出左侧发区。

02 以耳尖为基准分出右侧发区。

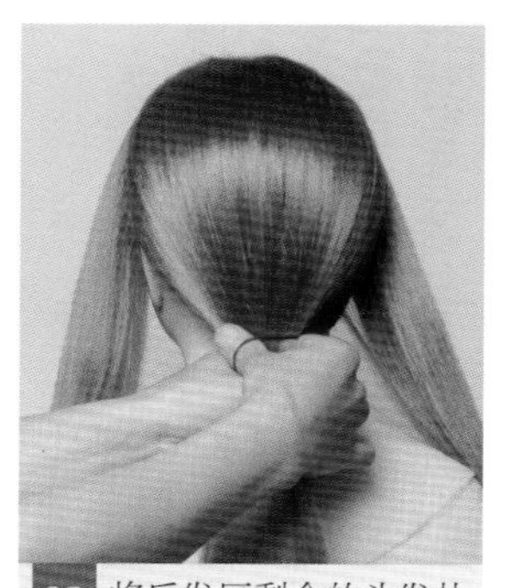

03 将后发区剩余的头发扎成低马尾。

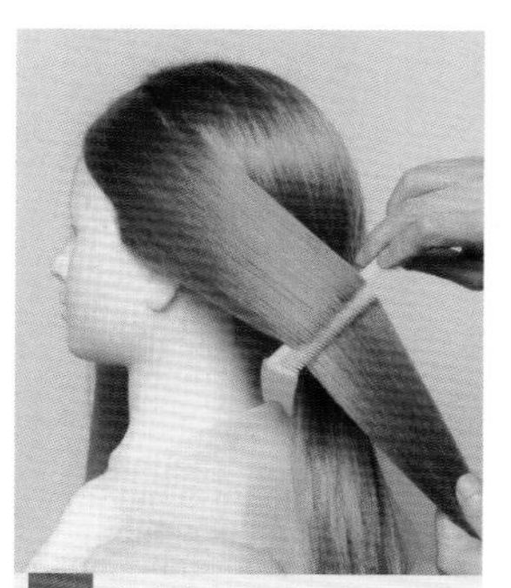

04 将左侧发区的头发梳理顺滑、干净。

48

三股四股拉花编发

扫描二维码
观看教学视频

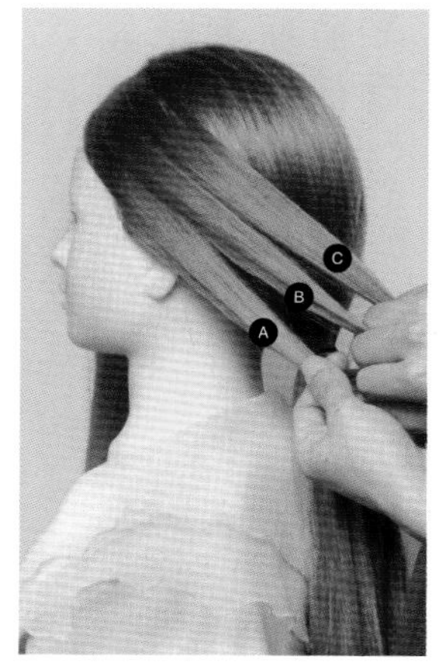

05 将其分为 A、B、C 三束均等的发片。

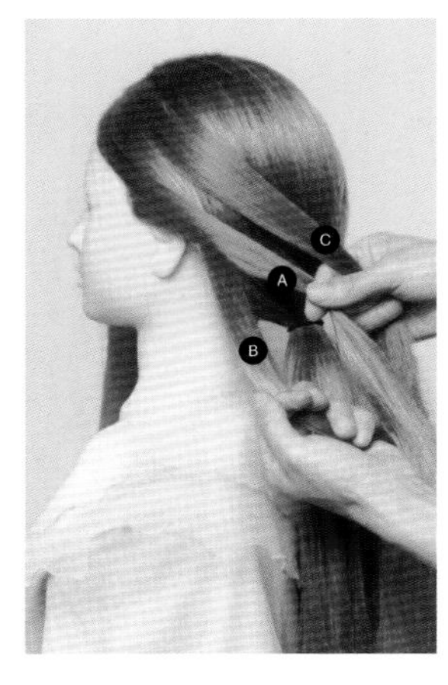

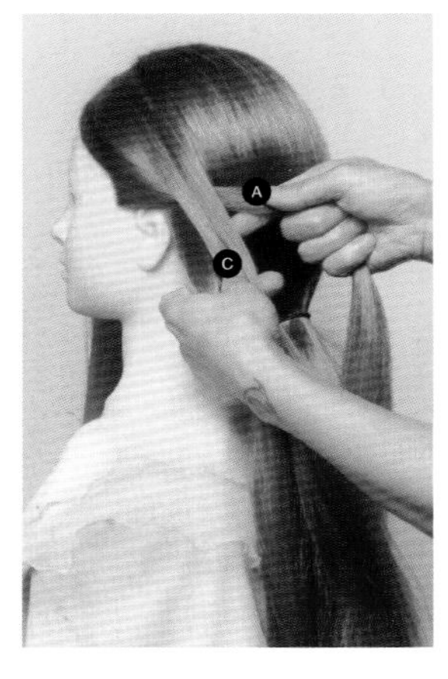

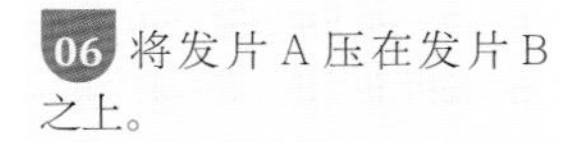

06 将发片 A 压在发片 B 之上。

07 将发片 C 压在发片 A 之上。

08 将发片 B 压在发片 C 之上。

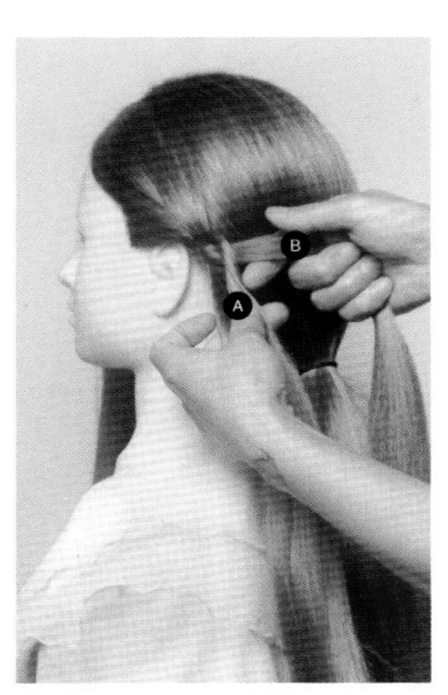

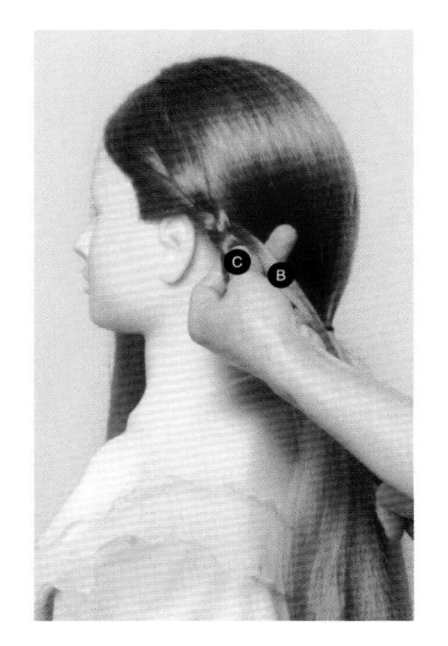

09 将发片 A 压在发片 B 之上。

10 将发片 C 压在发片 A 之上。

11 将发片 B 压在发片 C 之上。

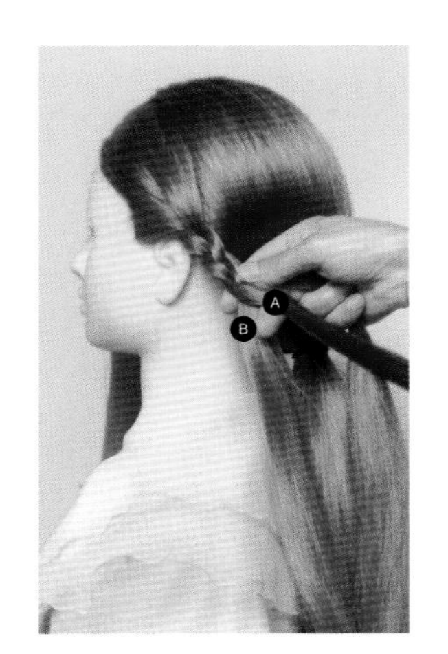

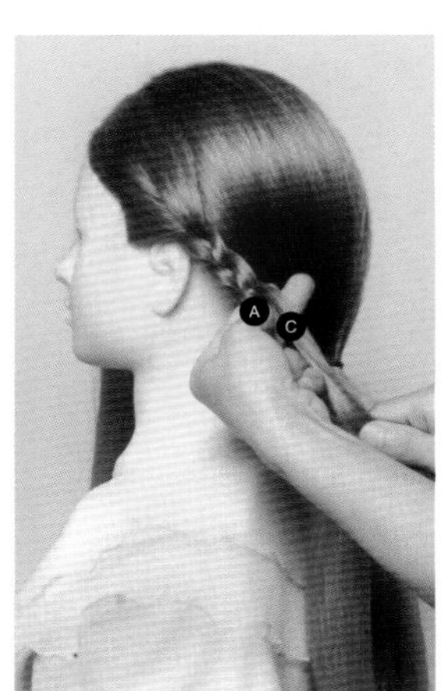

12 将发片 A 压在发片 B 之上。

13 将发片 C 压在发片 A 之上。

14 对编好的发辫的左右两侧进行拉花。

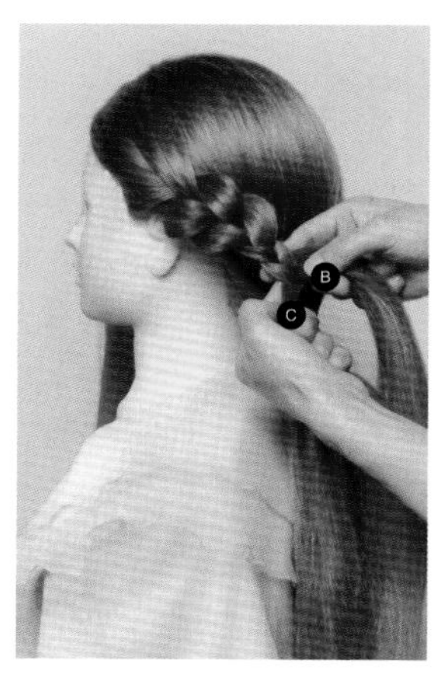

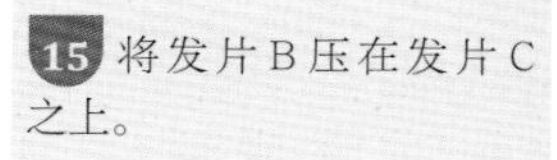

15 将发片B压在发片C之上。

16 将发片A压在发片B之上。

17 将发片C压在发片A之上。

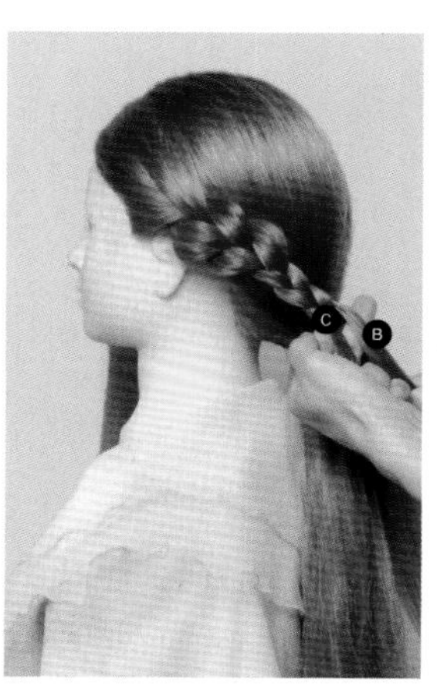

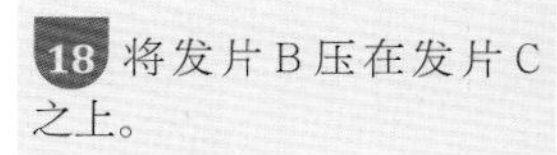

18 将发片B压在发片C之上。

19 对编好的发辫的左右两侧进行拉花。

20 继续拉花。

21 继续进行三股编发。编好一段后，对发辫的左右两侧进行拉花。

22 以同样的手法继续编发，编至发尾。

23 将发辫以卷筒的方式收起。

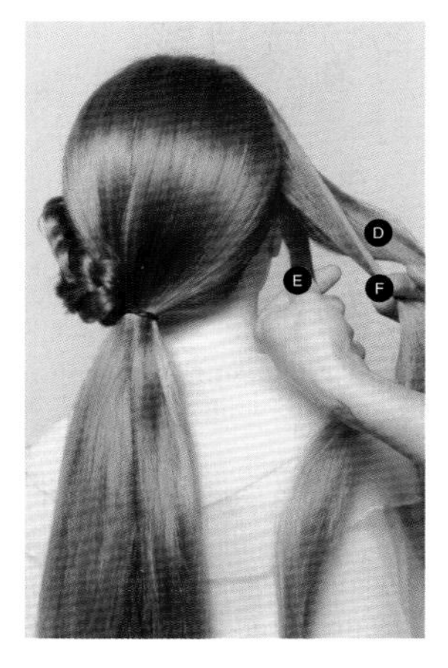

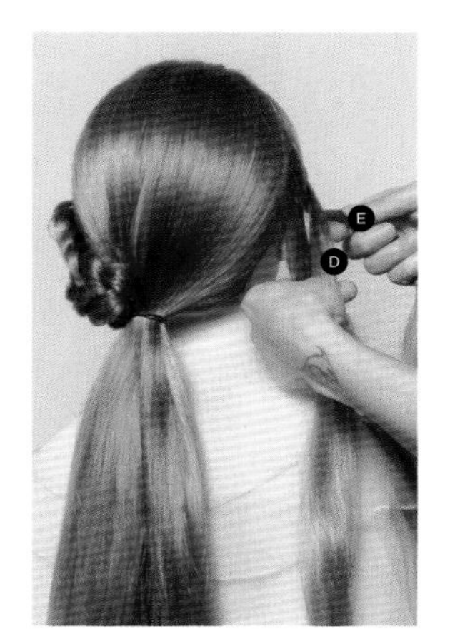

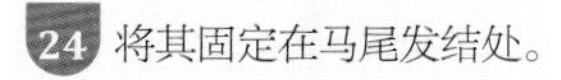

24 将其固定在马尾发结处。

25 将右侧发区头发分为D、E、F三束均等的发片。

26 将发片D压在发片E之上。

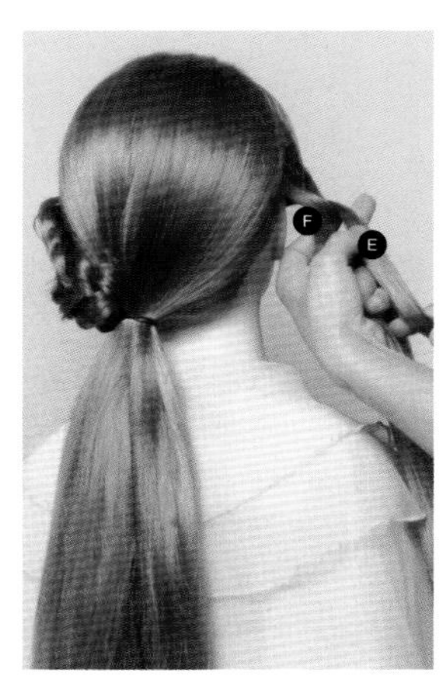

27 将发片F压在发片D之上。

28 将发片E压在发片F之上。

29 将发片D压在发片E之上。

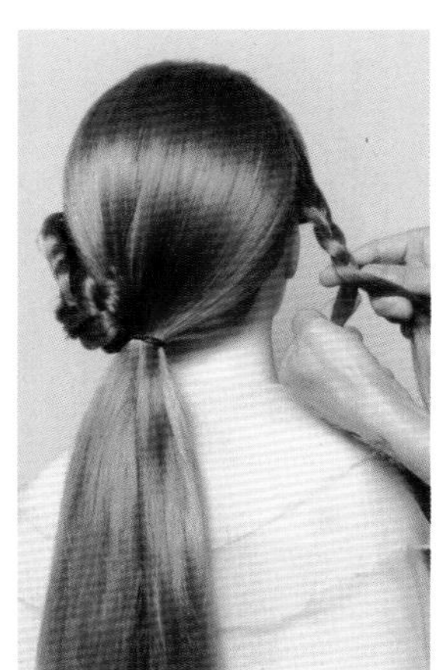

30 将发片F压在发片D之上。

31 将发片E压在发片F之上。

32 对编好的发辫的左右两侧进行拉花。

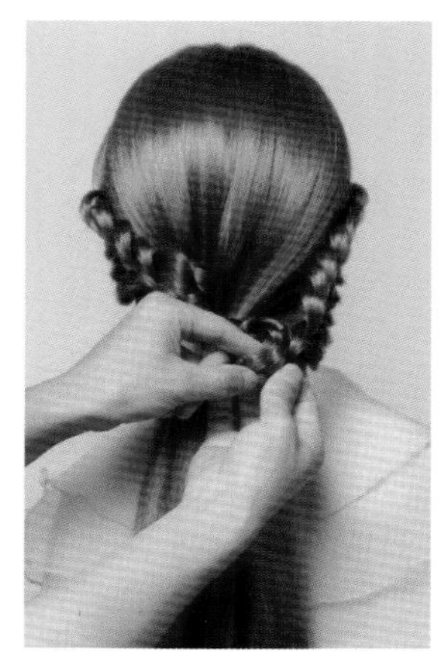

33 以同样的手法进行三股编发和拉花。

34 将发辫编至发尾，用皮筋将其扎起。

35 将发辫以卷筒的方式收起。

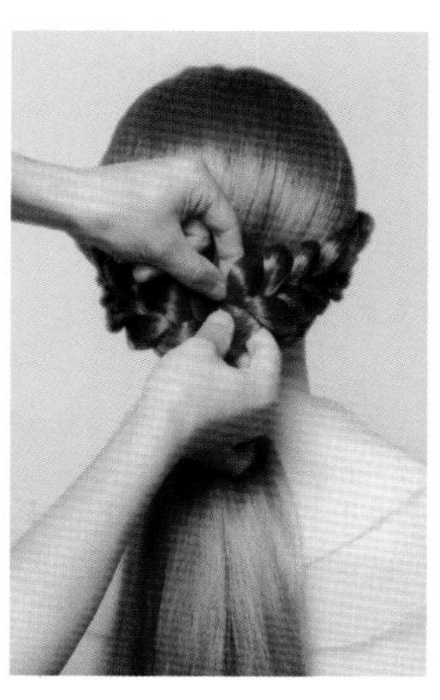

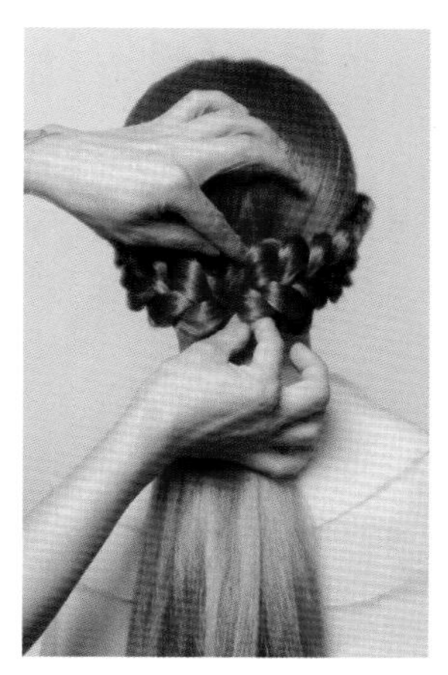

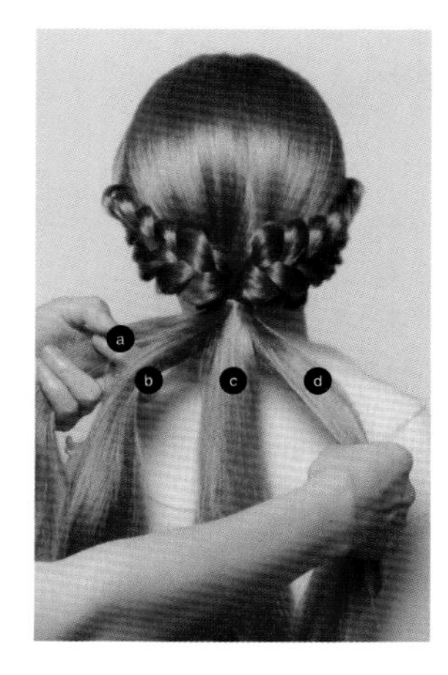

36 将其摆放在马尾发结处，与左侧发辫对称。

37 用发卡将其固定。

38 将马尾分为 a、b、c、d 四束均等的发片。

39 将发片b压在发片c之上。

40 将发片d压在发片b之上。

41 将发片a穿过发片c下方。

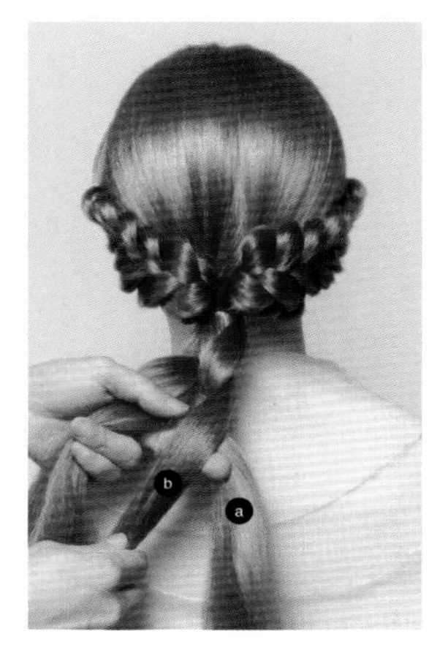

42 将发片a压在发片d之上。

43 将发片b压在发片a之上。

44 将发片c穿过发片d下方。

45 将发片c压在发片b之上。

46 将发片a压在发片c之上。

47 对编好的发辫的左右两侧进行拉花。

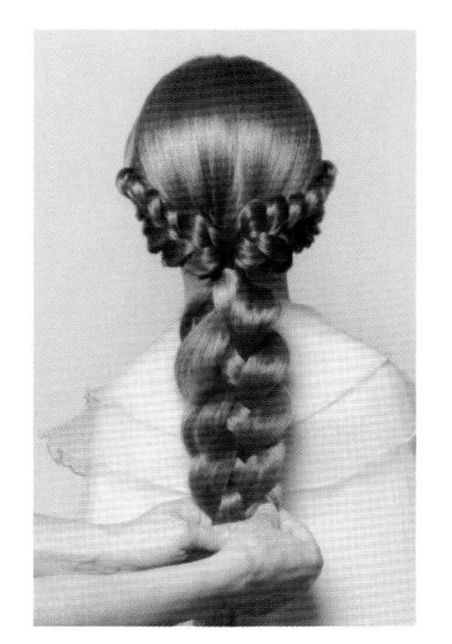

48 以同样的手法进行编发和拉花至发尾。

49 将发尾用皮筋扎起。

50 佩戴饰品，进行点缀。

49

竹席排骨编发

扫描二维码
观看教学视频

01 在顶区左侧取一束发片 A。

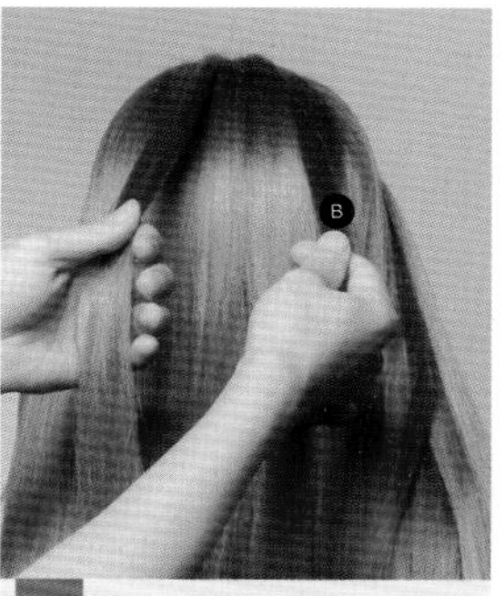

02 在顶区右侧取一束发片 B。

03 在右侧取一束发片 C。

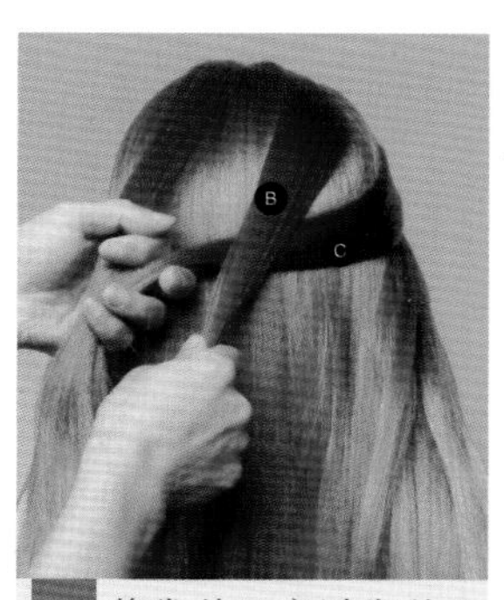

04 将发片 C 穿过发片 B 下方。

05 将发片 C 压在发片 A 之上。

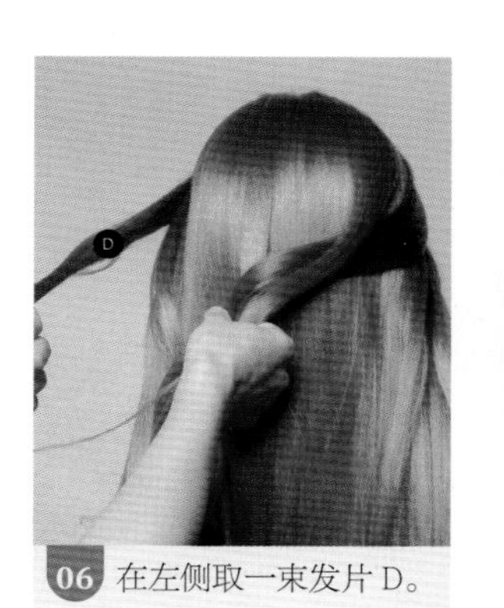

06 在左侧取一束发片 D。

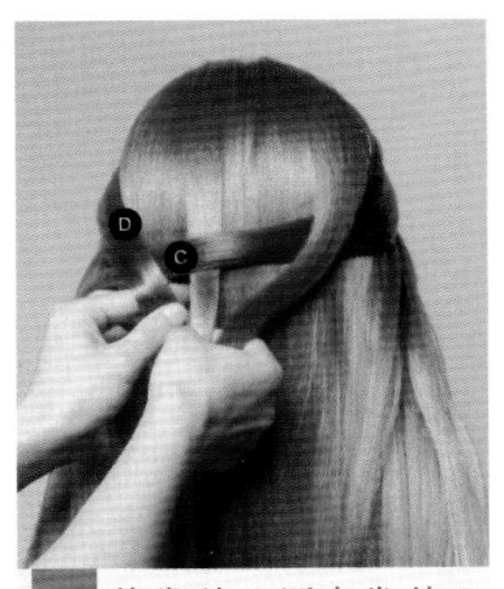

07 将发片 D 压在发片 C 之上。

08 将发片 D 穿过发片 A 下方。

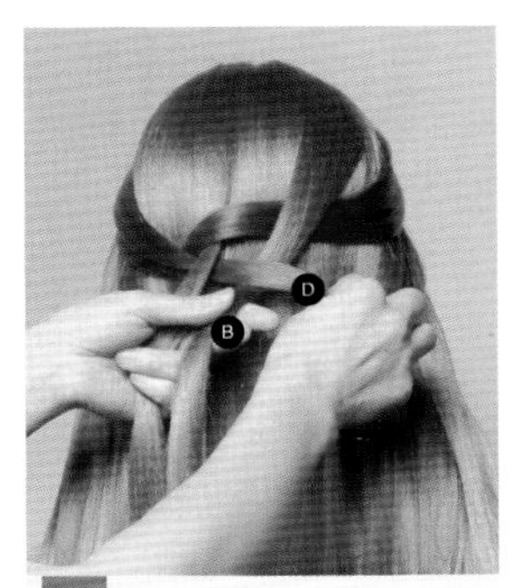

09 将发片 D 压在发片 B 之上。

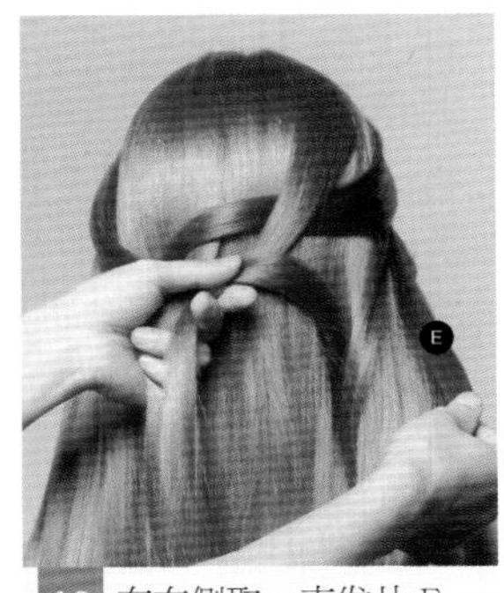

10 在右侧取一束发片 E。

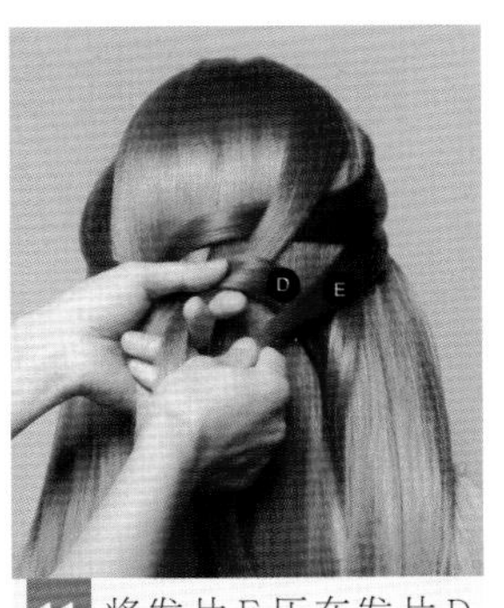

11 将发片 E 压在发片 D 之上。

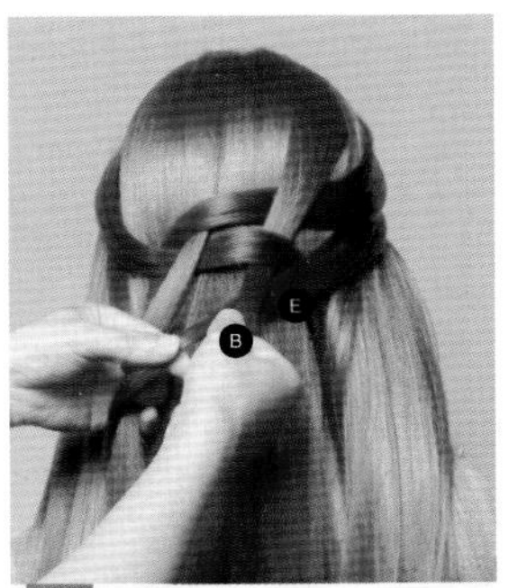

12 将发片 E 穿过发片 B 下方。

13 将发片 E 压在发片 A 之上。

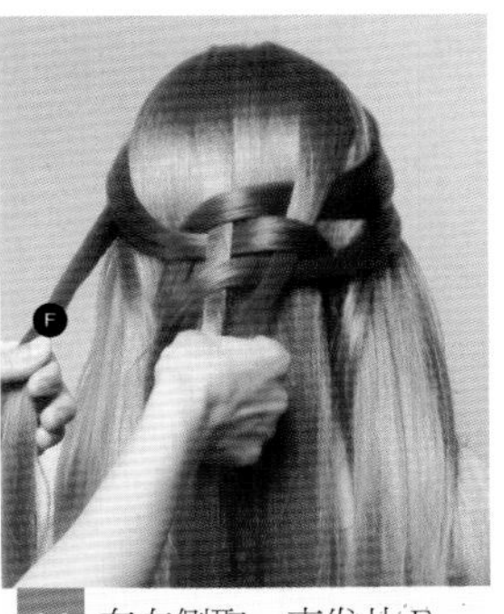

14 在左侧取一束发片 F。

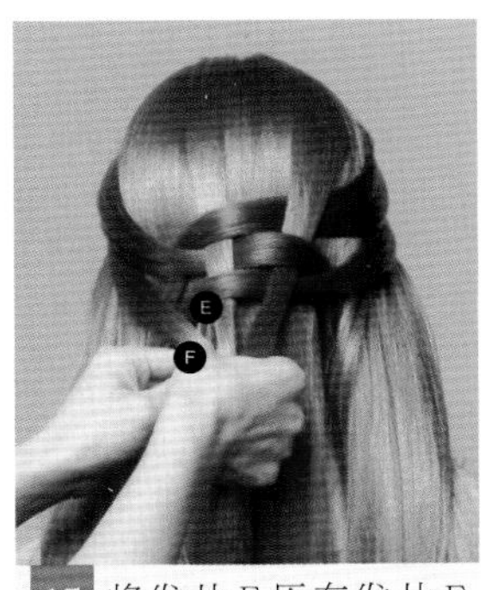

15 将发片 F 压在发片 E 之上。

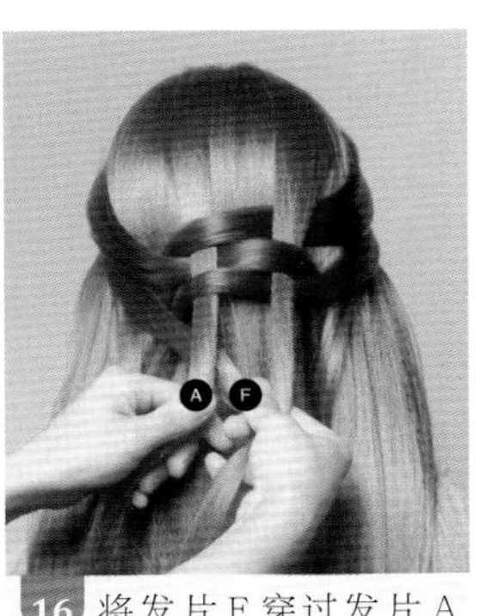

16 将发片 F 穿过发片 A 下方。

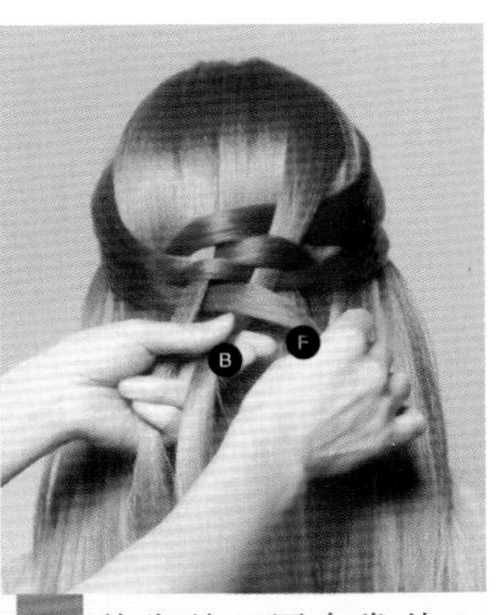

17 将发片 F 压在发片 B 之上。

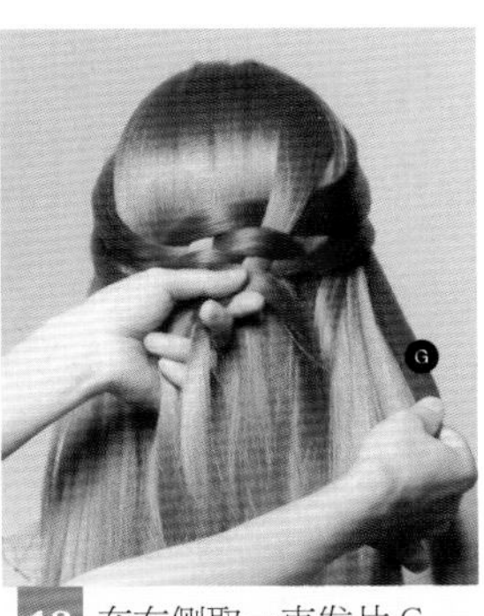

18 在右侧取一束发片 G。

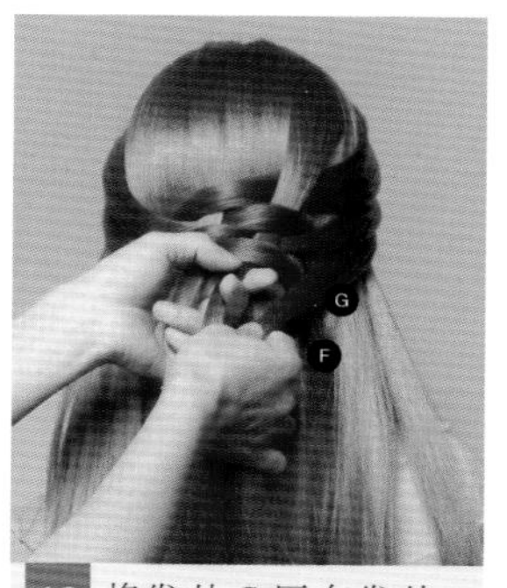

19 将发片 G 压在发片 F 之上。

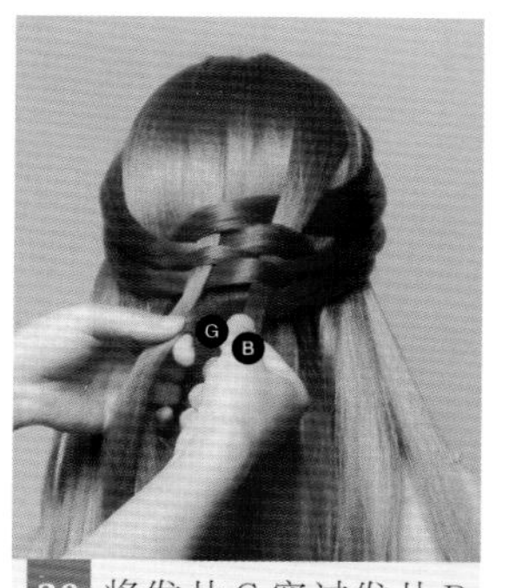

20 将发片 G 穿过发片 B 下方。

21 将发片 G 压在发片 A 之上。

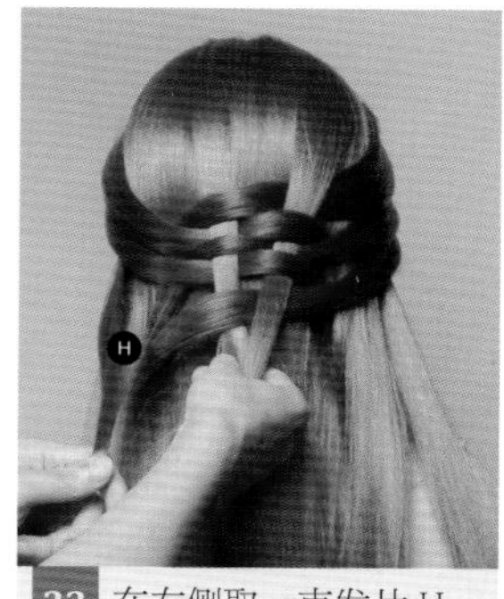

22 在左侧取一束发片 H。

23 将发片 H 压在发片 G 之上。

24 将发片 H 穿过发片 A 下方。

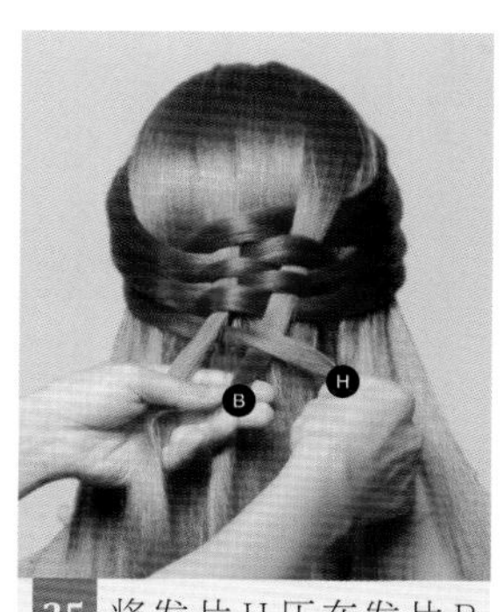

25 将发片 H 压在发片 B 之上。

26 在右侧取一束发片 I。

27 将发片 I 压在发片 H 之上。

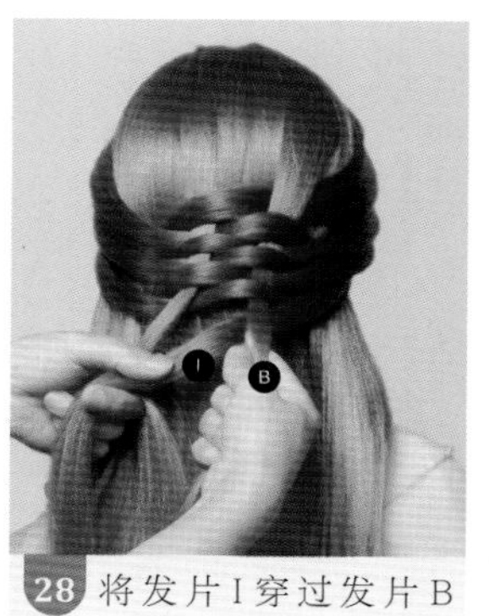

28 将发片 I 穿过发片 B 下方。

29 将发片 I 压在发片 A 之上。

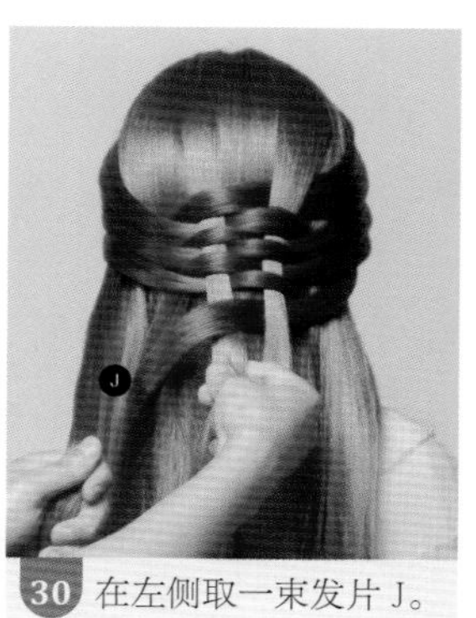

30 在左侧取一束发片 J。

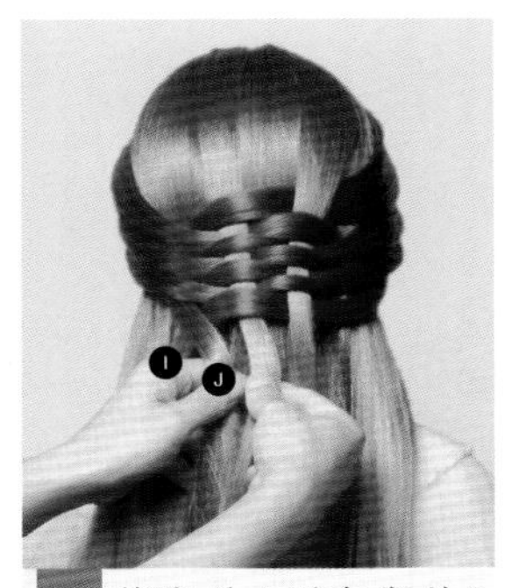

31 将发片J压在发片I之上。

32 将发片J穿过发片A下方。

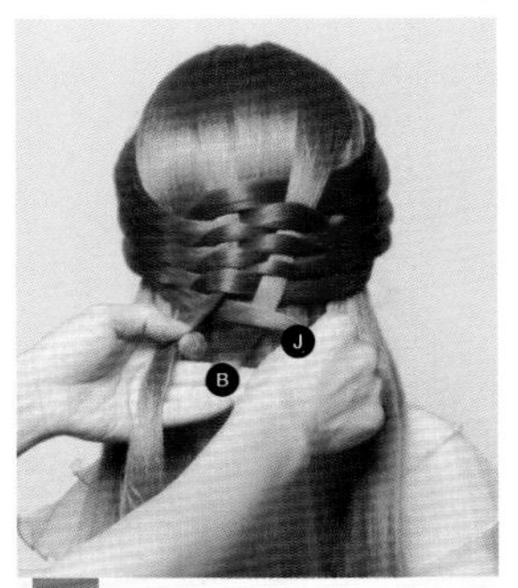

33 将发片J压在发片B之上。

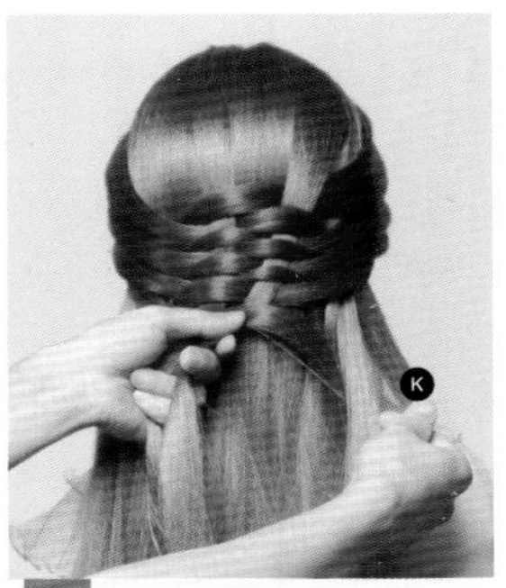

34 在右侧取一束发片K。

35 将发片K压在发片J之上。

36 将发片K穿过发片B下方。

37 将发片K压在发片A之上。

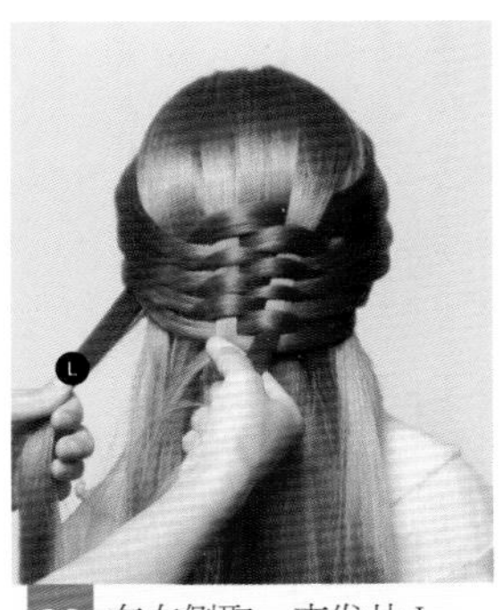

38 在左侧取一束发片L。

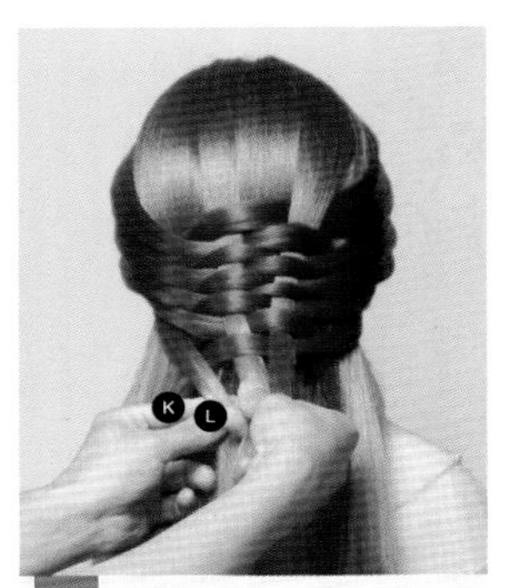

39 将发片L压在发片K之上。

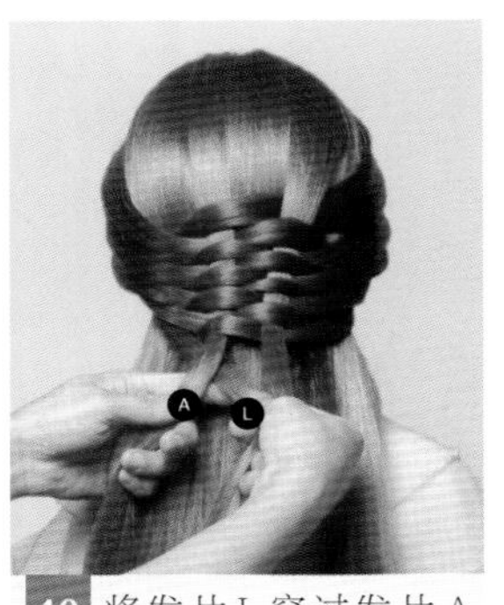

40 将发片L穿过发片A下方。

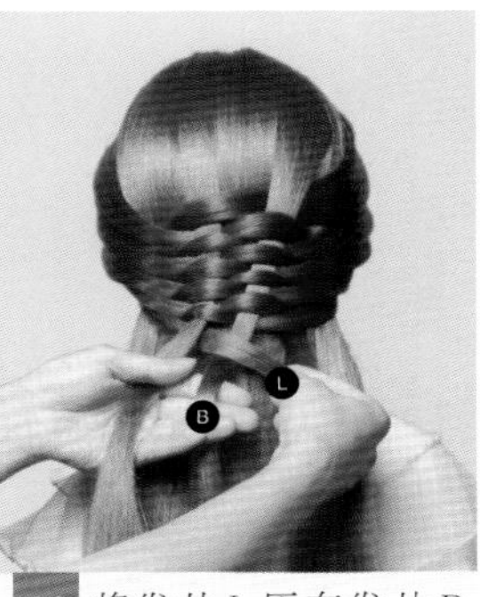

41 将发片L压在发片B之上。

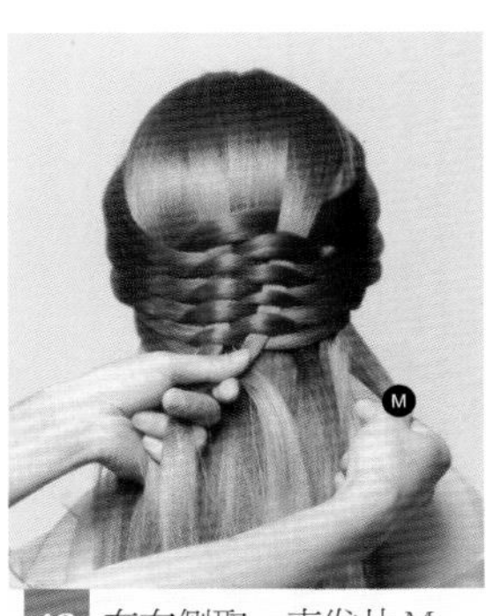

42 在右侧取一束发片M。

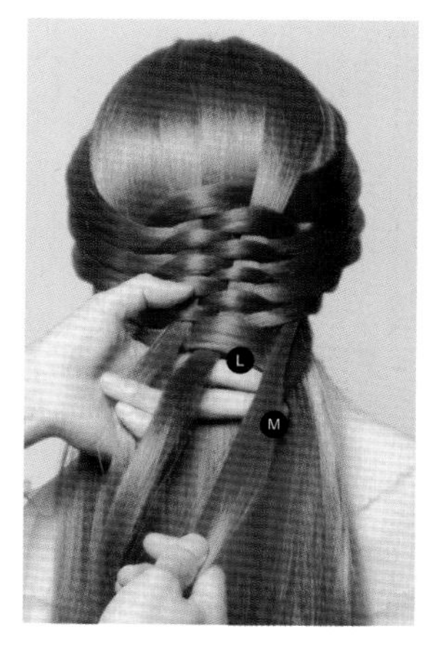

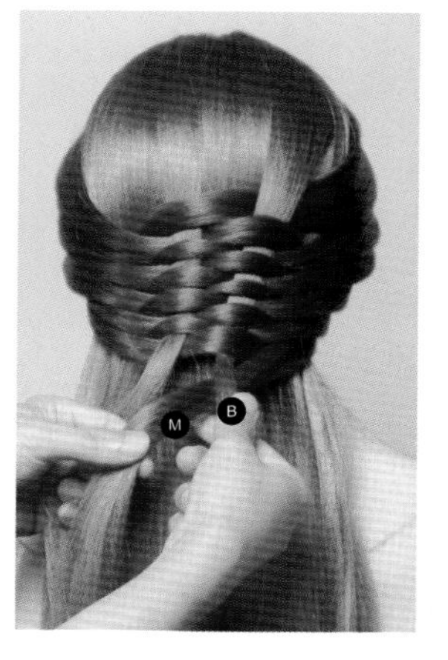

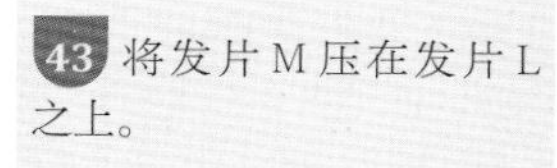

43 将发片 M 压在发片 L 之上。

44 将发片 M 穿过发片 B 下方。

45 将发片 M 压在发片 A 之上。

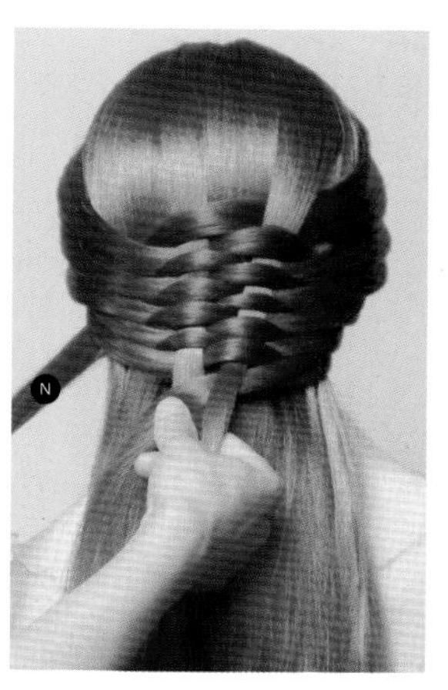

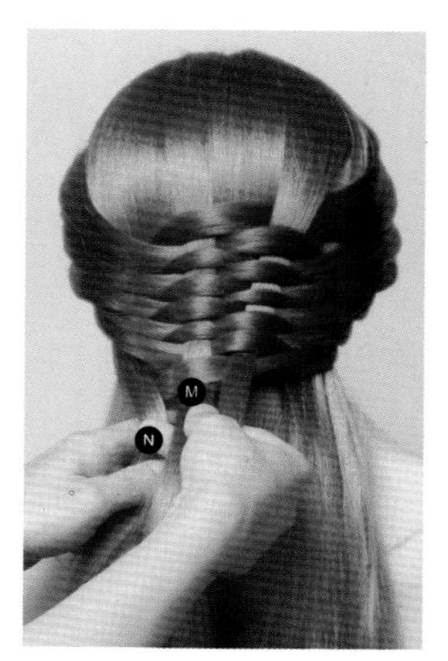

46 在左侧取一束发片 N。

47 将发片 N 压在发片 M 之上。

48 将发片 N 穿过发片 A 下方。

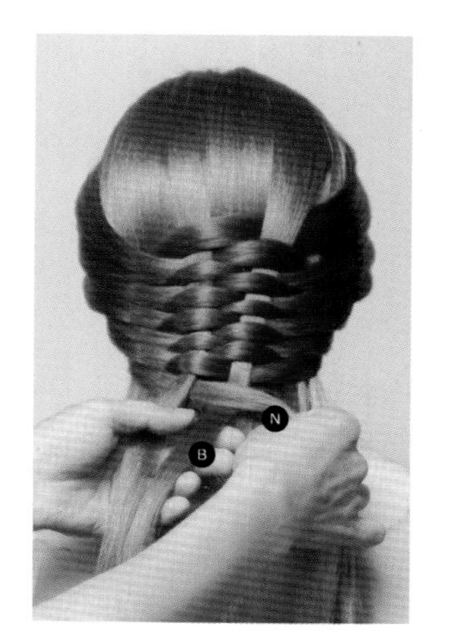

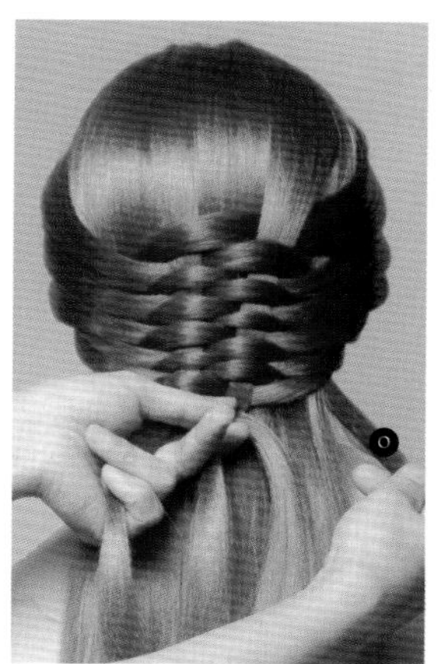

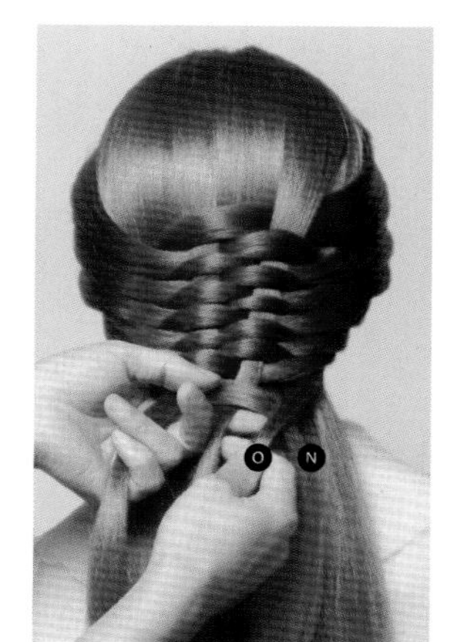

49 将发片 N 压在发片 B 之上。

50 在右侧取一束发片 O。

51 将发片 O 压在发片 N 之上。

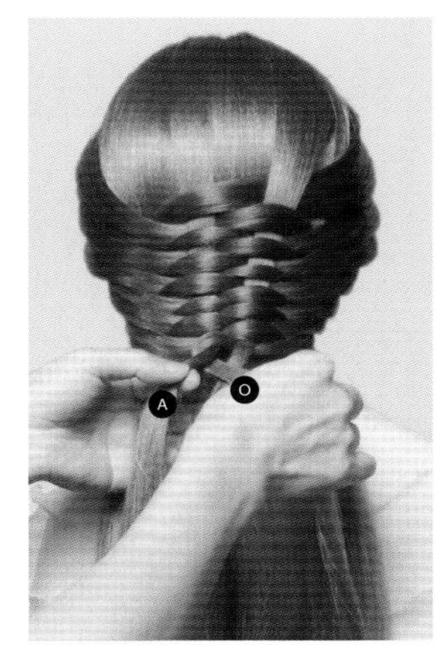

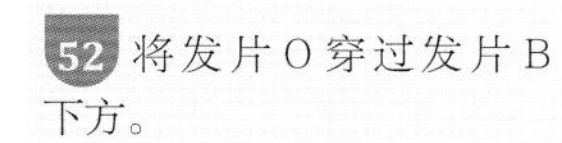

52 将发片O穿过发片B下方。

53 将发片O压在发片A之上。

54 将发片O缠绕发片A半圈，穿过发片A下方。

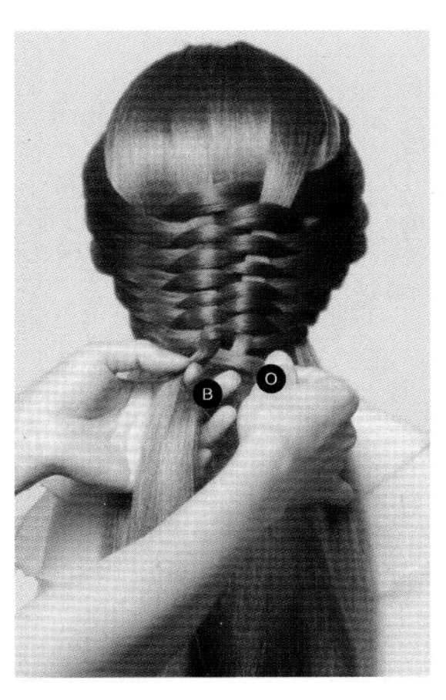

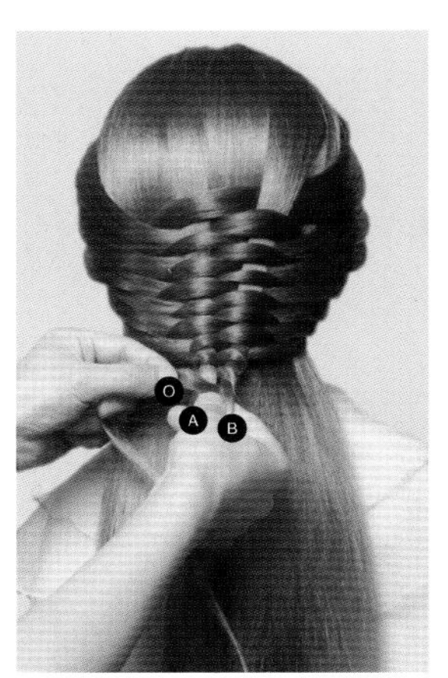

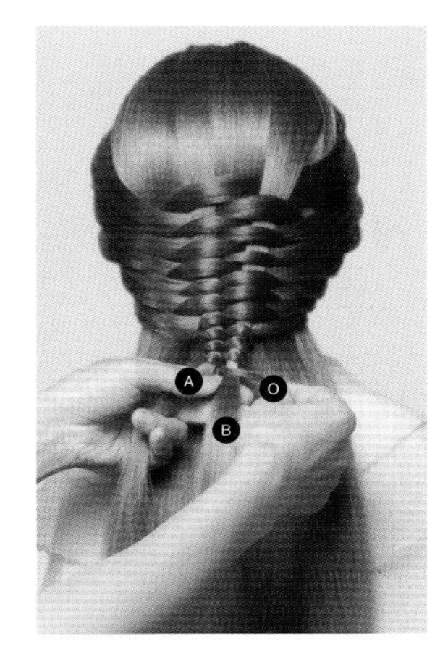

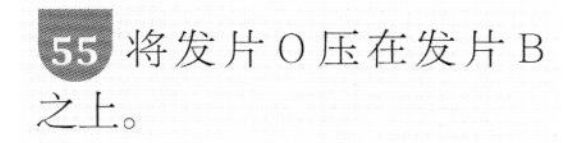

55 将发片O压在发片B之上。

56 将发片O缠绕发片B半圈，穿过发片B下方，压在发片A之上。

57 将发片O缠绕发片A半圈，穿过发片A下方，压在发片B之上。

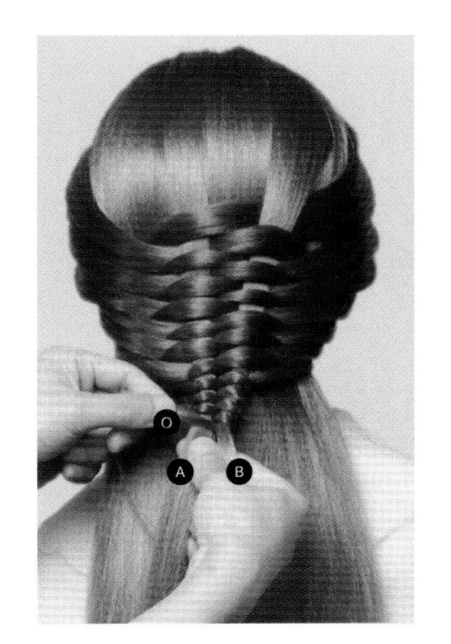

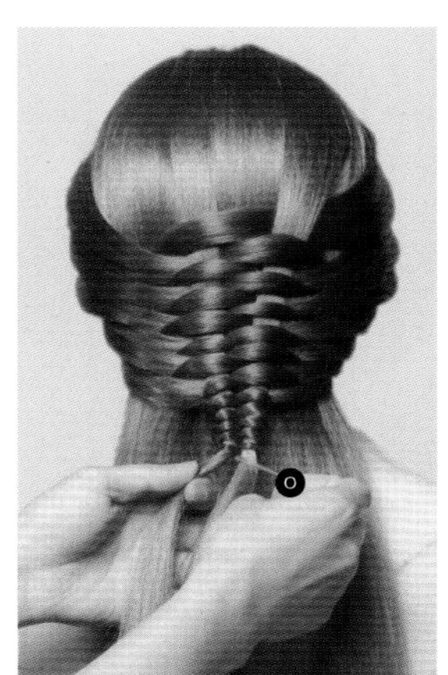

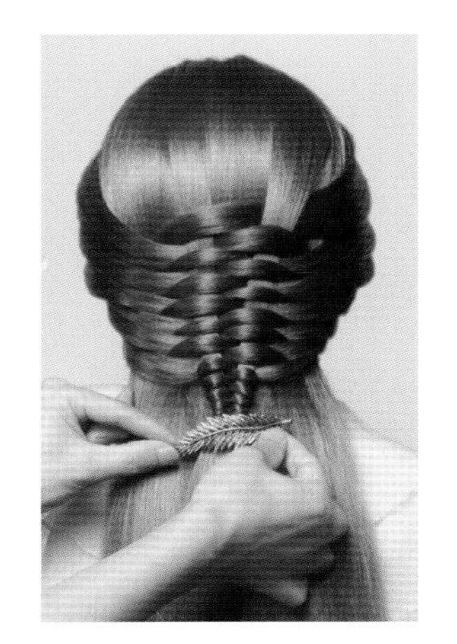

58 将发片O缠绕发片B半圈，穿过发片B下方，压在发片A之上。

59 以同样的手法重复编发，编至发片O的末端。

60 将发尾用皮筋扎起，佩戴饰品，进行点缀。

50

蝴蝶结编发

扫描二维码
观看教学视频

01 在顶区左侧取一束发片。

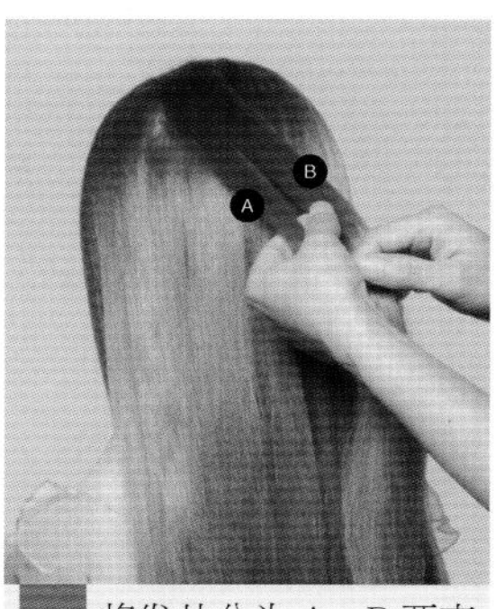

02 将发片分为 A、B 两束均等的发片。

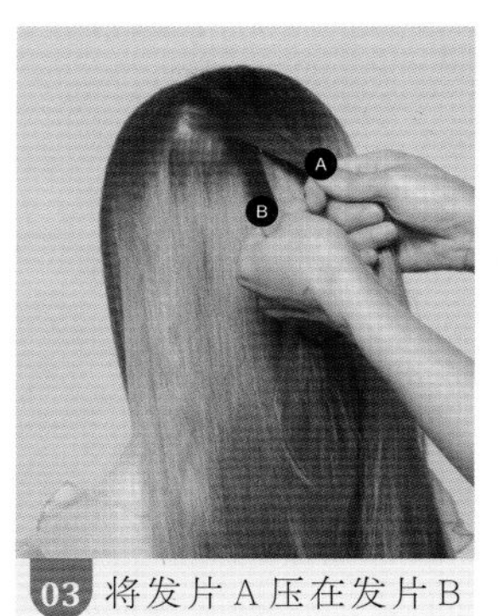

03 将发片 A 压在发片 B 之上。

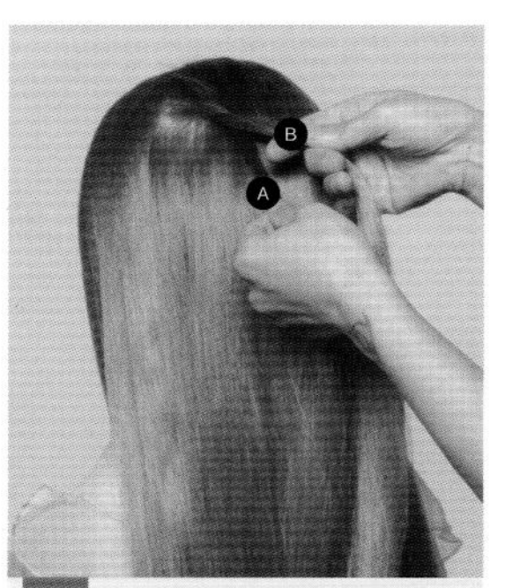

04 将发片 B 压在发片 A 之上。

05 在下方取一束发片 1。

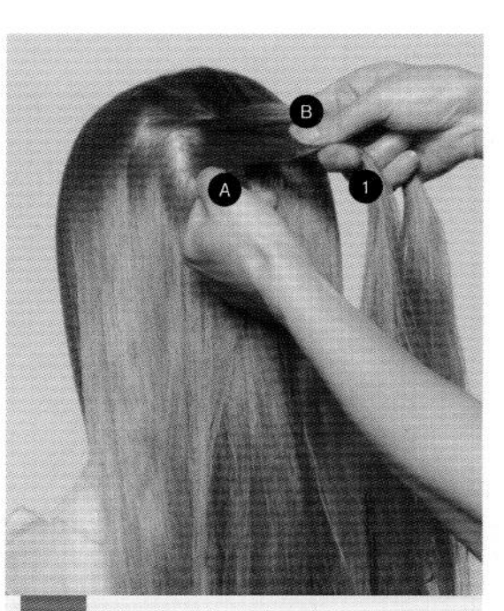

06 将发片 1 摆放在发片 A、B 中间。

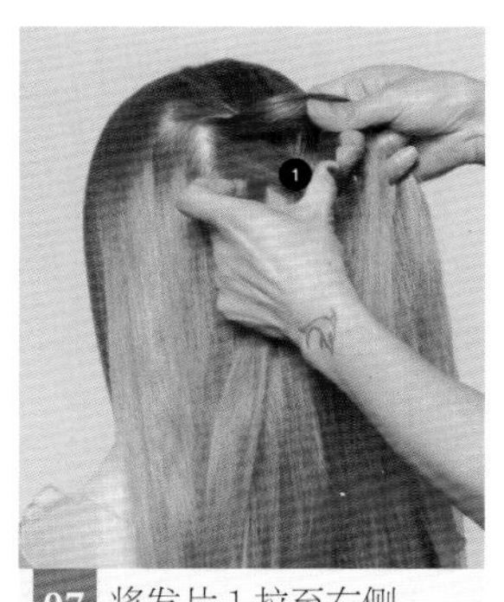

07 将发片 1 拉至右侧。

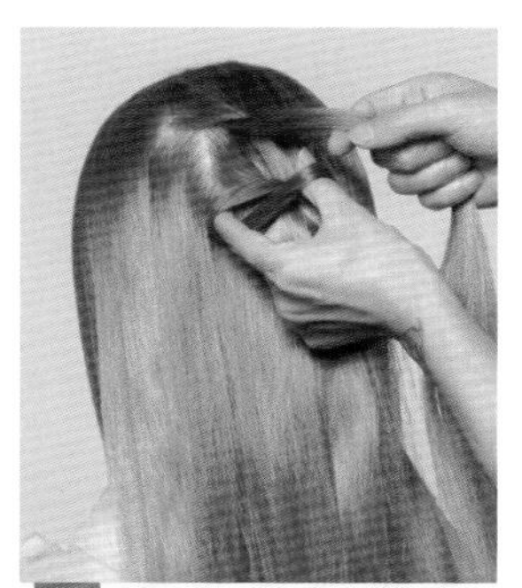

08 将发片 1 回折，绕过大拇指后从下方绕过食指，拉出“8”字形发结。

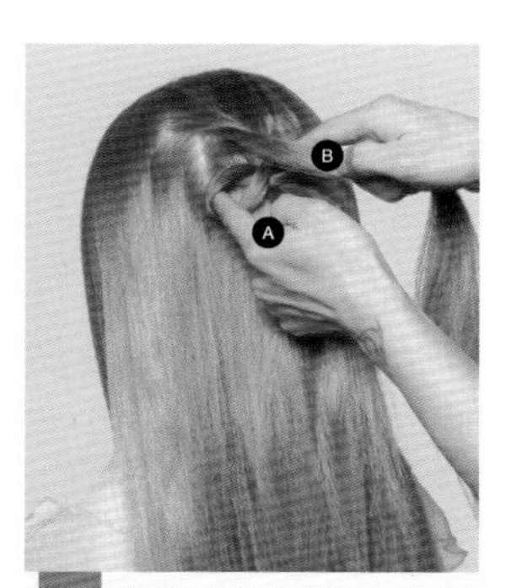

09 将发片 B 与发片 A 夹在“8”字形发结中部。

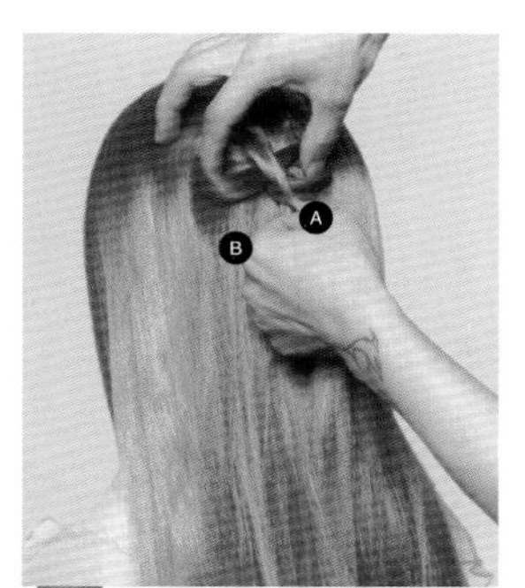

10 将发片 B 与发片 A 缠绕半圈，并调整“8”字形发结，使其左右对称。

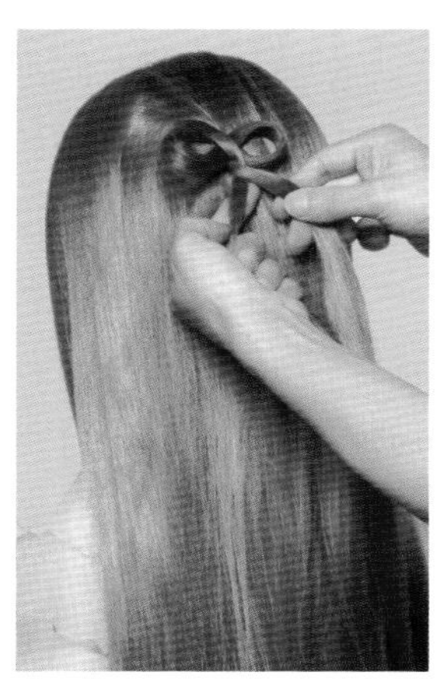

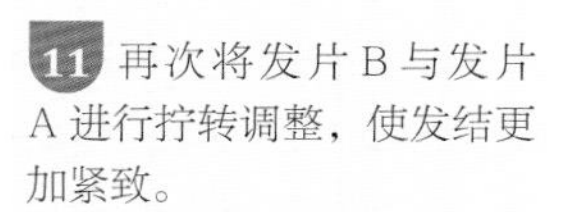

11 再次将发片 B 与发片 A 进行拧转调整，使发结更加紧致。

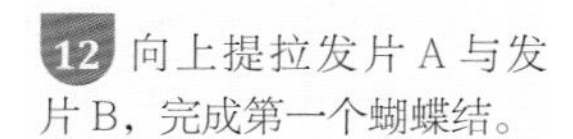

12 向上提拉发片 A 与发片 B，完成第一个蝴蝶结。

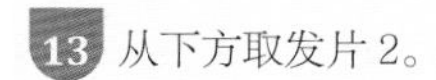

13 从下方取发片 2。

14 用与发片 1 同样的手法处理发片 2。

15 将发片 A 与发片 B 进行交叉拧转，并调整 8 字结，使其对称。

16 再次将发片 B 与发片 A 进行拧转调整，使发结更加紧致。

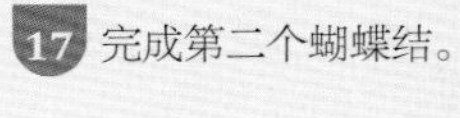
17 完成第二个蝴蝶结。

18 从下方取发片 3，采用与发片 2 同样的手法处理成“8”字形发结。

19 将发片 A 与发片 B 进行交叉拧转，并调整“8”字形发结，使其对称。

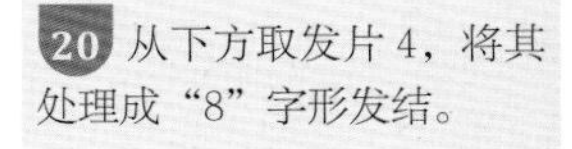
20 从下方取发片 4，将其处理成“8”字形发结。

21 将发片 A 与发片 B 进行交叉拧转，并调整“8”字形发结，使其对称。

22 完成第四个蝴蝶结。

23 从下方取发片 5。

24 将发片 5 处理成“8”字形发结。

25 将发片 A 与发片 B 进行交叉拧转，并调整“8”字形发结，使其对称。

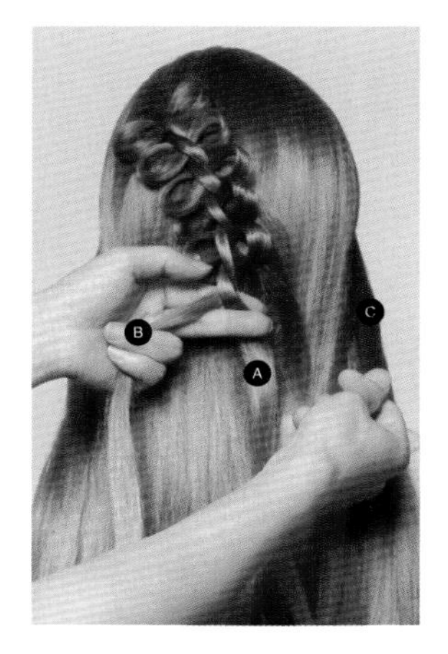

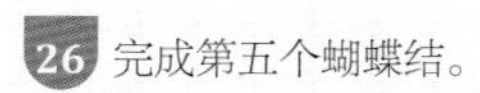

26 完成第五个蝴蝶结。

27 在右侧取一束发片 C。

28 将发片 C 压在发片 A 之上。

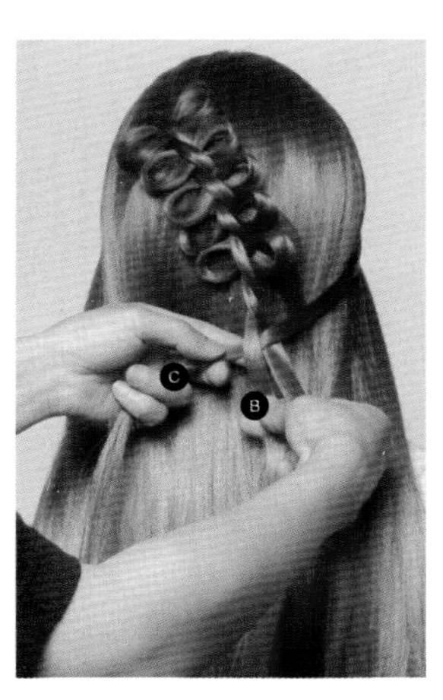

29 将发片 B 压在发片 C 之上。

30 将发片 A 压在发片 B 之上。

31 在右侧取一束发片 D，将发片 D 并入发片 A。

32 将发片 C 压在发片 A 之上。

33 在左侧取一束发片 E。

34 将发片 E 并入发片 C。

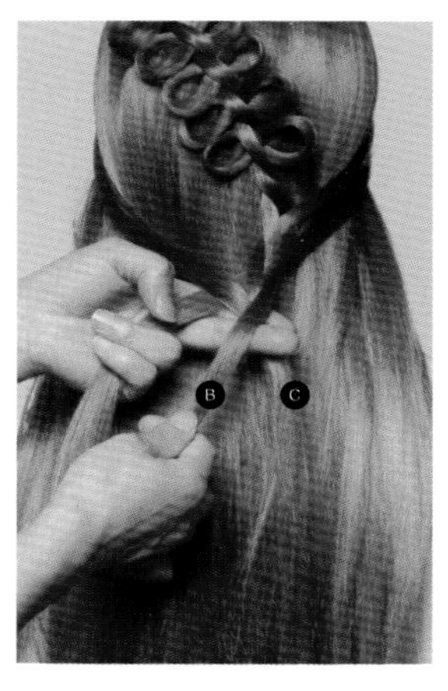

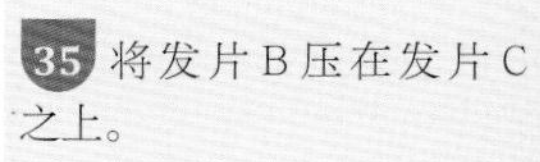

35 将发片 B 压在发片 C 之上。

36 在右侧取一束发片 F。

37 将发片 F 并入发片 B。

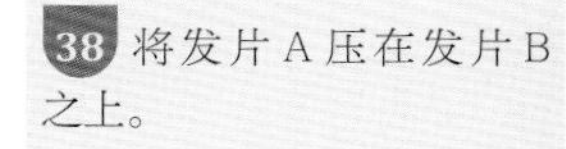

38 将发片 A 压在发片 B 之上。

39 在左侧取一束发片 G。

40 将发片 G 并入发片 A。

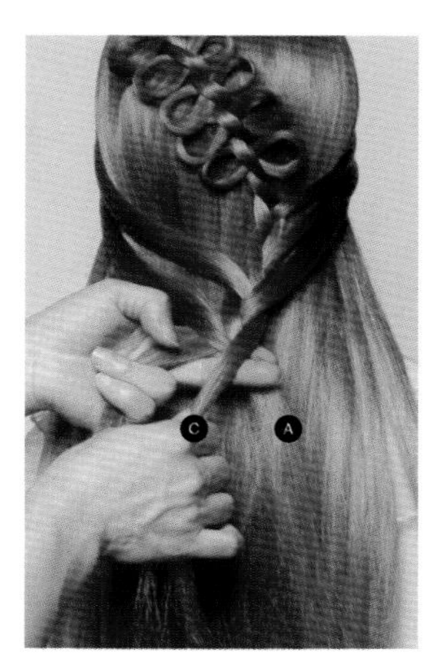

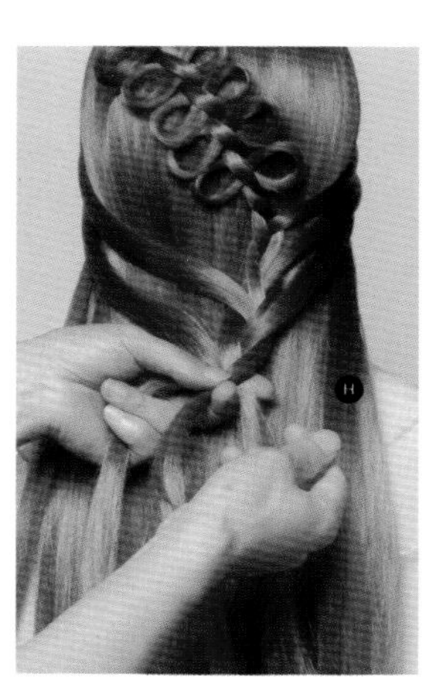

41 将发片 C 压在发片 A 之上。

42 在右侧取一束发片 H。

43 将发片 H 并入发片 C。

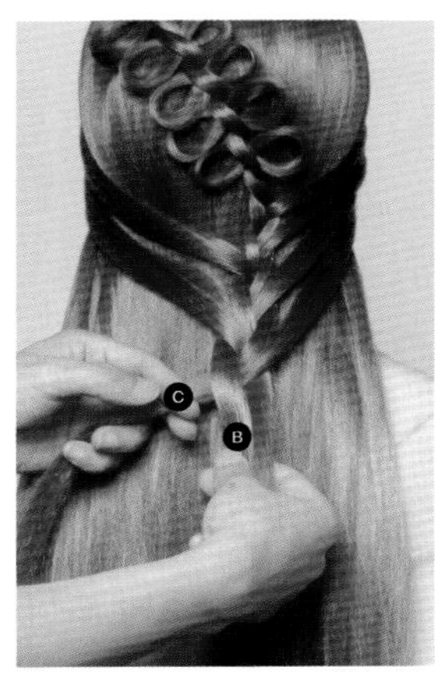

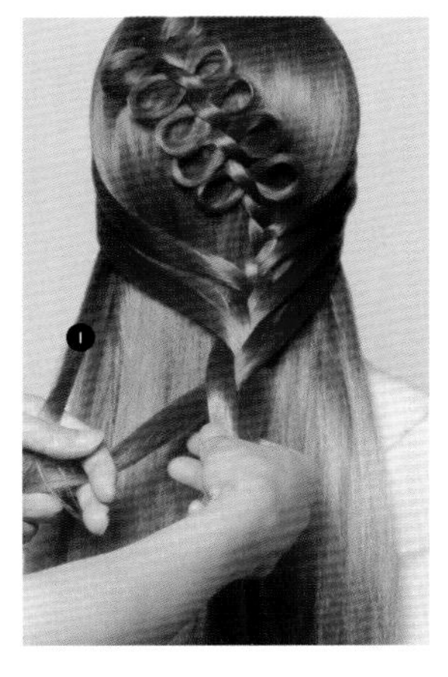

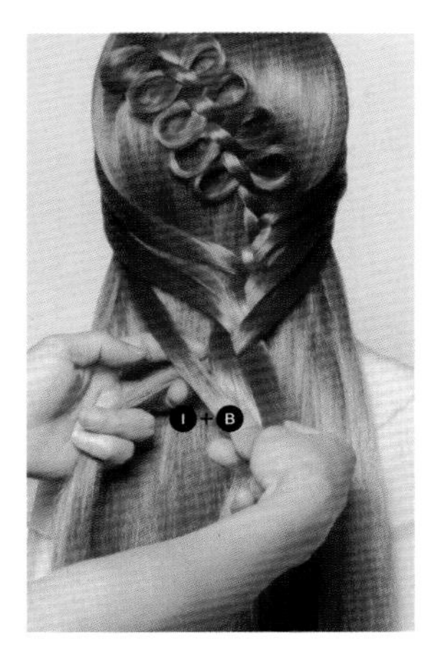

44 将发片 B 压在发片 C 之上。

45 在左侧取一束发片 I。

46 将发片 I 并入发片 B。

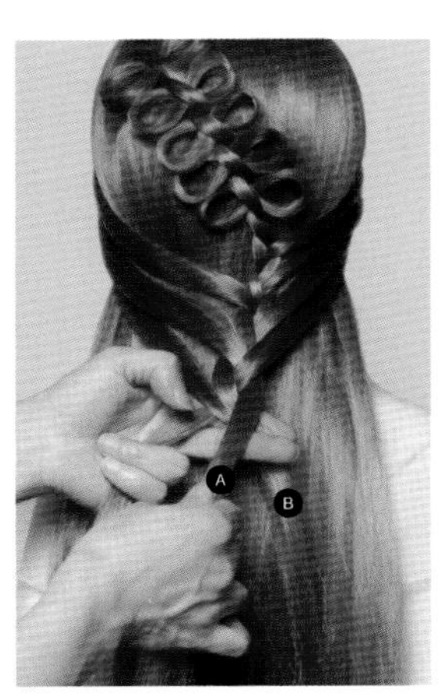

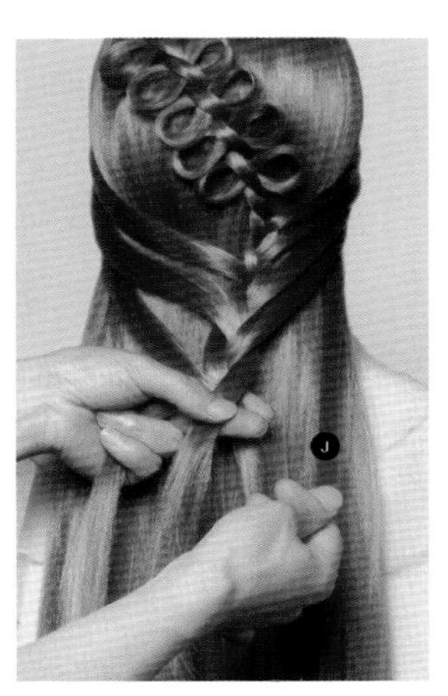

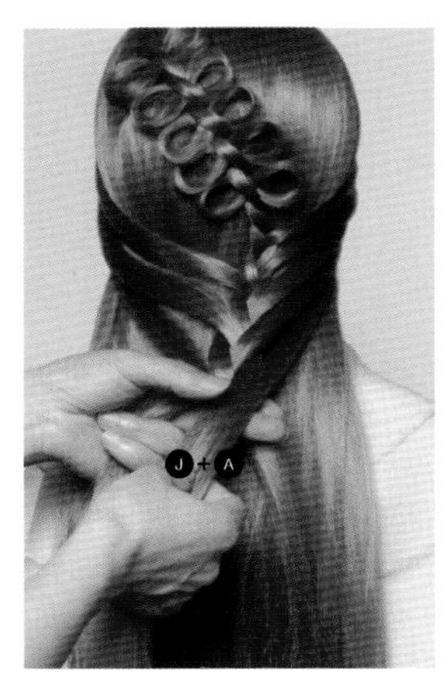

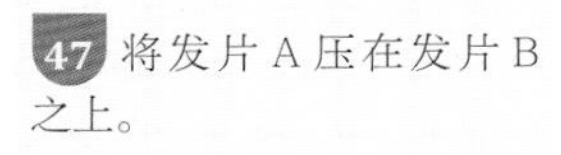

47 将发片 A 压在发片 B 之上。

48 在右侧取一束发片 J。

49 将发片 J 并入发片 A。

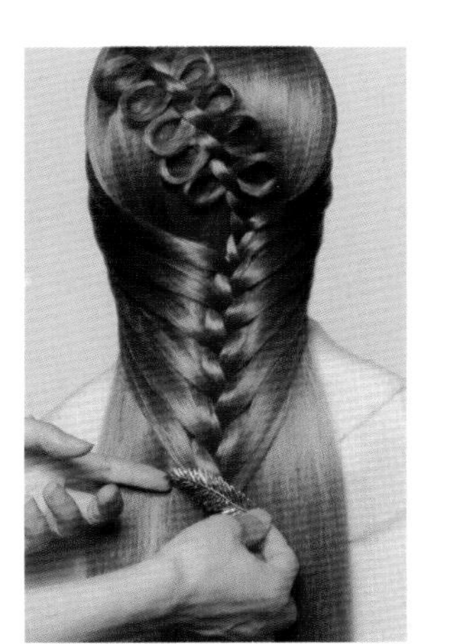

50 以同样的手法继续进行左右续发编发。

51 编至发尾。

52 将发尾用皮筋扎起。佩戴饰品，进行点缀。